战略性新兴领域"十四五"高等教育系列教材

数字图像处理
（基于 Python）

主　编　邢向磊
副主编　丛　山　叶秀芬
参　编　邢会明　刘　涛　姚晓辉

机械工业出版社

数字图像处理广泛应用于自动化、电子信息及计算机等重要领域。本书作为数字图像处理的入门教材，在内容上尽可能涵盖数字图像处理基础知识的各个方面。全书共 8 章，分为 3 个部分：第 1 部分（第 1 章和第 2 章）介绍数字图像处理的基础知识和基本处理方法；第 2 部分（第 3~5 章）介绍典型的数字图像处理任务（图像重建、复原与分割）和常用方法；第 3 部分（第 6~8 章）介绍图像分析与理解方法，内容涉及图像表示、识别与生成。每章都附有思考题与习题和相关文献，有兴趣的读者可以进一步钻研探索。

本书可作为高等院校自动化、电子信息、计算机及相关专业本科生或研究生的教材，也可供对数字图像处理感兴趣的研究人员和工程技术人员参考。

本书配有以下教学资源：PPT 课件、教学大纲、程序代码、习题答案，欢迎选用本书作教材的教师，登录 www.cmpedu.com 注册后下载，或发邮件至 jinacmp@163.com 索取。

图书在版编目（CIP）数据

数字图像处理：基于Python / 邢向磊主编.
北京：机械工业出版社，2024.12. --（战略性新兴领域"十四五"高等教育系列教材）. -- ISBN 978-7-111-77638-3

I. TN911.73
中国国家版本馆 CIP 数据核字第 2024XV1341 号

机械工业出版社（北京市百万庄大街22号　邮政编码100037）
策划编辑：吉　玲　　　　　责任编辑：吉　玲　王华庆
责任校对：潘　蕊　张昕妍　　封面设计：张　静
责任印制：任维东
三河市航远印刷有限公司印刷
2024年12月第1版第1次印刷
184mm×260mm・17.75印张・440千字
标准书号：ISBN 978-7-111-77638-3
定价：65.00 元

电话服务　　　　　　　　　网络服务
客服电话：010-88361066　　机　工　官　网：www.cmpbook.com
　　　　　010-88379833　　机　工　官　博：weibo.com/cmp1952
　　　　　010-68326294　　金　书　网：www.golden-book.com
封底无防伪标均为盗版　　　机工教育服务网：www.cmpedu.com

前 言

本书是一本介绍数字图像处理的教科书,为了使尽可能多的读者通过本书对数字图像处理有所了解,本书尝试尽可能少地涉及数学知识。然而,少量的概率统计和线性代数与微积分知识似乎不可避免。因此,本书更适合大学二年级以上的理工科本科生和研究生,以及具有类似背景的对数字图像处理和计算机视觉感兴趣的读者。

全书共 8 章,大体上可分为 3 个部分:第 1 部分包括第 1 章和第 2 章,介绍数字图像处理的基础知识和基本处理方法;第 2 部分包括第 3~5 章,介绍典型的数字图像处理任务和常用方法;第 3 部分包括第 6~8 章,介绍图像分析与理解等进阶知识。除了前 2 章,其他各章均相对独立,读者可以根据自己的兴趣和具体情况选择使用。

本书针对每章中介绍的模型和方法原理,给出知识点相应的 Python 程序代码,读者可通过书中二维码获得。除第 1 章外,其他每章都给出课程项目,通过课程项目牵引串联理论知识点,帮助读者巩固本章所学知识,并引导读者扩展相关知识。

本书力求理论概念严谨,论证简明扼要,在具备理论性、系统性和实用性的同时,突出实时性。图像处理技术飞速发展,本书力争体现近年来的最新研究成果和已经得到广泛使用的典型技术,这些内容既参考了有关学术文献又结合了作者的一些研究工作成果以及近年来的教学教案。

本书由哈尔滨工程大学智能科学与工程学院相关教师共同编写,其中第 1 章由邢向磊和刘涛编写;第 2 章由丛山编写;第 3 章、第 7 章和第 8 章由邢向磊编写;第 4 章由邢会明和邢向磊编写;第 5 章由叶秀芬编写;第 6 章由姚晓辉和丛山编写。全书由邢向磊和丛山统稿。

由于编者水平有限,书中错漏之处在所难免,恳请广大读者批评指正。

编 者

目 录

前言

第1章 绪论 ……………………………………………………………………… 1

1.1 数字图像处理的起源和发展历程 …………………………………… 1
1.1.1 数字图像处理的发展历史 …………………………………… 1
1.1.2 数字图像处理的发展现状及人工智能变革的机遇 ………… 4
1.2 数字图像处理实例 …………………………………………………… 6
1.2.1 图像增强实例 ………………………………………………… 7
1.2.2 图像去噪实例 ………………………………………………… 7
1.2.3 图像复原实例 ………………………………………………… 8
1.2.4 图像识别实例 ………………………………………………… 9
1.2.5 图像生成实例 ………………………………………………… 9
1.3 数字图像处理系统 …………………………………………………… 10
1.3.1 图像处理系统的构成 ………………………………………… 10
1.3.2 相机几何模型 ………………………………………………… 12
1.3.3 光度立体与图像形成的光照模型 …………………………… 15
1.3.4 数字图像的表示与图像处理基本步骤 ……………………… 17
本章小结 ……………………………………………………………………… 19
思考题与习题 ………………………………………………………………… 19
参考文献 ……………………………………………………………………… 20

第2章 图像增强 …………………………………………………………… 21

2.1 数字图像处理基础 …………………………………………………… 21
2.1.1 线性操作与非线性操作 ……………………………………… 21
2.1.2 空间操作 ……………………………………………………… 23
2.1.3 概率方法 ……………………………………………………… 27
2.2 点运算和灰度变换 …………………………………………………… 28
2.2.1 图像反转 ……………………………………………………… 28
2.2.2 对数变换 ……………………………………………………… 28
2.2.3 幂律变换 ……………………………………………………… 30

2.3 直方图处理 ··· 30
2.3.1 直方图基本概念与绘制 ·· 30
2.3.2 直方图均衡化 ·· 31
2.3.3 直方图规定化 ·· 35
2.3.4 局部直方图均衡化 ··· 38
2.3.5 传统图像风格转换算法 ··· 38
2.4 卷积与空间滤波 ··· 41
2.4.1 空间滤波基础 ·· 41
2.4.2 平滑空间滤波器 ··· 45
2.4.3 锐化空间滤波器 ··· 49
2.5 频域滤波 ··· 54
2.5.1 基本概念与频域滤波基础 ·· 54
2.5.2 二维傅里叶变换的一些性质 ··· 56
2.5.3 频域平滑滤波器 ··· 59
2.5.4 频域锐化滤波器 ··· 62
2.6 基于深度学习的图像增强 ··· 64
2.6.1 深度学习基础 ·· 64
2.6.2 神经网络 ·· 66
2.6.3 卷积神经网络 ·· 72
2.6.4 基于深度学习的图像风格转换 ·· 80
2.6.5 基于深度学习技术的图像彩色增强 ·································· 83
2.7 本章课程项目实验 ·· 85
本章小结 ·· 88
思考题与习题 ·· 88
参考文献 ·· 89

第3章 图像重建与几何变换 ··· 91

3.1 基于统计学习的图像重建基础 ··· 91
3.1.1 主成分分析基础 ··· 92
3.1.2 基于PCA的图像重建与压缩 ··· 94
3.1.3 图像表观信息与几何信息 ·· 96
3.2 图像几何变换与重建 ··· 99
3.2.1 仿射与射影几何变换 ·· 99
3.2.2 图像插值算法 ·· 102
3.2.3 图像形变与标准姿态对齐 ·· 105
3.3 基于深度学习的图像重建与解耦 ·· 107
3.3.1 基于深度学习的图像重建 ·· 107
3.3.2 基于深度学习的图像表观与几何信息解耦 ························ 108
3.4 本章课程项目实验 ·· 112

本章小结 ··· 115
思考题与习题 ··· 115
参考文献 ··· 116

第 4 章　图像复原 ··· 117

4.1　图像退化与复原处理 ··· 117
4.2　噪声模型 ··· 118
4.2.1　噪声的空间和频率特性 ······································· 118
4.2.2　一些重要的噪声概率密度函数 ························· 118
4.2.3　周期噪声 ··· 122
4.2.4　估计噪声参数 ··· 123
4.3　图像退化函数估计 ··· 124
4.3.1　采用观察法估计退化函数 ································· 124
4.3.2　采用试验法估计退化函数 ································· 124
4.3.3　采用建模法估计退化函数 ································· 125
4.4　最小均方误差滤波器 ··· 127
4.5　图像去雾模型 ··· 130
4.5.1　基于暗通道先验的图像去雾算法 ····················· 130
4.5.2　水下图像复原模型 ··· 134
4.6　基于深度学习的图像复原 ······································· 137
4.7　本章课程项目实验 ··· 141
本章小结 ··· 142
思考题与习题 ··· 142
参考文献 ··· 143

第 5 章　图像分割 ··· 144

5.1　基础知识与边缘检测 ··· 144
5.1.1　点与线检测 ··· 145
5.1.2　边缘检测 ··· 146
5.1.3　Canny 边缘检测 ··· 152
5.1.4　边缘连接与霍夫变换 ··· 157
5.2　阈值处理 ··· 159
5.2.1　全局阈值处理 ··· 159
5.2.2　基于 OTSU 的全局阈值处理 ····························· 160
5.3　基于图论的图像分割 ··· 162
5.3.1　图论基础 ··· 162
5.3.2　基于图割法的图像分割 ····································· 162
5.4　基于马尔可夫随机场的图像分割 ························· 164
5.4.1　马尔可夫随机场基础 ··· 164

		5.4.2　基于 MRF 的图像分割	165
	5.5	基于深度学习的图像分割	166
		5.5.1　基于深度学习的图像语义分割	168
		5.5.2　基于深度学习的图像实例分割	172
	5.6	本章课程项目实验	173
	本章小结		176
	思考题与习题		176
	参考文献		177

第 6 章　图像表示　178

6.1	图像表示基础	178
6.2	图像角点检测	179
	6.2.1　角点表示目标函数	179
	6.2.2　Harris 角点检测算法	180
6.3	多分辨率与图像金字塔	183
	6.3.1　图像多分辨率技术	183
	6.3.2　高斯和拉普拉斯金字塔	184
	6.3.3　多分辨率展开	185
6.4	经典图像表示描述子	192
	6.4.1　尺度不变特征变换 SIFT	192
	6.4.2　方向梯度直方图 HOG	198
	6.4.3　局部二值描述 LBP	200
6.5	图像纹理表示	203
	6.5.1　纹理分析基础	203
	6.5.2　基于马尔可夫随机场的图像纹理描述	204
	6.5.3　基于深度学习的图像纹理描述	207
6.6	本章课程项目实验	209
本章小结		212
思考题与习题		213
参考文献		213

第 7 章　图像识别　215

7.1	构建图像分类问题模型	216
	7.1.1　基于贝叶斯决策理论的图像分类模型	216
	7.1.2　基于 PCA/FDA 的人脸识别模型	221
	7.1.3　基于深度学习的图像分类模型	224
7.2	构建图像检测问题模型	227
	7.2.1　基于 HOG 结合支持向量机的行人检测	227
	7.2.2　基于 Harr 小波与集成分类器的人脸检测	230

7.2.3 基于深度学习的图像检测模型 ……………………………… 235
7.3 本章课程项目实验 …………………………………………………… 243
本章小结 ………………………………………………………………… 246
思考题与习题 …………………………………………………………… 247
参考文献 ………………………………………………………………… 248

第8章 图像生成 249

8.1 图像生成技术概述 …………………………………………………… 249
8.2 基于隐变量描述的图像生成技术 …………………………………… 251
    8.2.1 概率框架下的隐变量模型 ……………………………………… 252
    8.2.2 基于EM的交替反向传播算法 ………………………………… 257
8.3 多视图与多模态图像生成模型 ……………………………………… 258
    8.3.1 多视图与多模态图像生成概述 ………………………………… 258
    8.3.2 多视图图像生成 ………………………………………………… 259
    8.3.3 多模态生成模型 ………………………………………………… 260
8.4 基于变分自编码器的图像生成 ……………………………………… 262
    8.4.1 变分推断 ………………………………………………………… 263
    8.4.2 基于VAE的图像生成与重建技术 ……………………………… 264
8.5 基于生成对抗网络的图像生成 ……………………………………… 266
    8.5.1 概率框架下的生成对抗模型 …………………………………… 267
    8.5.2 基于GAN的图像生成技术 ……………………………………… 267
    8.5.3 基于条件GAN的图像生成技术 ………………………………… 269
8.6 本章课程项目实验 …………………………………………………… 272
本章小结 ………………………………………………………………… 274
思考题与习题 …………………………………………………………… 275
参考文献 ………………………………………………………………… 275

第1章 绪论

导　读

数字图像处理方法的重要性源于两个主要应用领域：改善图像信息和质量以便于人类更好地观察和解释；为机器自动理解而开展的图像预处理、信息提取、表示与分析等任务。本章主要介绍数字图像处理的起源和发展历程，以及在当今人工智能飞速发展的情形下，数字图像处理的发展现状和机遇；通过应用实例，具体介绍数字图像处理及其最新技术；概述数字图像处理系统的组成，数字图像形成的相机几何模型、光照模型与图像采集等，为后续深入学习图像处理的相关技术奠定基本的认识与理解。

本章知识点

- 数字图像处理的起源和发展历程
- 数字图像处理实例
- 数字图像处理系统的组成
- 数字图像的形成及在计算机中的表示

1.1 数字图像处理的起源和发展历程

1.1.1 数字图像处理的发展历史

视觉是人类观察世界和认知世界的重要手段。据统计，人类从外部世界获得的信息约有80%是由视觉获取的，这既说明视觉信息量巨大，也表明人类对视觉信息有较高的利用率，同时又体现了人类视觉功能的重要性。给计算机、机器人或其他智能机器赋予人类视觉功能，是人类多年以来的梦想。虽然目前还不能使计算机、机器人或其他智能机器也具有像人类等生物那样高效、灵活和通用的视觉，但自20世纪50年代以来视觉理论和技术得到了迅速发展，这使得人类的梦想正在逐步实现。

大约2400年以前，墨子做了世界上第一个小孔成倒像的实验，成为探索光影成像第一人。《墨经》中有这样精彩的记录："景到，在午有端，与景长，说在端。"解释了小孔成倒像的原因，指出了光的直线传播性质。沈括在其《梦溪笔谈》中详细阐述了成像暗箱的设计原理。

15 世纪，达·芬奇发明了基于光学原理的相机，如图 1-1 所示，通过针孔将图像映射到对面的墙壁上，完成了最原始的"针孔照相"。然而，该方式仅具备投影功能，并不能完成图像的记录，达·芬奇为了把针孔投影记录下来，对投影的图像用铅笔描绘，以此作为记录。

1839 年，照相技术有了进一步的进展，法国学者达盖尔发现了一种新的感光材料——碘，他将一把银匙放在用碘处理过的金属板上，经

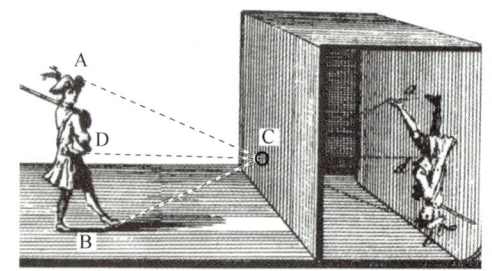

图 1-1　早期针孔照相

过一段时间，银匙的影子印到了板上。于是，达盖尔把曝过光的底片放在暗室里，用水银蒸气进行实验，解决了照相的显影问题。此后，他又发明了定影技术，从而彻底完善了照相技术。图 1-2 所示为 18 世纪的暗盒相机。

1975 年，24 岁的柯达工程师萨森发明了第一台数码相机，该数码相机重约 3.6kg，仅能拍摄 1 万像素的黑白照片，且只能记录在磁带中，如需查看则需要将其转换成视频信号用电视来查看。当时拍摄完成一张照片需用时 23s，然而当时在胶片摄影领域如日中天的柯达不屑于这种数码相机，其甚至公开表示，没人会愿意在电视上看照片。2012 年，柯达在传统相机向数码摄像转型过程中申请破产。图 1-3 所示为第一代数码相机。

图 1-2　18 世纪的暗盒相机

图 1-3　第一代数码相机

数字图像处理技术的发展与数字计算机的发展密切相关。数字图像处理领域的发展依赖数字计算机及数据存储、显示和传输等相关支撑技术的发展。随着计算机技术、数字信号处理技术、大规模集成电路技术、光电耦合芯片（CCD）的发展，各种数字图像采集模组、数码相机、工业相机、摄像机等图像采集设备技术成熟，数字图像处理技术随之得到快速发展。

20 世纪 60 年代初，随着计算机技术的发展，研究人员开始探索将数字技术应用于图像处理。这些技术主要在贝尔实验室、喷气推进实验室、麻省理工学院、马里兰大学和其他一些研究机构中开发，并应用于卫星图像、传真照片标准转换、医学成像、可视电话、字符识

别和照片增强等领域。第一个成功的应用是美国喷气推进实验室（JPL）于1964年利用计算机对空间探测器发回的图像开展的数字图像处理技术工作。计算机对航天器相机拍摄的各种类型的图像畸变进行了矫正处理，使用几何校正、灰度变换、噪声去除等图像处理技术，对"探测器7号"空间探测器传回的数千张月球照片进行处理，结合太阳的位置和月球的环境，成功绘制了月球表面地图。这是计算机图像处理应用取得的显著成果。后来，他们对探测器传回的近十万张照片进行了更复杂的图像处理，生成了月球的地形图、彩色图和全景拼接图，这些非凡的成就为人类登月奠定了坚实的基础，极大地推动了数字图像处理的发展。

20世纪70年代，随着更便宜的计算机和专用硬件的出现，数字图像处理得到普及，这使得某些专用问题（如电视标准转换）能够实时处理。20世纪60年代末和20世纪70年代初数字图像处理技术开始在医学成像、地球资源遥感监测和天文学领域发挥其优势。计算机断层扫描（CT）是图像处理在医学诊断领域最重要的应用之一。CT使医生能够更清晰地观察到病变部位，提升了诊断的准确性。除了医学和空间项目应用外，数字图像处理技术还用于增强对比度或将灰度图编码为彩色，以解释工业、医学及生物科学领域中的X射线图像和其他图像。地理学者使用相同或相似的技术从航空和卫星成像中研究污染模式。图像增强和复原方法还被用于处理不可修复物体的退化图像或不可复制的实验结果。在考古学领域，使用图像处理技术可以成功复原模糊的图片，从而修缮损坏的文物。在物理学和相关领域，通过数字图像处理技术可以增强如高能等离子和电子显微镜等领域的实验图像。同样，图像处理技术也成功地应用在天文学、生物学、核医学、国防及工业领域中。这一时期，图像增强、去噪和边缘检测等基本算法得到了初步的发展。

20世纪80—90年代，数字图像处理技术在算法发展和应用扩展方面取得了显著进展。研究人员提出了许多新的图像处理算法，并且这些算法逐渐成熟。快速傅里叶变换（FFT）、离散余弦变换（DCT）等数学工具被广泛应用于图像处理。图像增强、复原、压缩和分割等基本算法不断改进，推动了图像处理技术的实用化。图像分割技术在这个时期得到了广泛研究。图像分割的目的是将图像分割成若干个具有特定属性的区域，从而实现图像的分析与理解。应用数学家将数学、物理和统计模型引入图像处理与分析领域，并发展出大量有竞争力的方法和工具，如建立在吉布斯/马尔可夫随机场理论和贝叶斯推断理论基础之上的随机方法，基于几何正则性的变分方法，以小波为中心的应用调和分析等。这些图像建模和表示方法有效解决了图像去噪、图像去模糊、图像分割等图像处理任务。数字图像处理技术在医学成像、遥感、工业检测和娱乐等多个领域得到了更广泛的应用。在医学成像中，CT（计算机断层扫描）、MRI（磁共振成像）等技术的发展，使得数字图像处理在医学影像分析中的作用日益重要。图像分割、特征提取和三维重建等技术成为研究热点，为医学诊断和治疗提供了强有力的支持。随着计算机硬件性能的提升和软件工具的发展，图像处理软件开始普及，为用户提供了强大的图像编辑和处理功能。这一时期的研究重点逐渐从基础算法的研究转向应用系统的开发，从而推动了数字图像处理技术在实际生活中的广泛应用。

进入21世纪，由于计算机的普及，数字图像处理技术在各个领域的应用迅速扩展，表现出前所未有的繁荣景象。数字图像处理与计算机视觉技术逐渐成熟，并在多个领域取得了重要突破。人脸识别技术的发展使得身份验证和安防监控系统更加智能和高效。自动驾驶技术依赖计算机视觉，通过图像处理技术识别道路、车辆和行人，实现车辆的自动控制。特征提取、模式识别等方法的广泛应用，推动了数字图像处理与计算机视觉技术的快速发展。数字图像处理技术在电影、电视和游戏产业中也得到了广泛应用。电影特效制作中，图像处理技术被用于创建逼真的视觉效果和动画场景。虚拟现实（VR）和增强现实（AR）技术的兴起，使得图像处理技术在娱乐产业中的应用更加广泛。通过图像处理技术，可以实现虚拟与现实的无缝融合，为用户提供沉浸式的体验。数码相机和智能手机的普及，使得图像处理技术成为大众日常生活的一部分。现代智能手机集成了强大的图像处理功能，如自动对焦、HDR（高动态范围成像）、人脸美颜等，使得普通用户也能轻松拍摄出高质量的照片。社交媒体的发展进一步推动了图像处理技术的普及，用户通过各种应用程序对照片进行编辑和分享，极大地丰富了日常生活的视觉体验。

1.1.2 数字图像处理的发展现状及人工智能变革的机遇

数字图像处理涵盖了图像的获取、预处理、增强、复原和分析等多个方面，其应用领域广泛，包括医学成像、遥感、工业检测、安防监控、娱乐等多个行业。当前，数字图像处理的研究主要集中在以下几个方面：图像预处理与增强，包括图像去噪、锐化、对比度调整和色彩校正等；图像复原，通过去除模糊、噪声和失真，恢复图像的原始细节，常见的方法有反卷积、超分辨率重建等；图像分析与理解，包括边缘检测、目标检测和识别等；三维图像处理，涉及立体匹配、深度估计、3D建模和重建等。3D传感器和成像设备的普及，使得三维图像处理成为一个重要的研究方向。

进入21世纪，随着人工智能技术特别是深度学习的发展，数字图像处理和计算机视觉迎来了新的机遇和变革。深度学习通过构建多层神经网络，可以从大量数据中自动提取特征，并进行复杂的模式识别和决策。卷积神经网络（CNN）等深度学习模型在图像分类、目标检测、图像分割等任务上表现出色。经典的深度学习模型如AlexNet、VGG、ResNet等在ImageNet等大规模图像数据集上的卓越表现，证明了深度学习在图像处理中的强大能力。通过深度学习模型，可以自动提取图像的高层特征，显著提升了图像处理的效果和效率。深度学习极大地提升了目标检测的精度和速度。R-CNN、Fast R-CNN、YOLO、SSD等算法使目标检测的实时应用成为可能。语义分割和实例分割是计算机视觉中的重要任务。FCN、U-Net、Mask R-CNN等深度学习模型在医学影像分析、自动驾驶等领域表现突出。生成式模型同样赋能数字图像处理在图像生成、超分辨率、去噪等任务中的强大潜力。例如，生成对抗网络通过生成器和判别器的对抗训练，能够生成逼真的图像，并在图像修复、风格迁移、图像到图像的转换（如图像到素描、素描到图像等）应用中表现出色。CycleGAN、Pix2Pix等技术在艺术创作、图像编辑中得到了广泛应用。基于深度神经网络的生成模型为图像处理带来了新的方法和应用场景，推动了图像处理技术的进一步发展。

目前，随着大模型（包括语言大模型、视觉大模型、多模态大模型）的崛起，数字图像处理迎来了前所未有的变革和机遇。这些大模型通过集成大量数据和先进算法，实现了更高效、更精准的图像处理。大模型是指在大规模数据集上训练的深度学习模型，它们通常拥有数百万到数十亿的参数，能够从海量数据中学习复杂的特征表示和模式。这些模型不仅在特定任务上表现出色，还具备较强的泛化能力，能够应用于多种不同的任务和场景。语言大模型，如OpenAI的GPT系列模型和Google的BERT，这些模型在自然语言处理任务中表现出色，能够生成高质量的文本，并理解复杂的语言上下文。视觉大模型，如卷积神经网络（CNN）和 Vision Transformer（ViT），这些模型在图像分类、目标检测、图像分割等任务中取得了显著成果。多模态大模型，如 CLIP（Contrastive Language-Image Pretraining）和 DALL-E，这些模型通过结合视觉和语言信息，能够实现跨模态的理解和生成任务，表现出强大的多模态处理能力。

　　大模型助力数字图像处理在经典任务上迎来新的突破。例如，SAM（Segment Anything Model）是一种创新的图像分割模型，它利用大规模预训练和深度学习技术，实现了对任意物体的高效分割。SAM 模型的核心优势在于其通用性和高效性，可以广泛应用于各种复杂场景下的图像分割任务。SAM 模型在大规模图像数据集上进行预训练，学习到了丰富的图像特征表示。这使得 SAM 能够在不同场景和任务中，迅速适应新的图像分割需求。得益于其先进的网络架构和优化算法，SAM 模型能够在保持高精度的同时，实现快速的图像分割。这使得它在自动驾驶、视频监控和医疗图像分析等实时应用中具有显著优势。SAM 模型具有很强的通用性，能够处理各种类型的图像分割任务，包括语义分割、实例分割和全景分割，这使得它在不同领域中具有广泛的应用前景，如图 1-4 所示。

图 1-4　SAM 在不同场景下的通用语义分割

　　多模态大模型的突破，赋予传统图像目标检测任务新能力。例如，YOLO-World 是一种多模态实时对象检测模型，它结合了语言和视觉信息，能够在实时视频流中检测和识别开放词汇的对象。YOLO-World 的独特之处在于其多模态融合能力，通过结合视觉和语言模型，可以实现更高效和准确的目标检测。YOLO-World 模型通过融合视觉和语言信息，能够理解和处理复杂的场景。例如，在监控视频中，YOLO-World 可以根据语音指令实时识别特定对象，从而提高监控系统的智能化水平。YOLO-World 采用了高效的网络架构和优化技术，能够在保持高精度的同时，实现实时对象检测。这使得它在需要快速响应的应用中具有显著优势，如自动驾驶和智能监控。得益于其先进的多模态学习技术，YOLO-World 模型能够识别开放词汇的对象。这意味着它不仅能识别预先定义的对象类别，还能根据新的语言输入，灵活地适应新的检测需求。多模态融合技术将成为未来数字图像处理的重要发展方向。通过结合视觉、语言、语音等多模态数据，可以提高图像处理与理解的精度和应用范围。多模态融合技术在智能助手、自动驾驶等领域具有重要应用前景。YOLO-World 模型原理框架，如图 1-5 所示。

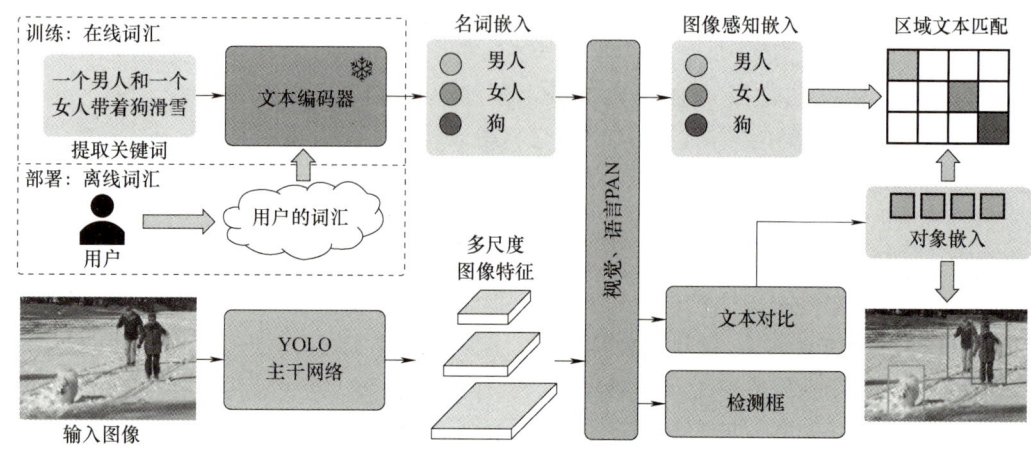

图 1-5 YOLO-World 模型原理框架图

大模型可以为数字图像处理带来了许多新的机遇。①提高精度和效率：大模型通过大规模数据预训练，学习到了丰富的特征表示，显著提高了图像处理的精度和效率。例如，SAM 和 YOLO-World 模型在保持高精度的同时，能够实现快速的图像分割和对象检测。②跨领域应用：大模型具有很强的泛化能力，能够在多个领域中应用。例如，SAM 模型不仅可以应用于医学图像分割，还可以用于遥感图像处理、自动驾驶等领域；YOLO-World 模型则可以在智能监控、自动驾驶和人机交互等多个领域中发挥作用。③实时处理：大模型的高效网络架构和优化算法，使得实时处理成为可能，这在需要快速响应的应用中具有重要意义，例如自动驾驶系统需要实时识别和处理道路上的各种物体，以确保行车安全。④智能化水平提升：大模型通过融合多模态信息，能够实现更高水平的智能化。例如，YOLO-World 模型通过结合视觉和语言信息，能够根据语音指令实时检测特定对象，显著提升了系统的智能化水平。⑤降低开发成本：大模型的预训练和迁移学习能力，使得开发者能够在较少数据和资源的情况下，快速开发出高性能的图像处理系统；这在资源有限的应用场景中具有重要意义。

数字图像处理作为一门跨学科的技术，在过去几十年中取得了显著进展，在医疗健康、智能制造、自动驾驶等新兴应用领域将发挥越来越重要的作用。从早期的基础研究到现代的广泛应用，数字图像处理技术的发展历程充分展示了计算机科学和工程技术的不断进步。在人工智能的推动下，数字图像处理技术迎来了新的机遇和挑战。未来，随着技术的不断进步和应用的不断拓展，数字图像处理与计算机视觉将在更多领域取得更加辉煌的成就，为提升生产效率、改善生活质量，以及社会的可持续发展和人类社会带来更多福祉和便利。

1.2 数字图像处理实例

数字图像处理技术在各个领域都有广泛的应用。1.1 节介绍了数字图像处理的起源和发展历程。基于目前数字图像处理发展的基本现状，本节将介绍几种数字图像处理的应用实例，涵盖了图像增强、图像去噪、图像复原、图像识别和图像生成等方面。

1.2.1　图像增强实例

图像增强技术旨在通过对图像进行处理，使得图像的某些特征更加突出，从而提高图像的视觉效果和质量，如图 1-6 所示。这一技术在医学成像、遥感、工业检测、娱乐等多个领域都有广泛应用。图像增强方法分为空域方法和频域方法，前者直接在像素空间进行处理，后者对图像进行傅里叶变换后在频域上进行处理。空域方法中，根据对图像处理的空间尺度，可分为点运算处理、局部处理和全局处理。点运算处理是基于单个像素的图像增强，在增强过程中对每个像素的处理与其他像素无关，例如对比度拉伸通过线性或非线性变换扩大图像灰度级的范围，从而增强图像的对比度。局部处理基于图像邻域块和模板，也叫作空域滤波，例如：平滑滤波主要用于图像的平滑处理，去除噪声；锐化滤波则用于增强图像的边缘和细节。全局处理在增强过程中对每个像素的更新依赖于图像像素整体的概率分布，例如：直方图均衡化是最早期的图像增强技术之一，通过调整图像的灰度级分布，使图像的对比度得到增强，从而使得图像细节更加清晰；自适应直方图均衡通过在图像的不同区域分别进行直方图均衡，使得局部细节得到了更好的增强。

a) 原始图像　　　　　　b) 增强图像

图 1-6　图像增强实例

1.2.2　图像去噪实例

图像去噪技术是数字图像处理中的重要领域，其目的是在尽量保留图像细节的同时去除图像中的噪声，如图 1-7 所示，噪声的存在会导致图像退化，影响图像的视觉质量和后续处理的效果。噪声通常用其概率特性来描述。图像去噪技术的早期，主要采用传统的线性滤波器和非线性滤波器来去除图像中的噪声，例如均值滤波器、高斯滤波器、中值滤波器等。均值滤波器通过对每个像素周围的像素取平均值，来平滑图像，去除噪声，这种方法简单有效，但容易导致图像细节的丢失和模糊。高斯滤波器利用高斯函数对图像进行加权平均，能够平滑图像，去除高频噪声。高斯滤波器在去噪效果和保留图像细节之间取得了较好的平衡。中值滤波器是一种非线性滤波器，通过用窗口内像素值的中值代替中心像素值，能够有效去除椒盐噪声，同时较好地保留图像边缘信息。中值滤波器在处理含有脉冲噪声的图像时表现尤为出色。目前，基于机器学习的图像去噪技术，尤其是深度学习技术的快速发展为图像去噪带来了变革。深度学习方法通过构建多层神经网络，自动学习图像的复杂特征，实现高效的图像去噪，例如，降噪自编码器是通过编码器将图像编码为潜在表示，再通过解码器重构图像以实现去噪。自编码器在去噪任务中能够有效提取图像的关键特征，去除噪声的同时保留图像细节。自注意力机制在图像处理中的应用日益广泛，通过引入自注意力机制，可以有效捕捉图像中的长程依赖关系，提高图像去噪的效果。

a) 原始图像　　　　　　　　　　　　b) 去噪图像

图 1-7　图像去噪实例

1.2.3　图像复原实例

在图像获取、记录、处理和传输的过程中，成像系统、记录设备、传输介质和处理技术的局限性，可能会导致图像质量的降低，这种现象被称为图像退化。这种退化可能源于多种因素，如曝光噪声、光学系统的衍射、图像运动导致的模糊以及几何畸变等。

图像复原技术的目标是通过利用对退化过程的理解和知识，对退化的图像进行预处理以抑制退化，如图 1-8 所示。虽然图像复原和图像增强都旨在改进图像以获取更好的图像质量，但它们的方法和评价标准有所不同。图像增强技术通常依赖于人类视觉系统的特性以获得更好的视觉效果，而不需要关心图像退化的实际物理过程，增强后的图像也不一定要接近原始图像。而图像复原则需要针对图像退化的原因进行补偿，需要对图像的退化机制和过程有一定的先验知识，旨在去除噪声、模糊和其他失真因素，重建出尽可能接近原始状态的图像。

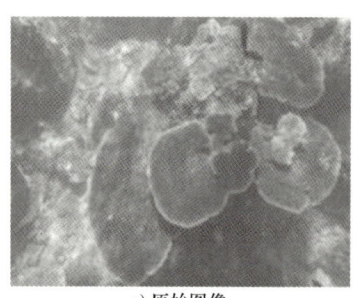 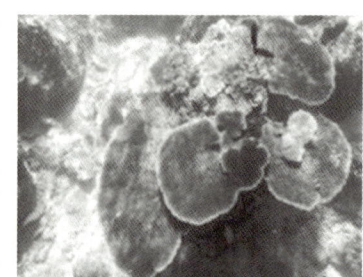

a) 原始图像　　　　　　　　　　　　b) 复原图像

图 1-8　基于光学成像模型的水下图像复原图

以水下光学图像复原为例，由于水下环境存在光照不均匀、悬浮粒子对光的散射、海水与浮游植物对光的吸收等因素，拍摄的水下图像总是存在清晰度不足、低对比度和颜色失真等问题，给海洋环境保护和海洋工程等实际应用以及科学研究带来了极大的不便，水下图像复原技术备受广大研究人员的关注。根据其对水下图像的处理过程不同，可分为基于物理模型的水下图像复原方法和基于深度学习的水下图像复原等方法。图 1-8b 所示为基于光学成像模型进行复原的图像，先根据图像色调扩散和梯度分析对水下图像偏色和模糊度的水体类型进行估计；其次根据图像偏色程度对背景光进行优化，使用三个背景光候选区域来对水下图像背景光进行估计，定义一个和色调扩散度量相关的优化参数，图像的偏色程度越大，对背景光的校正程度越大；最后采用一种自适应色彩校正方法对不同偏色的水下图像进行校正，对偏色的图像进行通道颜色补偿，补偿后使用非线性颜色校正对图像色彩进行复原。

1.2.4 图像识别实例

视觉任务中，场景解译与识别是最具挑战性的任务之一。随着 AI 赋能各行业的智能化进展，自然场景下的汽车轮胎字符识别已取得重大突破。该技术通过识别轮胎图片或视频，实现快速、精准的字符定位、分割与识别。轮胎作为车辆最为重要的安全部件之一，直接影响车辆在行驶过程中的安全性和稳定性。为了对可能出现的轮胎问题进行有效管理，制造厂、装配厂和车管中心有必要对轮胎表面字符信息进行及时的统计，通过获取轮胎字符信息，以实现对轮胎产品的追溯、分类、信息统计和车型匹配。

目前，基于深度学习的字符检测，基于卷积神经网络和注意力机制，大幅度提升了字符检测的精准度和检测速度。图 1-9 所示为轮胎字符检测识别的示例，选取当前兼顾检测速度与检测精度的场景文本识别模型 SwinTextSpotter 作为轮胎字符检测模型的基础，针对现实场景轮胎图片中的特点设计优化策略，最后基于 Seq2seq 框架的编码与解码结构，实现基于深度学习的轮胎字符检测与识别，很大程度上缩短了时间和人工成本，提高了经济和社会效益，有助于智能化交通系统的建设。

图 1-9 轮胎字符检测识别示例

1.2.5 图像生成实例

图像生成技术旨在利用计算机算法自动生成高质量的图像，涵盖了从简单的图形生成到复杂的图像合成、增强现实（AR）和虚拟现实（VR）等多个方面，如图 1-10 所示。随着深度学习和人工智能技术的快速发展，图像生成技术取得了显著进步，并在许多领域得到了广泛应用。作为数字图像处理与计算机视觉领域的重要组成部分，图像生成技术早在 20 世纪80—90年代就已出现，研究人员当时提出了许多基于物理和统计模型的图像生成方法，例如FRAME模型是由随机场与最大熵原理引导的在特征空间上构建纹理和目标概率分布的生成模型。随着深度学习和人工智能技术的发展，图像生成技术迎来了革命性的变革。现代图像生成技术主要基于深度神经网络，特别是基于马尔可夫链蒙特卡罗（MCMC）的交替反向传播模型，生成对抗网络（GAN）、变分自编码器（VAE）和扩散（Diffusion）等模型。目前，扩散模型与CLIP多模态模型和Transformers结合，已成为业内主流，可实现高清长视频生成的优秀效果。

图1-10　Sora模型根据文本"一窝金毛猎犬幼崽在雪地里玩耍。它们的头从雪中探出来"生成的高清视频

1.3　数字图像处理系统

数字图像处理技术在医学影像、卫星和航空影像、工业检测、安全与监控、娱乐与多媒体、艺术和文化遗产保护等众多领域广泛应用。本节主要介绍数字图像处理系统的构成、数字图像处理的基本概念和数字图像的形成与表示。

1.3.1　图像处理系统的构成

数字图像处理系统是利用计算机技术进行采集、处理、分析、存储和展示图像的综合系统。一个完整的数字图像处理系统构成框图如图1-11所示，通常包括以下几个主要组成部分：

1. 图像采集设备

图像采集设备用来将现实世界的客观场景转换为反映场景性质的图像。获取数字图像需要两个子系统。一个子系统是物理传感器，对某个电磁辐射能量谱波段敏感，将接收到的物体辐射能量转换为正比的（模拟）电信号。以采集可见光图像为例，固态采集传感器，例如电荷耦合器件（CCD）、互补金属氧化物半导体（CMOS）、电荷注射器件（CID）等，由感光基元构成，产生与光强度成正比的电信号输出。另一个子系统称为数字化器，通过采样和量化过程将物理传感设备的输出转换为离散数字形式数据。图像采集设备的质量和特性直接影响系统获取图像的精度和清晰度。

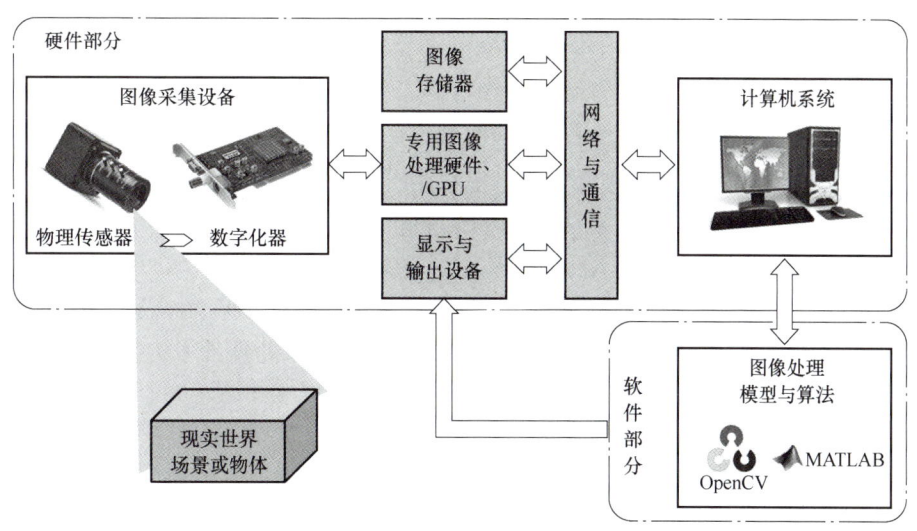

图 1-11 数字图像处理系统框图

2. 图像存储器

在图像处理系统中，大容量快速图像存储器是必不可少的，因为存储图像需要大量的空间。数字图像数据在计算机中的最小存储度量单位是比特（bit），更大的单位是字节（B，1B=8bit）、千字节（KB）、兆字节（MB）、吉字节（GB）和太字节（TB）等。例如，存储一幅 1024×1024 像素分辨率的 256 个灰度级的数字图像，需要 1MB 的存储空间。存储同样分辨率的彩色图像，则需要 3MB 的存储空间。视频由连续的图像帧组成，4K（4096×2160 像素）分辨率下，存储 1h 的原始视频需要近 2400GB 的存储空间。

目前常用的图像存储器可分为三大类：

（1）短期快速存储器　随机存取存储器是计算机内存和 CPU 缓存的主要存储类型，提供快速存储功能。目前，普通计算机的内存常为几吉字节到几十吉字节。

（2）较快在线存储器　固态硬盘（SSD）、机械硬盘（HDD）等用于存储需要频繁访问的图像数据。

（3）归档存储器　光盘存储（Optical Storage）、网络存储（Network Storage）、云存储（Cloud Storage）等用于长期存储访问频率较低的大量图像数据。

3. 显示与输出设备

显示与输出设备主要用于显示或输出处理后的图像，使用户能够观察和分析数字图像的处理结果。显示设备包括彩色平板显示器，用于显示处理后的图像；立体显示器用于需要 3D 显示的应用，例如虚拟现实和增强现实；投影仪用于大屏幕展示。输出设备包括打印机等用于输出图像的硬拷贝，例如激光打印机、喷墨打印机等。

4. 网络与通信

图像处理应用中大量图像和视频数据的传输和共享对带宽具有高需求，以光纤和 5G 为代表的高带宽低延迟无线通信技术，正在迅速推动这些需求的满足和相关应用的发展。云计算和存储则提供远程处理能力和存储资源。

5. 计算机系统

图像处理系统中的计算机指通用计算机，可以是个人计算机，也可以是为了特殊应用定制的边缘计算设备,或者是高性能超级计算机。计算机系统执行图像处理算法,是数字图像处理系统的核心。

6. 专用图像处理硬件

为了提高运算速度、克服通用计算机的限制,用于图像处理的硬件主要设计为兼容行业标准总线,适合安装在工作站机柜和个人计算机中,可以包括数字化器以及执行其他基本操作的硬件。例如,算术逻辑单元(ALU)可以在整个图像上并行执行算术和逻辑操作,在图像被数字化的同时快速对其进行平均处理,以减少噪声。图形处理单元(GPU)于 20 世纪 90 年代末引入图像处理系统中,早期用于游戏和其他 3D 图形应用,后来 GPU 被用于大规模矩阵运算,如训练深度卷积神经网络。GPU 可加速图像处理任务,其研究与大规模使用既是硬件方面的重要进展,同时也促进和推动了图像处理软件的发展。

7. 图像处理模型与算法

通过数理模型对数字图像进行表示与建模,并实现图像处理、分析与理解,是数字图像处理系统的中心模块,也是本书的中心内容,将在后续章节进行详细介绍。图像处理程序是实现图像处理算法的软件实现,常见的图像处理程序包括 OpenCV(Open Source Computer Vision Library)、MATLAB 中的图像处理工具箱等,这些工具允许用户编写自定义代码,利用专用模块进行图像处理。为了更方便地满足用户需求,数字图像处理系统通常还包括各种应用软件,如医学影像分析软件、图像编辑软件等。这些软件提供了友好的用户与系统交互界面,使得普通用户也能轻松进行数字图像处理。

1.3.2 相机几何模型

数字图像处理系统的图像采集设备负责将场景投影到图像上,场景中的景物与该景物在图像上的位置形成一定的几何关系,可通过相机几何模型建模。相机几何模型是计算机视觉、计算机图形学和机器视觉等领域中的一个关键概念,它通过数学和几何原理描述了相机如何将三维世界中的场景映射到二维平面上。本小节将从四大坐标系、小孔成像模型、相机参数等多个角度入手,全面而深入地介绍相机几何模型的关键概念。

相机的成像过程涉及四个坐标系:世界坐标系、相机坐标系、图像坐标系、像素坐标系。它们之间的相对位置关系如图 1-12 所示。

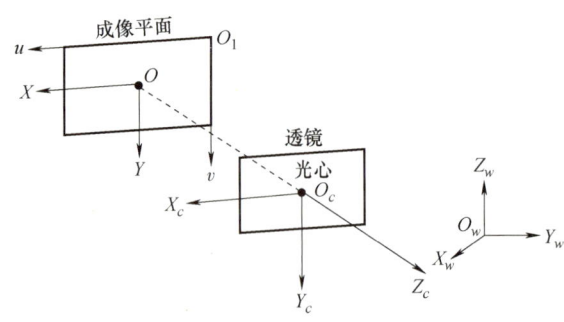

图 1-12 视觉中四大坐标系相对位置关系

1. 世界坐标系

世界坐标系 $X_w Y_w Z_w O_w$ 是一个虚拟的坐标系,用于建立物体在真实世界中的几何关系,并作为其他物体位置的参考。它通常用笛卡儿坐标系来表示,使用三个相互垂直的坐标轴来描述物体的位置。P 为现实世界中一点,其在世界坐标系中表示为

$$(X_w, Y_w, Z_w)$$

2. 相机坐标系

相机坐标系 $O_c X_c Y_c Z_c$ 是描述相机位置和方向的坐标系,以相机的光心为坐标原点,X 轴

和 Y 轴分别平行于图像坐标系的 X 轴和 Y 轴，相机的光轴为 Z 轴。相机坐标系可以用于计算物体在相机视野中的投影位置、相机与物体之间的距离和角度，以及进行相机姿态估计和相机运动恢复等计算机视觉任务。点 P 对应表示为

$$(X_c, Y_c, Z_c)$$

3. 图像坐标系

图像坐标系 OXY 用于描述图像上的位置，以图像平面的中心为坐标原点，X 轴和 Y 轴分别平行于图像平面的两条垂直边。图像坐标系用物理单位（例如毫米）表示像素在图像中的位置。点 P 对应表示为

$$(x, y)$$

4. 像素坐标系

像素坐标系 O_1uv 用于描述图像在相机芯片（CCD/CMOS）中像素的排列情况，它与图像坐标系紧密相关，通常是通过图像坐标系的坐标映射到像素坐标系中。像素坐标系以图像的左上角点为坐标原点，水平方向向右为 X 轴（u 轴），竖直方向向下为 Y 轴（v 轴），对应点 P 表示为

$$(u, v)$$

5. 小孔成像模型与相机参数

小孔成像是一种基于光学原理的简单成像技术，基于光线沿直线传播。它描述了一束光线通过小孔，在小孔背面投影成像的关系。小孔成像模型如图 1-13 所示。小孔成像模型能够把三维世界中的蜡烛投影到一个二维成像平面。同理，可以用这个简单的模型来解释相机几何模型。

可以看到小孔成像得到的是倒立的像，但是，我们并不想让相机输出的图像是倒像，所以相机在输出图像之前会翻转图像，实际输出的是正像。为了让模型更加贴合实际，在相机几何模型中，默认一个与真实像平面对称的虚拟成像平面，等价地把成像平面对称地放在相机的前面，和三维空间点一起放在相机坐标系的一侧。实际处理中默认分析的是虚拟像平面。

如图 1-14 所示，f 是相机焦距，O_c 是相机的光心，也就是小孔成像模型中的小孔。

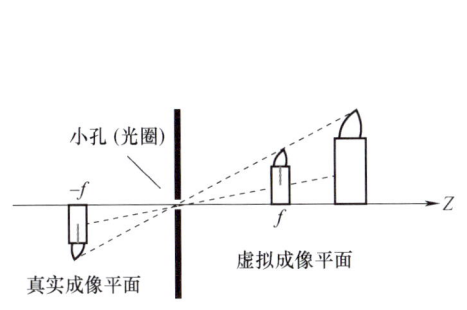

图 1-13 小孔成像模型

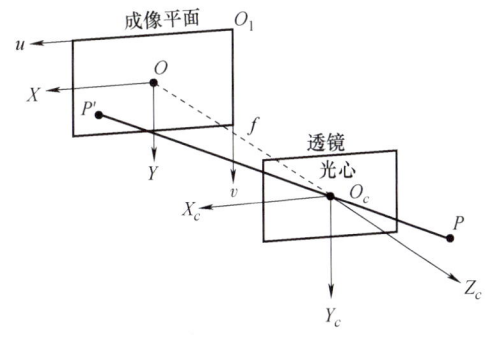

图 1-14 相机模型

现在对这个简单的相机模型进行几何建模，如图 1-15 所示。设三维空间中的点 P 在相机坐标系下的坐标为 (x, y, z)，成像点 P' 坐标为 (x', y')，将相机坐标系下三维空间中的点映射到二维图像上，根据相似三角形，有

$$\begin{cases}\dfrac{y'}{f}=\dfrac{y}{z},\\ \dfrac{x'}{f}=\dfrac{x}{z},\end{cases}\Rightarrow\begin{cases}y'=f\dfrac{y}{z},\\ x'=f\dfrac{x}{z}.\end{cases} \tag{1-1}$$

该式描述了空间点 P 和它的二维图像点的关系。这里的二维像平面是连续的，单位为 m，但是由于相机中光学传感器的存在，我们实际得到的是数字图像，也就是一个个像素，我们需要离散化，将像平面的点映射到像素坐标系下，像素的单位为 pixel（px）。

图像坐标系和像素坐标系的关系如图 1-16 所示，设像素坐标系的原点 O，在图像坐标系下的坐标为 (c_x, c_y)，由式（1-1），将点 P' 映射到坐标系下为

$$(x,y,z)\rightarrow\left(f\dfrac{x}{z}+c_x, f\dfrac{y}{z}+c_y\right) \tag{1-2}$$

单位转化

$$(x,y,z)\rightarrow\left(fk\dfrac{x}{z}+c_x, fl\dfrac{y}{z}+c_y\right) \tag{1-3}$$

式中，f 单位为 m；k、l 是相机内部成像器件参数，单位为 px/m。

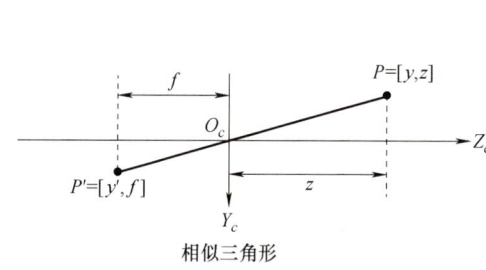

图 1-15　相机几何模型

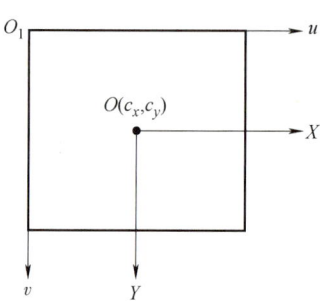

图 1-16　图像坐标系和像素坐标系的关系

令 $fk=\alpha$，$fl=\beta$，可以得到

$$(x,y,z)\rightarrow\left(\alpha\dfrac{x}{z}+c_x, \beta\dfrac{y}{z}+c_y\right) \tag{1-4}$$

为了方便处理在相机几何模型中经常涉及的平移、透视投影等变换，并简化数学表达和计算过程，需要将欧氏坐标转换为齐次坐标。

将 P' 的欧氏坐标转换成齐次坐标形式 $\boldsymbol{P}'_h$：

$$\boldsymbol{P}'_h=\begin{pmatrix}\alpha x+c_x z\\ \beta y+c_y z\\ z\end{pmatrix}=\begin{pmatrix}\alpha & 0 & c_x & 0\\ 0 & \beta & c_y & 0\\ 0 & 0 & 1 & 0\end{pmatrix}\begin{pmatrix}x\\ y\\ z\\ 1\end{pmatrix}$$

$$\boldsymbol{P}'_h\rightarrow\boldsymbol{P}'=\left(\alpha\dfrac{x}{z}+c_x, \beta\dfrac{y}{z}+c_y\right) \tag{1-5}$$

式中，$\boldsymbol{P}_h=\begin{pmatrix}x\\ y\\ z\\ 1\end{pmatrix}$ 是齐次坐标。

可以发现在齐次坐标形式下，空间中的点 P 和像素平面中的点 P_h' 建立一个线性映射关系。P_h'、P_h' 是为了区分齐次坐标点和欧氏坐标点，后续如果没有特殊说明，所有坐标采用齐次坐标表示，因此，不再使用 h 的标识。式（1-5）可以简化为

$$P' = \begin{pmatrix} \alpha & 0 & c_x & 0 \\ 0 & \beta & c_y & 0 \\ 0 & 0 & 1 & 0 \end{pmatrix} \begin{pmatrix} x \\ y \\ z \\ 1 \end{pmatrix} = MP \tag{1-6}$$

式中，M 为投影矩阵；P 为相机坐标系下三维点，P' 为像素坐标系下二维点。

已经完成相机坐标系到像素坐标系的转换，如果能完成世界坐标系到相机坐标系的转换，那么就能完成世界坐标系下的空间点到像素平面点的转换。

如图 1-17 所示，相机坐标系是世界坐标系经过刚体变换也就是旋转平移 R、T 得到的，齐次坐标系下为

$$P = \begin{pmatrix} R & T \\ 0 & 1 \end{pmatrix} P_w \tag{1-7}$$

式中，P_w 是世界坐标系下齐次坐标，即

$$P_w = \begin{pmatrix} X_w \\ Y_w \\ Z_w \\ 1 \end{pmatrix}$$

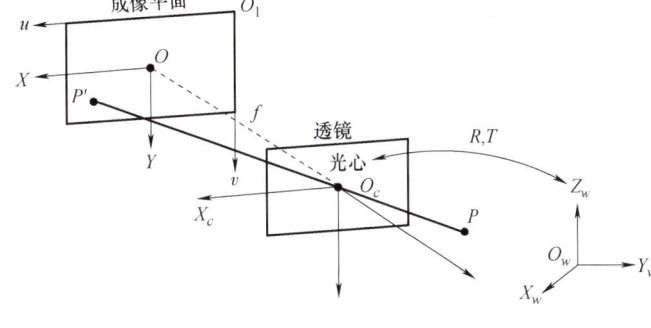

图 1-17 世界坐标系和相机坐标系的转换

结合式（1-6）可以将世界坐标系下的点 P_w 转换为像素平面上的点，即

$$P' = K(I,0)P = K(I,0) \begin{pmatrix} R & T \\ 0 & 1 \end{pmatrix} P_w = K(R,T)P_w = MP_w \tag{1-8}$$

式中，K 是相机内部参数；(R,T) 是相机外部参数，可以写成

$$P' = \begin{pmatrix} m_1 \\ m_2 \\ m_3 \end{pmatrix} P_w = \begin{pmatrix} m_1 P_w \\ m_2 P_w \\ m_3 P_w \end{pmatrix} \tag{1-9}$$

此时 P' 是齐次坐标形式，转换为欧氏坐标形式为

$$\left(\frac{m_1 P_w}{m_3 P_w}, \frac{m_2 P_w}{m_3 P_w} \right) \tag{1-10}$$

最终可以得到：
1) 内部参数决定了相机坐标系下的点到像素平面点的映射。
2) 外部参数决定了相机坐标系和世界坐标系的关系。

1.3.3 光度立体与图像形成的光照模型

上个小节中所介绍的相机几何模型是对场景中的景物与该景物在图像上位置的几何联系进行建模，该几何联系最终与图像的空间分辨率有关。此外，场景中的明暗变化也要反映到

形成的图像上,所以需要建立光照模型,将场景亮度与图像灰度联系起来,该光照模型最终与图像的灰度幅度分辨率有关。像素的亮度除了与图像采集设备对光响应有关,还取决于目标表面的光强度和从表面反射到相机的光的比例。大多数表面反射属于漫反射(朗伯反射),漫反射是一种理想化的表面反射特性,即光在所有方向上均匀地散射到各个方向,因此漫反射表面的亮度不依赖于观察方向。例如,大多数布料、油漆、粗糙的木质表面、植被以及粗糙的石头或混凝土都具备漫反射性质。描述这类表面的唯一参数是其反照率,即到达表面的光反射的比例。如果目标表面具有理想镜面的属性,则可以通过镜面反射建模。在大多数有光泽的油漆、塑料和金属表面上,会看到一个明亮的斑点——通常称为高光,高光因其小而非常亮的特点很容易被识别。

户外照明的主要光源是太阳,因其射线彼此平行且地日距离遥远的特点,可用远处的点光源来模拟建模,这是最重要的照明模型,对室内场景和室外场景都非常有效。因为射线彼此平行,面向光源的表面会比沿着射线传播方向的表面收集更多光能量。朗伯余弦定律指出表面局部块收集的光量与照明方向和表面法线之间的角度余弦成正比,即由远处点光源照明的漫反射表面局部块的亮度可建模为

$$I = \rho I_s \cos\theta \tag{1-11}$$

式中,I_s 表示光源强度;θ 是光源方向和表面法线之间的角度;ρ 是漫反射反照率。

更通用的场景可以建模为带有高光的漫反射模型,即朗伯+镜面反射模型。假设光源无限远,用 $N(x)$ 表示位置 x 处的单位表面法线,S 表示从 x 指向光源的向量,光源强度为 I_s,$\rho(x)$ 表示位置 x 处的反照率,$\text{Vis}(S,x)$ 表示一个函数,当位置 x 能看到光源时为 1,否则为 0。那么,位置 x 处的光强度可以表示为

$$I(x) = \rho(x) I_s (N \cdot S) \text{Vis}(S,x) + \rho(x) A + M \tag{1-12}$$

式中,$\rho(x) I_s (N \cdot S) \text{Vis}(S,x)$ 为漫反射项;$\rho(x) A$ 为环境背景光项;M 为镜面反射项。

光照模型中的朗伯余弦定律表明,亮的图像像素来自直接面向光的表面,而暗的像素来自面向切向光的区域,因此表面上的阴影提供关于目标形状的相关信息。光度立体法(Photometric Stereo)是一种用于获取物体表面法线(法向量)和表面形状的计算机视觉技术,最早由当时在 MIT 的人工智能实验室的 Robert J. Woodham 教授在 1978 年前后提出。通过对物体采集多个图像,每个图像使用不同的光照条件。光度立体法能够推导出物体表面在每个像素点处的法线方向,并进一步由法线获取表面形状,其典型应用是检测物体表面微小变化。

朗伯光度立体法(Lambertian Photometric Stereo)是光度立体法的一种特殊情况,其中假设物体表面呈朗伯反射。通过前面小孔成像的原理可以知道,图像上的像素值正比于所有射到该点位置的光线强度。利用朗伯反射模型建立光度方程,进而推导出物体表面在每个像素点处的法线方向。通过法线方向进行三维重建,从而还原目标物体的表面形状。

带有远心镜头的相机必须与被测物体表面垂直安装,在采集多幅图像时,一定要保证相机和物体不被移动,对于采集的多张图像中的每一幅图,照明方向必须指定 Slant 和 Tilt 两个参数角度,其描述了相对于当前场景的光照角度。为了更好地理解这两个参数含义,我们假定光源射出的光束是平行光,镜头是远心镜头,相机垂直于物体表面,光度立体法图像采集装置如图 1-18 所示。

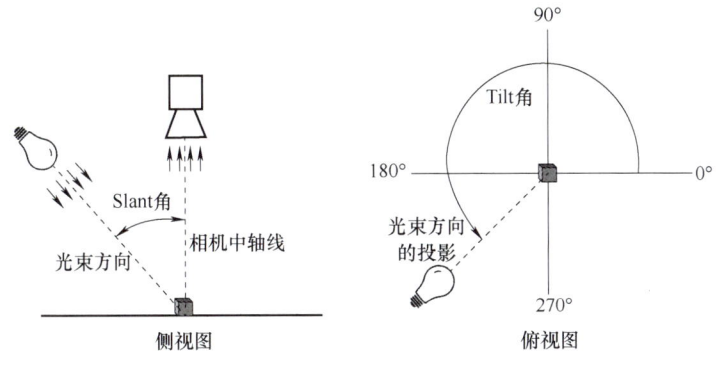

图 1-18 光度立体法图像采集装置

假定光束方向是平行且均匀的，相机是远心镜头，俯视图时又被称为拍摄目标，Tilt 参数以采集的图像为参考，图像中心水平往右称为 0°（起点），Tilt 是投影光束与起点的夹角。朗伯反射模型的数学表达式为

$$I = \rho NS \tag{1-13}$$

式中，ρ 为表面反射率（albedo），其值介于 0~1 之间，反映了物体表面特性；N 为表面法线（Normal）；S 为照明方向。将 ρ 和 N 合并起来用 G 来表示，则有

$$I = S^T G \tag{1-14}$$

每个像素位置对应的 G 是三维向量（方向为 N，模长为 ρ），假设有 k 个不同的光源，每个光源对应的照明方向 S 已知或可以利用参照物标定，则可以列出下列方程组

$$\begin{cases} I_1 = S_1^T G \\ I_2 = S_2^T G \\ \vdots \\ I_k = S_k^T G \end{cases} \tag{1-15}$$

并通过最小二乘法求解描述表面的量 G，因为 N 是单位法向量，G 的模长就是表面反射率

$$\rho = \|G\| \tag{1-16}$$

归一化后的单位向量就是法线向量，可以从 G 中得到

$$N = \frac{G}{\|G\|} \tag{1-17}$$

1.3.4 数字图像的表示与图像处理基本步骤

本书主要讨论自然场景成像所获得的图像。客观世界在空间上是三维的，数字图像采集设备通过 1.3.2 小节所述的相机几何模型将客观景物投影到二维平面上。一幅图像可以用一个 2D 数组或者二维函数 $I(x,y)$ 表示，其中 x 和 y 是图像平面坐标，当 x、y 和函数值 $I(x,y)$ 是有限的离散数值时，每个坐标点称为像素，称该图像为数字图像。$I(x,y)$ 表示像素在坐标 (x,y) 处，经由 1.3.3 小节的光照模型获得的反映客观景物被观察到的亮度函数值。例如，灰度图像中 $I(x,y)$ 称为该像素点的灰度值，如图 1-19 所示。

图像在像素点 (x,y) 处也可以同时具有多种性质，此时用矢量 I 表示，例如一幅彩色图像在每个像素坐标点同时具有红绿蓝三个数值，可表示为 $[I_r(x,y), I_g(x,y), I_b(x,y)]$。

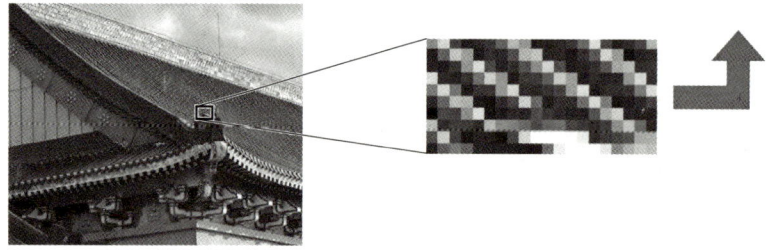

图 1-19　灰度图像的数字化表示

本书后续章节对数字图像处理模型和方法的展开大体可分为三类：①输入与输出均为图像的水平转换式模型；②输入为图像，输出为特征、属性或语义的自底向上判别式模型；③输入为语义，输出为图像的自顶向下生成式模型。整体结构组织如图 1-20 所示。下面对其余部分内容简要概述。

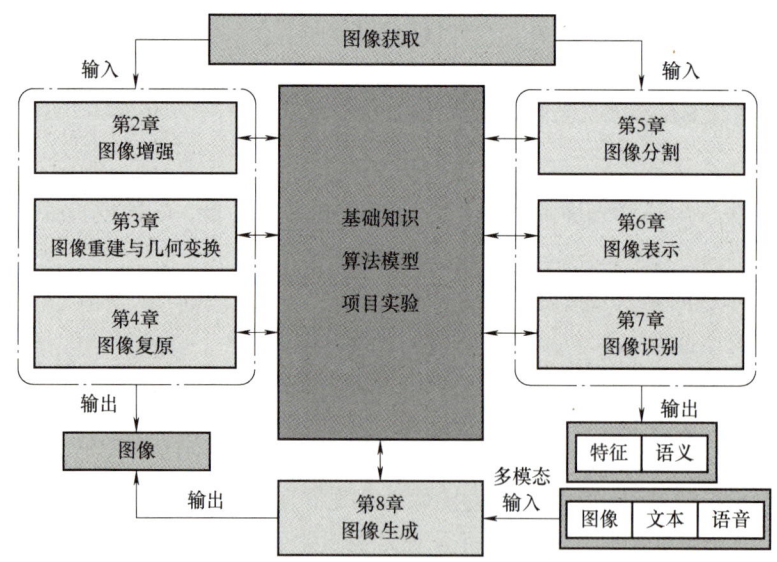

图 1-20　全书的整体结构组织

图像获取是整个系统的第一个过程，在 1.3 节的上述内容中侧重阐明了图像获取与形成的基本概念与流程。

图像增强指的是面向具体问题和任务对图像进行处理，使得结果比原始图像更适合特定应用。当图像增强用于视觉解释时，往往通过主观评价来判断某种方法效果好坏。图像增强不仅可作为后续图像分析与理解的预处理环节，还在视觉上吸引人且相对容易理解，因此第2章率先介绍了多种增强技术，涵盖了空域图像增强、频域图像增强以及基于深度学习的图像增强技术。值得注意的是，第2章中的内容适用于涵盖图像增强外更广泛的话题。

图像重建与几何变换 在学习基本的图像处理与增强方法后，第3章将统计学与建模方法引入数字图像处理，通过学习图像集的统计规律，面向任务指导图像几何变换，表现为几何属性解耦与重建。

图像复原 同样是增进图像外观的一个领域，然而不同于基于主观偏好的图像增强，图像复原是客观的，因为复原技术往往基于图像退化的数学或概率模型。基于物理模型与基于数据驱动的深度学习模型是目前图像复原的两大类主流方法。

图像分割 指将图像整体解译为组成部分或目标对象。图像分割从底层像素级的图像处理过渡到抽象程度较高的语义级图像分析与理解。自主分割是数字图像处理中最困难的任务之一，精准的图像分割结果是后续针对具体目标对象分析、特征提取与识别的基础。

图像表示 或图像特征提取与表征学习，通常紧随分割阶段的输出，并进一步对分割数据构成的边界或区域提取特征。特征提取包括特征检测和特征描述。特征检测是指在图像、区域或边界中找到特征。特征描述则为检测到的特征分配定量属性。例如，在图像区域中检测到角点，并通过其方向和位置来定量描述角点。第6章讨论图像结构特征与纹理特征的表示方法。特征描述符应尽可能对比例、平移、旋转、光照和视点等参数的变化不敏感。

图像识别 接收图像预处理与特征提取的结果并进一步根据特征表示与描述为对象分配类别标签。第7章介绍基于贝叶斯决策理论的图像分类模型、基于PCA/LDA等统计学习特征提取的识别模型和基于深度学习的识别模型。对于图像中包含多个不同目标的情况，构建图像检测模型，同时完成目标定位与识别。介绍经典的HOG结合支持向量机的行人检测模型，Harr小波结合集成分类器的人脸检测模型和基于深度学习的图像检测模型。

图像生成 与判别式模型提取图像特征并识别对象语义标签不同，生成式模型学习真实图像数据的概率分布，采样生成近似服从真实数据分布的图像。判别式模型输入像素级图像数据，获取抽象的语义概念，例如对目标的语义分割和分类识别；而生成式模型往往从语义隐向量产生像素级图像数据。第8章介绍基于马尔可夫链蒙特卡罗采样模型的图像生成，基于变分方法的图像生成与基于对抗生成网络的图像生成模型。

本章小结

本章介绍了数字图像处理的起源和发展历程，并通过一些实例帮助理解什么是图像处理及其在现实生活中的具体应用。1.3节从宏观上介绍了图像处理的基本步骤，特别是数字图像是如何形成的，是如何在计算机中表示的。在接下来的章节中，我们将深入探讨图像处理的具体方法与模型，并提供丰富的课程项目案例，以便更好地辅助学习并掌握这些技术。

思考题与习题

1-1 请简述数字图像处理技术从20世纪50年代至今的主要发展阶段，并列举每个阶段的关键技术或应用。

1-2　描述直方图均衡化和自适应直方图均衡化两种图像增强技术的区别，并解释为什么自适应直方图均衡化在某些情况下可能更优。

1-3　假设你有一个相机，其焦距为 50mm，图像传感器的宽度为 32mm。如果一个物体在相机坐标系下的位置是（1000mm，0mm，-1000mm），请计算该物体在图像上的投影位置（假设图像坐标系的原点位于图像的中心）。

1-4　图像去噪和图像复原是数字图像处理中的两个重要任务。请解释它们之间的区别，并讨论在实际应用中选择适当技术的考虑因素。

1-5　描述光度立体法的基本原理，并解释如何通过至少三个不同光照条件下的图像来恢复物体表面的法线信息。

参考文献

[1] 冈萨雷斯，伍兹. 数字图像处理：第 3 版 [M]. 阮秋琦，译. 北京：电子工业出版社，2011.

[2] 章毓晋. 图像工程 [M]. 3 版. 北京：清华大学出版社，2013.

[3] 桑卡，赫拉瓦卡，博伊尔. 图像处理、分析与机器视觉：第 3 版 [M]. 艾海舟，译. 北京：清华大学出版社，2011.

[4] 霍恩. 机器视觉 [M]. 王亮，蒋欣兰，译. 北京：中国青年出版社，2014.

[5] RICHARD S. Computer vision：algorithms and applications [M]. 2nd ed. New York：Springer，2022.

[6] SIMON J D P. Computer vision：models, learning and inference [M]. Cambridge：Cambridge University Press，2012.

[7] ALEXANDER K, ERIC M, NIKHILA R, et al. Segment anything [J]. Computer Vision and Pattern Recognition，2023，2304：4015-4026.

[8] CHENG T H, SONG L, GE Y X, et al. Yolo-world：real-time open-vocabulary object detection [J]. Computer Vision and Pattern Recognition，2024，2401：16901-16911.

第 2 章　图像增强

> **导　读**
>
> 　　本章将深入探讨图像增强领域的关键概念与技术，从数字图像处理基础开始，逐步介绍点运算与灰度变换、直方图处理、卷积与空间滤波、频域滤波等内容，为读者构建起扎实的理论基础。随着技术的发展，特别是深度学习的兴起，基于深度学习的图像增强方法也成为研究的重点内容之一。通过本章的学习，读者将能够深入了解图像增强技术的原理与应用，为后续章节的实践操作打下坚实的基础。

> **本章知识点**
>
> - 数字图像处理基础
> - 点运算和灰度变换
> - 直方图处理
> - 卷积与空间滤波
> - 频域滤波
> - 基于深度学习的图像增强

2.1　数字图像处理基础

2.1.1　线性操作与非线性操作

　　我们知道，在计算机处理中，图像的表示形式可以描述为由 $f(x,y)$ 的数值组成的数组（矩阵），$f(x,y)$ 代表任意坐标 (x,y) 处的数字图像的值，其中 x 和 y 为整数。如图 2-1 所示的便是灰度图以二维数组的形式在计算机中存储，在这个图中可以看到，图像是由许多小的图像单元组成的，这些单元称为像素（Pixel）。每

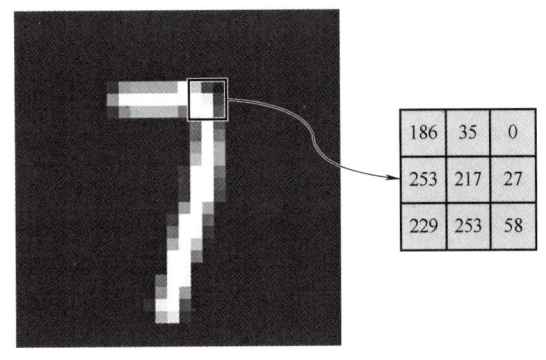

图 2-1　灰度图像在计算机中的表示

个像素是图像的最小单元，它具有特定的位置和颜色信息，每个像素又对应一个灰度值（Grayscale），用来表示像素的亮度，该值也被称为像素强度（Intensity）。在此图中灰度值取值范围为 [0, 255]，值越小显示的像素效果就越黑，值越大显示的像素效果就越白。

若将图像的表示形式写成方程，可用式（2-1）表示。

$$f(x,y) = \begin{pmatrix} f(0,0) & f(0,1) & \cdots & f(0,N-1) \\ f(1,0) & f(1,1) & \cdots & f(1,N-1) \\ \vdots & \vdots & & \vdots \\ f(M-1,0) & f(M-1,1) & \cdots & f(M-1,N-1) \end{pmatrix} \quad (2\text{-}1)$$

对于灰度图像，方程右侧矩阵每个位置的取值表示图像在每个位置的灰度值。在计算机中，方程的右边一般是一个整数矩阵，例如在一个 8bit 灰度图中，灰度值的取值范围是 0~255 之间的整数，分别对应黑色到白色的不同灰度级别。引用坐标为 (i,j) 的像素时，我们通常使用 $f(i,j)$。

当然，在现实世界中，我们的视线所及之处是充满着色彩的，那么，彩色图像在计算机中是如何存储的呢？这里，我们先把视角跳到美术领域。在绘画中，画师需要用到各种各样的颜色，而颜色是多种多样的，对于每一种颜色都去携带一种颜料显然是不太现实的事情。我们知道，将不同颜色的颜料混合可以得到一种新的颜色，由此，人们发现了绘画色彩中最基本的颜色有三种，即红（品红）、黄（柠檬黄）、蓝（湖蓝），称为原色。这三种原色颜色纯正、鲜明、强烈，而且这三种原色本身是调不出的，但它们可以调配出多种色相的色彩。在计算机中，储存彩色图像也是类似的原理，RGB 色彩模式是运用最广的颜色系统之一。RGB 代表红、绿、蓝三个通道的颜色，是光学三原色，这个标准几乎包括了人类视力所能感知的所有颜色。在计算机彩色图像存储中，RGB 格式图像存储代表每个像素位置需要 R、G、B 三个值，表现在整体上就是一张图像是由三个矩阵叠加而成的，如图 2-2 所示。其中，每个矩阵分量我们一般称为一个通道（Channel），每个通道上每个位置的取值一般也为 0~255 的整数。

图 2-2　RGB 彩色图像

图像处理（Image Processing）是一项利用计算机技术对图像进行分析的技术，其本质上是通过对图像的数字矩阵执行各种操作来实现多种效果。对于各式各样的图像处理方法，我们可以将其分为线性操作和非线性操作，这是图像处理方法最重要的分类之一，下面我们对其进行介绍。

定义一个通用算子 $\mathcal{H}$，它从给定的输入图像 $f(x,y)$ 生成一个输出图像 $g(x,y)$，即

$$\mathcal{H}[f(x,y)] = g(x,y) \quad (2\text{-}2)$$

给定两个任意常数 a 和 b，以及两个任意图像 $f_1(x,y)$ 和 $f_2(x,y)$ 作为输入，若 $\mathcal{H}$ 是一个线性算子，则 $\mathcal{H}$ 满足：

$$\mathcal{H}[af_1(x,y) + bf_2(x,y)] = a\mathcal{H}[f_1(x,y)] + b\mathcal{H}[f_2(x,y)] = ag_1(x,y) + bg_2(x,y) \quad (2\text{-}3)$$

这个等式表明，对两个输入的和进行线性运算输出的结果与分别对输入进行线性运算然后再相加后输出的结果是一样的。此外，对一个原始输入进行线性运算再乘以常数后得到的输出

与原始输入乘以该常数再进行线性运算得到的输出是一样的。第一个性质称为可加性，第二个性质称为齐次性。根据定义，不能满足式（2-3）的算子称为非线性算子。

例 2-1 证明求和运算 $\sum$ 是线性操作。

$$\sum [af_1(x,y)+bf_2(x,y)]$$
$$=\sum af_1(x,y)+\sum bf_2(x,y)$$
$$=a\sum f_1(x,y)+b\sum f_2(x,y)$$
$$=ag_1(x,y)+bg_2(x,y)$$

例 2-2 证明求图像中像素最大值运算 max 不是线性操作。

可通过寻找反例的方式证明，设有两个图片

$$f_1=\begin{pmatrix}0&2\\2&3\end{pmatrix}\quad f_2=\begin{pmatrix}6&5\\4&7\end{pmatrix}$$

假设 $a=1$，$b=-1$，代入式（2-3）左侧

$$\max\left\{(1)\begin{pmatrix}0&2\\2&3\end{pmatrix}+(-1)\begin{pmatrix}6&5\\4&7\end{pmatrix}\right\}=\max\left\{\begin{pmatrix}-6&-3\\-2&-4\end{pmatrix}\right\}=-2$$

计算此条件下的式（2-3）右侧

$$(1)\max\begin{pmatrix}0&2\\2&3\end{pmatrix}+(-1)\max\begin{pmatrix}6&5\\4&7\end{pmatrix}=3+(-1)7=-4$$

则在此条件下，式（2-3）左右两边不相等，则 max 不是线性操作。

线性操作在图像处理中具有重要地位，包含了大量的理论和实践成果。相较之下，非线性运算的应用范围相对有限，但是某些任务可能需要非线性操作来捕捉图像中的复杂关系或实现特定的效果，并且这些操作的性能远远超过线性图像处理操作所能达到的效果。

2.1.2 空间操作

空间域（Spatial Domain）指的是图像平面本身，空间操作直接在图像的像素上执行。空间操作可分为点运算、邻域运算、几何变换。

1. 点运算（Single-Pixel Operations）

点运算是直接对图像每个像素的值进行操作，不和其他像素发生关系，最简单的操作是使用变换函数 T 分别改变其像素的灰度，其形式为

$$s=T(z) \quad (2-4)$$

式中，z 为原始图像中像素的灰度；s 为处理后图像中对应像素的灰度。例如，图 2-3 显示了用于对 8bit 图像进行图像反转（Image Negative）的变换函数，该变换定义式如下：

$$s=255-z \quad (2-5)$$

式中，255 是 8bit 灰度图像中像素的最大灰度值。使用这种变换可以获得图 2-4 所示的反色图像。后续在 2.2 节点运算和灰度变换中我们会继续讨论点运算。

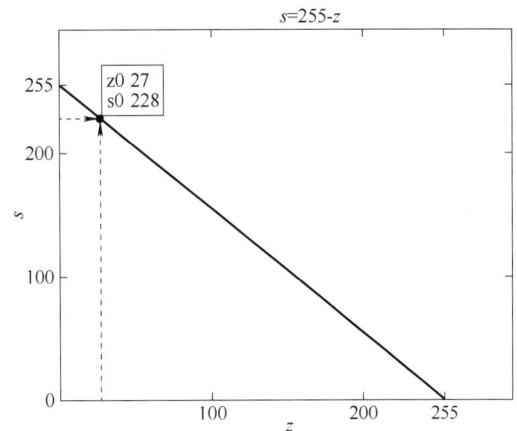

图 2-3 8bit 图像的图像反转变换函数

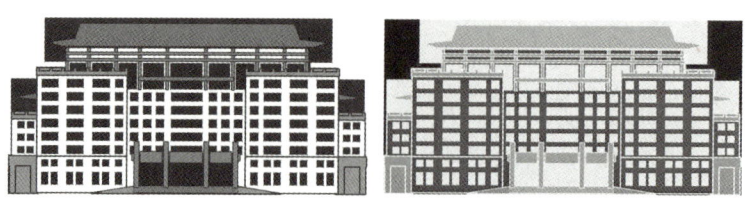

图 2-4 灰度图像反转处理

2. 邻域运算（Neighborhood Operations）

邻域运算是以区域为单位对图像进行处理，即对图像的任意一点，其目标图像的灰度值由原图像中该点周围的邻域像素经指定操作处理决定。如图 2-5 所示，我们令 S_{xy} 为图像 f 中以任意一点 (x,y) 为中心的一个邻域的坐标集，将该邻域作为输入进行邻域运算使得在输出图像 g 中的相同坐标 (x,y) 处生成一个相应的像素，该像素的值由输入图像的 S_{xy} 内的像素通过指定操作生成。

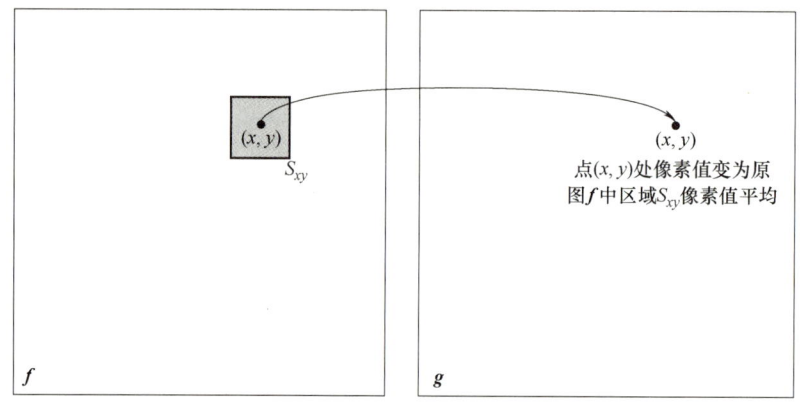

图 2-5 图像的邻域运算

举个例子，假设指定的操作是计算在大小为 $M \times N$、中心在 (x,y) 的矩形邻域 S_{xy} 中的像素的平均值，用公式表示为

$$g(x,y) = \frac{1}{MN} \sum_{(r,c) \in S_{xy}} f(r,c) \tag{2-6}$$

式中，r, c 是图像的行和列坐标，这些坐标是 S_{xy} 中的成员。我们可以意识到这一操作本质上是对图像进行了局部的模糊化。图 2-6 展示了借助 Python 的 OpenCV 库对邻域大小为 33×33 的图像进行模糊化处理的结果。我们在 2.4 节卷积与空间滤波中会继续学习邻域运算相关内容。

码 2-1【程序源码】
图像模糊化

3. 几何变换（Geometric Transformations）

几何变换就是指改变图像中像素间的空间关系。图像中的像素坐标可以用二维点来表示，$\boldsymbol{x} = (x,y) \in \mathbb{R}^2$，或者用列向量 $\boldsymbol{x}$ 来表示

$$\boldsymbol{x} = \begin{pmatrix} x \\ y \end{pmatrix} \tag{2-7}$$

坐标的空间变换可以表示为

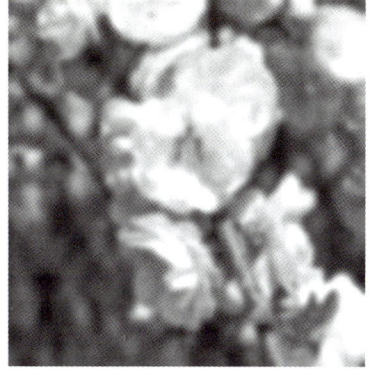

图 2-6　图像模糊化处理

$$\begin{pmatrix} x' \\ y' \end{pmatrix} = T \begin{pmatrix} x \\ y \end{pmatrix} = \begin{pmatrix} t_{11} & t_{12} \\ t_{21} & t_{22} \end{pmatrix} \begin{pmatrix} x \\ y \end{pmatrix} \tag{2-8}$$

式中，(x,y) 为原图像的像素坐标；(x',y') 为变换后图像对应的像素坐标。例如，变换 $(x',y')=(x/2,y/2)$ 将原始图像在两个空间方向上缩小到原来大小的一半。

仿射变换（Affine Transformations）是最常用的空间坐标变化之一，包括缩放、平移、旋转和剪切，该变换可以使用一个 3×3 的矩阵来表示。

$$\begin{pmatrix} x' \\ y' \\ 1 \end{pmatrix} = A \begin{pmatrix} x \\ y \\ 1 \end{pmatrix} = \begin{pmatrix} a_{11} & a_{12} & t_x \\ a_{21} & a_{22} & t_y \\ 0 & 0 & 1 \end{pmatrix} \begin{pmatrix} x \\ y \\ 1 \end{pmatrix} \tag{2-9}$$

仿射操作的效果取决于变换矩阵 A 的取值。其中，a_{11} 和 a_{22} 分别控制了水平和垂直方向上的缩放比例，a_{12} 和 a_{21} 控制了旋转和剪切。t_x 和 t_y 分别表示水平和垂直方向上的平移量。

（1）平移

$$A = \begin{pmatrix} 1 & 0 & t_x \\ 0 & 1 & t_y \\ 0 & 0 & 1 \end{pmatrix}$$

平移操作可以将图像沿着水平和垂直方向上移动一定的距离。这可以通过仿射变换矩阵中的 t_x 和 t_y 来实现。例如，如果 t_x 为 -50，表示将图像向左平移 50 像素；如果 t_y 为 30，表示将图像向上平移 30 像素。

（2）缩放

$$A = \begin{pmatrix} a_{11} & 0 & 0 \\ 0 & a_{22} & 0 \\ 0 & 0 & 1 \end{pmatrix}$$

当我们对一幅图像进行缩放时，实际上就是对图像中的每个像素进行一定比例的放大或缩小。这可以通过仿射变换矩阵中的 a_{11} 和 a_{22} 来实现。例如，如果 a_{11} 和 a_{22} 均为 2，表示将图像在水平和垂直方向上都放大两倍；如果 a_{11} 和 a_{22} 均为 0.5，表示将图像在水平和垂直方向上都缩小一半。

(3) 旋转

旋转操作可以将图像沿着某一点或某一中心进行旋转。在二维空间中，对一个点进行旋转时，我们可以使用下述旋转矩阵来描述绕原点的旋转变换：

$$A = \begin{pmatrix} \cos\theta & -\sin\theta & 0 \\ \sin\theta & \cos\theta & 0 \\ 0 & 0 & 1 \end{pmatrix} \tag{2-10}$$

式中，θ 是旋转的角度，这个矩阵会将图像绕着原点旋转 θ。

(4) 剪切

图像剪切操作是将图像沿着水平或垂直方向进行拉伸或压缩。在二维空间中，图像剪切通常可以沿着 x 轴或 y 轴方向进行。对于沿 x 轴方向的剪切，图像的每一行像素会沿着该行的某个方向移动一定的距离，而在 y 轴方向上保持不变。类似地，对于沿 y 轴方向的剪切，图像的每一列像素会沿着该列的某个方向移动一定的距离，而在 x 轴方向上保持不变。

图像剪切的操作可以用一个仿射变换矩阵来表示。对于沿 x 轴方向的剪切，对应的仿射变换矩阵可以表示为

$$A = \begin{pmatrix} 1 & s_x & 0 \\ 0 & 1 & 0 \\ 0 & 0 & 1 \end{pmatrix}$$

式中，s_x 表示沿 x 轴方向的剪切程度。

对于沿 y 轴方向的剪切，对应的仿射变换矩阵可以表示为

$$A = \begin{pmatrix} 1 & 0 & 0 \\ s_y & 1 & 0 \\ 0 & 0 & 1 \end{pmatrix}$$

式中，s_y 表示沿 y 轴方向的剪切程度。图 2-7 和图 2-8 展示了四种仿射变换的效果，该效果借助 OpenCV 库实现。

码 2-2【程序源码】
仿射变换

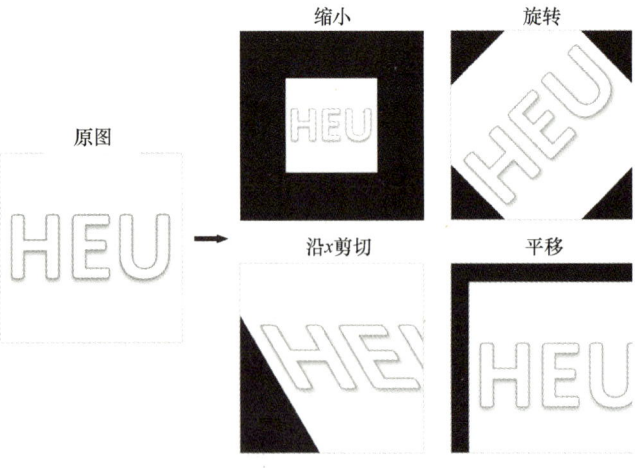

图 2-7 四种仿射变换

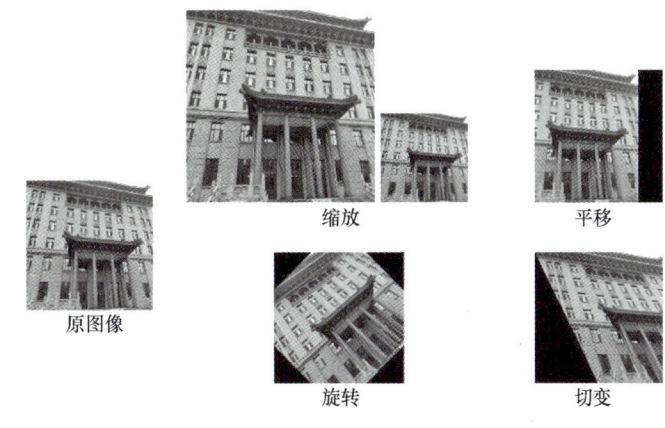

图 2-8 二维几何变换

2.1.3 概率方法

有时，我们需要把图像灰度值当作随机量进行研究。例如，令 $z_i(i=0,1,2,\cdots,L-1)$ 表示一幅 $M×N$ 数字图像中所有可能的灰度的值，灰度等级 z_k 在图像中出现的概率 $p(z_k)$ 估计为

$$p(z_k)=\frac{n_k}{MN} \tag{2-11}$$

式中，n_k 为灰度 z_k 在图像中出现的次数；MN 为总像素数。易知 $\sum_{k=0}^{L-1}p(z_k)=1$。

当我们有了 $p(z_k)$ 之后，我们就可以确定一些重要的图像特征。例如，平均灰度 m 以及灰度的方差 σ^2 为

$$m=\sum_{k=0}^{L-1}z_k p(z_k) \tag{2-12}$$

$$\sigma^2=\sum_{k=0}^{L-1}(z_k-m)^2 p(z_k) \tag{2-13}$$

方差是灰度值 z 相对于均值的扩散程度的度量，因此它可以用于度量图像的对比度。一般来说，随机变量 z 关于均值的 n 阶中心矩定义为

$$\mu_n(z)=\sum_{k=0}^{L-1}(z_k-m)^n p(z_k) \tag{2-14}$$

通过计算易得 $\mu_0(z)=1$，$\mu_1(z)=0$，$\mu_2(z)=\sigma^2$。虽然均值和方差与图像的视觉属性有直接明显的关系，但高阶矩可以描述得更加细致。例如，正的第三矩表示灰度偏向于高于均值，负的第三矩表示相反的情况，零的第三矩将告诉我们灰度在均值的两侧近似等量分布。这些特征可以用于计算，但它们不能直观表述图像外观的信息。

在后续的学习中我们可以看到，概率概念在很多图像处理的应用中起着核心作用。例如，在本章 2.3 节中，我们利用式（2-11）作为基于直方图的图像增强技术的基础；在第 5 章中，我们使用概率来进行图像分割；在第 6 章中，我们使用概率来描述纹理。

2.2 点运算和灰度变换

在本小节中我们会继续学习图像的点运算这一内容。图像的点运算也被称为灰度变换，是指在图像处理的过程中，输出图像的每个像素点的灰度值仅由输入像素点决定，运算时相邻的像素之间没有运算关系，是一种简单有效的图像处理方法。如2.1.2节所讲，灰度变换的公式为 $s=T(z)$，是指将原像素灰度值 z 使用变换函数 T 映射到新的灰度值 s。灰度变换函数一般有三种基本类型：线性、对数和幂律。这三种函数类型可分别应用于图像反转、对数变换、幂律变换这三种灰度变换方法。

2.2.1 图像反转

在上一节中我们已经预先了解了一些图像反转的相关内容。图像反转是一种将原图灰度值进行反转的操作，简单来说就是将黑变白，把白变黑。这里我们设灰度值的取值范围是 $[0, L-1]$，则用于图像反转的变换函数可以定义为

$$s = L - 1 - z \tag{2-15}$$

式（2-15）的函数图像在图2-3中有所展示。借由此函数对图像进行反转操作就好比生成了一张相机底片，也就是负片。图2-4展示了灰度图像反转处理的结果。对于彩色图像，分别对R、G、B三通道进行反转操作，图2-9展示了彩色图像反转处理的结果。可以借助Python的OpenCV库将图片打开到NumPy数组中，再借由矩阵减法实现图像反转。

图 2-9 图像反转操作

码 2-3【程序源码】
图像反转

2.2.2 对数变换

对数变换是将图像中的每个像素值取对数的过程，如图2-10所示。通常使用自然对数，即以 e 为底，也可以选择其他底数。对数变换的一般形式可以表示为

$$s = c \log_v (1+z) \tag{2-16}$$

式中，v 为底数；c 是一个常数，它是为了确保对数变换后的灰度值能够被映射到 $[0, L-1]$ 的范围内。对数曲线在灰度值较低的区域斜率大，在灰度值较高的区域斜率较小，所以对数变换可以将图像的低灰度值部分扩展，显示出低灰度部分更多的细节，同时将高灰度值部分

压缩，减少高灰度值部分的细节，从而达到将图像偏暗的部分进行增强的目的，即提升较暗部分的对比度。底数越大，对低灰度部分的强调就越强，对高灰度部分的压缩也就越强。与之相反，如果想强调高灰度部分，那么用指数函数（反对数函数）就可以了。

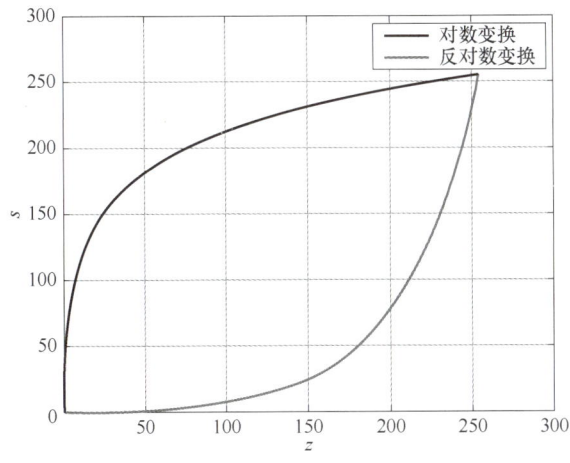

图 2-10 对数变换函数图像

码 2-4【程序源码】
对数变换

在本节的示例中，我们使用 PIL 库打开图像，借助 NumPy 库中的 log2 方法对图像进行对数变换，并且使用 Matplotlib 库将原图像与经过对数变换进行校正后的图像对比显示，代码运行结果如图 2-11 所示。对数变换具有突显暗背景下目标细节的能力。

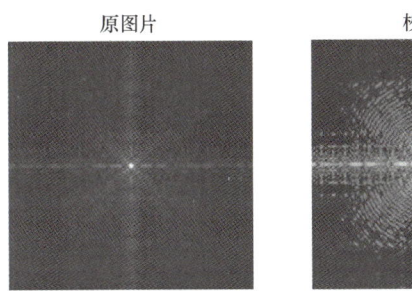

图 2-11 原始图像和对数变换校正后的图像

反对数（指数）变换的结果如图 2-12 所示，指数变换具有抑止曝光过度的能力。

图 2-12 原始图像和指数变换校正后的图像

2.2.3 幂律变换

幂律变换是将图像中的每个像素值进行幂次方处理的过程，如图 2-13 所示。幂律变换的基本形式为

$$s = cz^\gamma \quad (2-17)$$

式中，c 和 γ 为常数。习惯上将幂律变换的指数称为伽马（Gamma），因此幂律变换又称为伽马变换。当 $\gamma<1$ 时，幂律变换使得较窄范围的低灰度值映射到较广范围的输出值，而对高灰度值则会收窄其输出值范围，类似对数变换的效果；当 $\gamma>1$ 时，则效果与此相反。而当 c 和 γ 都等于 1 时，幂律变换就是恒等变换。

伽马校正是一种调整图像亮度以符合人眼感知特性的过程。由于人眼对低亮度变化更敏感、对高亮度变化较不敏

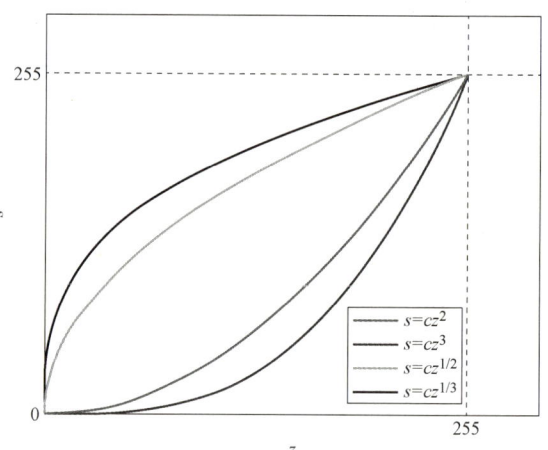

图 2-13 幂律变换函数图像

感，因此图像获取、打印和显示设备的输入和输出响应通常为非线性的，并满足幂律关系。伽马校正通过对图像像素值进行幂律变换，使输出图像的亮度更符合人眼的视觉特性。这一过程在图像捕获、存储、传输和显示的各个环节都有广泛应用，能够确保输出图像的亮度更符合人眼感知，从而提供更好的视觉效果。例如，在显示设备上，伽马校正可以调整像素值，使显示的图像亮度与输入信号一致，以改善视觉体验。通过伽马校正，图像处理过程能够更好地满足人眼的视觉需求。

幂律变换也可用于我们熟知的图像对比度操作。本节案例需要处理的图像是一张略显褪色的图片，使用 $\gamma>1$ 的幂律变换我们可以让图片显示效果更好。代码的运行结果如图 2-14 所示。

图 2-14 不同 γ 值的幂律变换结果

码 2-5【程序源码】
幂律（伽马）变换

2.3 直方图处理

2.3.1 直方图基本概念与绘制

直方图（Histogram）是图像处理中一种非常重要的分析工具，其主要根据灰度图像进行统计和绘制，可以反映灰度图像的全局特性。具体来说，灰度直方图是将数字图像中的所

有像素,按照灰度值的大小,统计其出现的频率。这里我们假设灰度值划分 L 个级别,则某个数字图像的直方图可以定义为

$$h(r_k) = n_k, k = 0, 1, 2, \cdots, L-1 \tag{2-18}$$

式中,r_k 为第 k 级灰度值强度;n_k 为图片中此强度的像素个数。一般来说我们需要将直方图进行可视化显示,于是我们给出了生成图像直方图并进行可视化的代码,其运行结果如图 2-15 所示。原图片为前一节幂律变换中使用过的褪色漂白的图片,在可视化的直方图中可以明显看出灰度值较大的像素较多,即反映出图像是偏白的。

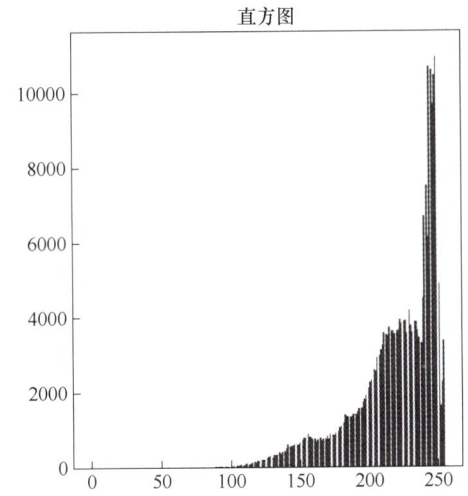

图 2-15　直方图可视化

码 2-6【程序源码】
直方图生成

把直方图上每个属性的频率计数除以所有属性的计数之和就得到了归一化直方图。归一化直方图的主要作用是将频率计数转化为概率,使得直方图的纵坐标表示每个灰度级别的相对频率。假设图像的大小为 $M \times N$,归一化直方图可定义为

$$p(r_k) = \frac{h(r_k)}{MN} = \frac{n_k}{MN} \tag{2-19}$$

直方图的形状与图像的整体外观有关。在较暗图像中,直方图形状整体向较低灰度值的一侧偏移,相对地,较亮图像中直方图形状整体向较高灰度值的一侧偏移。低对比度图像的直方图形状较为集中,而高对比度图像的直方图形状更趋于均匀分布,并展现出丰富的灰度变化,最终效果将是一个呈现大量灰度细节和高动态范围的图像。

2.3.2　直方图均衡化

我们知道当图像的对比度过低时,人眼难以清晰地分辨图像中的细节和特征,这可能会影响人们对图像的感知体验。因此,有时候我们需要提高图像对比度,以凸显图像的细节和特征,提升图像的可读性。如图 2-12 所示,我们可以观察到低对比度图像的直方图形状偏向于集中,而理想的高对比度图像的直方图形状更趋向于均匀分布。由此,为了提高图像对比度,我们引入了直方图均衡化方法。直方图均衡化,通过分析图像全局

概率分布对每个像素的灰度值进行调整，从而将原始图像的灰度直方图从相对集中的某个灰度区间拉伸至整个灰度范围内，使其呈现均匀分布。下面我们首先介绍一下直方图均衡化的理论基础。

首先，为了使用一些数学原理，我们假设图像的灰度值是在连续域上定义的，取值范围仍为 $[0,L-1]$。设 r 表示待处理图像的灰度，s 表示输出图像的灰度，由于直方图均衡化是点运算，其过程仍可以用 $s=T(r)$ 来表示。需要指出的是，这里的变换函数 T 需要满足以下条件：

1) 对于 $0 \leqslant r \leqslant L-1$，有 $0 \leqslant s \leqslant L-1$。
2) 在 $0 \leqslant r \leqslant L-1$ 区间内，$T(r)$ 为单调递增函数。

单调递增的条件保证了输出灰度值永远不会小于对应的输入值，从而防止了灰度反转产生的伪影。在某些情况下我们需要反变换操作，这时 $T(r)$ 必须为严格递增函数，保证 T 上的映射是一一对应的，从而保证了反变换 $r=T^{-1}(s)$ 的存在。

由此，我们可以假设变换函数为

$$s = T(r) = (L-1)\int_0^r p_r(\omega)\,\mathrm{d}\omega \tag{2-20}$$

式中，ω 是积分变量；$p_r(r)$ 是 r 的概率密度；$\int_0^r p_r(\omega)\,\mathrm{d}\omega$ 是 r 的累积分布函数（Cumulative Distribution Function，CDF）。易知此函数满足条件1）、2）。

为了计算在此变换函数下 s 的概率密度，我们需要引入概率论中的理论。由概率论知，若 $p_r(r)$ 和变换函数 $s=T(r)$ 已知，且 $T(r)$ 在需求范围内连续且可微，则变换后的图像灰度级的概率密度函数 $p_s(s)$ 为

$$p_s(s) = p_r(r)\left|\frac{\mathrm{d}r}{\mathrm{d}s}\right| \tag{2-21}$$

由式（2-20）和式（2-21），我们可以对 $p_s(s)$ 进行计算，首先对式（2-20）中的 r 求导

$$\begin{aligned}\frac{\mathrm{d}s}{\mathrm{d}r} &= \frac{\mathrm{d}T(r)}{\mathrm{d}r} \\ &= (L-1)\frac{\mathrm{d}}{\mathrm{d}r}\left[\int_0^r p_r(\omega)\,\mathrm{d}\omega\right] \\ &= (L-1)p_r(r)\end{aligned} \tag{2-22}$$

将此结果代入式（2-21），得

$$\begin{aligned}p_s(s) &= p_r(r)\left|\frac{\mathrm{d}r}{\mathrm{d}s}\right| \\ &= p_r(r)\left|\frac{1}{\mathrm{d}s/\mathrm{d}r}\right| \\ &= p_r(r)\left|\frac{1}{(L-1)p_r(r)}\right| \\ &= \frac{1}{L-1}\end{aligned} \tag{2-23}$$

观察 $p_s(s)$，变换后变量 s 在其定义域内是均匀分布的，即实现了均衡化的目标。而在

实际使用中,数字图像的数据是离散的,所以我们需要把上述过程中的公式转化为离散形式。设一幅图像的大小为 $M\times N$,n_k 表示灰度级为 r_k 的像素的数目,则第 k 个灰度级的概率可以表示为

$$p_r(r_k) = \frac{n_k}{MN} \tag{2-24}$$

此时,$p_r(r_k)$ 则是我们上一节所讲的归一化直方图。变换函数 $T(r)$ 可以写为

$$s_k = T(r_k) = (L-1)\sum_{j=0}^{k} p_r(r_j), k = 0,1,2,\cdots,L-1 \tag{2-25}$$

易证该式满足条件1)、2)。进行数字图像直方图均衡化的过程便是使用式(2-25)将输入图像中灰度为 r_k 的每个像素映射到输出图像中灰度为 s_k 的相应像素。

当然,只有理论可能难以理解,这里我们学习一个简单的例子来学习直方图均衡化的过程。

例 2-3 3bit 图像下的直方图均衡化。

假设有一幅图像,共有 10×10 像素,8 个灰度级,各灰度级概率分布,直方图数据见表 2-1。

表 2-1 图像直方图数据

灰度级 r_k	0	1	2	3	4	5	6	7
像素数 n_k	19	25	21	16	8	6	3	2
概率 $p_r(r_k)$	0.19	0.25	0.21	0.16	0.08	0.06	0.03	0.02

使用式(2-25)计算均衡化后的像素值,如下:

$$s_0 = (L-1)\sum_{j=0}^{0} p_r(r_j) = 7 \times 0.19 = 1.33$$

$$s_1 = (L-1)\sum_{j=0}^{1} p_r(r_j) = 7 \times (0.19 + 0.25) = 3.08$$

$$s_2 = (L-1)\sum_{j=0}^{2} p_r(r_j) = 7 \times (0.19 + 0.25 + 0.21) = 4.55$$

同理计算得 $s_3 = 5.67$,$s_4 = 6.23$,$s_5 = 6.65$,$s_6 = 6.86$,$s_7 = 7.00$。因为像素的灰度值应该为整数,所以我们应该将计算得出的 s_k 值进行四舍五入取整,此时得出的 s_k 值便是原图中拥有 r_k 灰度值的像素应该取的新灰度值。由此,我们可以构造其前后灰度等级映射关系的查找表,见表 2-2。

表 2-2 直方图均衡化灰度级映射表

r_k	0	1	2	3	4	5	6	7
	↓	↓	↓	↓	↓	↓	↓	↓
映射后位置	1	3	5	6	6	7	7	7

而后,我们便可以借助表 2-2 对输入图像的每个像素的灰度级进行改变。如此一来,我们变可以得到一张直方图均衡化后的图像。直方图均衡化前后概率分布变化见表 2-3。

表 2-3　直方图均衡化前后概率分布变化

概率 $p_r(r_k)$	0.19	0.25	0.21	0.16	0.08	0.06	0.03	0.02
映射后概率		0.19		0.25		0.21	0.24	0.11

用直方图形式可以更直观体现出处理效果，如图 2-16 所示。

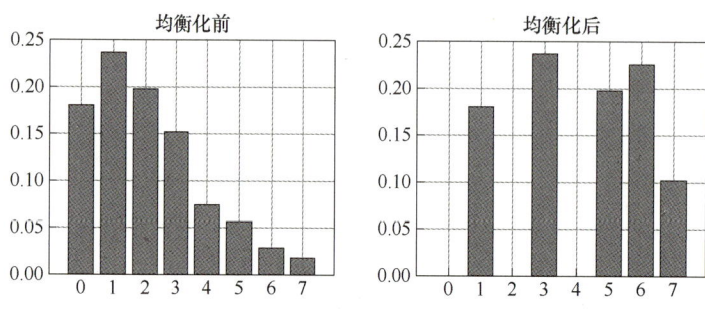

图 2-16　均衡化前后的图像直方图　　　　　　　　码 2-7【程序源码】
　　　　　　　　　　　　　　　　　　　　　　　　直方图均衡化

在实际应用中，我们可以使用 OpenCV 库中的 equalizeHist 方法来对图片进行直方图均衡化，这里我们使用的案例是图 2-15 中漂白的图像，代码运行结果如图 2-17 所示。在图 2-17 的运行结果中可以看到，在进行直方图均衡化后，直方图的形状由集中变为更加均匀，从图片的观感上也能明显看出对比度的提高，对于图像的各种细节也能够更好地进行观察。

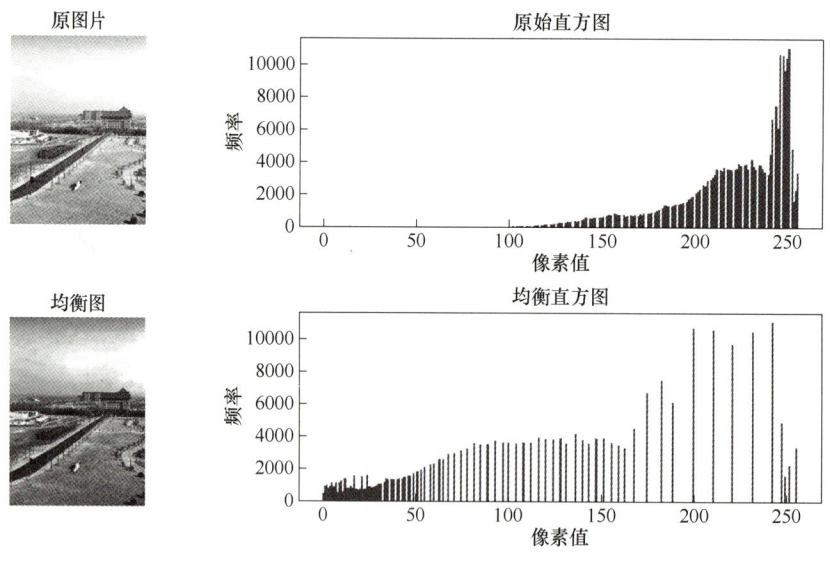

图 2-17　直方图均衡化案例

相比灰度图上的直方图均衡化，在彩色图像上进行直方图均衡化时，需要在每个颜色通道上分别进行处理。这是因为彩色图像包含了红色（R）、绿色（G）和蓝色（B）三个颜色通道，每个通道具有不同的亮度信息。我们需要对每个通道的灰度图像进行直方图均衡化，最后将处理后的通道重新组合成彩色图像。图 2-18 展示了一个在彩色图像上进行直方图均衡化的结果。

图 2-18 彩色图像上的直方图均衡化

码 2-8【程序源码】
彩色直方图均衡化

2.3.3 直方图规定化

从 2.3.2 节的学习中我们可以看到，直方图的均衡化自动确定了变换函数，可以对图像进行自动增强，使图像的直方图趋向均匀化，但是在有些应用中这种自动的增强并不是最好的方法。有时需要图像具有某一特定的直方图形状，而不是均匀分布的直方图，这时需要用到的方法是直方图规定化。

直方图规定化，也称为直方图匹配，是用于将图像变换为某一特定的灰度分布，也就是其目的灰度直方图是已知的。这其实和均衡化很类似，均衡化后的灰度直方图也是已知的，是一个均匀分布的直方图；而规定化后的直方图可以随意指定，也就是在执行规定化操作时，首先要知道变换后的灰度直方图，这样才能确定变换函数。规定化操作能够有目的地增强某个灰度区间，相比于均衡化操作，规定化多了一个输入，但是其变换后的结果也更灵活。

我们先介绍一下直方图规定化的数学原理。首先，依旧先假设图像的灰度值是在连续域上定义的。设 $p_r(r)$ 和 $p_z(z)$ 分别表示原始灰度图像和目标图像的灰度分布概率密度函数。直方图规定化操作便是原始图像的直方图具有 $p_z(z)$ 所表示的形状，因此我们需要建立 $p_r(r)$ 和 $p_z(z)$ 之间的关系。

我们知道，直方图均衡化是将灰度分布转化为均匀分布，那么可以考虑使用直方图均衡化产生的均匀分布建立 $p_r(r)$ 和 $p_z(z)$ 之间的联系。首先，我们对原始图像进行均衡化处理：

$$s = T(r) = (L-1)\int_0^r p_r(\omega)\,d\omega \tag{2-26}$$

同样，对目标图像进行均衡化处理：

$$v = G(z) = (L-1)\int_0^z p_z(v)\,dv \tag{2-27}$$

均衡化处理后得到的都是均匀分布，所以有 $G(z)=s=v=T(r)$，这样我们便能得知如何从 r 计算 z：

$$z = G^{-1}(s) = G^{-1}[T(r)] \tag{2-28}$$

借由式（2-28），我们便能进行直方图规定化。通过上述的学习我们可以看出，直方图规定化就是将均衡化作为中间结果，获得从原始像素 r 到规定化后像素 z 的映射关系。

同样，由于实际中图像的灰度值是离散整数，所以我们要将计算过程进行离散化。我们将实际离散数字图像中的直方图规范化过程总结如下：

1) 对原始图像进行均衡化操作，计算出 r 到 s 的映射表。

$$s_k = T(r_k) = (L-1)\sum_{j=0}^{k} p_r(r_j) \tag{2-29}$$

2) 对规定化的直方图进行均衡化操作，计算出从 z 到 v 的映射表。

$$v_q = G(z_q) = (L-1)\sum_{i=0}^{q} p_z(z_i) \tag{2-30}$$

3) 计算式（2-28）中的 G^{-1}，即 v 到 z 的映射。由于我们已经有了 z 到 v 的映射表，因此只需要求一个逆映射即可。

4) 借由 r 到 s 的映射表和 v 到 z 的映射表，由条件 $v=s$，计算出从 r 到 z 的映射，用此映射对输入图像每个像素灰度值进行变换，完成直方图均衡化操作。

注意，由于图像的灰度值是用整形存储的，因此在进行映射计算时我们必须将所有结果四舍五入到最接近的整数值。这一操作可能对变换的严格单调性造成破坏，导致映射的计算结果并非双射（一一映射），从而出现逆映射不唯一的现象。幸运的是，这个问题在离散情况下并不难处理，在计算 v 到 z 的映射时若出现一个 v_q 对应多个 z_q，一般来说约定直接选择最小的 z_q。

这里我们仍然提供一个3bit灰度图的例子用于直方图规定化的学习。

例 2-4 3bit 图像下的直方图规定化。

我们继续对例 2-3 中的 10×10 像素的 3bit 图像进行处理。我们希望将这个图像的直方图处理成表 2-4 的形式。

表 2-4 规定化的直方图

灰度级 z_q	0	1	2	3	4	5	6	7
概率 $p_z(r_q)$	0.00	0.00	0.00	0.15	0.20	0.30	0.20	0.15

我们按照本节中讲述的直方图规范化过程进行处理。

1) 对原始图像进行均衡化操作，计算出 r 到 s 的映射表。而在例 2-3 中，我们已经获取了 r 到 s 的映射表，见表 2-3。

2) 对规定化的直方图进行均衡化处理。

$$v_0 = (L-1)\sum_{i=0}^{0} p_z(z_i) = 7 \times 0.00 = 0.00$$

$$v_1 = (L-1)\sum_{i=0}^{1} p_z(z_i) = 7 \times (0.00 + 0.00) = 0.00$$

$$v_2 = (L-1)\sum_{i=0}^{2} p_z(z_i) = 7 \times (0.00 + 0.00 + 0.00) = 0.00$$

$$v_3 = (L-1)\sum_{i=0}^{3} p_z(z_i) = 7 \times (0.00 + 0.00 + 0.00 + 0.15) = 1.05$$

同理计算得 $v_4=2.45$，$v_5=4.55$，$v_6=5.95$，$v_7=7.00$。而后对这些值取整，得到从 z 到 v 的映射表，见表 2-5。

表 2-5　z 到 v 的映射表

z	0	1	2	3	4	5	6	7
	↓	↓	↓	↓	↓	↓	↓	↓
v	0	0	0	1	2	5	6	7

3）求逆映射。注意到在表中 v 为 0 时对应的 z 有 0、1、2 三个取值，此时我们只取值最小的 z 作为映射。v 到 z 的映射表见表 2-6。

表 2-6　v 到 z 的映射表

v	0	1	2	5	6	7
	↓	↓	↓	↓	↓	↓
z	0	3	4	5	6	7

4）借由表 2-3 和表 2-6，由条件 $v=s$，计算出从 r 到 z 的映射，见表 2-7。

表 2-7　r 到 z 的映射表

r	0	1	2	3	4	5	6	7
	↓	↓	↓	↓	↓	↓	↓	↓
z	3	4	5	6	6	7	7	7

由此我们便可以借助表 2-7 对输入图像的每个像素的灰度级进行改变，例如将原图像中灰度等级为 0 的像素改变为灰度等级为 3，执行前后的变化如图 2-19 所示。

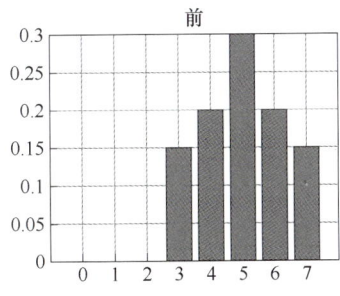
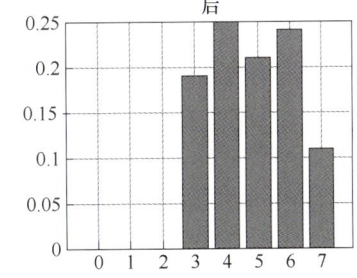

图 2-19　规定化前后的图像直方图

相比灰度图像，RGB 图像有三个通道，对 RGB 图像进行直方图规定化就是将它的三个通道单独分离出来分别进行直方图规定化，然后将结果合成一张新的 RGB 图像。图 2-20 为代码运行的结果。本例选用一张夏日森林风景图作为输入图像，用一张秋日风景图作为直方图规定化的参照图像，可以看到输出的结果使得图片的整体色调向着参考图像靠拢，使得输出图像也呈现了一种秋日风景的状态。

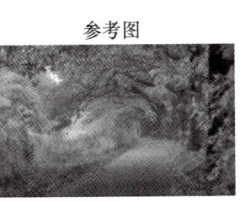

图 2-20　直方图规定化代码运行案例

码 2-9【程序源码】
直方图规定化

2.3.4 局部直方图均衡化

前面我们学习到的直方图处理方法都是全局的，在这个意义上，每个像素的灰度被基于整个图像的灰度分布产生的变换函数修改。这种全局方法虽然适用于整体增强，但存在一个缺点，即它会忽略图像中小区域的细节。为了解决这个问题，我们可以采用局部直方图均衡化方法。局部均衡化方法是对图中每个像素，单独基于其邻域设计产生变换函数，并单独应用于这个像素点上，具体处理过程是：

1）定义一个邻域框（一般来说是矩形）。

2）在每个像素位置，以该像素为中心按照步骤1）中定义的框来选取邻域，计算该邻域的直方图，并对该邻域进行直方图均衡化操作，注意最终变换的结果只应用于邻域中心点；依次对图像中每个像素位置进行计算得到最终结果。

在上述过程中，假设我们定义的邻域框是矩形，我们可以注意到两个相邻像素的邻域，只有一行或一列有所区别，所以为了减少计算，我们可以采用按顺序平移邻域框的方式计算，这样可以使用在每个平移步骤中得到的新数据更新在前一位置获得的直方图。这种方式相比单独每个邻域的直方图的方式计算量大大减少了。

用于减少计算量的另一种方式是使用非重叠区域，这样会使得需要计算的邻域数目变少。但这种方式通常会产生我们不希望的"棋盘"效应，即区域之间的边缘出现对比度不连续的情况。

本例中我们对一张灰度图进行了全局直方图均衡化和局部直方图均衡化进行对比，观察图2-21的运行结果我们可以很明显地发现，局部直方图均衡化的结果将更多更好的图像细节呈现出来了。

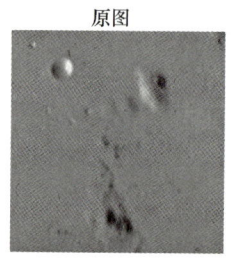
原图

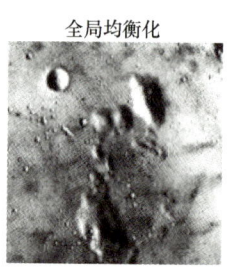
全局均衡化

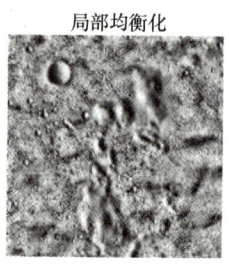
局部均衡化

图2-21　全局直方图均衡化与局部直方图均衡化的对比

码2-10【程序源码】
局部直方图均衡化

2.3.5 传统图像风格转换算法

图像风格转换（Image Style Transfer），顾名思义，就是提供一张图片，将任意一张图片转化成这个风格，并尽量保留原照的内容。例如，我们在2.3.3节学习的直方图规定化便可以进行图像的风格转换。图像风格转换这一内容是为了艺术的表达而诞生的。我们知道，各种美术流派的绘画作品展现出来的艺术风格与画面具有很大的差别，对这些作品的欣赏能带给人们美轮美奂的感受。由此，人们一直试图在数字图像中模仿艺术风格，并探索不同风格之间的转换，图像风格转换也就应运而生。这种技术的出现使得艺术家和设计师能够更轻松地将自己的创意融入数字媒体中，同时也为非专业用户提供了一种有趣的方式来探索不同艺术风格。

时至今日，在深度学习迅速发展的背景下，图像风格转换这一领域的研究基本上已经归类于深度学习方向，在 2.6 节中我们会对基于深度学习的图像风格转换进行介绍。本节我们要学习的是传统的图像风格转换方法，其主要的研究方向有两种：纹理合成（Texture Synthesis）和非真实感渲染（Non-Photorealistic Rendering，NPR）。

1. 纹理合成与纹理转移

图像的纹理是一种反映图像中同质现象的视觉特征，它体现了物体表面的具有缓慢变化或者周期性变化的表面结构组织排列属性。纹理合成技术是一种利用计算机算法生成新的纹理图像的方法。这项技术的目标是通过分析现有的纹理样本，然后利用统计、机器学习或物理模型等方法生成新的纹理，使其看起来与原始样本相似。图 2-22 展示了纹理合成技术，即使用一张小的纹理图片合成一张大的纹理图片。

图 2-22　纹理合成

直观上说，纹理合成的过程就类似于拼拼图，拼图块来自从原始样本中的取样，一般称为补丁（Patch）。纹理合成就是把一块块补丁拼在一起，并确保它们的拼接缝隙在视觉上是能够接受的。本节中我们要介绍的纹理合成以及纹理转移技术来自论文"Image Quilting for Texture Synthesis and Transfer"。下面我们首先介绍纹理合成的过程。

首先，我们需要一个输入的源纹理图，它是整个纹理合成过程中的唯一纹理来源。我们可以从这个输入中采样一系列补丁，记作 B_i，将补丁的集合记作 S。缝合的通用流程就是，按照栅格扫描（Raster Scan）的顺序（从左到右，从上到下）放置从源纹理图中采样得到的补丁 B_i，这样就可以拼成大片纹理。

在图 2-23 中显示了三种缝合方式：

图 2-23a 所示为从 S 中随机抽取，按照栅格扫描的顺序直接拼在一起。

图 2-23b 相比图 2-23a 的随机抽取，此方法需要抽取具有一定相似度的补丁重叠放置。如图 2-23b 所示，相邻的块 B1 和 B2 有部分重叠，如果 B1 已知，那么 B2 的选取要求是：需要先在 S 中挑出一些重叠部分和 B1 达到一定相似度的补丁，然后再从中随机挑选一个作为 B2 重叠并置，这样做可以让两个补丁的重叠部分尽量相似，以保证平滑过渡。最后从重合区域中线分割，左侧取 B1，右侧取 B2。

图 2-23c 在图 2-23b 的基础上，将分割的路径由直线改进为曲线。分割路径的选择要保证在该路径上的 B1 与 B2 的像素点值的绝对差异值总和相比其他路径是最小的。在计算机算法领域中，此问题相当于图的最短路径问题，可以使用动态规划或者 Dijkstra 算法解决。

可以看到，从图 2-23a 到图 2-23c 缝合效果逐步提升。图 2-23c 所示方法是论文中使用的缝合方式。在该算法中补丁的尺寸选择是一个重要因素，并且该参数因图而异。若补丁太小，则会使得补丁无法捕捉纹理结构，若补丁太大，则会导致提取的集合中样本差异性减少，合成纹理的随机性会变差。缝合时重合区域的宽度一般取补丁尺寸的 1/6。而重合区域相似度约束为：待选纹理块在重叠部分的误差和最佳匹配误差的差距在10%以内。

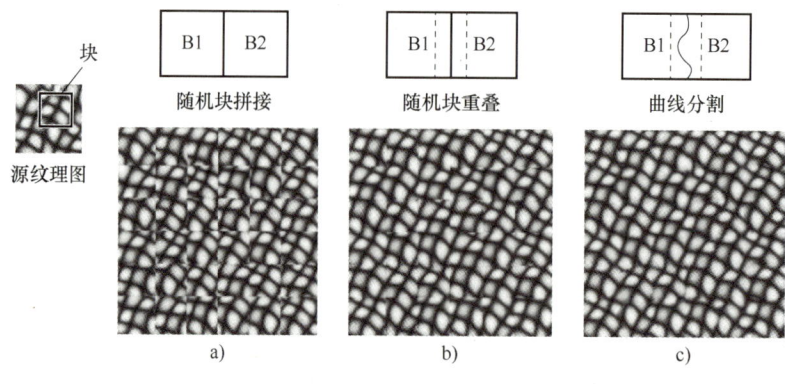

图 2-23　纹理补丁缝合

接下来，我们介绍纹理迁移。纹理迁移就是，利用源图像的纹理作为原料，仿照目标图像的结构合成新的图像，新的图像整体观感看起来像目标图片，但是内容却来自源图片，这便可以将纹理迁移也归类到图像风格转变中去。纹理迁移的效果如图 2-24 所示

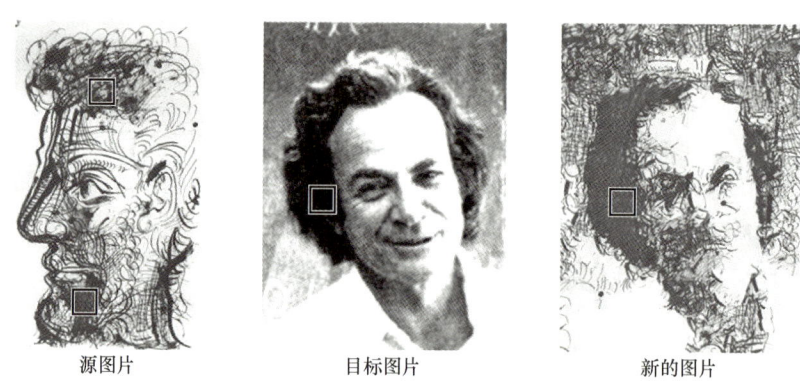

图 2-24　纹理迁移的效果

相比纹理合成，纹理迁移只需多一个步骤，即在选取缝上的补丁时需要使其满足一致性约束（Correspondence Constraint）。该约束为：只有特定属性和目标图对应位置相似的纹理块才能成为候选纹理块，这里的特定属性包括不限于：灰度值、高斯模糊后的灰度值（抗噪）、梯度以及其他统计特征。一致性约束是为了让合成图片的观感和目标图片相似。

我们以图 2-24 来说明该项约束，在本例中选用的是亮度判据：当我们在合成图中遍历到红框所在的位置时，显然这个位置需要和目标图红框位置相似，由于目标图在这个位置亮度很低，因此源图像中只有那些亮度也很低的纹理块（比如红框位置）的一致性误差就比较低，也就只有这些补丁会被纳入到填入此位置的范围中去。

由此，我们可以做出总结，在纹理迁移中，选择填入的补丁需要考虑的约束有重叠位置误差约束和一致性误差约束，在算法层面，我们可以将这两个误差进行加权求和，进而得到一个用于选择补丁的总误差，只有总误差在一定阈值以下的补丁才有资格成为候选，用公式可以将总误差表示为

$$L_{total} = \alpha \times L_{overlap} + (1-\alpha) L_{correspondence} \tag{2-31}$$

最后，需要注意的是，对于很多情况，一次遍历不能获得比较满意的纹理迁移效果。如果要想获得更好的效果，应该遍历 3～5 次，每次迭代在上一次合成结果的基础上进行，并且随着遍历次数的增加，补丁的尺寸应该越来越小，以满足使合成结果由粗到精的要求。

2. 非真实感渲染

非真实感渲染（Non-Photorealistic Rendering，NPR）旨在模拟艺术式的绘制风格，常用来对绘画风格和自然媒体（如铅笔、钢笔、墨水、木炭、中国画、油画、水彩画等）进行模拟。NPR 也可以把三维场景渲染出丰富的、特别的新视觉效果，使它具备创新的功能。NPR 渲染以强烈的艺术形式应用在动画、游戏等娱乐领域中，如图 2-25 所示，也出现在工程、工业设计图样中。其广阔的应用领域，不仅是由于它的艺术表现形式丰富多样，还在于计算机能够辅助完成原本工作量大、难度高的创作工作。

图 2-25　影视与游戏中的 NPR

一直以来，有一种特殊形式的 NPR 备受关注，且和我们的生活息息相关，那就是卡通渲染（Toon Rendering，又称 Cel Rendering）。这种渲染风格能够给人以独特的感染力与童趣。一般来说，对一张图片进行卡通化需要两个步骤，一是在保留图像边缘的条件下对图片进行模糊化，二是对步骤一处理后的图像上的不同纹理进行符合卡通风格的重新着色。在 2.4 节中，我们提供了使用 OpenCV 对图像进行卡通风格化的例子，因为卡通化处理过程中往往需要对图像进行滤波操作，感兴趣的读者可以进一步学习。

2.4　卷积与空间滤波

2.4.1　空间滤波基础

空间滤波（Spatial Filtering）是图像处理领域应用广泛的主要工具之一，本节中我们会介绍空间滤波在图像增强中的应用，在那之前，我们需要补充学习一些空间滤波基本原理。

滤波（Filter）一词借用于频域处理（Frequency Domain Processing），本意是指信号有各种频率的成分，滤掉不想要的成分，即滤掉常说的噪声，留下想要的成分，这既是滤波的过程，也是滤波的目的。例如，通过低频的滤波器称为低通滤波器（Lowpass Filter）。低通滤波器的最终效果是模糊（Blur）或平滑（Smooth）一幅图像，我们可以用空间滤波器（Spatial Filters）直接作用于图像本身而完成类似的平滑。

读到这里，也许一些读者并不了解何为频率域，但这一内容并非本节的重点，在 2.5 节中我们会对图像的频率域处理进行介绍，本节中重点介绍的空间滤波仍然是在图像的空间域上进行处理的,并且空间滤波本质上是我们在 2.1.2 节中讲述过的邻域运算。回顾前述知识我们知道,图像邻域运算是输出图像中的每个像素值由对应的输入像素及其邻域内像素共同决定的图像运算。同理,空间滤波通过将每个像素的值替换为该像素值及其邻域值的函数来修改图像,邻域的形状一般是矩形,空间滤波的邻域和其上的邻域运算就称为空间滤波器(Spatial Filter)。空间滤波操作也分为线性空间滤波和非线性空间滤波两种,我们首先重点介绍线性空间滤波。

1. 线性空间滤波

线性空间滤波器在图像 f 和滤波器核(Filter Kernel)w 之间执行积和操作。核是一个矩阵,其大小对应滤波操作的邻域大小,其系数决定了滤波器的性质。用于指代滤波器核的其他术语有掩码(Mask)、模板(Template)和窗口(Window),一般将其简称为核。

图 2-26 演示了使用 3×3 大小核的线性空间滤波的机制。在图像中的任意点 (x, y) 处,空间滤波输出 $g(x, y)$ 为核系数与核所包围的图像像素值的乘积之和,即

$$g(x,y) = w(-1,-1)f(x-1,y-1) + w(-1,0)f(x-1,y) + \cdots + \\ w(0,0)f(x,y) + \cdots + w(1,1)f(x+1,y+1) \tag{2-32}$$

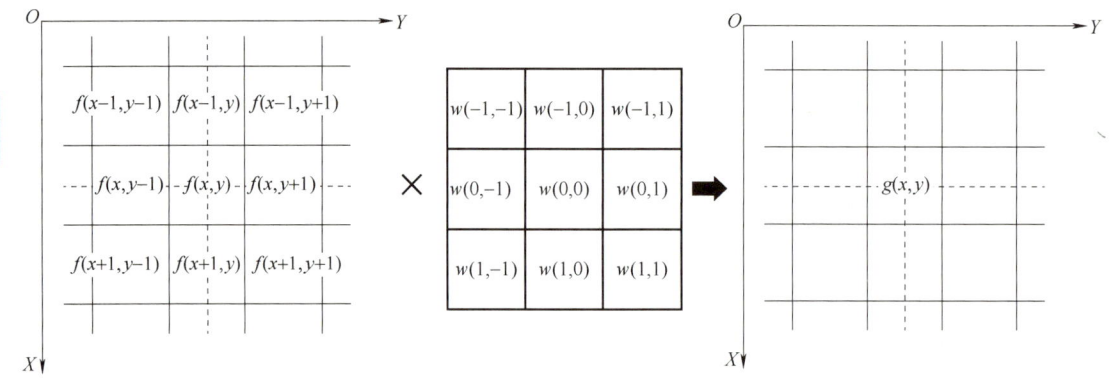

图 2-26 线性空间滤波

在计算过程中,要处理的像素位置 (x, y) 始终与核的中心位置 $w(0, 0)$ 对齐,这样通过在整个图像上按像素等级平移核,我们就可以生成整个图像的空间滤波结果。同时我们注意到,为了让核有一个确定的中心位置,核的宽高应该为奇数。对于大小为 $m \times n$ 的核,我们假设 $m = 2a+1$ 和 $n = 2b+1$,其中 a 和 b 为非负整数。如此一来,对于一个大小为 $M \times N$ 的图像,核大小为 $m \times n$ 的线性空间滤波由下述表达式给出:

$$g(x,y) = \sum_{s=-a}^{a} \sum_{t=-b}^{b} w(s,t)f(x+s, y+t) \tag{2-33}$$

根据公式,我们可以计算每个像素位置 (x, y) 在核 w 下的空间滤波值。但在处理图像边界时会遇到问题:当核的原点 $w(0, 0)$ 位于图像边界时,卷积核的一部分会超出图像范围。为了解决这个问题,可以对图像进行填充(Padding)。填充方法包括将图像边界外的像素值填充为 0 或某个固定值,这样可以确保边界处的像素位置也能参与运算。通过这种处理,可以得到完整的空间滤波结果。

例 2-5 线性空间滤波计算范例(相关操作范例)。

假设输入图像和核大小均为 3×3。输入图像 F 和滤波核 W 分别为

$$F = \begin{pmatrix} 1 & 2 & 3 \\ 4 & 5 & 6 \\ 7 & 8 & 9 \end{pmatrix} \quad W = \begin{pmatrix} 0 & 1 & 0 \\ 1 & -1 & 1 \\ 0 & 1 & 0 \end{pmatrix}$$

为了让 F 的边界值也能够进行滤波,基于核大小 3×3,将 F 进行大小为 1 的填充:

$$F' = \begin{pmatrix} 0 & 0 & 0 & 0 & 0 \\ 0 & 1 & 2 & 3 & 0 \\ 0 & 4 & 5 & 6 & 0 \\ 0 & 7 & 8 & 9 & 0 \\ 0 & 0 & 0 & 0 & 0 \end{pmatrix}$$

作为范例,我们将 $F(1,2)$ 处的计算过程拆分写出

$$g(1,2) = 2 \times 0 + 3 \times 1 + 0 \times 0 + 5 \times 1 + 6 \times (-1) + \\ 0 \times 1 + 8 \times 0 + 9 \times 1 + 0 \times 0 = 11$$

最终计算结果为:

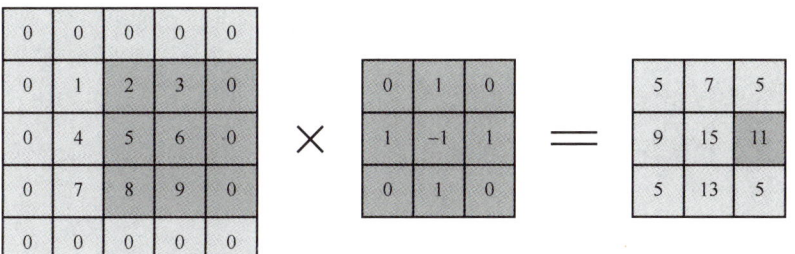

根据式(2-33),我们可以得出结论:线性滤波操作意味着每个输出像素是一些输入像素的加权和,这是一种算术运算,与线性概念相对应。然而,在许多情况下,使用相邻像素的非线性组合可以获得更好的性能。例如,在后续学习中,我们将学习中值滤波,这种滤波方法通过对局部邻域像素值进行排序并取其中值,可以有效去除图像中的脉冲噪声。中值滤波体现了逻辑关系运算,是一种非线性滤波方式。

2. 卷积和相关

接下来,我们继续谈论线性空间滤波。在执行线性空间滤波时,必须清楚地理解两个相近的概念。一个是相关(Correlation),另一个是卷积(Convolution),相关和卷积是线性空间滤波中的两种基础操作,卷积的概念是线性系统理论的基石。实质上,图 2-26 与式(2-33)所示的操作就是相关,即在图像上移动核的中心,将核与图像的局部区域逐像素相乘,然后将这些乘积求和,得到新的像素值。卷积操作与相关操作唯一的区别是核在进行操作之前被翻转(180°旋转),因此,当核的值围绕其中心对称时,相关和卷积产生相同的结果。在这里,我们重新将相关与卷积的公式对比写出,使用 ⊙ 表示相关,使用 ⊗ 表示卷积。

$$(w \odot f)(x,y) = \sum_{s=-a}^{a} \sum_{t=-b}^{b} w(s,t) f(x+s, y+t) \quad (2\text{-}34)$$

$$(w \otimes f)(x,y) = \sum_{s=-a}^{a} \sum_{t=-b}^{b} w(s,t) f(x-s, y-t) \quad (2\text{-}35)$$

图 2-27 所示为一个相关与卷积计算的对比案例,使用了离散单位冲激(Discrete Unit Impulse)作为输入图。冲激的概念是线性系统理论的基础,离散单位冲激是一个由数字序

列或数字矩阵表达的函数，并且该函数一个包含唯一的1，其余位置均为0。为了保证输入图中每个元素都被处理到，对于大小为 m×n 的核，我们在图像的上下至少填充（m-1)/2 行 0，在左右至少填充（n-1)/2 列 0。在这种情况下，m 和 n 等于 3，所以我们在 f 的上下各填充一行 0，左右各填充一列 0。观察计算结果我们可以看到相关操作在单位脉冲的位置得到一个 w 的副本，但是旋转了 180°。而卷积操作通过预旋转核，在单位脉冲的位置得到了核的精确副本。事实上，线性系统理论的一个基础是，将一个函数与一个冲激进行卷积，得到该函数在脉冲位置的一个副本。

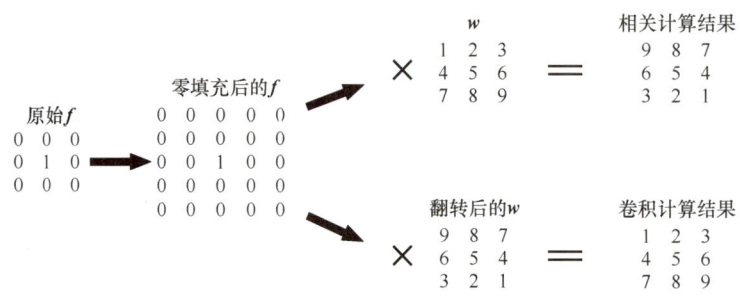

图 2-27　对离散单位冲激进行相关与卷积操作的结果

与相关相比，卷积多了一些性质，即卷积满足交换律和结合律。

$$f \otimes g = g \otimes f \tag{2-36}$$

$$f \otimes (g \otimes h) = (f \otimes g) \otimes h \tag{2-37}$$

卷积的可交换性和可结合性在一些证明中很有用。有时，图像按顺序分阶段进行卷积，在每个阶段使用不同的核。例如，假设用核 w_1 对图像 f 进行滤波，用核 w_2 对前述结果进行滤波，再用第三个核 w_3 对前述结果进行滤波，以此类推，共有 Q 个阶段。由于卷积的交换性，这种多阶段卷积可以在一个卷积操作 $w \otimes f$ 中完成

$$w = w_1 \otimes w_2 \otimes w_3 \cdots \otimes w_Q \tag{2-38}$$

同时，反过来想，某些较为复杂的卷积核 w 在理论上也可以拆分成多个较为简单的卷积核，如若有 $w=w_1 \otimes w_2$，则卷积操作 $w \otimes f$ 就等于先将 w_1 与 f 进行卷积，然后再将结果与 w_2 进行卷积，如此一来可以简化计算量。

在图像处理文献中，卷积这一名词的使用规范出现了一些混乱。很多文献经常使用卷积滤波器（Convolution Filter）、卷积模板（Convolution Mask）或卷积核（Convolution Kernel）这些术语，按照惯例，这些术语都是用于表示一种空间滤波器（Spatial Filter），并且该滤波器不一定真正用于卷积处理，也就是说，在很多情况下卷积与相关这两个术语被混用了。特别是在深度学习中的卷积神经网络实质上指的是相关运算，虽然深度学习中核的参数都是学出来的，不论使用卷积还是相关操作均不影响，但我们在研究学习时必须将操作的本质步骤分析清楚。

3. 可分离核

可分离核是一种特殊类型的滤波器核，可以分解成一维的核。以卷积为例，换句话说，可分离卷积核可以表示为一系列一维核的卷积，将这些核分别作用于图像的行和列，可以得到与使用原核进行卷积相同的结果。由于可分离核可以分解成一维核的卷积，它们的计算效

率更高,因为一维卷积运算比二维卷积运算更快。在图像处理中,可分离核通常用于实现二维滤波操作,在二维情况下,可分离核可以分解为一个一维垂直核和一个一维水平核的卷积。通过将这两个一维核分别应用于图像的行和列,可以得到与使用原核进行卷积相同的结果。可以将二维核的分离表示为

$$K = K_h \otimes K_v^T \tag{2-39}$$

式中,K 为 $m \times n$ 大小的核;K_h、K_v 为大小为 $m \times 1$ 和 $n \times 1$ 大小的垂直核,符号 T 表示转置。借由 K 对图片 f 进行卷积就等同于先将 K_h 与 f 进行卷积,然后再将结果与 K_v^T 进行卷积(由于卷积具有可交换性,无论使用何种顺序都可得到相同结果)。

二维可分离滤波操作可用于平滑化(低通滤波)、边缘检测(高通滤波)等。特别是在处理大型图像时,使用可分离核可以大大加快滤波操作的计算速度,并减少内存消耗。

2.4.2 平滑空间滤波器

回顾第 2.2.2 节中对邻域运算的介绍,我们提到了一种常见的图像处理操作,即模糊化(Blurring),它是一种平滑化(Smoothing)图像的方法。图像平滑用于减少图像中的噪声、细节或者不必要的细微变化,使图像变得更加平滑和柔和。通过平滑图像,可以减少图像中的高频成分,从而使图像看起来更加均匀和柔和。

平滑化操作通常可以通过使用平滑空间滤波器(Smoothing Spatial Filters)来实现。这种滤波器通过取邻域像素的平均值或加权平均值来减少图像中的高频信息,从而达到平滑化的效果。图像的高频信息表示图像中变化剧烈的部分,即图像中像素值的变化非常快速的区域。例如,图像中的边缘、纹理等细微结构都属于高频信息。低频信息表示图像中变化缓慢的部分,即图像中像素值的变化比较平缓的区域。例如,图像中的平滑区域、均匀背景等属于低频信息。因为平滑空间滤波器可以有效地去除图像中的高频信息,保留图像中的低频信息,因此又被称为低通空间滤波器(Lowpass Spatial Filters)。在本节中,我们将探讨学习两种线性平滑空间滤波器:基于盒状核(Box Kernels)的低通滤波器和基于高斯核(Gaussian Kernels)的低通滤波器。

1. 盒式滤波器核(Box Kernels)

盒状滤波是最简单的可分离平滑空间滤波方法之一,其核内元素具有相同的值。盒状核的定义如下所示:

$$K = \alpha \begin{pmatrix} 1 & 1 & 1 & \cdots & 1 & 1 \\ 1 & 1 & 1 & \cdots & 1 & 1 \\ \vdots & \vdots & \vdots & & \vdots & \vdots \\ 1 & 1 & 1 & \cdots & 1 & 1 \end{pmatrix} \quad \alpha = \begin{cases} \dfrac{1}{\text{width} \times \text{height}} & \text{当归一化时,} \\ 1 & \text{其他} \end{cases} \tag{2-40}$$

盒状核由一个全 1 的二维矩阵和一个归一化常数 α 的乘积构成。α 的取值与归一化参数(Normalize)有关,当需要进行归一化时,其值为 1 除以矩阵系数值的和(也即矩阵元素个数 width×height)。我们可以看到,归一化的盒装滤波实际上就是一个对局部求均值的过程,因此此操作又称为均值滤波。一般来说,在低通滤波中需要这种归一化。首先,这种方法可以确保在均匀强度区域的平均值等于在滤波后的图像中的强度。其次,通过以这种方式对滤波器进行归一化,可防止在滤波过程中引入偏置(Bias),即此方式原始图像和滤波后图像中像素值的总和将保持不变。

2. 低通高斯滤波器核（Lowpass Gaussian Filter Kernels）

盒式滤波是一种简单而常用的图像处理方法，它易于实现和理解，计算效率高，对于大部分情况下的平滑处理效果还不错。然而，盒式滤波也存在一些缺点，比如在模糊过程中可能会丢失图像的细节和边缘信息，导致图像失真，而且对于一些特定的图像结构，如水平垂直边缘或含有大量细节的图像，盒式滤波的效果可能不太理想，会产生方向性模糊或者增强噪声的情况。因此，实际应用中所选的核通常是圆对称的（也称各向同性，这意味着它们的响应与方向无关）。高斯核便是一种圆对称核，并且是是唯一可分离的圆对称核，其由高斯函数（正态分布函数）产生。我们知道，在二维空间中，高斯函数为 $G(s,t) = \dfrac{1}{2\pi\sigma^2} e^{-(s^2+t^2)/(2\sigma^2)}$，如图 2-28 所示，其图像生成的曲面的等高线是从中心开始呈正态分布的同心圆，这体现着该函数的圆对称特性，同时，该函数距原点越远值越小的特性也很好的适配了在实际应用的时候，距离越远的像素，其模糊权重越小的要求。借由对高斯函数进行离散抽样就可以得到高斯核，我们可以将高斯核定义为

$$w(s,t) = G(s,t) = K e^{-\frac{s^2+t^2}{2\sigma^2}} \tag{2-41}$$

式中，s 和 t 是以核中心为原点的横纵坐标；K 代表一个常数，替代了高斯函数中的 $\dfrac{1}{2\pi\sigma^2}$，这是因为我们真正需要的是高斯函数形状为"钟形"的圆对称特性，使用一般常数 K 并不会影响这一特性，同时还能让我们对核的调整更加灵活。一个 5×5 的高斯核范例如下

$$\frac{1}{273}\begin{pmatrix} 1 & 4 & 7 & 4 & 1 \\ 4 & 16 & 26 & 16 & 4 \\ 7 & 26 & 41 & 26 & 7 \\ 4 & 16 & 26 & 16 & 4 \\ 1 & 4 & 7 & 4 & 1 \end{pmatrix}$$

可以看到，原始像素的值有最大的高斯分布值，所以有最大的权重，相邻像素随着距离原始像素越来越远，其权重也越来越小。

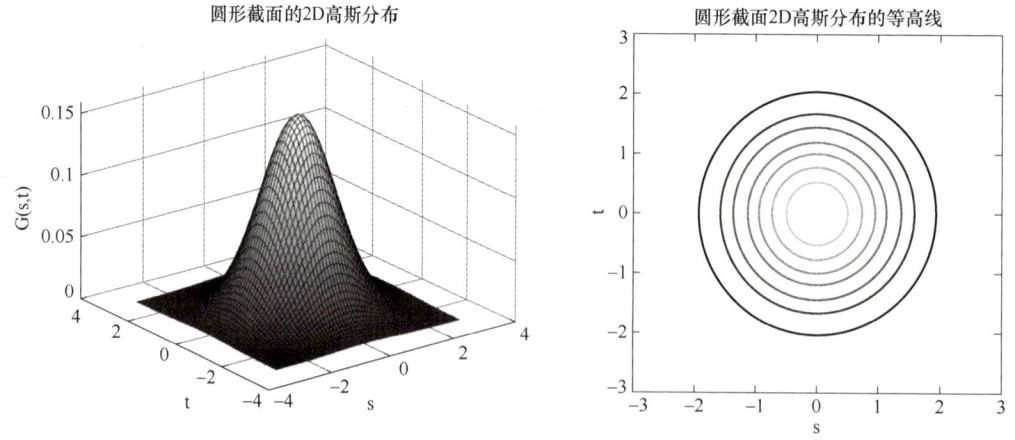

图 2-28　高斯函数

令 $r = (s^2+t^2)^{1/2}$，代表中心到 (s,t) 的距离，式（2-41）可转化为

$$G(r) = Ke^{-\frac{r^2}{2\sigma^2}} \qquad (2\text{-}42)$$

这一形式说明高斯函数是圆对称的,因为我们通常使用奇数核大小,核内每个元素的位置均取整数值,所以所有 r^2 的值也都是整数值。

我们知道,在到均值的距离大于 3σ 的位置,高斯函数的值会小到可以忽略。这意味着,如果选择高斯核的大小为 $\lceil 6\sigma \rceil \times \lceil 6\sigma \rceil$,那么得到的结果就与使用任意大的高斯核得到的结果相同。从另一个角度看,这个性质告诉我们,使用大于 $\lceil 6\sigma \rceil \times \lceil 6\sigma \rceil$ 的高斯核处理图像没什么好处。由于我们通常处理的是奇数大小的核,因此使用满足这个条件的最小奇整数(例如,若 $\sigma=7$,则使用大小为 43×43 的核)。

高斯函数具有一个重要的性质:两个高斯函数的乘积和卷积仍然是高斯函数。我们之前讨论过,当需要进行连续多个阶段的卷积时,可以计算这些阶段核的卷积生成一个复合核,然后只需使用这个复合核进行一次卷积,就能得到相同的结果。如果每个阶段的核都是高斯核,我们可以直接计算复合高斯核的标准差。因为高斯函数的均值和标准差完全定义了该函数,而高斯核的均值为零,所以通过计算复合高斯核的标准差,我们可以直接计算出复合高斯核的数值,从而避免了重复计算每个阶段的卷积核,减少了计算量。另外,由于高斯函数的可分离性,我们只需使用一维高斯函数就能形成一个圆对称的二维函数。这意味着可以分别在每个方向上进行一维卷积,而不需要在二维空间中进行昂贵的计算,从而大大降低了计算复杂度。

3. 中值滤波器

椒盐噪声,又称脉冲噪声,是由图像传感器、传输信道、解码处理等产生的黑白相间的亮暗点噪声。椒盐噪声的取名便是来自其黑白两种颜色,对应两种噪声:一种是盐噪声(Salt Noise),为白色;另一种是胡椒噪声(Pepper Noise),为黑色。去除椒盐噪声最常用的算法是中值滤波。中值滤波法是一种非线性平滑技术,它将每一像素点的灰度值设置为该点某邻域窗口内的所有像素点灰度值的中值。由于椒盐噪声所对应的像素值为极端值(极端亮或极端暗),所以通过取中值,中值滤波器能够有效地将这些极端值滤除,从而降低噪声的影响。与中值滤波相类似,还有最大值滤波、最小值滤波两种方法。这两种方法同样需要排序中心像素邻域内像素值,而后将中心像素位置的值替换为排序得出的最大、最小像素值。

例 2-6 中值滤波处理案例。

假设存在如下所示的 4×4 大小输入图,对其进行邻域 3×3 的中值滤波。

122	123	142	119
121	0	141	120
119	122	140	121
118	121	255	119

首先,对于输入图中的边缘部分,进行滤波处理的时候不需要填充零,而是直接将滤波邻域上落在输入图片外的位置忽略,填充零会对中值的计算产生较大影响,特别是对于四个角上的位置,若填充零后这些位置的中值滤波结果最终只能是 0。由此,我们对(0, 0)位置的中值滤波计算为

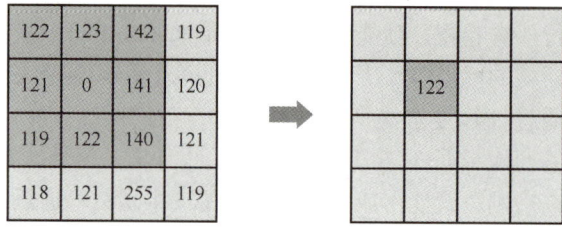

忽略了邻域上落在输入图片外的位置，还剩下四个值，对其进行排序的结果为 {0,121,122,123}。此时中间值有两个，我们可以规定选择较大的一个作为结果，即最终结果为 122。

对于邻域上没有落在输入图片外的位置，只需要正常计算即可，例如对于位置（1,1）为

此时邻域上有 9 个值，对其进行排序结果为 {0,119,121,122,122,123,140,141,142}，取中值结果为 122。对输入图上的每个位置进行中值滤波，最终可以得到结果为

从最终结果可以看到，在输入图中的值为 0 与 255 的位置进行中值滤波后变为 122，与邻域之间的关系变得平滑了，这体现了中值滤波去除椒盐噪声的效应。

中值滤波可借助 OpenCV 提供的 cv2.medianBlur 方法实现。图 2-29 所示为一个使用中值滤波去噪的案例。在本例中，中值滤波核大小为 7×7。我们可以观察到中值滤波很好地去除了椒盐噪声。

图 2-29 中值滤波去噪

码 2-11【程序源码】
中值滤波去噪

2.4.3 锐化空间滤波器

图像锐化是一种用于增强图像中边缘和细节的方法，其目的是使图像看起来更加清晰和突出。通过增强图像中像素值的变化率，图像锐化可以使图像中的边缘更加清晰和明显，从而提高图像的视觉质量，并帮助人们更容易地识别和理解图像中的内容。

在前面的学习中，我们了解到图像平滑是通过空间邻域像素的加权平均来完成的，类似于对图像进行积分。因此，我们可以想到图像锐化可以通过对空间域像素进行微分来实现。微分算子的响应强度与该点处灰度不连续的程度成正比。因此，图像微分会增强边缘和其他不连续的成分（如噪声），而不强调灰度缓慢变化的区域。

一般来说，平滑通常被称作低通滤波，而锐化则被称为高通滤波，即通过高频率的成分来增强图像的边缘和细节，同时拒绝低频率的成分。简而言之，图像平滑旨在去除噪声，而图像锐化则是为了增强图像的边缘和细节。

1. 图像空间域上的微分

在图像上定义的微分自然与数字函数上的微分有所不同，但与之相同的是，在图像上微分应该也是使用差的方式来定义。一个基础的定义方式是使用差分来定义图像微分。我们先从一元的形式看起，定义一元函数 $f(x)$ 的离散形式一阶微分为

$$\frac{\partial f}{\partial x}=f(x+1)-f(x) \tag{2-43}$$

类似地，我们可以定义函数 $f(x)$ 的离散形式二阶微分为

$$\frac{\partial^2 f}{\partial x^2}=f(x+1)+f(x-1)-2f(x) \tag{2-44}$$

我们可以将图像看成二元函数 $f(x,y)$，根据上式可以获得关于 x 或 y 的离散形式的偏微分。

2. 拉普拉斯算子（Laplacian Operator）

在上节对高斯核的学习中我们了解到了实际应用中一般使用的是各向同性核，最简单的各向同性（其响应与图像灰度不连续的方向无关）微分算子为拉普拉斯算子，其定义为

$$\nabla^2 f = \frac{\partial^2 f}{\partial x^2}+\frac{\partial^2 f}{\partial y^2} \tag{2-45}$$

可以看到，拉普拉斯算子中用到了二阶微分，那么其自然可以用于空间锐化滤波。而要想将其应用到图像空间滤波中，我们需要将拉普拉斯算子转化成离散型的，为此我们可以借助式（2-44）定义的图像上的二阶微分形式将拉普拉斯算子转化为离散形式。

$$\nabla^2 f(x,y)=f(x+1,y)+f(x-1,y)+f(x,y+1)+f(x,y-1)-4f(x,y) \tag{2-46}$$

为了方便进行滤波，我们还可以将该公式转化为卷积的形式，按照上式每个项的系数生成卷积系数，可得到卷积核为

$$\begin{pmatrix} 0 & 1 & 0 \\ 1 & -4 & 1 \\ 0 & 1 & 0 \end{pmatrix}$$

将图像与上述卷积核进行卷积即可实现式（2-46）的效果。此卷积核的所有系数之和均为 0，这是为了使经过卷积运算的图像的均值不变。当这样的核放在图像中灰度值是常数或

变化很小的区域时，其卷积输出为 0 或很小。若是需要进一步利用对角线上的元素，可在式（2-46）中再增加四项来纳入离散拉普拉斯函数的定义。为了使卷积核系数之和为 0，对应每个对角线上都包含一个 $-2f(x,y)$ 项，共两条对角线，最终从原式中减去将会将负项变为 $-8f(x,y)$，此时卷积核形式为

$$\begin{pmatrix} 1 & 1 & 1 \\ 1 & -8 & 1 \\ 1 & 1 & 1 \end{pmatrix}$$

图 2-30 展示了对图像使用拉普拉斯锐化滤波的结果。可以看到，使用拉普拉斯算子能够提取出图片的边缘特征。因为拉普拉斯算子是一种导数算子，它会突出图像中的锐利的灰度变化，淡化平滑过渡的部分，这就会产生灰色边缘线和其他的不连续的图像，并且叠加到黑色的、无特征的背景中（这是由于拉普拉斯核中系数之和为零，导致卷积的结果可能会出现负值，对于图像中像素值恒定区域的拉普拉斯核卷积结果必定为零）。为了得到锐化效果的图像，需要将进行拉普拉斯变换后的图像叠加到原始图像中，从而恢复背景特征，同时还能保持拉普拉斯图像的锐化效果，用公式可表示为

$$g(x,y) = f(x,y) - \nabla^2 f(x,y) \tag{2-47}$$

图 2-30　拉普拉斯锐化提取图像边缘

码 2-12【程序源码】
拉普拉斯锐化

3. 反锐化掩模和高增益滤波（Unsharp Masking and Highboost Filtering）

在前面的学习中我们已经了解到了如何将图像进行平滑化（模糊化），直觉上来说，原图像与模糊化图像中差异最大的部分都应该来自图像的边缘部分，因此我们可以考虑将图像与模糊化图像的差作为掩模应用到原图像中实现图像锐化的效果，用公式可以表示为

$$g(x,y) = f(x,y) + k[f(x,y) - \bar{f}(x,y)], k \geq 0 \tag{2-48}$$

式中，$\bar{f}(x,y)$ 代表模糊化的图像。$f(x,y) - \bar{f}(x,y)$ 作为掩模，可以通过调整 k 的值来改变掩模在算法中的权重，如 $k<1$，可以降低掩模的比例。注意，k 的取值要合适，k 值过大，容易出现伪影；k 值过小，增强效果不明显。$k=1$ 时算法称为反锐化掩模；$k>1$ 时算法称为高增益滤波。

4. 梯度滤波

回顾数学知识，我们知道梯度是一个向量，表示某一函数在该点处的方向导数沿着该方向取得最大值。换言之，梯度指向函数值变化最快的方向，其模即为该点处方向导数的最大值。对于图像而言，梯度可以被用于图像的锐化处理。

图像 f 在坐标 (x,y) 处的梯度被定义为

$$\nabla f \equiv \mathbf{grad}(f) = \begin{pmatrix} g_x \\ g_y \end{pmatrix} = \begin{pmatrix} \dfrac{\partial f}{\partial x} \\ \dfrac{\partial f}{\partial y} \end{pmatrix} \tag{2-49}$$

可以看到，梯度是一个二维向量。我们可以计算每个坐标处的梯度的模：

$$M(x,y) = \|\nabla f\| = \mathrm{mag}(\nabla f) = \sqrt{g_x^2 + g_y^2} \tag{2-50}$$

由此，我们可以通过梯度的模计算出锐化后的输出图像 $M(x,y)$。这个过程中包含了平方和平方根运算，因此是非线性的。在一些实现中，用绝对值近似平方和平方根运算在计算上更合适，如

$$M(x,y) \approx |g_x| + |g_y| \tag{2-51}$$

在得知了 $M(x,y)$ 的计算方式后，我们需要定义它的离散近似。由式（2-49）、式（2-50）、式（2-51），我们需要图像上的一阶微分定义，这里给出三种。

1）差分形式为

$$\begin{aligned} g_x(x,y) &= f(x+1,y) - f(x,y) \\ g_y(x,y) &= f(x,y+1) - f(x,y) \end{aligned} \tag{2-52}$$

此形式我们在前面介绍过，这里不再赘述。

2）Roberts 交叉梯度算子（Roberts Cross-Gradient Operators）为

$$\begin{aligned} g_x(x,y) &= f(x+1,y+1) - f(x,y) \\ g_y(x,y) &= f(x+1,y) - f(x,y+1) \end{aligned} \tag{2-53}$$

此算子是采用交叉差分定义一阶微分。这两个式子可以用如下两个卷积核分别实现计算（假设竖向是 x 轴，横向是 y 轴）：

$$\begin{pmatrix} -1 & 0 \\ 0 & 1 \end{pmatrix} \begin{pmatrix} 0 & -1 \\ 1 & 0 \end{pmatrix}$$

3）Sobel 算子。前面已经讲过，实际应用中更倾向于使用奇数大小的核，由此来说使用 Sobel 算子更加合适。Sobel 算子基于 3×3 大小的邻域进行计算，其定义为

$$\begin{aligned} g_x(x,y) &= (f(x+1,y-1) + 2f(x+1,y) + f(x+1,y+1)) - \\ &\quad (f(x-1,y-1) + 2f(x-1,y) + f(x-1,y+1)) \\ g_y(x,y) &= (f(x-1,y+1) + 2f(x,y+1) + f(x+1,y+1)) - \\ &\quad (f(x-1,y-1) + 2f(x,y-1) + f(x+1,y-1)) \end{aligned} \tag{2-54}$$

同理，这两个式子可以用卷积进行计算，对应卷积核分别为

$$\begin{pmatrix} -1 & -2 & -1 \\ 0 & 0 & 0 \\ 1 & 2 & 1 \end{pmatrix} \begin{pmatrix} -1 & 0 & 1 \\ -2 & 0 & 2 \\ -1 & 0 & 1 \end{pmatrix}$$

在卷积核中我们可以很明显地看出，Sobel 算子就是用第三行和第一行之间的差近似于 x 方向上的偏导数，用第三列和第一列之间的差近似于 y 方向上的偏导数，并且给予贴近中心的位置更多的权重。

现在我们拥有了这三种一阶微分计算形式后，我们就可以通过卷积得出图像上的一阶微分 g_x、g_y，而后将它们代入式（2-51）或式（2-50）得到图像上每个位置的梯度的模，即得

到梯度滤波的结果。

5. 双边滤波

我们已经学习了多种平滑滤波器和锐化滤波器,但是,有时我们需要在对图像进行模糊化的同时尽可能地对边缘等高频细节进行保留,从而让模糊化的结果更具美观性,这时我们可以考虑使用双边滤波。

双边滤波的目的是在平滑图像的同时保持图像的边缘和细节。它通过两个方面的考虑来实现这一目标。

1)空间域:双边滤波考虑了像素之间的空间距离,即像素在图像中的位置。这意味着在滤波过程中,只有邻域内距离较近的像素才会被用来进行平滑处理。由此可得空间域权重 ω_d 的计算如下所示,其中 (x,y) 是需要进行滤波操作的中心坐标点,(i,j) 为邻域上任一位置的坐标,σ_d 是空间域上的高斯核函数的标准差。ω_d 是计算临近点 (a,b) 到中心点 (x,y) 临近程度,因此该系数是用于衡量空间临近的程度,公式为

$$\omega_d(x,y,a,b)=\exp\left(-\frac{(x-a)^2+(y-b)^2}{2\sigma_d^2}\right) \quad (2\text{-}55)$$

2)值域:除了空间距离外,双边滤波还考虑了像素之间的灰度差异。这意味着只有与当前像素灰度值相似的像素才会对其进行影响,而灰度值差异较大的像素则不会对其产生过多影响。值域权重 ω_r 的计算如式(2-56)所示。其中,$f(a,b)$ 表示在邻域内点 (a,b) 处的像素值;(x,y) 为模板窗口的中心坐标点,对应的像素值为 $f(x,y)$;σ_r 是像素值域上的高斯核函数的标准差。ω_r 是计算临近点 (a,b) 域中心点 (x,y) 像素值的相似程度,因此该系数用于衡量两个位置间灰度的差异性,公式为

$$\omega_r(x,y,a,b)=\exp\left(-\frac{\|f(x,y)-f(a,b)\|}{2\sigma_r^2}\right) \quad (2\text{-}56)$$

由此,为了将上述两种性质同时应用于滤波中,双边滤波器的总权重形式为将上述两个权重相乘:

$$\omega_b(x,y,a,b)=\omega_d\omega_r=\exp\left(-\frac{(x-a)^2+(y-b)^2}{2\sigma_d^2}-\frac{\|f(x,y)-f(a,b)\|}{2\sigma_r^2}\right) \quad (2\text{-}57)$$

最终可以整理出双边滤波计算公式:

$$g(x,y)=\frac{\sum_{(x,y)\in\Omega}f(a,b)\omega_b(x,y,a,b)}{\sum_{(x,y)\in\Omega}\omega_b(x,y,a,b)} \quad (2\text{-}58)$$

式中,Ω 是滤波器邻域窗口内的像素集合;公式中的分母部分为归一化系数,用于对权重进行归一化,确保权重的总和等于1。再次分析这些公式我们可以得出以下结论,空域权重 ω_d 衡量的是两点之间的距离,距离越远权重越低;值域权重 ω_r 衡量的是两点之间的像素值相似程度,越相似权重越大。在平坦区域,临近像素的像素值的差值较小,对应值域权重接近于1,此时空域权重起主要作用,相当于直接对此区域进行高斯模糊。因此,平坦区域相当于进行高斯模糊。在边缘区域,临近像素的像素值的差值较大,对应值域权重接近于0,导致此处权重值下降,当前像素受到的模糊影响就越小,从而保持了原始图像的边缘的细节信息。

在2.3.5节中,我们提到滤波这一技术还能应用于图像风格化。这里我们以图像素描化和卡通化为例。简单来说,图像素描化操作首先是要寻找图像中的边缘信息,然后将边缘的信息

转化为黑色，平坦的部分转为白色。图像素描化的具体处理步骤如下：

1）将图像转换为灰度图像：将彩色图像转换为灰度图像。由于素描画的呈现形式是黑白的，首先需要将彩色图像转化为灰度图。这一步将消除颜色信息，使得后续处理更加简单，并专注于灰度级别的变化。这一步可由 opencv 提供的 cv2.cvtColor 来实现。

2）应用滤波器：可以应用一些滤波器来平滑图像并降低噪声。常用的滤波器包括中值滤波器和高斯滤波器，它们可以使图像更加平滑，减少不必要的细节。中值滤波可以使用 cv2.medianBlur 实现。

码 2-13【程序源码】
图像风格化

3）边缘检测：使用边缘检测算法（如拉普拉斯滤波、梯度滤波等）来检测图像中的边缘。这一步将突出显示图像中的边缘和细节结构。拉普拉斯滤波可以使用 cv2.Laplacian 实现。

4）阈值化：将图像根据亮度阈值进行二值化处理，得到黑白图像。可以根据需要调整阈值，以控制图像的对比度和细节。二值化可以使用 cv2.threshold 实现。

对于图像卡通化，我们需要对图像做的处理实际上是在突出图像边缘的同时对图像的其余部分进行平滑处理，然后再将连续平坦区域进行卡通化的上色。图像卡通化的具体处理步骤如下：

1）边缘检测：对原始图像进行边缘检测，以提取图像中的边缘信息。边缘检测可直接参考图像素描化的过程。

2）保边图像平滑：对原始图像进行平滑处理，并同时要确保边缘的连续性。常用的方法为双边滤波等，在 opencv 中使用 cv2.bilateralFilter 实现。

3）颜色量化：继续处理平滑后的图像，将图像中的颜色数量减少到一个较小的固定集合，以产生卡通风格的颜色效果。这可以通过将图像的像素值量化为预定义的颜色值来实现。

4）图像合成：将边缘检测结果与颜色量化后的图像进行合成，以产生最终的卡通化效果。通常使用掩模操作或像素级别的运算来实现，如 cv2.bitwise_and。

图像素描化和卡通化的案例结果如图 2-31 所示。在现代图像处理领域，仅仅使用传统的滤波技术进行图像风格化可能会显得有些局限。虽然传统的滤波方法可以在一定程度上改变图像的外观，但它们通常缺乏对图像语义和内容的理解，因此很难实现更高级的风格转换效果。基于深度学习的图像风格化技术在这方面有着显著的优势。通过深度学习模型，特别是卷积神经网络（CNN），可以更好地捕捉图像的语义信息和内容结构，从而实现更精确、更逼真的风格转换。在 2.6 节中我们会对这一内容进行学习。

图 2-31　图像素描化和卡通化

2.5 频域滤波

2.5.1 基本概念与频域滤波基础

在对频域滤波进行学习之前，我们需要补充一些知识频域相关的知识，这些知识都离不开一位著名数学家、物理学家——傅里叶。相信有很多人学习过著名的傅里叶级数，它的意义在于表明了任何周期函数都可以用正弦函数和余弦函数构成的无穷级数来表示，即任何周期函数都可以表示为不同频率的正弦和/或余弦之和的形式，每个正弦项/或余弦项都乘以不同的系数。但是在本章中的重点并非傅里叶级数，因为很明显周期函数并不能用于描述我们的数字图像。本小节中我们需要重点学习的内容是傅里叶变换，其作用是将曲线下面积有限的非周期函数表示为正弦和/或余弦乘以加权函数的积分。正是傅里叶变换这一技术使得我们能够实现图像空间域和频率域的相互转化，从而实现各式各样的频率滤波操作。

1. 傅里叶变换理论基础

设 $f(t)$ 是一个连续时间信号，若 $f(t)$ 的傅里叶变换存在，其定义为

$$F(w) = \int_{-\infty}^{+\infty} f(t) e^{-iwt} dt \tag{2-59}$$

由欧拉公式有 $e^{iwt} = \cos(wt) + i\sin(wt)$，此式表示幅度为 1，频率为 w 的复正弦，由此可将式（2-59）化为

$$F(w) = \int_{-\infty}^{+\infty} f(t)[\cos(2\pi wt) - i\sin(2\pi wt)] dt \tag{2-60}$$

分析式（2-60）我们可以发现，因为积分变量是 t，所以该函数变量只有 w，而 w 正是正弦函数和余弦函数的频率，因此傅里叶变换域通常被称为频率域。

与傅里叶变换相反，在已知 $F(w)$，可以由傅里叶反变换（Inverse Fourier Transform，IFT）生成 $f(t)$，其定义为

$$f(t) = \frac{1}{2\pi} \int_{-\infty}^{+\infty} F(w) e^{iwt} dw \tag{2-61}$$

傅里叶变换和傅里叶反变换通常称为傅里叶变换对，用 $f(x) \Leftrightarrow F(u)$ 表示，在数字图像处理领域中，这意味着在图像中空间域与频域可以互相转换。我们知道，图像的存储乃至计算机上处理的信号均是是离散信号，因此需要实现离散傅里叶变换（Discrete Fourier Transform，DFT）和离散傅里叶反变换（Inverse Discrete Fourier Transform，IDFT）。我们以连续的傅里叶变换为基础，假设对连续函数 $f(t)$ 等间隔采样 N 次得到一个离散序列，这个离散序列可以表示为 $\{f(0), f(1), f(2), \cdots, f(N-1)\}$。若令 x 为离散实变量，u 为离散频率变量，则一维离散傅里叶变换与反变换定义为

$$F(u) = \sum_{x=0}^{M-1} f(x) e^{-\frac{i2\pi ux}{M}}, \quad u = 0, 1, 2, \cdots, M-1 \tag{2-62}$$

$$f(x) = \frac{1}{M} \sum_{u=0}^{M-1} F(u) e^{\frac{i2\pi ux}{M}}, \quad x = 0, 1, 2, \cdots, M-1 \tag{2-63}$$

在计算机中，图像是二维的、离散的，所以在对图像进行处理的时候我们需要的是二维离散傅里叶变换，假设图像为 $f(x,y)$，其大小为 N 行 M 列，则 $f(x,y)$ 的二维离散傅里叶

变换与反变换可以表示为

$$F(u,v) = \sum_{x=0}^{M-1}\sum_{y=0}^{N-1} f(x,y) e^{-i2\pi\left(\frac{ux}{M}+\frac{vy}{N}\right)}, u=0,1,2,\cdots,M-1, v=0,1,2,\cdots,N-1 \qquad (2\text{-}64)$$

$$f(x,y) = \frac{1}{MN}\sum_{u=0}^{M-1}\sum_{v=0}^{N-1} F(u,v) e^{i2\pi\left(\frac{ux}{M}+\frac{vy}{N}\right)}, x=0,1,2,\cdots,M-1, y=0,1,2,\cdots,N-1 \qquad (2\text{-}65)$$

式（2-64）和式（2-65）构成一个二维离散傅里叶变换对 $f(x,y) \Leftrightarrow F(u,v)$。这两个公式是我们后续在频率域上进行图像滤波的基础。

因为 DFT 的结果是通常是一个复函数，所以可以用极坐标形式表示，二维 DFT 的极坐标表示为

$$F(u,v) = R(u,v) + iI(u,v) = |F(u,v)| e^{i\phi(u,v)} \qquad (2\text{-}66)$$

式中，R 和 I 照例分别是 $F(u,v)$ 的实部和虚部，且所有计算是针对离散变量 $u=0,1,2\cdots,M-1$ 和 $v=0,1,2\cdots,N-1$ 执行的。

由式（2-66）我们可求得幅度和角度，在傅里叶变换的结果中，幅度被称为傅里叶频谱，角度一般称为相角或相位谱，幅度式和角度式分别为

$$|F(u,v)| = \left[R^2(u,v) + I^2(u,v)\right]^{\frac{1}{2}} \qquad (2\text{-}67)$$

$$\phi(u,v) = \arctan\left[\frac{I(u,v)}{R(u,v)}\right] \qquad (2\text{-}68)$$

二维信号的离散傅里叶变换所得结果的频率成分的分布示意图如图 2-32 所示。由于傅里叶变换的共轭对称性，其变换结果的左上、右上、左下、右下 4 个角部分对应于低频成分，中央部分对应于高频成分，这样的结果可读性和解释性较差。在后续的小节中我们会讲到傅里叶变换的平移特性，借由此特性我们可以对傅里叶变换的结果进行中心化，使得结果的低频成分出现在中心位置，这样做可以方便我们观察和分析信号的频率成分，以及进行频域滤波、频谱分析等操作。

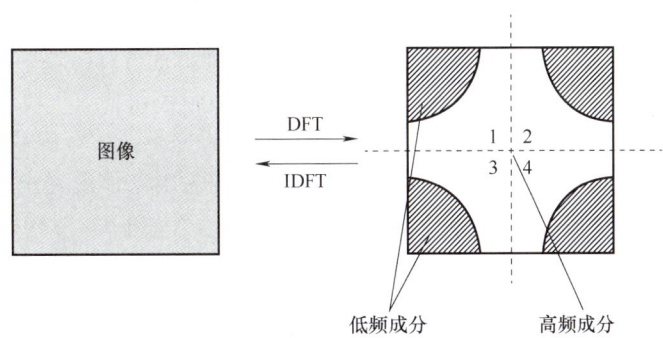

图 2-32　图像的二维离散傅里叶变换后频率分布图

2. 卷积定理

卷积定理是傅里叶变换满足的一个重要性质。卷积定理指出，函数卷积的傅里叶变换是函数傅里叶变换的乘积。具体分为时域卷积定理和频域卷积定理，时域卷积定理即时域内的卷积对应频域内的乘积；频域卷积定理即频域内的卷积对应时域内的乘积，两者具有对偶关系。下面我们给出在一维连续条件下的卷积定理。

设有两个连续函数 $f(t)$ 和 $h(t)$，卷积符号为 $\otimes$，则这两个函数的卷积定义为

$$(f \otimes h)(t) = \int_{-\infty}^{+\infty} f(\tau) h(t-\tau) \mathrm{d}\tau \qquad (2\text{-}69)$$

式中，负号表示翻转；t 是一个函数滑过另一个函数的位移；τ 是积分虚拟变量。

设 $H(\mu)$ 是 $h(t)$ 的傅里叶变换，$F(\mu)$ 是 $f(t)$ 的傅里叶变换，使用·符号表示矩阵逐点相乘。如果用 t 表示空间域，用 μ 表示频率域，那么时域卷积定理告诉我们，空间域中两个函数的卷积的傅里叶变换，等于频率域中两个函数的傅里叶变换的乘积。反过来，如果有两个变换的乘积，那么可以通过计算傅里叶反变换得到空间域的卷积。换句话说，$f \otimes h$ 和 $H \cdot F$ 是一个傅里叶变换对。时域卷积定理可表示为

$$(f \otimes h)(t) \Leftrightarrow (H \cdot F)(\mu) \qquad (2\text{-}70)$$

同理，频域卷积定理可表示为

$$(f \cdot h)(t) \Leftrightarrow (H \otimes F)(\mu) \qquad (2\text{-}71)$$

卷积定理是频率域滤波的基础，在后面我们会多次用到。

2.5.2 二维傅里叶变换的一些性质

1. 周期性

离散傅里叶变换具有周期性。回顾式（2-62）和式（2-63），我们可以证明一维离散傅里叶变换与反变换都是无限周期的，周期为 M，即

$$F(u) = F(u+kM) \qquad (2\text{-}72)$$
$$f(x) = f(x+kM) \qquad (2\text{-}73)$$

式（2-72）和式（2-73）中，k 是整数。如一维情况中那样，二维傅里叶变换及其反变换在 u 方向和 v 方向是无限周期的，即

$$F(u,v) = F(u+k_1M, v) = F(u, v+k_2N) = F(u+k_1M, v+k_2N) \qquad (2\text{-}74)$$
$$f(x,y) = f(x+k_1M, y) = f(x, y+k_2N) = f(x+k_1M, y+k_2N) \qquad (2\text{-}75)$$

式（2-74）和式（2-75）中，k_1、k_2 是整数。

式（2-74）和式（2-75）可以通过式（2-64）和式（2-65）来进行验证。傅里叶变换的周期性表明，尽管 $F(u,v)$ 在无穷的周期上重复，但只需根据在任意一个周期内的值就可以从 $F(u,v)$ 得到 $f(x,y)$。这一性质对于 $f(x,y)$ 在空域里也同样成立。

2. 平移性

傅里叶变换的平移性是指，将 $f(x,y)$ 乘以一个指数项相当于将其二维离散傅里叶变换 $F(u,v)$ 的频域原点移动到新的位置。类似地，将 $F(u,v)$ 乘以一个指数项，就相当于将其二维离散傅里叶反变换 $f(x,y)$ 的空域原点移动到新的位置。该性质用公式可表示为

$$f(x,y) \mathrm{e}^{\mathrm{i}2\pi\left(\frac{u_0 x}{M} + \frac{v_0 y}{N}\right)} \Leftrightarrow F(u-u_0, v-v_0) \qquad (2\text{-}76)$$

$$f(x-x_0, y-y_0) \Leftrightarrow F(u,v) \mathrm{e}^{-\mathrm{i}2\pi\left(\frac{x_0 u}{M} + \frac{y_0 v}{N}\right)} \qquad (2\text{-}77)$$

借助式（2-64）和式（2-65）可以对上述二式进行证明。回顾图 2-32，我们知道直接对图片进行二维离散傅里叶变换得到的结果高频部分会集中在四个角，观察不方便，因此我们需要对傅里叶变换进行中心化。这一操作需要将 $F(u,v)$ 的原点 $F(0,0)$ 移到原 $M \times N$ 方阵的中心 $\left(\dfrac{M}{2}, \dfrac{N}{2}\right)$ 处，以便可以清楚地分析傅里叶变换频谱的情况。要做到这一点，只需令式（2-76）中的 $u_0 = M/2$，$v_0 = N/2$，可得

$$f(x,y)(-1)^{x+y} \Leftrightarrow F\left(u-\frac{M}{2}, v-\frac{N}{2}\right) \tag{2-78}$$

式中，$(-1)^{x+y}$ 的来源为 $e^{i2\pi\left(\frac{u_0 x}{M}+\frac{v_0 y}{N}\right)} = e^{i\pi(x+y)} = (-1)^{x+y}$。

式（2-78）表明，如果需要将图像频谱的原点从起始点（0，0）移到图像的中心点 $\left(\frac{M}{2}, \frac{N}{2}\right)$ 处，只要将 $f(x,y)$ 乘上因子 $(-1)^{x+y}$ 进行傅里叶变换即可实现。图 2-33 展示了这一过程，图 2-33 左侧表示使用 $f(x,y)$ 作为输入时由 DFT 计算的 $M\times N$ 数据阵列，图 2-33 右侧表示使用 $f(x,y)(-1)^{x+y}$ 作为输入时由 DFT 计算的 $M\times N$ 数据阵列。

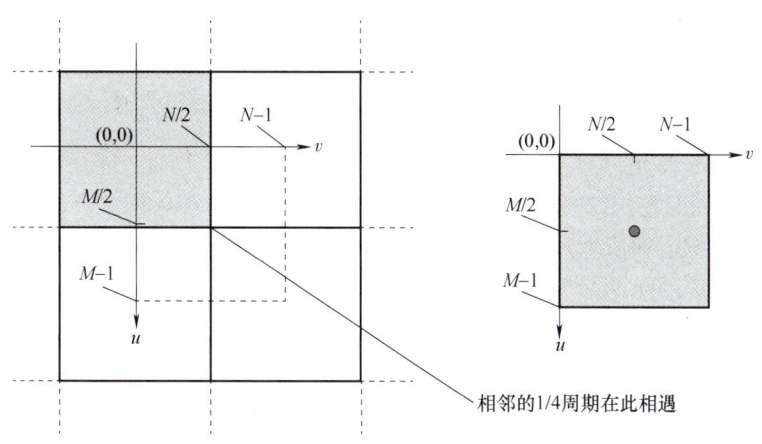

图 2-33 傅里叶变换的中心化

3. 旋转不变性

若在傅里叶变换中引入极坐标

$$\begin{cases} x = r\cos\theta \\ y = r\sin\theta \end{cases}, \quad \begin{cases} u = \omega\cos\varphi \\ v = \omega\sin\varphi \end{cases}$$

那么，在极坐标中，存在以下的变换对：

$$f(r, \theta+\theta_0) \Leftrightarrow F(\omega, \varphi+\theta_0) \tag{2-79}$$

式（2-79）表明，如果 $f(x,y)$ 在空域旋转 θ_0 角度，则相应的傅里叶变换 $F(u,v)$ 在频域上旋转同一角度 θ_0。反之，若 $F(u,v)$ 旋转某个角度，$f(x,y)$ 也旋转相同的角度。

4. 共轭对称性

实函数 $f(x,y)$ 的傅里叶变换是共轭对称的，即

$$F^*(u,v) = F(-u,-v) \tag{2-80}$$

该式证明如下所示：

$$F^*(u,v) = \left[\sum_{x=0}^{M-1}\sum_{y=0}^{N-1} f(x,y) e^{-i2\pi\left(\frac{ux}{M}+\frac{vy}{N}\right)}\right]^*$$

$$= \sum_{x=0}^{M-1}\sum_{y=0}^{N-1} f^*(x,y) e^{i2\pi\left(\frac{ux}{M}+\frac{vy}{N}\right)}$$

$$= \sum_{x=0}^{M-1}\sum_{y=0}^{N-1} f(x,y) e^{-i2\pi\left(\frac{[-u]x}{M}+\frac{[-v]y}{N}\right)}$$

$$= F(-u,-v)$$

式中，$F^*(u,v)$ 是 $F(u,v)$ 的复共轭。同理易证，如果 $f(x,y)$ 是虚函数，那么其傅里叶变换是共轭对称的，即

$$F^*(-u,-v) = -F(u,v) \tag{2-81}$$

5. 线性性质

如第 2.1.1 节线性操作的定义所述，傅里叶变换的线性，是指两函数的线性组合的傅里叶变换，等于这两个函数分别进行傅里叶变换后再进行线性组合的结果，即

$$af_1(x,y) + bf_2(x,y) \Leftrightarrow aF_1(u,v) + bF_2(u,v) \tag{2-82}$$

6. 离散卷积定理

由于图像的形式是离散的，所以我们需要离散形式的卷积定理。将式（2-69）离散化，得到一维离散卷积为

$$f(x) \otimes h(x) = \sum_{m=0}^{M-1} f(m)h(x-m), x = 0, 1, 2, \cdots, M-1 \tag{2-83}$$

我们知道，离散傅里叶变换与反变换都是无限周期的，因此它们的卷积也是周期的。式（2-83）给出了周期卷积的一个周期，这个公式通常称为循环卷积。离散条件下式（2-70）和式（2-71）的卷积定理依然适用。

将式（2-83）扩展至两个变量，可以得到如下的二维循环卷积表达式：

$$(f \otimes h)(x,y) = \sum_{m=0}^{N-1} \sum_{n=0}^{N-1} f(m,n)h(x-m, y-n) \tag{2-84}$$

式中，$x = 0, 1, 2, \cdots, M-1$；$y = 0, 1, 2, \cdots, N-1$。如式（2-83）那样，式（2-84）给出了一个周期的二维周期序列。由此引出的二维卷积定理为

$$(f \otimes h)(x,y) \Leftrightarrow (F \cdot H)(u,v) \tag{2-85}$$

$$(f \cdot h)(x,y) \Leftrightarrow \frac{1}{MN}(F \otimes H)(u,v) \tag{2-86}$$

在本章剩下的内容中，需要用到更多的是式（2-85），这个式子是本章讨论的所有滤波技术的基础，是在空间域和频率域滤波之间建立等价关系的纽带。该式表明 f 和 h 的空间卷积的傅里叶变换，是它们的傅里叶变换的乘积。类似地，乘积 $(F \cdot H)(u,v)$ 的傅里叶反变换是 $(f \otimes h)(x,y)$。

在有了二维卷积定理后，计算两个函数的空间卷积的方法有两种：①用 2.4 节给出的式（2-35）直接在空间域中计算；②借由卷积定理的式（2-85），首先计算每个函数的傅里叶变换，然后让两个变换相乘，并计算傅里叶反变换。由于处理的是离散量，因此傅里叶变换的计算是用 DFT 算法执行的。这自然意味着周期性，进而意味着当我们取这两个变换的乘积的傅里叶反变换时，会得到一个循环（即周期）卷积，其中一个周期由式（2-84）给出。然而，在进行傅里叶变换时，可能会遇到交叠错误（Aliasing Error）。

交叠错误是指频域中的高频信息被错误地解释为低频信息，或者频谱中的重复频率被错误地解释为单一频率。这通常发生在采样频率低于信号频率两倍时，即奈奎斯特采样定理未得到满足时。幸运的是，交叠错误可以通过填充零来解决。令 $f(x,y)$ 和 $h(x,y)$ 分别是大小为 $A \times B$ 像素和 $C \times D$ 像素的图像阵列。它们的循环卷积中的交叠错误可通过对这两个函数填充零来避免，方法如下：

$$f_p(x,y) = \begin{cases} f(x,y), & 0 \leq x \leq A-1 \text{ 且 } 0 \leq y \leq B-1 \\ 0, & A \leq x \leq P \text{ 或 } B \leq y \leq Q \end{cases} \tag{2-87}$$

$$h_p(x,y) = \begin{cases} h(x,y), & 0 \leq x \leq C-1 \text{ 且 } 0 \leq y \leq D-1 \\ 0, & C \leq x \leq P \text{ 或 } D \leq y \leq Q \end{cases} \quad (2\text{-}88)$$

式中，$P \geq A+C-1$，$Q \geq B+D-1$。填充零后的图像大小为 $P \times Q$。若两个阵列大小相同，都为 $M \times N$，则要求 $P \geq 2M-1$ 和 $Q \geq 2N-1$。DFT 算法执行偶数大小的阵列时速度通常更快，因此好的做法是选择 P 和 Q 作为满足上述公式的最小偶整数，此时 $P=2M$，$Q=2N$。注意，填充零可能会引入不连续性，从而产生频率泄漏。一种常见的方法是使用边缘过渡平滑（如使用加窗函数）来减轻这种频率泄漏。

2.5.3 频域平滑滤波器

在 2.4 节中我们提到过，图像中的边缘和其他急剧灰度变化（如噪声）主要影响其傅里叶变换的高频内容。因此，在频率域中是通过衰减高频（即低通滤波）来实现平滑的。频率域滤波的步骤是，首先修改一幅图像的傅里叶变换，然后计算其反变换，得到处理后的结果的空间域表示。具体来说，频域滤波的一般步骤如下：

1) 已知一幅大小为 $M \times N$ 的输入图像 $f(x,y)$，计算填充后的尺寸 $P \times Q$，即 $P=2M$，$Q=2N$。

2) 使用零填充、镜像填充或复制填充，形成大小为 $P \times Q$ 的填充后的图像 $f_p(x,y)$。

3) 将 $f_p(x,y)$ 乘以 $(-1)^{x+y}$，使傅里叶变换位于 $P \times Q$ 大小的频率矩形的中心。

4) 计算步骤 3 得到的图像的 DFT，即 $F(u,v)$。

5) 构建一个实对称滤波器传递函数 $H(u,v)$，其大小为 $P \times Q$，中心在 $\left(\dfrac{P}{2}, \dfrac{Q}{2}\right)$ 处。

6) 采用对应像素相乘得到 $G(u,v)=H(u,v)F(u,v)$，即

$$G(i,k)=H(i,k)F(i,k), i=0,1,2,\cdots,M-1; k=0,1,2,\cdots,N-1 \quad (2\text{-}89)$$

式中，$F(u,v)$ 是输入图像 $f(x,y)$ 的 DFT；$H(u,v)$ 是滤波器传递函数（更常称为滤波器或滤波器函数）。

7) 计算 $G(u,v)$ 的 IDFT 得到滤波后的图像（大小为 $P \times Q$）

$$g_p(x,y) = \{\text{real}[\mathfrak{I}^{-1}[G(u,v)]]\}(-1)^{x+y} \quad (2\text{-}90)$$

式中，$\mathfrak{I}^{-1}$ 是 IDFT。

8) 最后，从 $g_p(x,y)$ 的左上象限提取一个大小为 $M \times N$ 的区域，得到与输入图像大小相同的滤波后的结果 $g(x,y)$。

在这些步骤中，体现着频率域滤波功能的是 $H(u,v)$，即滤波器传递函数。可以通过选用不同 $H(u,v)$ 进行控制频率响应来实现不同类型的信号过滤。接下来我们介绍几个典型频域平滑滤波器例子。

1. 理想低通滤波器（Ideal Lowpass Filter，ILPF）

一个理想的二维低通滤波器的传递函数为

$$H(u,v) = \begin{cases} 1, & D(u,v) \leq D_0 \\ 0, & D(u,v) > D_0 \end{cases} \quad (2\text{-}91)$$

式中，D_0 是一个常数，同时也代表着在 $H(u,v)=1$ 和 $H(u,v)=0$ 之间的过渡点，一般称为理想低通滤波器的截止频率或截频。$D(u,v)$ 是频率域中点 (u,v) 到 $P \times Q$ 频率矩形中心的

距离，即 $D(u,v)=\sqrt{(u-M/2)^2+(v-N/2)^2}$。如图 2-34 所示，$H(u,v)$ 对 u，v 来说是一幅三维图形。理想一词的含义是指以截频 D_0 为半径的圆内的所有频率都能无损地通过，而在截频之外的频率分量完全被衰减，但是这种陡峭的截止频率不能使用电子元件来实现，只能用计算机模拟实现。分析传递函数可知，D_0 越小，通过的频率越少，对图像进行模糊的效果就越重。D_0 越大时情况则与此相反。

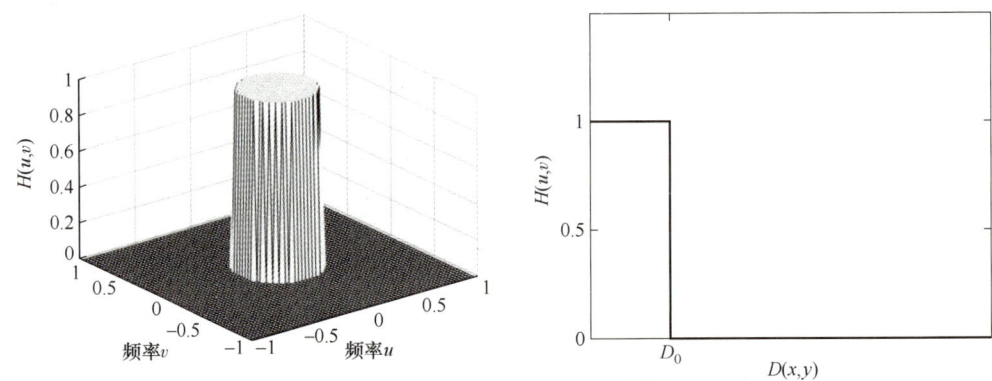

图 2-34　理想低通滤波器传递函数

理想低通滤波器在频率域内具有理想的截止特性，但在复原到空域时会引入一种称为振铃效应（Ringing Effect）的现象。在图像处理中，频率域下的理想低通滤波器在一定条件下将会导致图片出现振铃效应。我们知道，在使用传递函数处理频率域图像后需要使用 IDFT 对结果进行复原。产生振铃效应的原因就在于，凡具有接近窗函数的滤波器（即频域滤波器具有陡峭的变化），IFT 之后，其空域函数形式接近 sinc 函数。如图 2-35 所示，位于正中央的突起使得理想低通滤波器有模糊图像的功能，而外层的其他突起则导致理想低通滤波器会产生振铃效应。

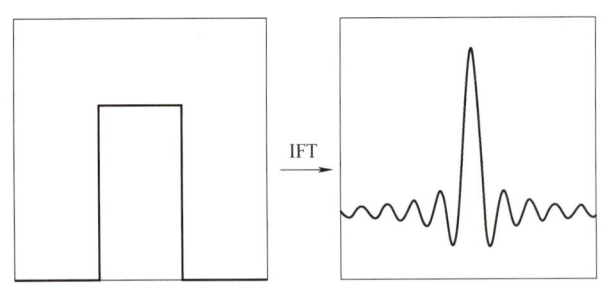

图 2-35　理想低通滤波器传递函数及其 IFT

2. 高斯低通滤波器（Gaussian Lowpass Filter，GLPF）

高斯低通滤波器的传递函数形式如下：

$$H(u,v)=e^{-\frac{D^2(u,v)}{2D_0^2}} \tag{2-92}$$

式中，D_0 是截止频率；$D(u,v)$ 则是 $P \times Q$ 频率矩形中心到矩形中包含的任意一点 (u,v) 的距离。

我们可以看到，增大D_0会导致频率域中心附近的低频分量更多地被保留，而高频分量则被更多地抑制。这样会使得图像在空间域中变得更加模糊，因为高频部分被更多地移除，而低频部分则更多地保留下来，从而减少了图像的细节信息。换句话说，D_0的增大会导致图像的平滑化。如图2-36所示，由高斯低通滤波器的传递函数也有较平滑的过渡带，而且，由于频率域高斯函数的傅里叶反变换仍是高斯函数，所以此方法不会有振铃现象。

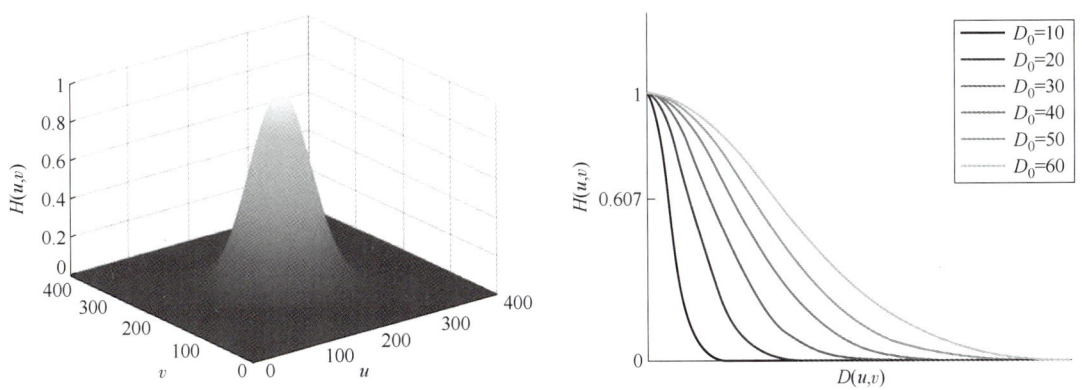

图2-36　GLFP传递函数

3. 巴特沃斯低通滤波器（Butterworth Lowpass Filter，BLPF）

一个n阶巴特沃斯低通滤波器的传递函数为

$$H(u,v)=\frac{1}{1+\left[\dfrac{D(u,v)}{D_0}\right]^{2n}} \qquad (2\text{-}93)$$

式中，D_0为截止频率；$D(u,v)$是$P\times Q$频率矩形中心到矩形中包含的任意一点(u,v)的距离。

巴特沃斯低通滤波器又称最大平坦滤波器，它与理想低通滤波器不同，它的通带与阻带之间没有明显的不连续性，也就是说，在通带和阻带之间有一个平滑的过渡带，由此通常把$H(u,v)$下降到某一值的那一点定为截止频率（高斯低通滤波器也是如此）。图2-37显示了BLPF传递函数的图像和径向剖面。

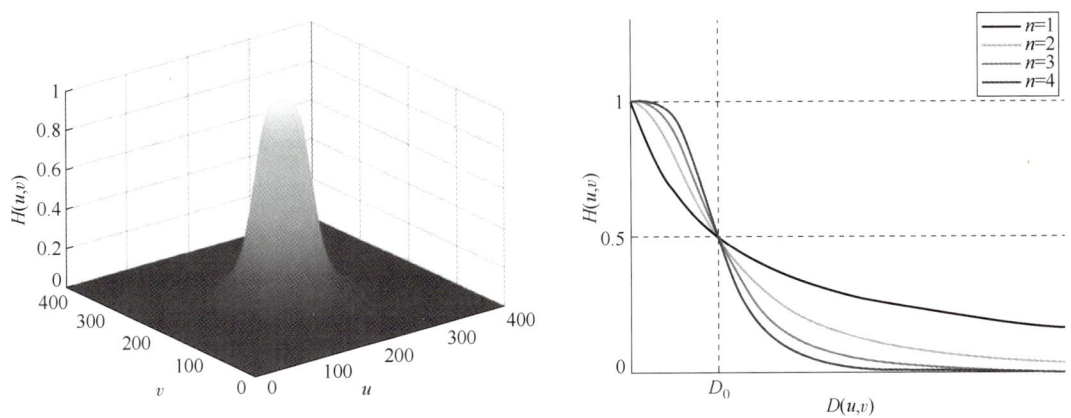

图2-37　BLPF传递函数

空间域一阶巴特沃斯滤波器没有振铃效应。在二阶和三阶滤波器中，振铃效应通常难以察觉，但更高阶滤波器中的振铃效应很明显。比较图2-36、图2-34和图2-37中的剖面，我们发现使用较高的 n 值来控制这个 BLPF 函数可逼近 LPF 的特性，而使用较低的 n 值来控制这个 BLPF 函数可逼近 GLPF 函数的特性，同时提供从低频到高频的平滑过渡。因此，我们可用 BLPF 以小得多的振铃效应来逼近 ILPF 函数的清晰度。

高斯低通滤波器、巴特沃斯低通滤波器和理想低通滤波器具有平滑图像的作用。如图2-38所示为用这三种低通滤波平滑具有椒盐噪声图像的案例，仔细观察，可以从理想低通滤波结果中看到振铃现象。

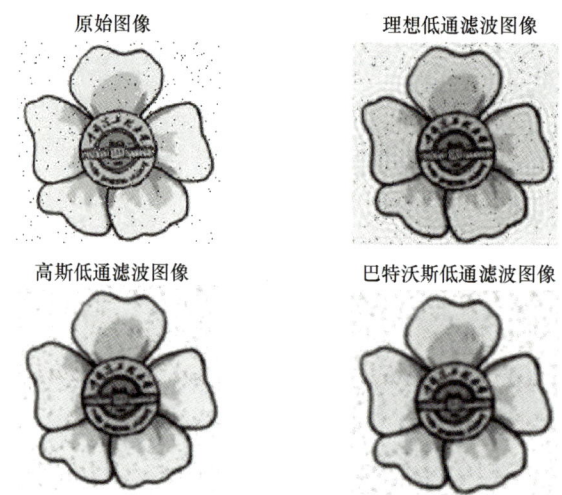

图 2-38　频域低通滤波平滑案例

2.5.4　频域锐化滤波器

前几节表明，通过低频滤波衰减图像的傅里叶变换中的高频分量可以平滑图像。相对地，可在频率域中通过高通滤波来衰减傅里叶变换中的低频分量，同时不干扰诸如边缘一类的灰度急剧变化的高频信息区域来实现图像锐化。

1. 由低通滤波器得到理想、高斯和巴特沃斯高通滤波器

我们很容易想到，在频率域中用1减去低通滤波器传递函数，得到对应的高通滤波器传递函数为

$$H_{HP}(u,v) = 1 - H_{LP}(u,v) \tag{2-94}$$

也就是说，借由式（2-94）可以由低通的理想、高斯和巴特沃斯滤波器得到高通的理想、高斯和巴特沃斯滤波器，如图2-39所示。

理想高通滤波器（IHPF）传递函数为

$$H(u,v) = \begin{cases} 0, & D(u,v) \leq D_0 \\ 1, & D(u,v) > D_0 \end{cases} \tag{2-95}$$

高斯高通滤波器（GHPF）的传递函数为

$$H(u,v) = 1 - e^{-\frac{D^2(u,v)}{2D_0^2}} \tag{2-96}$$

巴特沃斯高通滤波器（BHPF）的传递函数为

$$H(u,v)=\frac{1}{1+\left[\dfrac{D_0}{D(u,v)}\right]^{2n}} \quad (2\text{-}97)$$

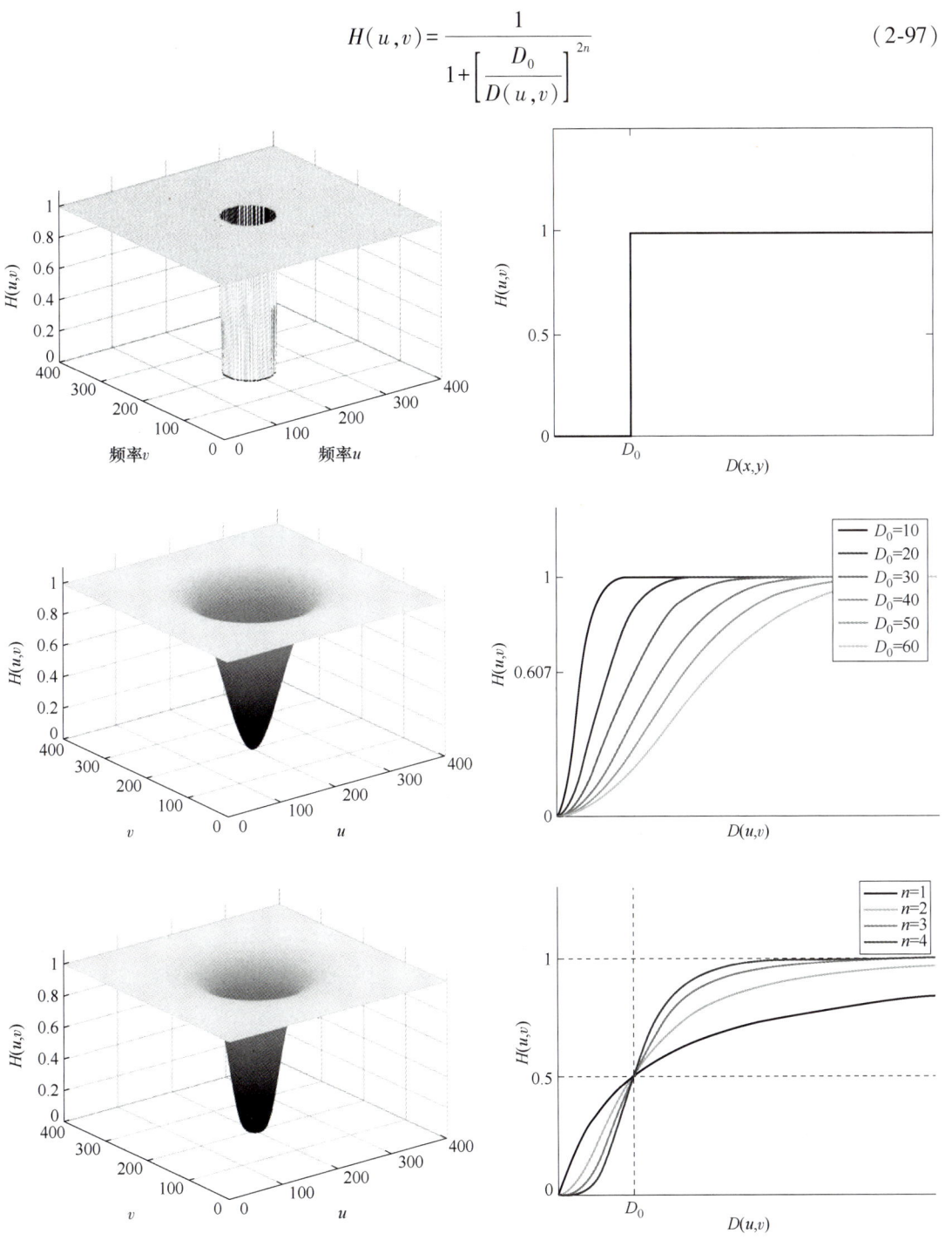

图 2-39　IHPF、GHPF 和 BHPF 传递函数的图像和径向剖面

图 2-40 所示为使用这三种高通滤波器的处理结果。可以看到，这三种滤波器都能体现出高通滤波的边缘检测的作用。其中观察理想高通滤波结果可以看到很明显的振铃现象。在

实际问题中，选择适当的高通滤波器取决于图像处理任务的要求，需要考虑对频率特性的控制、对图像结构的影响以及对噪声的敏感度等因素，以达到最佳的图像增强和特征提取效果。

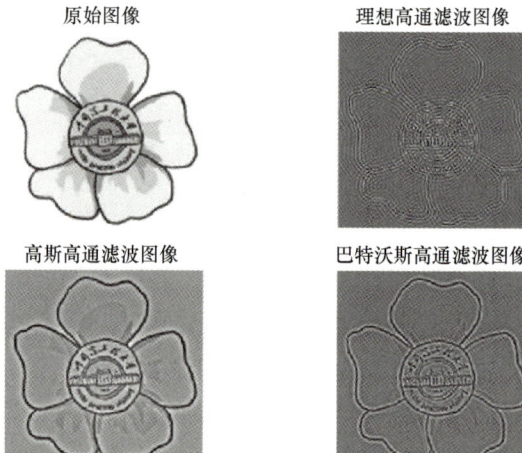

图 2-40　频率域高通滤波案例

码 2-14【程序源码】
频域低通、高通三种滤波

2. 频率域拉普拉斯

在 2.4.3 节中介绍了用拉普拉斯算子对空间域图像进行锐化。在频率域中，拉普拉斯算子滤波器传递函数为

$$H(u,v) = -4\pi^2 D^2(u,v) \tag{2-98}$$

由此我们可以得到频率域的拉普拉斯算子为

$$\nabla^2 f(x,y) = \Im^{-1}[H(u,v)F(u,v)] \tag{2-99}$$

最后，与空间域中相同，需要将进行拉普拉斯变换后的图像添加到原始图像中，从而恢复背景特征，即

$$g(x,y) = f(x,y) - \nabla^2 f(x,y) \tag{2-100}$$

2.6　基于深度学习的图像增强

2.6.1　深度学习基础

深度学习起源于对人工神经网络的研究，是机器学习的一个分支。深度学习模型是一种通过多层网络结构（复杂结构或多重非线性变换）对数据进行高层抽象的算法。深度学习通过组合低层特征，形成更加抽象的高层属性类别或特征，以发现数据的分布式特征表示。通俗地说，深度学习就是寻找一个合适的模型，通过这个模型得出我们想要的结果。

1. 数据集

在深度学习中，我们通常收集一系列的真实数据作为数据集。借由这些数据，我们可以使用深度学习技术找寻数据中蕴含的深层次规律，并使用该规律用于解决类似的新问题。

表 2-8 给出了一个学习时间与作业得分的例子，在表中，前三行对应的就是数据集，在机器学习术语里，该数据集被称为训练数据集（Training Data Set）或训练集（Training Set），我们期望在这些数据上建立一个模型用来解决第四行提出的问题。在这个数据集中每一行被称为一个样本（Sample），作业得分 y 被称作标签（Label），在第四行的问题中是需要被预测的，用来预测标签的学习时间 x 叫作特征（Feature）。特征用来表征样本的特点。

表 2-8 学习时间与作业得分

x/h	y/分
1	2
2	4
3	6
4	?

2. 线性回归模型

我们提到，深度学习就是寻找一个合适的模型，通过这个模型得出我们想要的结果。最为简单的模型便是线性模型。仍以表 2-8 为例，学习时间为 x，作业得分为 y，我们需要建立基于输入 x 和输出 y 之间的表达式，若假设输出与输入之间的关系是线性关系，则模型如下：

$$\hat{y} = xw + b \tag{2-101}$$

在模型中，w 称为权重（Weight），b 是偏差（Bias），均为标量，它们是线性回归模型之中的参数（Parameter），模型输出的 $\hat{y}$ 代表线性回归模型对作业得分的预测结果。模型学习过程便是在训练中通过更新模型参数的方式让模型输出的 $\hat{y}$ 与真实的 y 之间的误差越来越小。如果数据集中的样本输入 x 为 n 维的向量 $\boldsymbol{X} = (x_1, x_2, \cdots, x_n)$，那么对应的每个特征也就有对应的权重 $\boldsymbol{W} = (w_1, w_2, \cdots, w_n)$，此时的线性模型可表示为

$$\hat{y} = \frac{1}{n} \sum_{i=1}^{n} w_i x_i + b \tag{2-102}$$

3. 损失函数

损失函数代表着预测结果与真实结果间的距离。通常我们会选取一个非负数作为误差，且数值越小表示误差越小，一个常用的选择是平方差。对于某个训练样本，平方损失的计算如下：

$$\text{loss} = (\hat{y} - y)^2 \tag{2-103}$$

显然，误差越小表示预测结果与真实结果越相近，且当二者相等时误差为 0。给定训练数据集时，误差 loss 只与模型参数相关。在机器学习里，将衡量误差的函数称为损失函数（Loss Function）。这里使用的平方误差函数也称为平方损失（Square Loss）。在模型学习过程中，我们用训练数据集中所有样本误差的平均来衡量模型预测的质量，即

$$\text{loss} = \frac{1}{N} \sum_{n=1}^{N} (\hat{y}_n - y_n)^2 \tag{2-104}$$

4. 优化算法

为了达到使训练样本平均误差最小的目标，我们需要在模型训练时对参数进行优化。最

简单的优化方式是梯度下降方法。样本误差是指与模型参数相关的函数，如图 2-41 所示，梯度下降算法的公式为

$$w = w - \alpha \frac{\partial \text{loss}}{\partial \omega} \quad (2\text{-}105)$$

我们可以对 w 向梯度的负方向更新，这样可使得每次都朝着下降最快的方向移动，α 表示学习率（Learning Rate），代表了模型在每次参数更新时的调整幅度。从图 2-41 中我们可以看到，负梯度方向是下降方向，也是往 loss 最小值走的方向。参数 b 的更新也与之相同。

5. 模型预测

在训练完成后，我们便得到了训练好的模型参数。我们将这些训练好的模型参数保存下来，利用这个模型去解决训练集以外的问题，这种操作便成为模型预测或模型测试，用于检验我们模型的效果。仍以表 2-8 为例，我们将训练数据集以外的数据 $x = 4$ 输入到训练好的模型中，观察其结果。我们当然希望模型能给出 $\hat{y} = 8$ 的最优结果，但事实上，模型最终得到的一般并不是问题的最优解，而是最优解的一个近似。但不能够给出最优解并不代表我们的模型没有实际意义，在工程项目中，我们通常只需要模型具有一定程度的优越性即可，而不

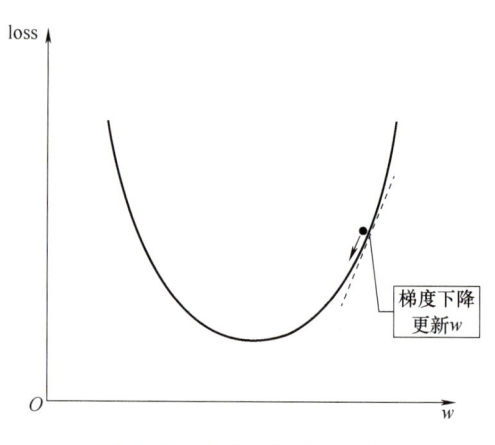

图 2-41　参数 w 的梯度下降

必追求完美。因此，我们需要对模型预测结果进行评估，分析它是否能够在实际应用中达到预期的效果。模型评估的相关内容在本章实验中有所介绍。

2.6.2　神经网络

1. 感知机网络与激活函数

在深度学习中，一类非常重要的问题是分类问题。在前面我们学习的线性回归模型可以用于输出为连续值的情况，而分类问题需要输出的是离散值。一般来说，回归问题通常是用来预测一个值，如预测房价、未来的天气情况等，例如一个产品的实际价格为 500 元，通过回归分析预测值为 499 元，我们认为这是一个比较好的回归分析。回归是对真实值的一种逼近预测。分类问题是用于将事物打上一个标签，通常结果为离散值。比如加入我们现在需要解决一个花朵分类问题，在数据集中提供了玫瑰花、百合花两种，这三种分类类别我们需要用离散值进行表示，比如 $y_{玫瑰} = 0$，$y_{百合} = 1$，如此，一张图片的标签便可用 0、1 来表示。分类并没有逼近的概念，最终正确结果只有一个，错误的就是错误的，不会有相近的概念。

感知机（Perceptron）是一种简单的二分类线性分类模型，它是机器学习领域的一个经典算法。感知机由美国科学家 Frank Rosenblatt 在 1957 年提出，被认为是神经网络和支持向量机的基础。它的输入 x 为 n 维的向量 $X = (x_1, x_2, \cdots, x_n)$，那么对应的每个特征也就有对应的权重 $W = (w_1, w_2, \cdots, w_n)$，还有偏移 b。感知机的输出 $\hat{y}$ 是一个二值输出（0 或 1），表示输入样本属于哪个类别，公式如下：

$$\hat{y} = \sigma\left(\frac{1}{n}\sum_{i=1}^{n} w_i x_i + b\right) \quad \sigma(x) = \begin{cases} 1, & x > 0 \\ 0, & \text{其他} \end{cases} \tag{2-106}$$

观察式（2-106）我们可以发现，感知机模型实际上就是在线性模型的基础上多加了一层分段函数，这会将感知机的输出强制分为两类。图2-42直观体现了感知机的功能，该图展示了二维输入下的感知机分类功能，其中，圆点对应输出为1，叉对应输出为2，分界线的方程为$w_1x_1+w_2x_2+b=0$。这是一条直线方程，它说明，只有那些线性可分模式类才能用感知器来加以区分。如图2-43所示的异或关系，显然它是线性不可分的。因此，单层感知器不可能将其正确分类。历史上，Minshy正是利用这个典型例子指出了感知器的致命弱点，从而导致了20世纪70年代神经元网络的研究低潮。

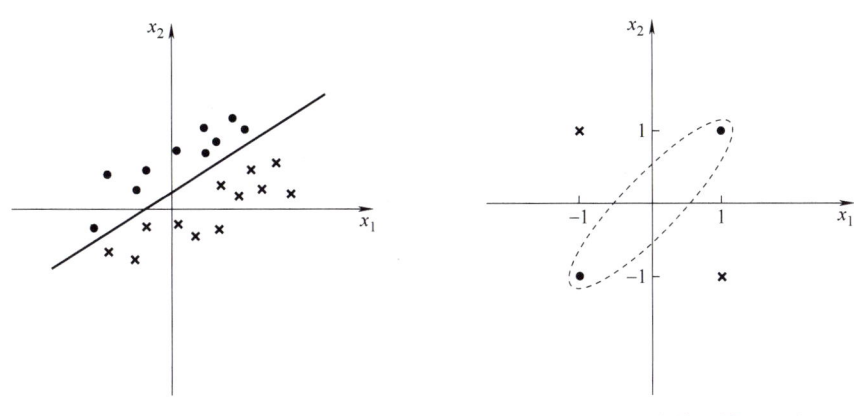

图2-42　二维输入的感知机　　　　图2-43　异或的线性不可分

为了解决这一问题，可采用如图2-44所示的多层感知器网络。其中第1层为输入层，有n_1个神经元；第q层为输出层，有n_q个输出，中间层为隐藏层。该多层感知器网络的输入与输出变换关系为

$$s_i^{(q)} = \sum_{j=0}^{n_{q-1}} w_{ij}^{(q)} x_j^{(q-1)} \ (x_0^{(q-1)} = b_i^{(q)}, w_{i0}^{(q)} = 1)$$

$$x_i^{(q)} = \sigma(s_i^{(q)}) = \begin{cases} 1, & s_i^{(q)} \geq 0 \\ 0, & s_i^{(q)} < 0 \end{cases}$$

$$i = 1,2,\cdots,n_q; j = 1,2,\cdots,n_{q-1}; q = 1,2,\cdots,Q \tag{2-107}$$

式中，σ称为激活函数；$x_j^{(q-1)}$表示第$q-1$层的第j个神经元的输出；$w_{ij}^{(q)}$是第$q-1$层到第q层之间连接的权重；$s_i^{(q)}$表示第q层的第i个神经元的输入加权和；$b_i^{(q)}$是第q层的偏置。

这时每一层相当于一个单层感知器网络，如对于第q层，它形成一个n_{q-1}维的超平面，它对于该层的输入模式进行线性分类，但是由于多层的组合，最终可实现对输入模式的较复杂的分类。例如，对于如图2-43所示的异或关系，可采用如图2-44所示的多层感知器网络来实现对它的正确分类。

现在我们分析图2-44中的案例对多层感知机进行理解。可以看到，这个案例中有1层输入层，1层输出层，且只有1层隐藏层。

（1）输入层　多层感知器的第一层是输入层，它接收原始数据或特征作为输入，输入

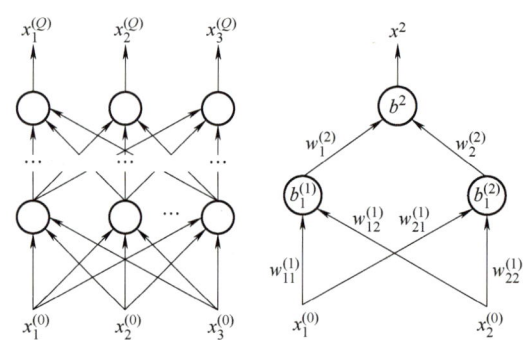

图 2-44 多层感知机模型以及能解决异或问题的多层感知机案例

层中不含参数计算,一般作用为整理输入的数据。输入向量 $X^{(0)} = (x_1^{(0)}, x_2^{(0)})$。

(2) 隐藏层 多层感知器可以包含一个或多个隐藏层,每个隐藏层由多个神经元组成。隐藏层的神经元接收上一层的输出,并对其进行加权求和与分段函数转换。本例中,隐藏层只有一层,其接收的上一层输出在这里正是从输入层得到的原始输入。在这里,隐藏层计算如下:

$$\begin{pmatrix} x_1^{(1)} \\ x_2^{(1)} \end{pmatrix} = \begin{pmatrix} w_{11}^{(1)} & w_{12}^{(1)} \\ w_{21}^{(1)} & w_{22}^{(1)} \end{pmatrix} \begin{pmatrix} x_1^{(0)} \\ x_2^{(0)} \end{pmatrix} + \begin{pmatrix} b_1^{(1)} \\ b_2^{(2)} \end{pmatrix} \qquad (2\text{-}108)$$

(3) 输出层 多层感知器的最后一层是输出层,它根据问题的类型确定神经元的数量。本例中,我们需要的最终输出为 1 维,作为输出层输入的最后一层隐藏层输出的数据为 2 维,输出层的计算为

$$x^2 = (w_1^{(2)}, \quad w_2^{(2)}) \begin{pmatrix} x_1^{(1)} \\ x_2^{(1)} \end{pmatrix} + b^{(2)} \qquad (2\text{-}109)$$

如图 2-45 所示,使用这个模型例子可以解决异或问题,具体步骤如下:

1) 利用上述学习算法,设计权重 $w_{11}^{(1)}$ 和 $w_{12}^{(1)}$,以使得其分界线为图 2-45 中的 L_1,即 L_1 的直线方程为

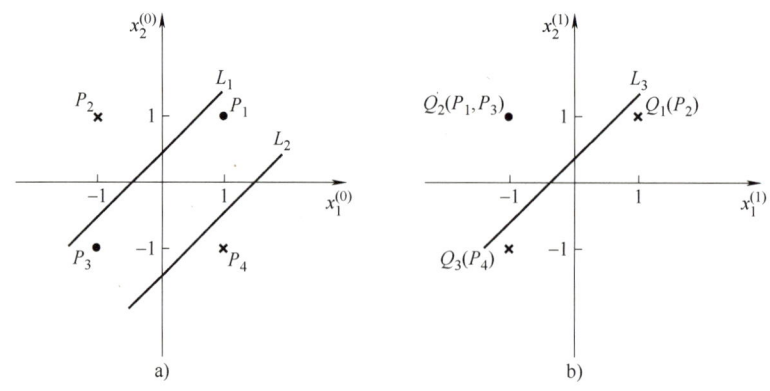

图 2-45 多层感知机实现异或模式划分

$$w_{11}^{(1)}x_1^{(0)} + w_{12}^{(1)}x_2^{(0)} + b_1^{(1)} = 0 \tag{2-110}$$

且相应于 P_2 的输出为 1，相应于 P_1、P_3 和 P_4 的输出为 -1。

2）设计权重 $w_{21}^{(1)}$ 和 $w_{22}^{(1)}$，以使得其分界线为图 2-45 中的 L_2，且使得相应于 P_1、P_2 和 P_3 的输出为 1，相应于 P_4 的输出为 -1。

3）在 $x_1^{(1)}$ 和 $x_2^{(1)}$ 平面中（图 2-45b），这时只有 Q_1、Q_2 和 Q_3 3 个点，括弧中标出了所对应的第一层的输入模式。Q_1、Q_2 和 Q_3 是第二层（即神经元 x^2）的输入模式。现在只要设计连接权系数 $w_1^{(2)}$ 和 $w_2^{(2)}$，以使得其分界线为图 2-45b 中的 L_3，即可将 Q_2 与 Q_1、Q_3 区分开来，即将（P_1，P_3）与（P_2，P_4）区分开来，从而正确地实现异或关系。

在多层感知机中一个非常重要的角色是激活函数。由于激活函数的加入，感知机模型从线性走向了非线性。可以说，适当设计多层感知机网络可以实现任意形状的划分。在多层感知机中，激活函数所发挥的作用是必不可少的。设想一下，如果去掉激活函数，仅仅堆叠线性模型，那么最终得到的仍然是一个线性模型，即

$$\begin{aligned} \boldsymbol{O} &= \boldsymbol{W}^{(2)}(\boldsymbol{W}^{(1)}\boldsymbol{X} + \boldsymbol{b}^{(1)}) + \boldsymbol{b}^{(2)} \\ &= \boldsymbol{W}^{(2)}\boldsymbol{W}^{(1)}\boldsymbol{X} + \boldsymbol{W}^{(2)}\boldsymbol{b}^{(1)} + \boldsymbol{b}^{(2)} \\ &= \boldsymbol{W}\boldsymbol{X} + \boldsymbol{b} \end{aligned} \tag{2-111}$$

由式（2-111）可以看出，不使用激活函数只是简单堆叠线性模型，最终输出 $\boldsymbol{O}$ 和输入 $\boldsymbol{X}$ 还是线性关系，这和单层感知机没有什么区别，就是一个简单的线性模型而已。所以需要加上激活函数。下面我们介绍几个常用的激活函数。

（1）ReLU 函数

$$\text{ReLU}(\boldsymbol{x}) = \max(0, \boldsymbol{x}) \tag{2-112}$$

可以看到，ReLU 函数只保存正数元素，并将负数元素清零。ReLU 函数计算简单高效，是最常用的激活函数之一。

（2）sigmoid 函数 sigmoid 函数将输入值映射到一个范围为（0，1）的区间，具有平滑的 S 形曲线。

$$\text{sigmoid}(\boldsymbol{x}) = \frac{1}{1 + \exp(-\boldsymbol{x})} \tag{2-113}$$

在早期神经网络中，sigmoid 函数的使用十分普遍，但它现在已逐渐被更加简单的 ReLU 函数所取代。

（3）tanh 函数 tanh 函数将输入值映射到一个范围为（-1，1）的区间，也具有 S 形曲线。

$$\tanh(\boldsymbol{x}) = \frac{\exp(\boldsymbol{x}) - \exp(-\boldsymbol{x})}{\exp(\boldsymbol{x}) + \exp(-\boldsymbol{x})} = \frac{1 - \exp(-2\boldsymbol{x})}{1 + \exp(-2\boldsymbol{x})} \tag{2-114}$$

图 2-46 展示了各种激活函数的图像。激活函数的种类多种多样，且各有优势，在实际使用时要通过具体情况进行选择。

2. 反向传播

反向传播算法，即 BP 算法，适合于多层神经元网络的一种学习算法，它建立在梯度下降法的基础上。反向传播算法是一种计算梯度的技术，用于多层神经网络。它使用链式法则来有效地计算损失函数对于每个权重和偏置的梯度。下面是反向传播算法的步骤：

1）正向传播（Forward Propagation）：从输入层开始，逐层计算每一层的输出，直到输

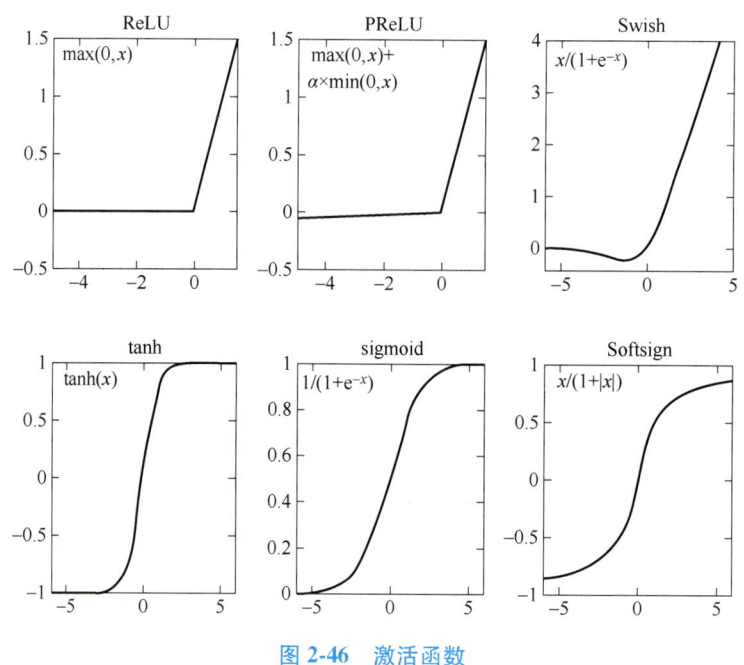

图 2-46 激活函数

出层,得到模型的预测结果。具体而言,正向传播的过程如下:

$$s^{(l)} = W^{(l)}x^{(l-1)} + b^{(l)}$$
$$x^{(l)} = \sigma(s^{(l)}) \tag{2-115}$$

式中,$s^{(l)}$ 表示第 l 层的加权输入;$x^{(l)}$ 表示第 l 层的激活值;$W^{(l)}$ 和 $b^{(l)}$ 分别表示第 l 层的权重和偏置;$\sigma(\cdot)$ 表示激活函数。

2)计算损失函数(Compute Loss):使用损失函数 Loss 来评估模型的预测结果与真实标签之间的差距。损失函数的值为 Loss = Loss($\hat{y}$, y),其中 $\hat{y}$ 是模型的预测输出,y 是真实标签。

3)反向传播(Backward Propagation):通过计算每一层的误差,将损失从输出层反向传播到输入层。具体步骤如下:

① 输出层的误差(Output Layer Error)。首先,计算输出层的误差 $\delta^{(L)}$:

$$\delta^{(L)} = \frac{\partial \text{Loss}}{\partial z^{(L)}} \tag{2-116}$$

② 隐藏层的误差(Hidden Layer Error)。接下来,通过将输出层的误差反向传播到前一层来计算隐藏层的误差 $\delta^{(l)}$:

$$\delta^{(l)} = \frac{\partial \text{Loss}}{\partial z^{(l)}} = ((W^{(l+1)})^{\mathrm{T}} \delta^{(l+1)}) \odot \sigma'(z^{(l)}) \tag{2-117}$$

式中,$\odot$ 表示逐元素乘法;$\sigma'(\cdot)$ 表示激活函数的导数。

③ 参数梯度(Parameter Gradients)。最后,利用误差来计算损失函数相对于每个参数的梯度:

$$\frac{\partial \text{Loss}}{\partial W^{(l)}} = \delta^{(l)} (a^{(l-1)})^{\mathrm{T}}$$

$$\frac{\partial \text{Loss}}{\partial \boldsymbol{b}^{(l)}} = \delta^{(l)}$$

4）参数更新（Parameter Update）。使用计算得到的参数梯度，利用梯度下降法或其他优化算法来更新网络参数：

$$\boldsymbol{W}^{(l)} = \boldsymbol{W}^{(l)} - \alpha \frac{\partial \text{Loss}}{\partial \boldsymbol{W}^{(l)}}$$

$$\boldsymbol{b}^{(l)} = \boldsymbol{b}^{(l)} - \alpha \frac{\partial \text{Loss}}{\partial \boldsymbol{b}^{(l)}} \tag{2-118}$$

式中，α 是学习率，用于控制参数更新的步长。

反向传播算法是深度学习中非常重要的优化算法，它具有以下几个优点和特点：

1）高效性：反向传播算法利用链式法则，通过一次前向传播和一次后向传播，就可以计算损失函数相对于所有参数的梯度。这种计算方式相对高效，适用于大规模的神经网络训练。

2）灵活性：反向传播算法可以用于各种类型的神经网络，包括全连接网络、卷积神经网络、循环神经网络等。无论网络结构如何复杂，都可以利用反向传播算法来训练和优化参数。

3）并行性：反向传播算法中的许多计算步骤可以并行化处理，从而加快了训练速度。例如，在计算每一层的梯度时，可以同时处理不同样本的数据，提高了算法的效率。

4）自适应性：反向传播算法通常与梯度下降算法结合使用，可以根据损失函数的梯度大小来自适应地调整学习率，从而更好地优化模型参数。

尽管反向传播算法有许多优点，但也存在一些挑战和局限性：

1）梯度消失和梯度爆炸：在深度神经网络中，反向传播过程中可能会出现梯度消失或梯度爆炸的问题，导致训练不稳定或者收敛速度变慢。这是因为链式法则的连续相乘可能导致梯度的指数级增长或减小。

2）局部最优解：反向传播算法可能会陷入局部最优解，而无法达到全局最优解。尤其是在复杂的非凸优化问题中，局部最优解的数量可能非常多，使得算法很难找到全局最优解。

3）需要大量数据：反向传播算法通常需要大量的数据来训练模型，尤其是在深度神经网络中。如果数据量不足，容易导致过拟合或者欠拟合的问题。

3. Softmax 模型

在使用 MLP 进行分类问题时，通常输出层的神经元数量与分类的类别数量相匹配。每个输出神经元对应一个类别，其输出值可以被解释为对应类别的情况。这意味着模型通过输出的数值大小来表示对每个类别的置信度或预测的可能性。通常，在训练期间，会将这些输出值传递给 Softmax 函数，以将其转换为概率分布。或者我们可以说，在分类问题中，MLP 的输出层使用的激活函数一般为 Softmax 函数。

Softmax 模型是多层感知机的输出层的一种特殊形式，通常用于多分类问题，它将 MLP 输出的原始分数转换为每个类别的概率。Softmax 函数的公式如下：

$$y_i = \frac{e^{z_i}}{\sum_{j=1}^{k} e^{z_j}} \tag{2-119}$$

式中，y_i 是输出为第 i 个类别的概率；z_i 是输出层对第 i 个类别的原始分数（Logits）；k 是类别的总数。

从式（2-119）可以看出，Softmax 函数保证了所有输出的概率之和为 1，这使得它们可以被视为概率分布。Softmax 模型适用于多类别分类任务，每个输出表示输入属于各个类别的概率。Softmax 模型通常使用交叉熵损失函数来衡量预测概率分布与真实标签之间的差异。交叉熵损失函数公式如下：

$$L = \frac{1}{N}\sum_i L_i = \frac{1}{N}\sum_i \left(-\sum_{j=1}^{k} y_{ij}\log(\hat{y}_{ij})\right) \quad (2\text{-}120)$$

式中，N 是样本数量；k 是类别的总数；y_{ij} 是样本 i 的真实标签为类别 j 的指示函数；$\hat{y}_{ij}$ 是模型对样本 i 预测的类别 j 的概率。

在多分类问题中，通常采用 one-hot 编码来表示真实标签。假设有 k 个类别，对于每个样本 i，其真实标签 y_i 是一个长度为 k 的向量，其中只有一个元素为 1，其余元素都为 0，这个长度为 k 的向量中，位置 j 处的元素为 1 表示该样本属于第 j 个类别，而其余位置的元素都为 0。如果模型的预测概率与真实标签完全匹配，即 $\hat{y}_{ij} = y_{ij}$，那么交叉熵损失为 0。但通常情况下，模型的预测并不完全正确，交叉熵损失函数的值会大于 0，差异越大，交叉熵损失越大。

2.6.3 卷积神经网络

1. 二维卷积层

卷积神经网络是近年来深度学习能在计算机视觉领域取得突破性成果的基石。它也逐渐在被其他诸如自然语言处理、推荐系统和语音识别等领域广泛使用。本节中，我们介绍的卷积神经网络均使用最常见的二维卷积层。它有高和宽两个空间维度，常用来处理图像数据。本节中，我们将介绍简单形式的二维卷积层的工作原理。

卷积神经网络（Convolutional Neural Network）是含有卷积层（Convolutional Layer）的神经网络。在 2.4 节，我们学习了卷积运算与相关运算，虽然卷积层得名于卷积（Convolution）运算，但我们通常在卷积层中使用更加直观的相关（Correlation）运算。在二维卷积层中，一个二维输入数组和一个二维核（Kernel）数组通过互相关运算输出一个二维数组。图 2-47 所示为一个二维卷积的计算案例，可以看到它与在 2.4.1 节中我们曾学习过的互相关计算方式完全相同，其中卷积核数组中的元素深度学习中需要学习的参数。由于核数组是学习出来的，操作时无论是否对核进行翻转都不会影响最终的模型预测结果，这也是在卷积层中使用相关运算代替卷积运算的原因。在本节后续内容中，我们遵循传统将不进行盒翻转的操作（即相关操作）称为卷积，若需要进行反转操作，我们会对其进行特别说明。

二维卷积层输出的二维数组可以看作输入在空间维度（宽和高）上某一级的表征，也叫作特征图（Feature Map）。影响输出数组中的某个元素 x 的前向计算的所有可能输入区域（可能大于输入的实际尺寸）叫作 x 的感受野（Receptive Field）。以图 2-47 为例，输入中阴影部分的 4 个元素是输出中阴影部分元素的感受野。我们将图 2-47 中形状为 2×2 的输出记为 Y，并考虑一个更深的卷积神经网络：将 Y 与另一个形状为 2×2 的核数组做互相关运算，输出单个元素 z。那么，z 在 Y 上的感受野包括 Y 的全部 4 个元素，在输入上的感受野包括其中全部 9 个元素。可见，我们可以通过更深的卷积神经网络使特征图中单个元素的感

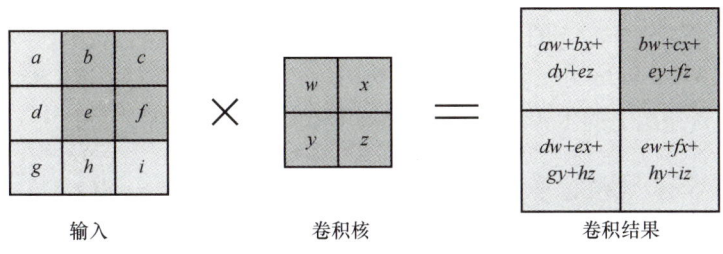

图 2-47 二维卷积

受野变得更加广阔,从而捕捉输入上更大尺寸的特征。

2. 填充和步幅

在 2.4 节空间滤波的学习中,我们了解到为保证边缘位置能够参与滤波,需要在输入高和宽的两侧填充元素。在卷积层计算中我们也需要类似的操作,用于让边缘和角落的像素在学习中被利用得更加充分。同时,回顾我们上一节的例子,如果不进行填充,随着卷积层数的加深,得到的输出进一步缩小,那么最终会导致输出很快就只剩下 1×1 的数组,导致无法继续堆叠卷积层来加深网络深度。对此,我们可以使用调整卷积层的两个超参数——填充和步幅来改变卷积层的输出形状,来保证网络能够进一步加深。

填充(Padding)是指在输入高和宽的两侧填充元素(通常是 0 元素)。如图 2-48 所示,我们将 2×2 输入填充到 4×4。那么它的输出就增加为 3×3。阴影部分的计算为 0×0+0×1+0×2+0×3=0。根据需求,我们可以在高宽两个方向填充任意大小的行和列。一般来说,若输入形状为 $n_h \times n_w$,在高的两侧共填充 p_h 行,在宽的两侧共填充 p_w 列,卷积核的形状为 $k_h \times k_w$,那么输出形状为 $(n_h-k_h+p_h+1) \times (n_w-k_w+p_w+1)$。我们在 2.4 节中学习过,一般来说,卷积核的宽高一般为奇数。假设 $k_h=2a+1$ 和 $k_w=2b+1$,那么我们只需要令 $p_h=2a$,$p_w=2b$(即在输入数组上下两侧各填充 a 行,在左右两侧各填充 b 行)就能使得输入和输出具有相同的高和宽,这也是填充这一超参数重要的作用。

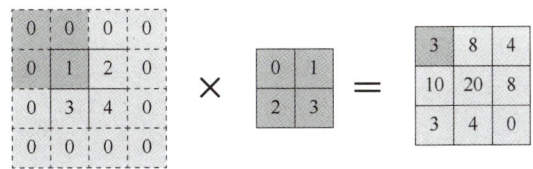

图 2-48 在输入周围填充一圈额外 0 的二维卷积计算

步幅(Stride)是指卷积窗口在行和列方向的每次滑动越过的元素数量。在前面我们介绍过的例子中,卷积窗口都从输入数组的最左上方开始,按从左到右、从上到下,且步幅为 1 的方式滑动计算。但是,有时候为了高效计算和缩减采样次数,卷积窗口可以跳过中间位置,每次滑动多个元素。图 2-49 所示为在高方向步幅为 3,宽方向步幅为 2 的二维卷积运算。需要注意的是,如果卷积核滑动后超出了输入数组的边界,那么即便输入元素填充了一部分的卷积核,此时也无须进行计算。比如在输出第二个元素后,当卷积窗口向右滑动 2 列后,输入元素无法填满卷积窗口,则无结果输出,跳过这一部分。

一般来说,若设在高方向步幅为 s_h,在宽方向步幅为 s_w,那么输出形状为 $[(n_h-k_h+p_h+$

$s_h)/s_h] \times [(n_w-k_w+p_w+s_w)/s_w]$。同时，从该公式中可以看出，填充主要用于增加输入的高和宽，而步幅主要用于减少输入的高和宽。在卷积核为奇数的情况下，假设 $k_h=2a+1$ 和 $k_w=2b+1$，且令 $p_h=2a$、$p_w=2b$ 时，输出可以简化为 $[(n_h+s_h-1)/s_h] \times [(n_w+s_w-1)/s_w]$，若输入的高和宽能被高和宽上的步幅整除，那么输出形状将是 $(n_h/s_h) \times (n_w/s_w)$。

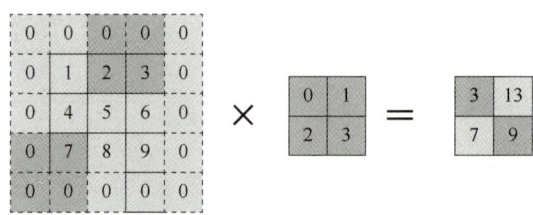

图 2-49　高和宽上步幅分别为 3 和 2 的二维卷积运算

3. 多通道卷积

前面我们讲解的卷积层中的输入输出均是二维数组，而我们知道，彩色图像在高宽两个维度外还有 3 个颜色通道（RGB），即一个彩色图像的大小为 $3 \times h \times w$。一般将大小为 3 的这一维称为通道（Channel）。对于这样的输入，我们该怎样进行卷积呢？

对于输入多通道卷积运算，则每个通道都有其对应的卷积核与它们进行卷积运算，最终将值进行求和得到一个单通道的结果。即对于一个形状为 $c_i \times n_h \times n_w$ 的输入，我们需要一个与其通道数相同的卷积核，即卷积核形状为 $c_i \times k_h \times k_w$，由此，多输入通道的卷积层操作就变为将对应通道上的输入二维数组和卷积核二维数组进行卷积运算，再将得到的 c_i 个输出按通道进行累加，最终得到一个二维数组。图 2-50 展示了三通道输入的卷积层计算的例子。

在上述处理多输入通道的方法中，由于最终结果是进行了累加，因此最终得到的结果总是只有一个通道。但若需要得到含多个通道的输出应该如何操作呢？再回到上面的方法，我们可以发现，使用一个 $c_i \times k_h \times k_w$ 的卷积核最终得到的结果是一个通道，那么我们只需要使用多个卷积核就可以得到多个通道的结果了。假设我们为一个形状为 $c_i \times n_h \times n_w$ 的输入准备 c_o 个形状为 $c_i \times k_h \times k_w$ 的卷积核，在进行卷积运算时，我们将每个卷积核分别与输入进行运算，最终可以得到 c_o 个二维数组，将其连接起来我们便得到了通道数为 c_o 的输出。多通道输入输出卷积示意图如图 2-51 所示。

现在，我们可以总结一下，在卷积层中，我们一共有 8 个超参数，它们的含义和作用见表 2-9。

表 2-9　卷积层超参数

参数	参数含义	参数作用
c_o	卷积核个数	决定了卷积层输出的通道数
c_i	每个卷积核的通道数	与卷积层输入的通道数相同
k_h、k_w	每个卷积核的高和宽	调整输出的高、宽
p_h、p_w	高、宽两个方向的填充	调整输出的高、宽
s_h、s_w	高、宽两个方向的步幅	

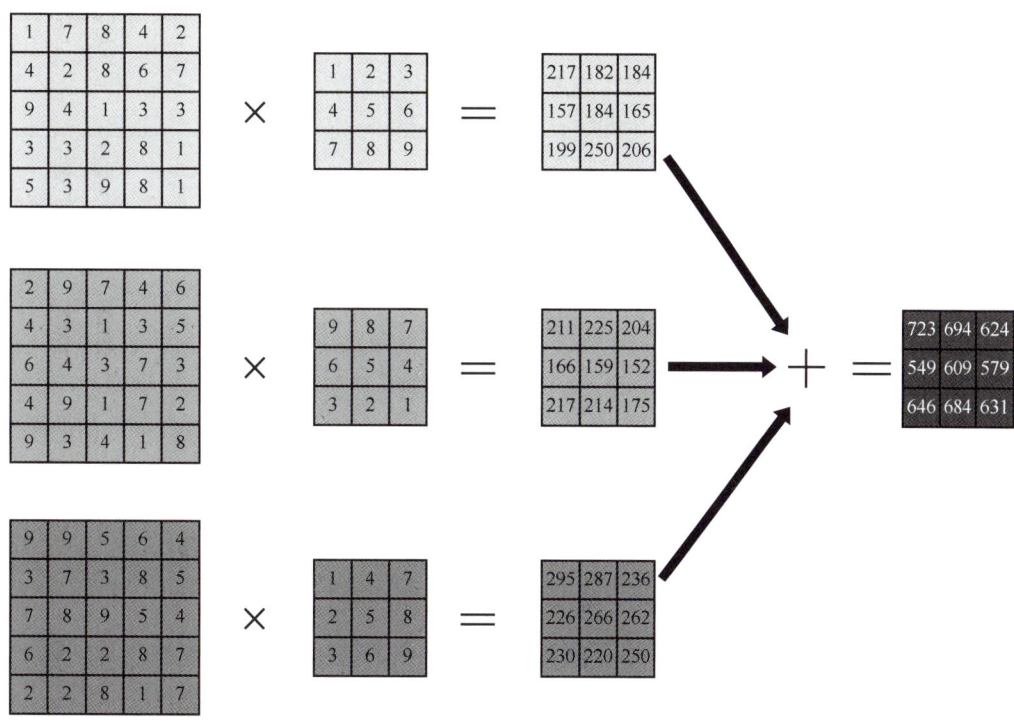

图 2-50 三通道输入的卷积层计算

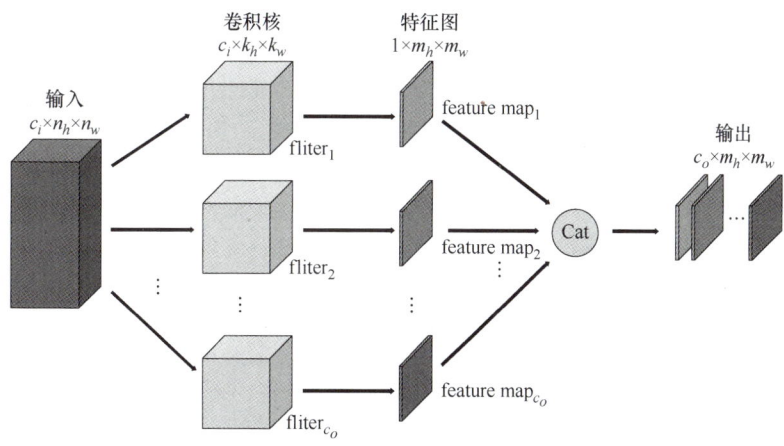

图 2-51 多通道输入输出卷积示意图

4. 池化层

池化（Pooling）的含义是用一个数字代表一组数据，那么首先想到的应该是平均数、中位数、众数等重要统计分析指标。在卷积神经网络中，我们常用的是平均数和最大值，分别对应平均池化（AvgPool2d）和最大池化（MaxPool2d）。

同卷积层一样，池化层每次对输入数据的一个固定形状窗口（又称池化窗口）中的元素计算输出，但这次我们需要在窗口中进行的计算为最大值计算或平均值计算（类似于我们在 2.4.2 节中学习的最大值滤波和平均值滤波）。图 2-52 所示为步长为 2、窗口为 2×2 的平均池化和最大池化。由于池化本质上也是一种滑动窗口式的计算，所以它也有填充和步幅这两个超参数，最终输出大小计算方式与卷积层一致。对于多通道的输入，池化计算比较简单，只需要对每个通道分别进行池化即可，最终池化层的输出通道数与输入通道数相等。池化层的主要作用是通过降采样来减少特征图的尺寸，从而降低模型的复杂度和计算量，进而提高模型的训练效率。此外，池化层还能够提取主要特征，保留图像的关键信息，并具有一定的平移不变性，使得网络对于输入的微小变化具有鲁棒性。通过池化操作，我们能够在减少计算量的同时，有效地提高模型的泛化能力，使得模型更适用于不同的数据集和场景。

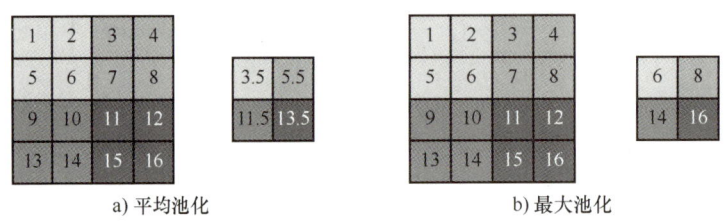

图 2-52　步长为 2、窗口为 2×2 的平均池化和最大池化

5. 深度卷积神经网络

我们现在已经学习了卷积神经网络中的各种模块与操作，那么如何将这些东西组成一个模型，也就是一个完整的卷积神经网络呢？LeNet 模型是在 1998 年由 Yann LeCun 等人在 Handwritten Digit Recognition with a Back-Propagation Network 提出的一种图像分类模型，也被认为是最早的卷积神经网络（CNN），为后续 CNN 的发展奠定了基础，作者 LeCun Y. 也被誉为卷积神经网络之父。Lenet 是一系列网络的合称，包括 LeNet1~LeNet5，LeNet 首次采用了卷积层、池化层这两个全新的神经网络组件，接收灰度图像，并输出其中包含的手写数字，在手写字符识别任务上取得了瞩目的准确率。LeNet 网络的一系列的版本，以 LeNet-5 版本最为著名，也是 LeNet 系列中效果最佳的版本，如图 2-53 所示。

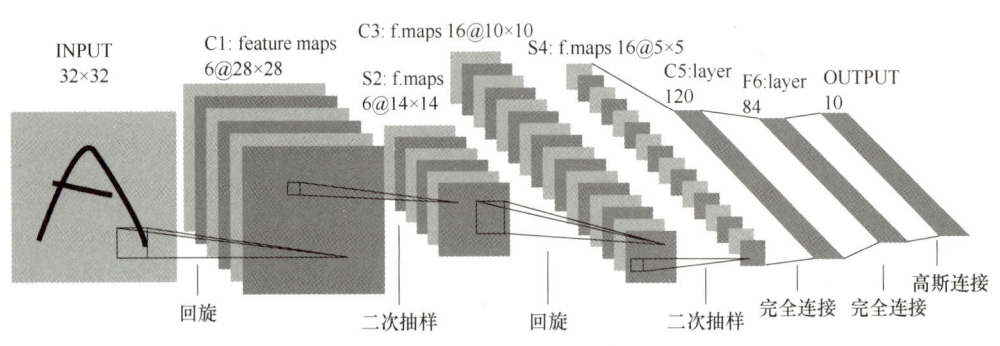

图 2-53　LeNet 网络结构

LeNet 分为卷积层块和全连接层块两个部分。下面我们分别介绍这两个模块。

卷积层块里的基本单位是卷积层后接最大池化层：卷积层用来识别图像里的空间模式，如线条和物体局部，之后的最大池化层则用来降低卷积层对位置的敏感性。卷积层块由两个这样的基本单位重复堆叠构成。在卷积层块中，每个卷积层都使用 5×5 的窗口，并在输出上使用 sigmoid 激活函数。第一个卷积层输出通道数为 6，第二个卷积层输出通道数则增加到 16。这是因为第二个卷积层比第一个卷积层的输入的高和宽要小，所以增加输出通道使两个卷积层的参数尺寸类似。卷积层块的两个最大池化层的窗口形状均为 2×2，且步幅为 2。由于池化窗口与步幅形状相同，池化窗口在输入上每次滑动所覆盖的区域互不重叠。

卷积层块的输出形状为（批量大小，通道，高，宽）。当卷积层块的输出传入全连接层块时，全连接层块会将其变平（Flatten）。也就是说，全连接层的输入形状展开为向量表示，且向量长度为通道、高和宽的乘积。全连接层块含 3 个全连接层。它们的输出个数分别是 120、84 和 10，其中 10 为输出的类别个数。

LeNet 打开了计算机视觉领域卷积神经网络的大门，但是在他提出后将近 20 年里，受限于硬件的计算能力，神经网络并没有得到很好的发展。我们知道，直觉上来说，适当地增加网络深度可以提高网络的学习能力，但在当时并没有硬件和优化算法去支撑训练一个多通道、多层并且具有大量参数的卷积神经网络模型，这一情况直到通用 GPU 和诸如 OpenCL 和 CUDA 之类的编程框架出现后才得以改变。同时，对于一个深度模型，我们需要大量的标注数据才能让其得到充分的训练，从而表现出比传统方法更好的性能，而过去大部分的公开数据集只有几百张图像，这对于深度卷积神经网络的训练是远远不够的。这一情况直到大数据浪潮的到来才得以改善，其中对计算机视觉领域影响最大的乃是著名的 ImageNet 数据集。ImageNet 是一个在 2009 年创建的图像数据集，该数据集的目标是识别和分类图像中的各种物体和场景。它涵盖了从动物到交通工具等各个领域的图像，包含 1000 类物体，且每类有数千张图像。从 2010 年开始到 2017 年举办了七届的 ImageNet 挑战赛——ImageNet Large Scale Visual Recognition ChallengeI（LSVRC），在这个挑战赛上诞生了 AlexNet、OverFeat、VGG、Inception、ResNet、WideResNet、FractalNet、DenseNet、ResNeXt、DPN、SENet 等经典模型。在本节中，我们对经典的 AlexNet、VGG、ResNet 这三种模型加以介绍。

（1）AlexNet　AlexNet 是 2012 年 ImageNet 竞赛冠军获得者 Hinton 和他的学生 Alex Krizhevsky 设计的。也是在那年之后，更多的更深的神经网络被提出，比如优秀的 VGG、GoogLeNet。这对于传统的机器学习分类算法而言，已经相当出色。相比 LeNet，AlexNet 具有以下特点：

1）AlexNet 具有更深的网络结构，包含 8 层，其中有 5 层卷积和 2 层全连接隐藏层，以及 1 个全连接输出层，如图 2-54 所示。其中，卷积层的设计如下：

第一层卷积层模块接收 227×227×3（R、G、B 三个通道）的输入图像，使用 96 个大小为 11×11×3 的卷积核进行特征提取，步幅为 4，输出特征图 55×55×96。对得到的特征图，使用 ReLU 函数将它的值限定在合适的范围内，然后使用 3×3 窗口大小进行步幅为 2 的最大池化操作，得到 27×27×96 的特征图。

第二层卷积层模块与第一层卷积层模块相似，它接收前一层输出的 27×27×96 的特征图，采用 256 个 5×5×96 的卷积核，步幅为 1，填充为 2，保证了输入输出的高宽相同，最终生成 27×27×256 的特征图。紧随其后的是相同的 ReLU 函数和池化操作。

第三层卷积层和第四层卷积层后不进行池化，只进行 ReLU 函数激活。第三层卷积层使用 384 个 3×3×256 的卷积核，步幅为 1，填充为 1，输出特征图 13×13×384。第四层卷积层使用 384 个 3×3×384 的卷积核，步幅为 1，填充为 1，输出特征图 13×13×384。可以看到，这两层卷积层卷积核高宽 3×3，步幅为 1，填充为 1 的设计使得输入输出高宽相同。

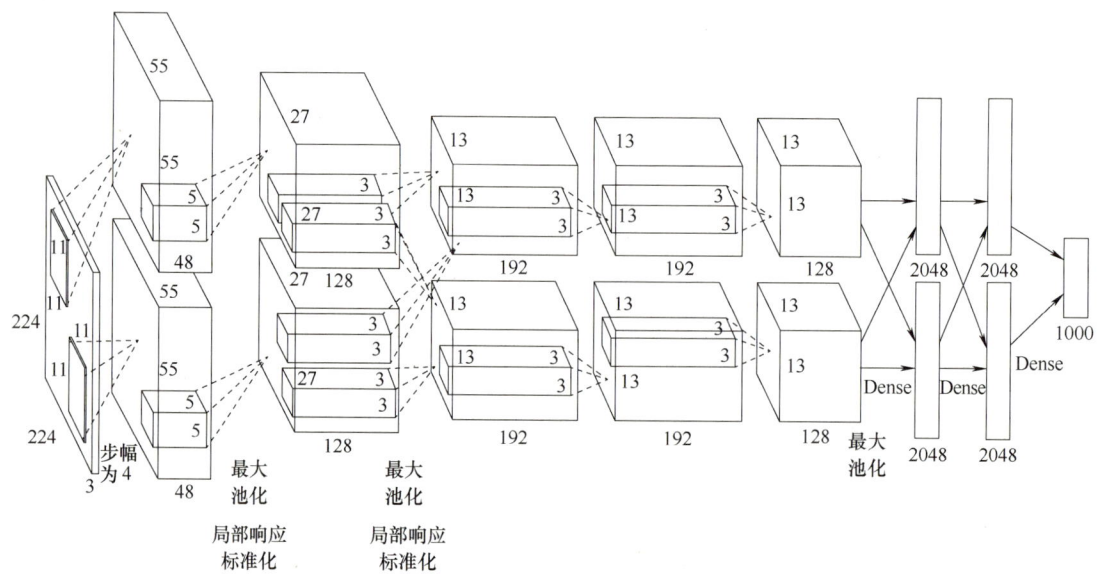

图 2-54 Alex 网络结构图

第五层卷积层模块接收前一层输出的 13×13×384 的特征图，采用 256 个 3×3×384 的卷积核，步幅为 1，填充为 1，最终生成 13×13×256 的特征图。紧随其后的是与第一层、第二层卷积层后相同的 ReLU 函数和池化操作，得到 6×6×256 大小的特征图。

2）AlexNet 使用了层叠的卷积层，即卷积层+卷积层+池化层来提取图像的特征，就如上面介绍的第三层卷积层+第四层卷积层+第五层卷积层+第三个池化层那样连续使用卷积层后再进行池化。这样的前一层卷积层可以捕获一些低级的特征，例如边缘和纹理等，而后续的卷积层则能够逐渐提取出更加抽象和高级的特征，例如形状、部分和物体等。

3）在全连接层部分，使用丢弃法（Dropout）抑制过拟合。为了使用全连接层，需要将第三次池化后输出的特征图展平为向量，即从 6×6×256 转化为一个 9216 维的向量，而后我们使用连续两个输出个数为 4096 的全连接隐藏层（激活函数仍使用 ReLU）对这个特征向量进行处理。我们可以发现，这两个全连接层参数量十分大，因此模型在对这两个层使用丢弃法进行处理来控制模型复杂度。丢弃法的核心思想是在训练过程中随机地丢弃（即将其输出置零）网络中的一部分神经元，从而减少神经元之间的依赖关系，降低模型的过拟合风险。具体来说，丢弃法的步骤如下：

① 训练阶段。

对于每个训练样本，以一定的概率（通常为 0.5）随机选择要丢弃的神经元。

被选择的神经元的输出被置零（即丢弃）。

对于每个训练样本，随机选择的丢弃神经元会不断变化，这样可以避免神经元之间过度适应任何一个特定的特征，从而促使网络学习到更加鲁棒和泛化的特征表示。

② 测试阶段。

在测试阶段，不再进行丢弃操作，而是保留所有神经元。

为了保持训练和测试阶段输出的期望一致性，通常会对训练阶段的每个神经元的输出进行缩放（通常乘以丢弃率的倒数），以保持输出的期望值。

丢弃法不会影响到原本的输入输出维度，最终我们将全连接隐藏层得到的4096维向量送入最终的的全连接输出层+ReLU函数中去，得到最终1000维的输出。

4）使用ReLU替换之前的sigmoid的作为激活函数。一方面，ReLU激活函数的计算更简单，例如它并没有sigmoid激活函数中的求幂运算。另一方面，ReLU激活函数在不同的参数初始化方法下使模型更容易训练。这是由于当sigmoid激活函数输出极接近0或1时，这些区域的梯度几乎为0，从而造成反向传播无法继续更新部分模型参数；而ReLU激活函数在正区间的梯度恒为1。因此，若模型参数初始化不当，sigmoid函数可能在正区间得到几乎为0的梯度，从而令模型无法得到有效训练。

（2）VGG　VGG是牛津大学视觉几何组（Visual Geometry Group）提出的模型，该模型在2014年ImageNet图像分类与定位挑战赛ILSVRC-2014中取得分类任务第二、定位任务第一的优异成绩。VGG突出的贡献是证明了很小的卷积，通过增加网络深度可以有效提高性能。VGG继承了AlexNet的衣钵同时拥有着鲜明的特点。相比AlexNet，VGG使用了更深的网络结构，证明了增加网络深度能够在一定程度上影响网络性能。简单来说，VGG就是使用了五次卷积模块的卷积神经网络。

VGG相比AlexNet的一个改进是采用连续的几个3×3的卷积核代替AlexNet中的较大卷积核（11×11、7×7、5×5）。对于给定的感受野，采用堆积的小卷积核优于采用大的卷积核，因为多层的非线性层可以增加网络深度来保证学习更复杂的模式，而且参数更少。以VGG16为例，网络结构为5层卷积层（共16次卷积操作）、3层全连接层、1层全连接输出层，层与层之间使用最大池化分隔，所有隐藏层的激活单元都采用ReLU函数。卷积层全部都是3×3的卷积核，步幅为1，填充为1。池化层窗口大小为2×2，步幅为2，这会使特征图的高宽减半。VGG16具体的过程如下：

1）输入图像尺寸为224×224×3，经64个通道为3的3×3的卷积核，步长为1，填充为1，卷积两次，再经ReLU激活，输出的尺寸大小为224×224×64。

2）经Max Pooling(最大池化)，滤波器为2×2，步长为2，图像尺寸减半，池化后的尺寸变为112×112×64。

3）经128个3×3的卷积核，两次卷积，ReLU激活，尺寸变为112×112×128。

4）最大池化，尺寸变为56×56×128。

5）经256个3×3的卷积核，三次卷积，ReLU激活，尺寸变为56×56×256。

6）最大池化，尺寸变为28×28×256。

7）经512个3×3的卷积核，三次卷积，ReLU激活，尺寸变为28×28×512；

8）最大池化，尺寸变为14×14×512。

9）经512个3×3的卷积核，三次卷积，ReLU，尺寸变为14×14×512。

10）最大池化，尺寸变为7×7×512。

11）进行Flatten，将数据拉平成向量，变成一维512×7×7＝25088。

12）再经过两层1×1×4096，一层1×1×1000的全连接层（共三层），经ReLU激活。

13）最后通过Softmax函数输出1000个预测结果。

（3）ResNet　残差神经网络（ResNet）是由微软研究院的何恺明、张祥雨、任少卿、孙剑等人提出的，斩获2015年ImageNet竞赛中分类任务第一名、目标检测第一名、残差神经网络的主要贡献是发现了"退化现象（Degradation）"，并针对退化现象发明了"直连边/短连接（Shortcut connection）"，极大地解决了深度过大的神经网络训练困难问题。神经网络的"深度"首次突破了100层、最大的神经网络甚至超过了1000层。

在学习 ResNet 之前，我们要提出一个问题，那就是、网络层数越深，效果越好吗？答案是否定的，在 ResNet 论文的实验中得出了以下结论：随着网络深度的增加，精度趋于饱和然后迅速下降，这被称为退化现象。针对这一问题，作者提出了残差结构，如图 2-55 所示。

残差结构是 ResNet 网络的基础组成部分。残差的核心思想为：我们不再让堆叠的网络层去直接拟合最终的底层映射，而是拟合残差映射（Residual Mapping）。形式上，假如最终的底层映射是 $H(x)$，我们让这些堆叠的网络层去拟合 $H(x)-x$，其中 x 是这个堆叠网络层的输入，我们将 $H(x)-x$ 命名为 $F(x)$，那么原来的映射 $H(x)$ 就变成了 $F(x)+x$。或者，用更直观的方法来说，残差结构相比普通的网络层的堆叠，多了一个将原始输入直接加到最终输出上的过程。那

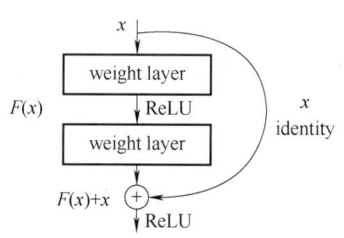

图 2-55　残差结构

么为什么这种结构有利于深层网络的训练呢？原论文中假设这样一个极端情况：假如 x 已经是最优的，而后面还有很多层网络，那么普通堆叠的网络是使用这些层来拟合恒等映射，而残差结构是去拟合逼近 0，相比于使用各种非线性网络逼近恒等映射，后者无疑更加简单。如果在前者深层的网络可以容易地拟合为恒等映射，那么深层网络的精度应该不低于浅层网络，而网络退化这一现象的存在说明这是一件困难的事情。对于残差结构，只需要将这些层的系数通过反向传播趋近于零，便可达到目的。

深层网络难以去学习一个恒等映射也许有些反直觉，但实质上，由于深度学习有网络层数更深、非线性转换（激活）、自动的特征提取和特征转换等特点，它将数据映射到高维空间以便于更好地完成"数据分类"。随着网络深度的不断增大，所引入的激活函数（非线性因素）也越来越多，数据被映射到更加离散的空间，此时已经难以让数据回到原点（恒等变换）。或者说，神经网络将这些数据映射回原点所需要的计算量，已经远远超过我们所能承受的。而残差结构这一操作可以让模型在线性和非线性中寻求一定的平衡，从而很好地处理了深度网络中存在的退化问题。

2.6.4　基于深度学习的图像风格转换

图像风格转换，顾名思义，就是以不同风格重新呈现内容图像的过程，这一领域的诞生来自人们对艺术的追求。几千年来，随着许多吸引人的艺术作品的出现，人们被绘画艺术所吸引。源于人类内心对美的追求，我们希望将这些瑰丽美好的美术风格重现在其他图片上。然而，在过去，重新绘制一个特定风格的图像需要一个训练有素的艺术家和大量的时间，耗时耗力。自 20 世纪 90 年代中期以来，这些吸引人的艺术品背后的艺术理论不仅吸引了艺术家的注意，也吸引了许多计算机科学研究人员的注意，图像风格转换这一计算机视觉研究领域也由此诞生。

图像风格转换操作一般分为两个步骤：提取风格和图像重建。对于自动转移艺术风格，第一个也是最重要的问题是如何从图像中建模和提取风格。由于风格与纹理非常相关，一种直接的方法是将视觉风格建模与之前充分研究的视觉纹理建模方法联系起来。在获得样式表

示后，下一个问题是如何在保留图像内容的情况下重建具有所需样式信息的图像，这是图像重建技术要解决的问题。在 2.3 节中，我们学习了一些传统的图像风格转换方法，但是，随着卷积神经网络的出现与大热，这一领域的很多研究方向已经转入了深度学习领域。

Gatys 于 2015 年发表了论文 "Image Style Transfer Using Convolutional Neural Networks"，第一次将 VGG19 网络应用到风格迁移中，打开了深度学习图像风格迁移的大门。Gatys 的关键发现在于：借由卷积神经网络提取图像高级语义信息的功能，我们可以从任意一张照片中提取图像内容，并从知名艺术品中提取一些外观信息，借此我们可以生成一张具有照片内容和艺术品风格的新图片，该算法细节如图 2-56 所示。

从图 2-56 中可以看到，这个模型的构建就是使用卷积神经网络提取真实图像 $\vec{p}$ 的内容表示和艺术图像 $\vec{a}$ 的风格表示。由于卷积神经网络是多层的，因此提取出的特征也是多层的。现在，我们随机生成一个噪声图 $\vec{x}$，我们以相同的方式去提取 $\vec{x}$ 每层的内容表示与风格表示，并通过最小化 $\vec{x}$ 的每层表示与 $\vec{p}$ 的每层内容表示和 $\vec{a}$ 的每层风格表示之间的差异来进行反向传播梯度下降对 $\vec{x}$ 值进行优化，最终将 $\vec{x}$ 优化成一个拥有真实图像内容和艺术图像风格的新图像。下面我们对内容表示和风格表示的提取方式进行介绍。在论文中，卷积神经网络使用的是预训练的 VGG-19 模型。

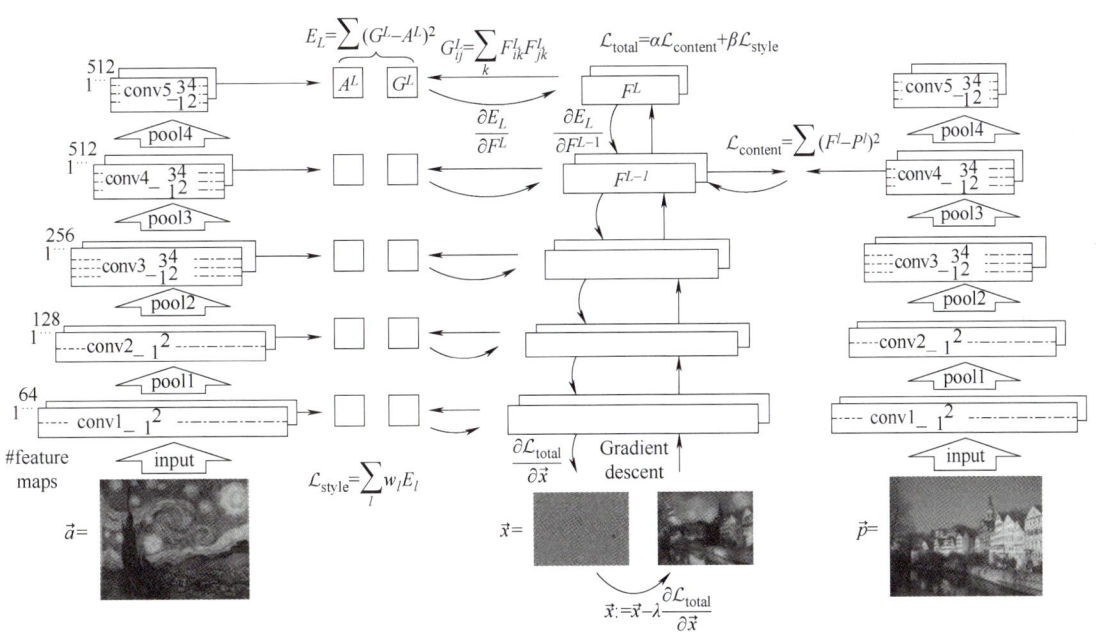

图 2-56 模型结构

（1）内容表示 给定一张输入图片 $\vec{x}$，卷积神经网络每层使用卷积核对其进行编码，M_l 为每个特征图的尺寸=高×宽；在第 l 个卷积层中，由 N_l 个不同的卷积核产生 N_l 个大小为 M_l 的特征图，所以第 l 层中的响应可以存储在一个矩阵 $F^l \in \mathbb{R}^{N_l \times M_l}$ 中，其中 F^l_{ij} 表示第 l 层的第 i 个卷积核产生的特征图的位置 j 处的激活值。

令 $\vec{p}$ 和 $\vec{x}$ 分别表示原始图像和生成的图像，P^l 和 F^l 分别为它们对应的第 l 层的特征表示，将内容损失定义为这两个特征表示之间的平方差损失，即

$$\mathcal{L}_{\text{content}}(\vec{p},\vec{x},l) = \frac{1}{2}\sum_{i,j}(F_{ij}^l - P_{ij}^l)^2 \tag{2-121}$$

网络中，高层表示一般是关于输入图像的物体和布局信息，但不会限制重构过程中的确切像素值，而底层特征一般表达图像的像素信息，所以模型将网络中高层的特征响应结果作为内容表示。如图2-56所示，进行$\mathcal{L}_{\text{content}}$计算的特征位置为conv4。

（2）风格表示　对于风格特征，或者说视觉纹理建模，论文中提出一种基于Gram矩阵的表示来建模纹理，它体现了预训练分类网络（VGG网络）每个层中不同卷积核产生的特征图之间的关联。对于第l个卷积层中，由N_l个不同的卷积核会产生N_l个特征图，那么这层能够产生一个大小为$N_l \times N_l$的Gram矩阵$\boldsymbol{G}^l$，对于矩阵$\boldsymbol{G}^l$的位置(i,j)的元素，其计算方式为该层第i个特征图与第j个特征图之间的内积（对应位置乘积之和），用公式可以表示为

$$G_{ij}^l = \sum_k F_{ik}^l F_{jk}^l \tag{2-122}$$

由此，我们便可以使用Gram矩阵计算第l层的风格表示。令$\boldsymbol{a}$和$\boldsymbol{x}$，分别表示原始图像和生成的图像，A^l和G^l分别表示第l层的风格表示。为了约束原始图像和生成的图像在风格特征上的一致性，定义风格损失$\mathcal{L}_{\text{style}}$为

$$\mathcal{L}_{\text{style}}(\boldsymbol{a},\boldsymbol{x}) = \sum_{l=0}^{L} w_l E_l \tag{2-123}$$

式中，E_l是第l层的风格损失；w_l是每层对总损失函数的贡献权重因子。

在图2-56中我们可以看到，与内容特征不同，风格特征的学习我们用到了卷积神经网络中每一层的输出。E_l定义为

$$E_l = \frac{1}{4N_l^2 M_l^2}\sum_{i,j}(G_{ij}^l - A_{ij}^l)^2 \tag{2-124}$$

基于Gram矩阵的表示方法被广泛应用于图像风格特征提取中，是论文中重要的创新点。那么为什么Gram矩阵能够捕获图片的风格信息呢？Gram矩阵计算不同特征图之间内积的方式反映了特征之间的相关性，这些特征在原始图像中可能位于不同的空间位置。通过使用Gram矩阵，我们忽略了特征图的空间信息，而是关注特征之间的关系。这使得我们能够更好地捕捉到风格图像中的纹理和结构信息，而不仅仅是其内容。

（3）风格转移　风格转移的过程便是借助损失函数同步匹配$\vec{p}$的内容表示和$\vec{a}$的风格表示对$\vec{x}$进行优化更新的过程。总的损失函数可以表示为

$$\mathcal{L}_{\text{total}}(\boldsymbol{p},\boldsymbol{a},\boldsymbol{x}) = \alpha\mathcal{L}_{\text{content}}(\boldsymbol{p},\boldsymbol{x}) + \beta\mathcal{L}_{\text{style}}(\boldsymbol{a},\boldsymbol{x}) \tag{2-125}$$

式中，α和β代表$\mathcal{L}_{\text{content}}$和$\mathcal{L}_{\text{style}}$权重因子；$\alpha/\beta$不同，得到的图像风格也不同，$\alpha/\beta$值越大，生成的图像越接近原始图像。

Gatys设计的基于卷积神经网络的图像风格迁移模型将图像风格转换领域带到了深度学习的新时代，自此之后，各种基于深度学习的图像风格迁移模型层出不穷。卷积神经网络强大的特征提取能力包揽风格提取和图像重建两个步骤，这是传统的纹理迁移方法所做不到的。但是，基于卷积神经网络也并不是无所不能，它确实有特别擅长的风格，但也有一些它不擅长的风格。例如，卷积神经网络通常在生成不规则风格元素（例如绘画）方面表现良好；然而，对于一些具有规则元素的样式，如低多边形样式和像素风格样式，由于基于CNN的图像重建的特性，通常会产生扭曲和不规则的结果。这是未来图像风格迁移领域需

要研究的方向。

2.6.5 基于深度学习技术的图像彩色增强

在现实场景中，光线、视角等问题会导致我们拍摄出来的照片比较阴暗，这些阴暗的图片不仅会影响我们的观察，而且会影响计算机视觉处理算法的效果。由此引出了低光图像增强这一技术领域。

低光图像增强技术一般都基于 Retinex 理论。Retinex 理论依赖一个核心假设：（彩色）图像可以被分解成入射分量（光照）和反射分量两个主要成分，表达式为

$$S(x,y) = I(x,y) R(x,y) \tag{2-126}$$

式中，$I(x, y)$ 表示入射光图像，它决定了图像中像素所能达到的动态范围；$R(x, y)$ 表示物体的反射性质图像，即图像的内在属性；$S(x, y)$ 表示人眼所能接收到的反射光图像。

Retinex 理论的基本思想就是在原始图像中，通过某种方法去除或者降低入射图像的影响，从而尽量保留物体本质的反射属性图像。若联合深度学习理论，低光图像增强问题便转化为设计一个模型，输入为 S，从中估计 I 和 R 的过程。

我们以一个模型为例来学习基于卷积神经网络的低光图像增强。本节我们学习的 Retinex-Net 模型来自文章 "Deep Retinex Decomposition for Low-Light Enhancement"，该论文是由北京大学的团队于 2018 年发表在 BMVC 上的。网络模型如图 2-57 所示。

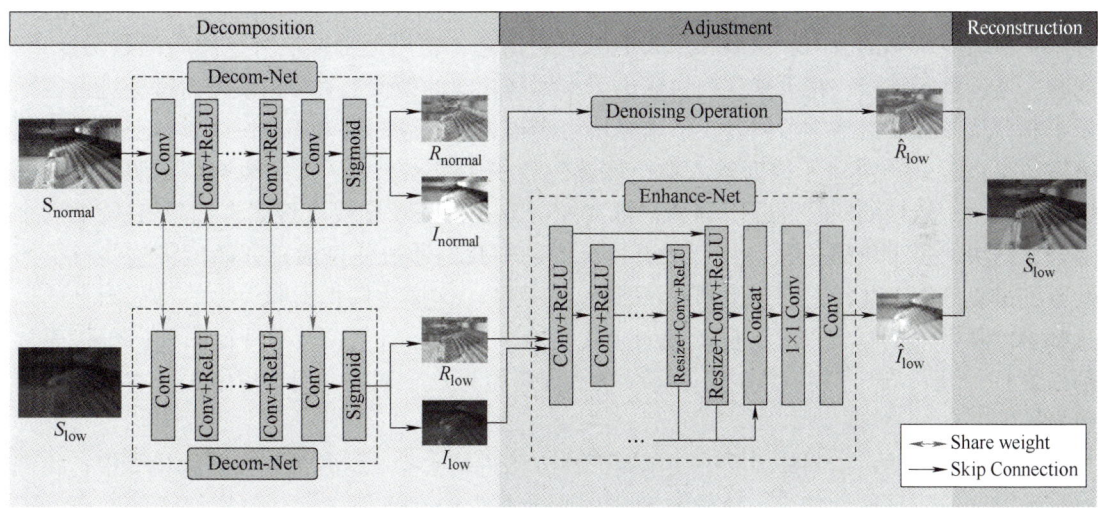

图 2-57　Retinex-Net 模型结构图

从图 2-57 中可以看到，该网络包括三个步骤：分解、调整和重建。

在分解步骤中，Retinex-Net 通过 Decom-Net 将输入图像分解为 R 和 I。它在训练阶段将成对的弱光/正常光线图像作为输入，而在测试阶段仅将弱光图像作为输入。Decom-Net 将低光图像 S_{low} 和正常光图像 S_{normal} 用作输入，然后分别针对 S_{low} 估计反射图像 R_{low} 和光照图像 I_{low}，以及对 S_{normal} 估计 R_{normal} 和 I_{normal}。它首先使用 3×3 卷积层从输入图像中提取特征。然后，以整流线性单元（ReLU）为激活函数的几个 3×3 卷积层将 RGB 图像映射为反射图像和光照图像。3×3 卷积层从特征空间投影 R 和 I，并使用 sigmoid 函数将 R 和 I 约束在 [0, 1] 的范

围内。对于分解步骤产生的结果，损失函数 $\mathcal{L}$ 由三项组成：重建损耗 $\mathcal{L}_{\text{recon}}$，反射一致性损耗 $\mathcal{L}_{\text{ir}}$ 和光照平滑度损耗 $\mathcal{L}_{\text{is}}$：

$$\mathcal{L} = \mathcal{L}_{\text{recon}} + \lambda_{\text{ir}} \mathcal{L}_{\text{ir}} + \lambda_{\text{is}} \mathcal{L}_{\text{is}} \tag{2-127}$$

式中，λ_{ir} 和 λ_{is} 表示平衡反射率一致性和光照平滑度的系数。

基于 R_{low} 和 R_{normal} 都可以使用相应的光照图重建图像的假设，重建损失 $\mathcal{L}_{\text{recon}}$ 可表示为：

$$\mathcal{L}_{\text{recon}} = \sum_{i=\text{low},\text{normal}} \sum_{j=\text{low},\text{normal}} \lambda_{ij} \parallel R_i \circ I_j - S_j \parallel_1 \tag{2-128}$$

反射一致性损耗基于 R_{low} 和 R_{normal} 应该是一致的。反射一致性损耗 $\mathcal{L}_{\text{ir}}$ 可表示为

$$\mathcal{L}_{\text{ir}} = \parallel R_{\text{low}} - R_{\text{normal}} \parallel_1 \tag{2-129}$$

对于一个好的光照图，应该具有结构感知平滑性。即光照图应该在局部纹理细节上保持平滑，同时仍可以保留整个结构的边界。由此引出光照平滑度损耗为

$$\mathcal{L}_{\text{is}} = \sum_{i=\text{low},\text{normal}} \parallel \nabla I_i \circ \exp(-\lambda_g \nabla R_i) \parallel \tag{2-130}$$

式中，∇ 表示包含 ∇_h（水平）和 ∇_v（垂直）的梯度，而 λ_g 表示平衡边缘感知强度的系数。利用权重 $\exp(-\lambda_g \nabla R_i)$，$\mathcal{L}_{\text{is}}$ 在反射图梯度陡峭（图像边缘处和照明不连续的位置）处放宽了对平滑度的约束。

在调整步骤中，使用 Enhance-Net 增亮光照图。Enhance-Net 采用了编解码器的整体框架，编码器-解码器的结构来自 Unet 模型。编码器-解码器体系结构获取大区域中的上下文信息。输入图像先被连续下采样到小比例，网络可在该比例下看到大范围照明分布，这给网络带来了自适应调整的能力。而后利用大范围照明信息，使用上采样块可重建局部照明分布。同时，通过跳跃连接，将下采样模块输出引入到其相应的镜像上采样模块输入部分进行逐元素求和，从而强制网络学习残差。下采样块由步幅为 2 的卷积层和 ReLU 组成，上采样块则由插值（最近邻插值）+不改变输入输出高宽的卷积层组成。为了分级地调整光照，即在保持全局光照一致性的同时调整不同的局部光照分布，引入了多尺度级联。如果有 M 个逐个上采样的块，每个块都提取一个 C 通道特征图，则我们通过使用最近邻插值将这些特征图调整到最终比例，并将它们连接到 $C \times M$ 通道特征图。这样我们将不同大小的特征图上的信息都得以利用（高宽较小的特征图偏向于代表全局信息，高宽较大的特征图偏向于代表局部信息）。然后，通过 1×1 卷积层，将级联特征还原为 C 个通道，而后使用 3×3 卷积层以重建光照图 $\tilde{I}$。

而对于反射图，在调整步骤中使用 BM3D 方法进行去噪。这是由于在分解步骤中，我们对光照图增加了平滑性约束，这会导致原图细节都保留在反射图上，包括增强的噪声。因此，重建输出图像之前，我们需要对反射图进行去噪处理。

最终，在重建阶段，通过元素逐个相乘来组合调整后的光照图和反射图，从而产生预测的正常图像 $\hat{S}_{\text{low}} = \hat{R}_{\text{low}} \circ \hat{I}_{\text{low}}$。Enhance-Net 的损失函数 $\mathcal{L}$ 由重建损失 $\mathcal{L}_{\text{recon}}$ 和照明平滑度损失 $\mathcal{L}_{\text{is}}$ 组成。$\mathcal{L}_{\text{recon}}$ 的作用是使得产生的最终图像 $\hat{S}$ 偏向正常，即

$$\mathcal{L}_{\text{recon}} = \parallel \hat{R}_{\text{low}} \circ \hat{I}_{\text{low}} - S_{\text{normal}} \parallel_1 \tag{2-131}$$

$\mathcal{L}_{\text{is}}$ 与公式 Decom-Net 中相同，只是 $\hat{I}_{\text{low}}$ 由 R_{low} 的梯度图加权，即

$$\mathcal{L}_{\text{is}} = \parallel \nabla \hat{I}_{\text{low}} \circ \exp(-\lambda_g \nabla \hat{R}_{\text{low}}) \parallel \tag{2-132}$$

2.7　本章课程项目实验

1. 实验内容

在深度学习计算机视觉中，数据增强方法旨在扩充训练数据集，提高模型的泛化能力，并抑制过拟合现象。通过对训练样本进行随机变换和增强，可以生成更多样化、更丰富的训练样本，从而使模型更好地学习到数据的真实特征，提高其对未见过样本的泛化能力。

具体来说，数据增强的作用主要体现在以下几个方面：

1）扩充数据集：原始的训练数据集可能数量有限，数据增强可以通过随机变换和扩充，生成更多样本，增加训练数据的多样性和丰富性，有助于模型更好地学习数据的分布特征。

2）提高模型的鲁棒性：数据增强引入了随机性，使得模型在训练过程中更加健壮。通过在训练样本中引入随机变换，模型能够更好地适应不同的数据变换，从而提高其对输入数据的鲁棒性。

3）抑制过拟合：数据增强可以有效地减少模型的过拟合现象。通过对训练样本进行随机变换和扩充，可以提高模型对于训练数据的适应能力，减少模型对训练数据的过度学习，从而降低过拟合的风险。

4）提升模型性能：合理的数据增强策略可以提高模型的性能。通过增加训练数据的多样性，模型可以更好地学习到数据的真实特征，从而提高在测试数据集上的分类准确率和泛化能力。

在本章的实验中，我们旨在评估数据增强对 ResNet 分类效果的影响。具体而言，我们将设计两组实验，一组使用了数据增强技术，另一组则没有使用数据增强。对于每组实验，我们将使用相同的 ResNet 模型结构和相同的超参数设置，并在相同的数据集上进行训练和测试。两组实验的唯一差异在于数据增强的应用。

在有数据增强的实验中，我们将采用各种常见的数据增强技术，例如随机水平翻转、随机垂直翻转、随机旋转、随机缩放等，以扩充训练数据集。这些数据增强技术可以帮助模型更好地泛化到新的样本上，提高模型的鲁棒性和准确性。

而在没有数据增强的实验中，我们将直接使用原始的训练数据进行模型训练，没有进行任何数据增强操作。这样可以作为对比，评估数据增强对模型性能的实际影响。

通过比较两组实验的结果，我们可以得出数据增强对 ResNet 分类效果的影响程度，从而确定在特定任务中是否值得采用数据增强技术。训练数据集我们采用CIFAR-10（Canadian Institute for Advanced Research-10）。CIFAR-10 是一个常用的图像分类数据集，由 10 个类别的 60000 张 32×32 彩色图像组成，每个类别包含 6000 张图像。这些类别分别是飞机、汽车、鸟类、猫、鹿、狗、青蛙、马、船和卡车。

2. 实验步骤设计

第一步：对数据集 CIFAR-10 进行预处理。

预处理有两种数据数据处理方式，一种包含数据增强，另一种不包含数据增强。使用了多种数据增强操作，具体包括：

1）随机裁剪（Random Crop）：在随机位置对图像进行裁剪，同时可以添加填充以保持图像大小不变。

2）随机水平翻转（Random Horizontal Flip）：以一定的概率对图像进行水平翻转，增加了图像在水平方向上的变化。

3）随机垂直翻转（Random Vertical Flip）：以一定的概率对图像进行垂直翻转，增加了图像在垂直方向上的变化。

4）随机旋转（Random Rotation）：在一定范围内对图像进行随机旋转，增加了图像在旋转方向上的变化。

5）颜色抖动（Color Jitter）：随机调整图像的亮度、对比度、饱和度和色调，使得图像的颜色变化更加丰富。

6）随机尺度调整（Random Resized Crop）：随机裁剪图像的一部分，并进行尺度调整，增加了图像在尺度方向上的变化。

7）随机仿射变换（Random Affine）：对图像进行随机的仿射变换，包括平移、缩放和剪切，增加了图像的变形。

8）高斯模糊（Gaussian Blur）：对图像进行高斯模糊处理，增加了图像的模糊程度，从而提高模型对噪声的鲁棒性。

在数据增强处理中，每个操作的概率为0.2，因此每个操作都有20%的概率被应用到图像上。

第二步：设计模型。

使用ResNet-18模型作为基础模型，去掉最后的全连接层，将剩余的卷积层部分作为特征提取器。

设计分类器模块，包括一个全局平均池化层、一个全连接层和一个Softmax输出层，将其与特征提取器级联。将输出层的输出大小设置为10，对应CIFAR-10数据集的10个类别。

第三步：设置模型训练的超参数。

指定优化器为Adam算法，学习率为0.001。

设置损失函数为分类交叉熵损失。

确定批尺寸和最大训练轮数。

第四步：训练模型。

这一步定义了两个模型，分别用于有数据增强和无数据增强的训练。

有数据增强的训练：通过对有数据增强的训练数据集进行迭代训练，模型在每个批次中接收增强后的图像，并根据真实标签计算损失，然后利用损失进行反向传播更新模型参数。在每个迭代结束后，使用测试数据集对模型进行评估，并将评估指标和损失记录到Tensor-Board。

无数据增强的训练：在相同的训练循环中，使用不带数据增强的训练数据集进行模型训练。这个过程与有数据增强的训练类似，但使用的是原始图像而不是经过增强的图像。

第五步：测试模型。

在测试集上评估保存的模型，计算其在测试集上的识别精度。评估指标包括准确率、精确率、召回率、F1分数。将两个模型的评估指标分别记录下来，以便进行对比分析和总结。

第六步：确定最佳模型。

当在测试集上的识别精度达到最高时,保存此时的模型作为最佳模型。

3. 实验结果

在本次实验中,我们使用准确率、精确率、召回率、F1 分数指标用于评估。它们是评估一个分类模型的性能时,通常会使用的指标。下面我们对其进行介绍:

1)准确率(Accuracy):准确率是指模型正确分类的样本数与总样本数之比。计算公式为

$$\text{Accuracy} = \frac{TP+TN}{TP+TN+FP+FN} \quad (2\text{-}133)$$

式中,TP 表示真正例(模型将正类别样本正确分类为正类别);TN 表示真负例(模型将负类别样本正确分类为负类别);FP 表示假正例(模型将负类别样本错误分类为正类别);FN 表示假负例(模型将正类别样本错误分类为负类别)。

在某些情况下,准确率可能不是一个合适的评估指标,特别是在样本类别不平衡的情况下。例如,在垃圾邮件检测任务中,如果正常邮件占绝大多数,而垃圾邮件只占很小一部分,那么一个简单的分类器只需将所有邮件都预测为正常邮件,也能获得较高的准确率。因此,此时需要结合其他指标如精确率、召回率或 F1 分数来更全面地评估分类器性能。

2)精确率(Precision):精确率是指模型在预测为正类别的样本中,真正为正类别的比例。计算公式为

$$\text{Precision} = \frac{TP}{TP+FP} \quad (2\text{-}134)$$

精确率衡量了模型在所有被预测为正类别的样本中,有多少是真正的正类别。精确率越高,说明分类器在预测为正类别时的准确性越高。

3)召回率(Recall):召回率是指正类别样本中被模型正确预测为正类别的比例,计算公式为

$$\text{Recall} = \frac{TP}{TP+FN} \quad (2\text{-}135)$$

召回率衡量了模型对正类别样本的识别能力,即模型能够正确预测出多少正类别样本。召回率越高,说明分类器对正类别的识别能力越强,遗漏的正类别样本越少。

4)F1 分数(F1 Score):F1 分数是精确率和召回率的调和平均数,它综合考虑了分类模型的准确性和召回率。计算公式为

$$F1 = 2 \times \frac{\text{Precision} \times \text{Recall}}{\text{Precision} + \text{Recall}} \quad (2\text{-}136)$$

F1 分数在精确率和召回率之间取得平衡,当模型的精确率和召回率都很高时,F1 分数也会较高。

表 2-10 是在第五十轮次模型的评估结果。

表 2-10 第五十轮次模型的评估结果

模型	Accuracy	Precision	Recall	F1 Score
使用数据增强	0.7686	0.7721	0.7686	0.7679
不使用数据增强	0.1044	0.1171	0.1044	0.0734

我们可以观察到使用数据增强的模型在所有指标上（准确率、精确率、召回率、F1 分数）都明显优于不使用数据增强的模型。可以看到，不使用数据增强的最终结果是比较差的。通过观察训练过程可以发现，模型在很靠前的轮次中便达到了这一状况，应该是陷入了局部最优点。这表明在没有使用数据增强的情况下，模型可能更容易受到训练数据的限制，更容易陷入局部最优解或鞍点。本次实验可以证明使用数据增强的模型相比不使用数据增强的模型在多轮次训练中表现更稳定、效果更优，可以提高模型的泛化能力和对未知数据的适应性。

本章小结

本章涵盖了数字图像处理的基础知识和常用技术，旨在帮助读者建立起对数字图像处理领域的基本理解和技能。首先，我们深入探讨了点运算与灰度变换，介绍了图像反转、对数变换和幂律变换等常用的灰度变换方法，以及它们在图像处理中的应用。接着，我们学习了直方图处理技术，包括直方图的基本概念与绘制、直方图均衡化、规定化以及局部直方图均衡化等方法，这些技术对于增强图像对比度和细节非常重要。随后，我们介绍了卷积与空间滤波以及频域滤波的基本概念和常用技术，这些技术能够实现图像的平滑、增强边缘等目标。最后，我们探讨了基于深度学习的图像增强技术，包括深度学习基础知识、图像彩色增强和图像风格转换等内容，展示了深度学习在数字图像处理中的巨大潜力。

在后续的学习中，我们将继续深入探索数字图像处理领域的更多内容。例如，我们将学习图像复原技术，包括去噪、去模糊等方法，以恢复原始图像的质量。另外，我们将研究图像分割技术，将图像分成若干个不同的区域，以便更好地识别和分析图像中的目标。此外，我们还将探讨图像识别技术，包括目标检测、图像分类等方法，以实现对图像内容的理解和分析。通过不断学习和实践，我们将能够掌握更多先进的数字图像处理技术。

思考题与习题

2-1 设计一个线性变换函数，使得亮度值为 0~15 的图像拉伸为 0~30，写出灰度变换方程。

2-2 给定一张 3bit 的灰度图像，灰度级范围为 0~7，其每个灰度级对应频率为 5、10、15、20、25、15、10、5。对其进行直方图均衡化，并绘制均衡化后的直方图，与原始直方图进行比较。

2-3 试着总结学习过的各种空间平滑滤波与空间锐化滤波方法，并讨论他们的相同点、不同点以及联系。

2-4 给定一张 5×5 的灰度图像 F，对其使用 Sobel 算子进行边缘检测。Sobel 算子使用 3×3 的卷积核，其水平边缘检测核 S_x 和垂直边缘检测核 S_y 如下：

$$F = \begin{pmatrix} 50 & 50 & 50 & 50 & 50 \\ 50 & 200 & 200 & 200 & 50 \\ 50 & 200 & 200 & 200 & 50 \\ 50 & 200 & 200 & 200 & 50 \\ 50 & 50 & 50 & 50 & 50 \end{pmatrix} \quad S_x = \begin{pmatrix} -1 & -2 & -1 \\ 0 & 0 & 0 \\ 1 & 2 & 1 \end{pmatrix} \quad S_y = \begin{pmatrix} -1 & 0 & 1 \\ -2 & 0 & 2 \\ -1 & 0 & 1 \end{pmatrix}$$

2-5　分析比较巴特沃斯低通滤波器、高斯低通滤波器相与理想低通滤波器在模糊图像方面的区别。

2-6　卷积层相较于全连接层的优点是什么？

2-7　假设有一个彩色图像数据集，其中包含了大小为28×28像素的彩色图像，每个像素有RGB三个通道。我们使用一个卷积神经网络（CNN）对这些图像进行处理。

网络结构如下：

输入层：图像大小为28×28×3（宽度×高度×通道数）的彩色图像。

第一个卷积层：使用5×5大小的卷积核，步幅为1，不使用填充，应用32个卷积核，使用ReLU激活函数。

第一个池化层：使用2×2的最大池化，步幅为2。

第二个卷积层：使用3×3大小的卷积核，步幅为1，填充为1，应用64个卷积核，使用ReLU激活函数。

第二个池化层：使用2×2的最大池化，步幅为2。

请计算每个层次的输入和输出大小。

2-8　比较常见的图像特征提取网络，如VGG、ResNet等，分析它们的优缺点及适用场景。

参考文献

[1] 冈萨雷斯, 伍兹. 数字图像处理：第3版［M］. 阮秋琦, 译. 北京：电子工业出版社, 2011.

[2] 桑卡, 赫拉瓦卡, 博伊尔. 图像处理、分析与机器视觉：第4版［M］. 兴军亮, 艾海舟, 译. 北京：清华大学出版社, 2016.

[3] RICHARD S. Computer vision：algorithms and applications［M］. New York：Springer, 2010.

[4] DAVID A, FORSYTH, JEAN P. Computer vision：a modern approach［M］. Beijing：Publishing House of Electronics Industry, 2017.

[5] 章毓晋. 图像工程：图像处理［M］. 5版. 北京：清华大学出版社, 2024.

[6] 谢凤英, 赵丹培. Visual C++数字图像处理［M］. 北京：电子工业出版社, 2008.

[7] EFROS A A, FREEMAN W T. Image quilting for texture synthesis and transfer［J］. Proceedings of the 28th annual conference on Computer graphics and interactive techniques, 2001, 23（2）：341-346.

[8] CAI Q, MA M, WANG C, et al. Image neural style transfer：a review［J］. Computers and Electrical Engineering, 2023, 108：108723.

[9] 伊恩, 约书亚, 亚伦. 深度学习［M］. 赵申剑, 黎彧君, 符天凡, 等译. 北京：人民邮电出版社, 2017.

[10] 阿斯顿, 扎卡里, 亚历山大, 等. 动手学深度学习：PyTorch版［M］. 何孝霆, 瑞潮儿, 译. 北京：人民邮电出版社, 2023.

[11] CUN Y L, BOSER B, DENKER J S, et al. Handwritten digit recognition with a back-propagation network［J］. Advances in Neural Information Processing Systems, 1990, 2（2）：396-404.

[12] KRIZHEVSKY A, SUTSKEVER I, HINTON G. ImageNet classification with deep convolutional neural networks［J］. Association for Computing Machinery, 2017, 60（6）：84-90.

[13] HE K, ZHANG X, REN S, et al. Deep residual learning for image recognition［C］//IEEE. Conference on Computer Vision and Pattern Recognition. Las Vegas：IEEE, 2016：770-778.

[14] GATYS L A, ECKER A S, BETHGE M. Image style transfer using convolutional neural networks [C]//IEEE. Conference on Computer Vision and Pattern Recognition. Las Vegas：IEEE, 2016：2414-2423.

[15] GOODFELLOW I, POUGET A J, MIRZA M, et al. Generative adversarial nets [J]. MIT Press, 2014, 27 (2)：2672-2680.

[16] RADFORD A, METZ L, CHINTALA S. Unsupervised representation learning with deep convolutional generative adversarial networks [DB/OL]. (2015-11-19) [2024-06-30]. http：//arxiv. org/abs/1511. 06434.

[17] MIRZA M, OSINDERO S. Conditional generative adversarial nets [DB/OL]. (2014-11-06) [2024-06-30]. http：//arxiv. org/abs/1411. 1784.

[18] CHEN X, DUAN Y, HOUTHOOFT R, et al. InfoGAN：interpretable representation learning by information maximizing generative adversarial nets [C]//NIPS. International Conference on Neural Information Processing Systems. Changsha：NIPS, 2016：2180-2188.

[19] ISOLA P, ZHU J Y, ZHOU T, et al. Image-to-image translation with conditional adversarial networks [C]//IEEE. Conference on Computer Vision and Pattern Recognition. Honolulu：IEEE, 2017：5967-5976.

[20] ZHU J Y, PARK T, ISOLA P, et al. Unpaired image-to-image translation using cycle-consistent adversarial networks [C]//IEEE. International Conference on Computer Vision. Venice：IEEE, 2017：2242-2251.

[21] WEI C, WANG W, YANG W, et al. Deep retinex decomposition for low-light enhancement [DB/OL]. (2018-08-14) [2024-06-30]. http：//arxiv. org/abs/1808. 04560.

[22] CHEN Y S, WANG Y C, KAO M H, et al. Deep photo enhancer：unpaired learning for image enhancement from photographs with GANs [C]//IEEE International Conference on Computer Vision and Pattern Recognition. Seoul：IEEE, 2018：6306-6314.

[23] KAUR A, GAGANDEEP. A review on image enhancement with deep learning approach [J]. Association of Computer, Communication and Education for National Triumph Social and Welfare Society, 2018, 4 (11)：16-20.

第 3 章　图像重建与几何变换

> **导读**
>
> 本章将以人脸图像的重建与几何变换作为例子，带领读者全面理解关于图像重建与几何变换的内容。从基于统计学习的图像重建基础开始，逐步引入人脸图像几何信息与表观信息的解耦方法，详细讨论了图像几何变换原理以及与标准姿态对齐技术，并且拓展基于深度学习方法的图像重建与解耦。通过理论学习与实践相结合的方式，深入掌握图像重建与几何变换的关键技术和应用。

> **本章知识点**
> - PCA 主成分分析与应用
> - ASM 与 AAM 模型
> - 基本仿射变换
> - 基本插值算法
> - 图像变形与标准姿态对齐
> - 自编码器
> - 可形变生成器模型

3.1　基于统计学习的图像重建基础

当今数字化时代，图像分析与重建已经成为图像处理与计算机视觉领域中的一个重要分支，在医疗诊断、安全监控、工业制造、娱乐媒体等多个领域都有着广泛的应用。数字图像包含了丰富的表观信息和几何信息。其中，表观信息主要包括颜色、照明和身份等信息，可用来识别图像中的物体或人物并进行分类；几何信息主要包括视角和形状等信息，利用视角和几何信息，可以从二维图像中重建三维场景。表观信息和几何信息是数字图像中不可或缺的组成部分，它们在各类图像处理和计算机视觉任务中都扮演着关键角色。如何从图像数据中有效地提取和分析这些信息是图像处理和计算机视觉中的核心任务。

主成分分析（Principal Component Analysis，PCA）作为一种经典的统计方法，可以帮助我们从大量的数据中提取出最重要的特征，从而简化问题并提高处理效率。以人脸图像分析为例，PCA 可以帮助我们从复杂的图像数据中提取出最重要的特征，对于后续的人脸识别、表情识别等任务至关重要。本节首先介绍主成分分析的基本原理和算法流程，然后结合人脸图像模型探讨如何将 PCA 应用于人脸图像的表观信息和几何信息的提取，使读者对 PCA 方法以及 PCA 在人脸图像分析中的应用有一个初步的认识，为后续内容的深入探讨奠定基础。

3.1.1 主成分分析基础

在图像处理和计算机视觉领域，我们经常会面临一个挑战：如何在保持图像关键信息的同时减少数据的维度？为什么会出现这样的需求呢？由于一张图像通常由成千上万个像素点组成，每个像素点又包含多种颜色信息，这使得图像数据的维度非常高。然而，人眼和计算机视觉算法往往只需要关注图像中的某些关键特征，如边缘、纹理、形状等，而忽略那些对视觉感知影响不大的细节。因此，我们需要应用降维技术，将高维图像数据转换为低维表示，同时尽可能保留图像的重要信息。这样不仅有助于减少存储空间和计算资源的需求，还可以提高机器学习算法的性能。

那么对于一个原始数据集，该如何找到低维的数据子空间呢？本节将介绍一种主成分分析的方法，提取数据空间的主子空间，解决原始高维数据空间降维的问题。PCA 主要有两种常用的定义方式，如图 3-1 所示：一种是找到一个低维线性空间（称为主子空间），用粗实线表示，将数据点（黑点）向该子空间进行正交投影，使得投影数据（空心点）的方差最大化；另一种是计算数据点与其投影之间的均方距离，用蓝线表示，使得重构误差的平方和最小化。下面对两种定义进行具体描述。

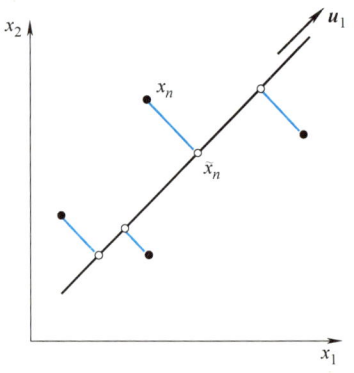

图 3-1 主成分分析方法

1. 最大投影方差形式

有一个观测到的样本数据集 $\{x_n\}$，其中 $n=1, 2, \cdots, N$，$x_n \in \mathbb{R}^M$。我们的目标是将数据投影到维数为 D 的空间上，其中 $D<M$，并且最大化投影数据的方差。

首先考虑投影到一维空间（$D=1$）的情况。使用单位向量 $u_1 \in \mathbb{R}^M$ 作为该投影空间的方向向量，满足 $u_1^T u_1 = 1$。将每个数据点 x_n 进行投影，得到标量值 $u_1^T x_n$，则投影数据的平均值为 $u_1^T \bar{x}$，其中 $\bar{x}$ 是样本集均值。

$$\bar{x} = \frac{1}{N}\sum_{n=1}^{N} x_n \tag{3-1}$$

那么预测数据的方差为

$$\begin{aligned}\frac{1}{N}\sum_{n=1}^{N}(u_1^T x_n - u_1^T \bar{x})^2 &= \frac{1}{N}\sum_{n=1}^{N}[u_1^T(x_n - \bar{x})]^2 \\ &= u_1^T \left[\frac{1}{N}\sum_{n=1}^{N}(x_n - \bar{x})(x_n - \bar{x})^T\right] u_1 \\ &= u_1^T S u_1\end{aligned} \tag{3-2}$$

其中 S 表示协方差矩阵，即

$$S = \frac{1}{N} \sum_{n=1}^{N} (\boldsymbol{x}_n - \bar{\boldsymbol{x}})(\boldsymbol{x}_n - \bar{\boldsymbol{x}})^{\mathrm{T}} \tag{3-3}$$

最大化投影数据的方差问题转换为相对于$\boldsymbol{u}_1$最大化$\boldsymbol{u}_1^{\mathrm{T}} S \boldsymbol{u}_1$。由于受到归一化条件$\boldsymbol{u}_1^{\mathrm{T}} \boldsymbol{u}_1 = 1$的约束，通过引入拉格朗日系数$\lambda_1$，转化为无约束优化问题为

$$\boldsymbol{u}_1^{\mathrm{T}} S \boldsymbol{u}_1 + \lambda_1 (1 - \boldsymbol{u}_1^{\mathrm{T}} \boldsymbol{u}_1) \tag{3-4}$$

上述目标函数对变量$\boldsymbol{u}_1$求导并设为零，可以得到

$$S \boldsymbol{u}_1 = \lambda_1 \boldsymbol{u}_1 \tag{3-5}$$

式（3-5）表明λ_1为协方差矩阵S的特征值，$\boldsymbol{u}_1$为特征λ_1值对应的特征向量。如果我们将上式同时左乘$\boldsymbol{u}_1^{\mathrm{T}}$并代入$\boldsymbol{u}_1^{\mathrm{T}} \boldsymbol{u}_1 = 1$，可得

$$\boldsymbol{u}_1^{\mathrm{T}} S \boldsymbol{u}_1 = \lambda_1 \tag{3-6}$$

因此，要求投影数据的方差取最大值时，将$\boldsymbol{u}_1$设置为协方差矩阵S的最大特征值λ_1的特征向量即可，该特征向量也被称为第一主成分。

根据上述原理，我们就可以选择其他方向上的正交向量来最大化投影方差，通过增量的方式定义其他主成分。考虑D维投影空间的一般情况，使得投影数据方差最大化的最优线性投影空间由协方差矩阵S的D个最大特征值$\lambda_1, \lambda_2, \cdots, \lambda_D$对应的特征向量$\boldsymbol{u}_1, \boldsymbol{u}_2, \cdots, \boldsymbol{u}_D$张成。

2. 最小重构误差形式

接下来讨论基于投影误差最小化的 PCA 公式。为此，我们引入一组完整的标准正交基$\{\boldsymbol{u}_i\}$来表示样本数据集$\{\boldsymbol{x}_n\}$，其中$i = 1, 2, \cdots, M$，$\boldsymbol{u}_i \in \mathbb{R}^M$，且满足

$$\boldsymbol{u}_i^{\mathrm{T}} \boldsymbol{u}_j = \delta_{ij} = \begin{cases} 1, & i = j; \\ 0, & i \neq j \end{cases} \tag{3-7}$$

则每个数据点都可以由基向量的线性组合精确表示：

$$\boldsymbol{x}_n = \sum_{i=1}^{M} \alpha_{ni} \boldsymbol{u}_i \tag{3-8}$$

对于不同的数据点，系数α_{ni}是不同的。相当于原始的样本数据坐标系旋转到由$\{\boldsymbol{u}_i\}$定义的新坐标系，则原始的样本数据$\{x_{n1}, x_{n2}, \cdots, x_{nM}\}$可以用坐标$\{\alpha_{n1}, \alpha_{n2}, \cdots, \alpha_{nM}\}$来表示。式（3-8）两端分别对$\boldsymbol{u}_j$取内积，并利用正交性，可以得到$\alpha_{nj} = \boldsymbol{x}_n^{\mathrm{T}} \boldsymbol{u}_j$，即$\alpha_{nj}$表示$\boldsymbol{x}_n$在$\boldsymbol{u}_j$方向上投影的长度。因此，在一般的情况下，样本数据表示为

$$\boldsymbol{x}_n = \sum_{i=1}^{M} (\boldsymbol{x}_n^{\mathrm{T}} \boldsymbol{u}_i) \boldsymbol{u}_i \tag{3-9}$$

我们的目标是使用维数$D < M$的低维子空间来近似表示该数据点。因此，选择由基向量$\{\boldsymbol{u}_i\}$中的前D个来表示该低维线性子空间。那么每个样本数据$\boldsymbol{x}_n$近似为

$$\tilde{\boldsymbol{x}}_n = \sum_{i=1}^{D} z_{ni} \boldsymbol{u}_i + \sum_{i=D+1}^{M} b_i \boldsymbol{u}_i \tag{3-10}$$

式中$\{z_{ni}\}$取决于特定的数据点，而$\{b_i\}$是对所有数据点都共同的常量。

接下来，我们使用原始数据$\boldsymbol{x}_n$与其近似值$\tilde{\boldsymbol{x}}_n$之间的平方距离来衡量重构误差，并在数据集上取平均值，目标函数最小化为下式：

$$J = \frac{1}{N} \sum_{n=1}^{N} \| \boldsymbol{x}_n - \tilde{\boldsymbol{x}}_n \|^2 \tag{3-11}$$

首先考虑关于 $\{z_{ni}\}$ 的最小化。将上述 x_n 和 $\tilde{x}_n$ 代入式（3-11），对 z_{ni} 进行求导，并设置导数为零，再利用正交性质，可以得到 $z_{ni} = x_n^T u_i$，其中 $i = 1, 2, \cdots, D$。再考虑关于 $\{b_i\}$ 的最小化，同样，将目标函数 J 对 b_i 的导数设置为零，利用正交性质，得到 $b_i = \bar{x}^T u_i$，其中 $i = D+1, D+2, \cdots, M$。将得到的 z_{ni} 和 b_i 代入，可以计算 x_n 和 $\tilde{x}_n$ 之间的误差为

$$x_n - \tilde{x}_n = \sum_{i=D+1}^{M} \{(x_n - \bar{x})^T u_i\} u_i \tag{3-12}$$

结果代入到重构误差最小目标函数中，得到相对于 $\{u_i\}$ 的误差表达形式：

$$J = \frac{1}{N} \sum_{n=1}^{N} \sum_{i=D+1}^{M} (x_n^T u_i - \bar{x}^T u_i)^2 = \sum_{i=D+1}^{M} u_i^T S u_i \tag{3-13}$$

最小化重构误差的问题转化成相对于 $\{u_i\}$ 最小化 J 的问题，其中 $i = D+1, D+2, \cdots, M$。这里需要对最小化进行约束，约束条件来自 $\{u_i\}$ 的正交性质。与最大投影方差形式类似，首先考虑二维数据空间 $M=2$ 和一维主子空间 $D=1$ 的情况来帮助我们理解。在这种情况下，我们需要选择一个方向 u_2 来最小化投影误差 $J = u_2^T S u_2$，并且服从约束 $u_2^T u_2 = 1$ 引入一个拉格朗日系数 λ_2，则最小化投影误差转化为

$$\tilde{J} = u_2^T S u_2 + \lambda_2 (1 - u_2^T u_2) \tag{3-14}$$

将目标函数对变量 u_2 的导数设置为零，可以得到 $Su_2 = \lambda_2 u_2$，表明 u_2 是协方差矩阵 S 的特征值为 λ_2 所对应的特征向量。因此，S 的任何特征向量都可以作为衡量投影误差的量，那么为了找到 J 的最小值，将 u_2 的解反代入投影误差公式中，我们可以得到 $J = \lambda_2$。所以只要选择协方差矩阵的两个特征值中较小的那个特征值所对应的特征向量作为 u_2，就可以得到 J 的最小值。对于投影空间，我们应该选择较大特征值对应的特征向量作为相应的主子空间。即为了最小化均方重构误差，我们应该选择主成分子空间来描述数据点的平均值，并与最大方差的方向对齐。

接下来考虑一般的情况。对于任意的 D 维投影空间和 M 维数据空间（$D<M$），我们需要在协方差矩阵的所有特征向量 $\{u_i\}(i = 1, 2, \cdots, M)$ 中选取合适的向量来表示主子空间。根据上述原理，计算得出投影误差的值为

$$J = \sum_{i=D+1}^{M} \lambda_i \tag{3-15}$$

可以看出重构误差等于与主子空间正交的特征向量对应的特征值的总和。想要重构误差 J 的值最小化，选择 $M-D$ 个特征值最小的特征值对应的特征向量即可。相对地，推导出与其正交的主子空间的特征向量需要选择对应于 D 个最大特征值的特征向量。

3.1.2　基于 PCA 的图像重建与压缩

本节先以一个简单的手写数字数据集为例，来具体说明 PCA 在图像重建与压缩中的应用。该数据集由手写数字图像（由 64×64 像素的灰度图像表示）以及通过填充获得的扩展图像构建组成。扩展图像通过嵌入值为零的像素（对应于白色像素）扩大为 100×100，并且数字的位置和方向随机变化，如图 3-2 所示。每个生成的图像都是由 100×100 = 10000 维数据空间表示。但是在该数据集中，图像只有垂直平移、水平平移以及旋转这三个自由度，因此数据点集中在本征维度为 3 的子空间中。

对该数据集进行图像重建与数据降维。首先计算出样本集均值 $\bar{x}$，如图 3-3a 所示。接下

图 3-2 由离线数字图像构建的人工合成数据集

来计算样本协方差矩阵的特征值及其特征向量，因为协方差矩阵的每个特征向量都是 M 维空间中的向量，所以我们可以将特征向量表示为与数据点大小相同的图像，图 3-3b~e 所示为前四个特征向量及其对应的特征值。此外，图 3-4a 显示了按降序排列的特征值完整谱图。由上述原理可知，投影误差 J 等于 $D+1$ 到 M 的特征值之和，图 3-4b 则展示了取不同的 $D+1$ 值对应投影误差 J 的情况。

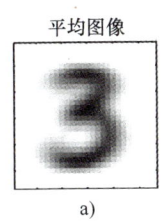    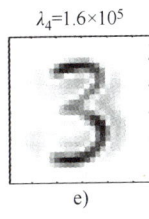

平均图像　　$\lambda_1=3.4\times10^5$　　$\lambda_2=2.8\times10^5$　　$\lambda_3=2.4\times10^5$　　$\lambda_4=1.6\times10^5$

a)　　　　b)　　　　c)　　　　d)　　　　e)

图 3-3 样本均值及前四个 PCA 特征向量 u_1、u_2、u_3、u_4

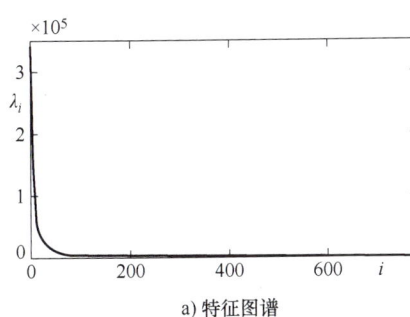 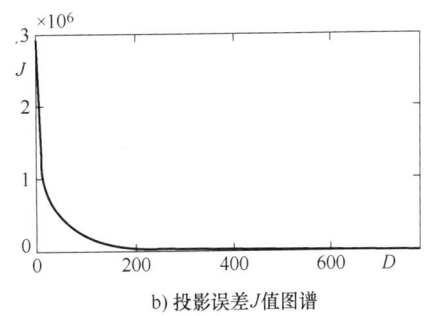

a) 特征图谱　　　　　　　　　　　b) 投影误差 J 值图谱

图 3-4 离线数字数据集的特征值谱图和投影误差 J 值图谱

根据式（3-10），我们可以将样本数据 x_n 的 PCA 近似写成

$$\begin{aligned}\tilde{x}_n &= \sum_{i=1}^{D}(x_n^T u_i)u_i + \sum_{i=D+1}^{M}(\bar{x}^T u_i)u_i \\ &= \bar{x} + \sum_{i=1}^{D}(x_n^T u_i - \bar{x}^T u_i)u_i\end{aligned} \quad (3\text{-}16)$$

式中，$\bar{x} = \sum_{i=1}^{M}(\bar{x}^T u_i)u_i$。因此，原始的 M 维数据向量 x_n 就可以由 D 维分量 $(x_n^T u_i - \bar{x}^T u_i)$ 来表示，从而实现了数据集的压缩。D 的值越小，压缩程度就越大。数字数据集数据点的 PCA 重建示例如图 3-5 所示，D 值越大，重建效果越准确，当 $D=M=28\times28=784$ 时，重建效果最完美。

码 3-1【程序源码】
PCA 数据降维

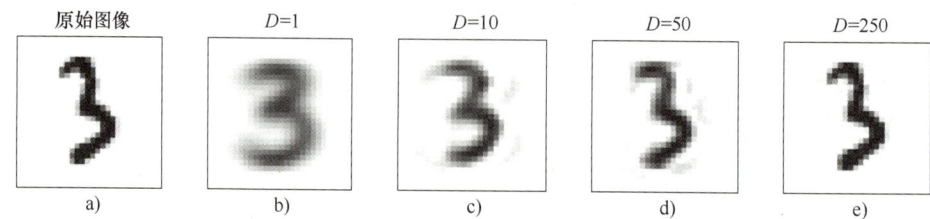

图 3-5 手写数字数据集的原始示例及其保留 D 个主分量的 PCA 重建

接下来以人脸图像建模为例,具体说明 PCA 在图像重建与压缩中的应用。人脸图像是自然图像与日常生活中最常见的图像模式。在人机交互、身份验证、表情分析中具有重要作用。下面结合 3.1.1 节 PCA 方法具体介绍基于特征脸的人脸图像模型,从人脸图像中提取有效的特征表示,如图 3-6 所示。

 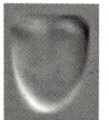 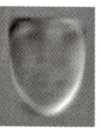  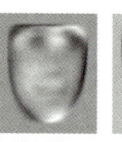   

a) 平均脸图像　　　　　　　　b) 前6个特征脸图像　　　　　　　　c) 重建后的图像

图 3-6 人脸图像重建

一张 $M \times N$ 分辨率的人脸图像行列堆叠后可形成 MN 维向量。通过计算人脸样本集构成的协方差矩阵的特征分解,获得最大 K 个特征值对应的特征向量(或主成分),特征向量的维数为 MN,可重新整形为 $M \times N$ 分辨率的<u>特征脸</u>图像,最大 6 个特征值对应的特征脸如图 3-6b 所示。

对任意人脸图像的重建与压缩过程,可通过在平均人脸图像 m 上叠加多个特征脸图像的 u_i 的加权组合来实现。如图 3-6c 所示,重建过程表示如下:

$$\tilde{x} = m + \sum_{i=0}^{D-1} a_i u_i \qquad (3\text{-}17)$$

对于任意的人脸图像 x,重建系数可由下式计算得到:

$$a_i = (x^T - m^T) u_i \qquad (3\text{-}18)$$

3.1.3 图像表观信息与几何信息

本节以人脸图像为例,首先通过人脸关键点建模图像几何信息,并介绍主动形状模型(Active Shape Model,ASM)。接下来,在关键点姿态对齐基础上,进一步建模以颜色、亮度和纹理为代表的人脸表观信息,并介绍主动表观模型(Active Appearance Model,AAM)。

1. 图像几何信息

图像目标的几何形状可以通过目标关键特征点的几何坐标串联,形成一个形状表示向量,如图 3-7 所示,可以利用 68 个几何关键特征点将一张人脸图像表示为 $x_i = [x_{i1}, y_{i1}, x_{i2}, y_{i2}, \cdots, x_{ik}, y_{ik}]^T$,这里 x_i 为几何形状向量。

对图像几何信息建模的基本思想是利用训练集中的形状信息,建立一个统计形状模型,通过统计形状变形来描述目标物体的几何信息。假设训练样本集包含 n 张样本图像,每张都

图 3-7 包含 68 个关键特征点的人脸图像示例

包含 k 个标注好的关键特征点及其坐标信息，从而每张图像可以表示为一个形状向量。将所有的形状向量进行归一化处理之后，使用 3.1.1 节介绍的 PCA 算法重建对齐后的几何形状向量，这样训练集中的任意一个形状向量都可以近似表示为

$$x = \bar{x} + Pb \tag{3-19}$$

式中，P 为协方差矩阵的前 t 个主特征向量 $P = (p_1, p_2, \cdots, p_t)$；$b$ 为 t 维向量，为重建加权系数，控制主成分形状模型在不同变化方向上的重建权重。

对人脸几何信息统计建模后，利用学习到的几何形状基函数，即主成分特征向量。几何形状基函数与不同的重建系数线性加权组合后，可以生成不同几何形状的人脸。图 3-8 的四行子图像分别为前四个主成分特征向量与重建加权系数（限制 $|b_i| < 3\sqrt{\lambda_i}$ 范围内插值），根据式（3-19）组合的生成结果。观察图 3-8 可知，最大特征值对应的特征向量表示人脸视角从左到右的变化，第二大特征值对应的特征向量表示人脸视角从上向下的变化，第三大特征值对应的特征向量表示人脸形状从瘦到胖的变化，第四大特征值对应的特征向量表示人脸形状和表情的变化。

图 3-8 人脸关键点几何形状主成分建模

主动形状模型（ASM），在构建人脸几何模型的基础上，进一步根据统计形状的形变来描述和匹配目标物体的形状，应用于物体形状的定位和识别。在匹配阶段，假设待匹配的几何形状与模型坐标系存在旋转、平移、尺度等 2D 几何变换，图像的几何结构在变换坐标系下可以建模为

$$X = T_{X_t, Y_t, s, \theta}(\bar{x} + Pb) \tag{3-20}$$

式中，θ 为旋转参数；s 为缩放参数；(X_t, Y_t) 为平移参数。

ASM 模型对待匹配目标物体进行搜索，求解最优的姿态参数和形状参数来对齐建模的几何形状向量 X 与待匹配的形状向量 Y，即最小化如下目标函数

$$L(X, Y) \mid Y - T_{X_t, Y_t, s, \theta}(\bar{x} + Pb) \mid^2 \tag{3-21}$$

ASM 匹配模型几何形状向量与目标形状向量的算法流程：

1）初始化形状参数 b 为 0，得到平均形状向量。

2）使用 $x=\bar{x}+Pb$ 生成新的人脸形状向量，获得模型特征点坐标。

3）找到最佳姿态参数 (X_t, Y_t, s, θ)，使生成的模型点 x 与当前找到的 Y 对齐。

4）通过反变换，将 Y 投影到模型坐标系框架中：$y = T^{-1}_{X_t, Y_t, s, \theta}(Y)$。

5）通过缩放将 y 投影到 $\bar{x}$ 的切平面上：$y' = y/(y\bar{x})$。

6）更新模型参数以匹配 y'：$b = P^T(y' - \bar{x})$。

7）如果未收敛，则返回步骤2）。

ASM 模型能够适应目标物体的各种形变，对噪声和部分遮挡有一定的鲁棒性，被广泛应用于医学图像分析、人脸识别、物体检测和跟踪等领域。

2. 图像表观信息

图像中目标的几何信息可以通过对其关键点的结构统计建模来独立描述，而表观信息往往与几何信息耦合在一起，难以直接提取。主动表观模型 AAM 在 ASM 建模几何信息的基础上，将不同位姿和形状的图像通过几何变换对齐到平均姿态形状上，再对归一化的图像进行 PCA 统计建模分析，提取描述亮度、颜色、纹理、身份等表观信息的主成分特征向量，对图像表观信息建模。

将对齐到标准姿态与形状后的人脸图像通过主成分分析建模后，可以学习到的表观基函数，即表观特征向量。表观基函数与不同的重建系数线性加权组合后，可以生成不同表观属性的人脸。图3-9所示的四行子图像分别为前四个主成分特征向量与重建加权系数（限制 $|b_i|<3\sqrt{\lambda_i}$ 范围内插值）根据式（3-19）组合的生成结果。观察图3-9可知，最大特征值对应的特征向量表示人脸亮度从明到暗的变化，第二大特征值对应的特征向量表示光照从左向右的变化，第三大特征值对应的特征向量表示身份性别从男到女的变化，第四大特征值对应的特征向量表示身份性别和眼周区域亮度的变化。

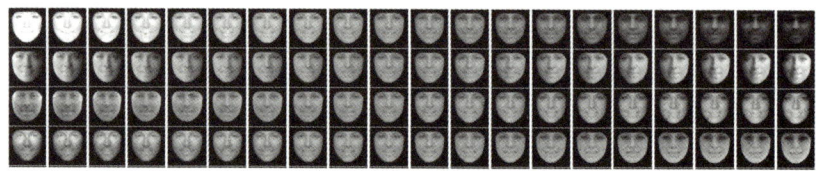

图 3-9　主成分建模对齐到标准姿态与形状后的人脸表观图像

AAM 模型作为 ASM 模型的扩展，不仅考虑了形状的变化，还考虑了纹理（表观）的变化，从而在匹配过程中能够更精确地描述和识别物体。AAM 分别建立几何形状模型和表观纹理模型，并通过联合形状和纹理的主成分分析，建立一个联合模型，将形状和纹理的变化关联起来。匹配阶段，AAM 调整形状和纹理参数，通过最小化重建误差使重建的图像与实际图像尽可能匹配，迭代图像重建和参数优化的过程，直到收敛到最优几何形状与表观纹理参数。AAM 模型构建流程如下，其中下标 s 对应形状参数，下标 g 对应表观参数。

AAM 模型构建流程：

1）利用 ASM 构建几何形状模型。将每个形状样本重建为特征向量的线性组合，其中 $b_s = P_s^T(x - \bar{x})$ 为样本的形状重建参数。

2）使用 Delaunay 三角划分将每张图像几何变换对齐到平均位姿与形状。

3）将每张图像的亮度进行归一化处理，得到具有平均亮度和单位方差的 $\bar{g}$。

4）对归一化后的图像进行 PCA 提取主成分，将样本表观重建为特征向量的线性组合，其中 $b_g = P_g^T(g-\bar{g})$ 表示样本的表观重建参数。

5）将形状参数与表观参数进行连接

$$b = \begin{pmatrix} Wb_s \\ b_g \end{pmatrix} = \begin{pmatrix} WP_s^T(x-\bar{x}) \\ P_g^T(g-\bar{g}) \end{pmatrix}$$

式中，W 为对角线加权矩阵，将形状参数和表观参数的单位进行统一。

6）对样本集中所有的 b 进行 PCA 主成分分析

$$b = Qc$$

式中，$Q = \begin{pmatrix} Q_s \\ Q_g \end{pmatrix}$ 是根据 b 的协方差矩阵的特征向量组成的矩阵；c 是表征生成模型实例与平均图像之间偏差的模型系数，即在 $c=0$ 的情况下，建模实例为平均形状和外观。

根据上述流程，最终生成的模型图像可以表示为

$$\begin{aligned} x_m &= \bar{x} + P_s W_s Q_s c \\ g_m &= \bar{g} + P_g Q_g c \end{aligned} \to I_m = T(\text{warp}^{-1}(x_m, g_m); \vartheta) \tag{3-22}$$

式中，$\text{warp}^{-1}(\cdot)$ 表示将平均几何形状下的表观纹理 g_m 形变为形状为 x_m 下图像的几何变换操作。随后进行参数为 ϑ 的坐标系变换 T，将生成图像变换到图像空间中。

在模型匹配阶段，对于未见过的输入图像 I_n，AAM 的基本思路是对齐到统一的几何形状后，不断优化模型参数 c，使得最终的待匹配表观纹理与输入表观纹理形成最佳匹配。

3.2 图像几何变换与重建

在计算机视觉和图像处理领域，几何变换是一种基础且强大的工具，广泛应用于图像对齐、缩放、旋转和倾斜校正。在人脸图像处理中，人脸对齐是一个关键步骤。通过几何变换，可以将不同角度、大小和位置的人脸图像统一到标准的坐标系中，使后续的识别过程更加准确。上节介绍的 AAM 模型需要通过几何变换，例如通过将不同位姿形状的人脸对齐到标准几何姿态下，从而解耦出表观属性信息。前面章节介绍过几何变换的基本知识，本节将在射影几何与齐次坐标视角下进一步介绍图像几何变换与插值的知识。

3.2.1 仿射与射影几何变换

1. 二维点与齐次坐标

图像中的像素坐标可以用二维向量表示，如 $x = (x, y) \in \mathbb{R}^2$，二维点也可以用齐次坐标 $\tilde{x} = (\tilde{x}, \tilde{y}, \tilde{w}) \in \mathcal{P}^2$ 来表示，尺度不同的向量在射影几何中被认为是等价的。$\mathcal{P}^2 = \mathcal{R}^3 - (0, 0, 0)$ 称为二维射影空间。一个齐次向量 $\tilde{x}$ 可以通过除以最后一个元素 $\tilde{w}$ 来转换为一个非齐次向量 x，即

$$\tilde{x} = (\tilde{x}, \tilde{y}, \tilde{w}) = \tilde{w}(x, y, 1) = \tilde{w}\bar{x} \tag{3-23}$$

式中，$\bar{x} = (x, y, 1)$ 是增广向量；最后一个元素为 $\tilde{w} = 0$ 的齐次点被称为理想点或在无穷远处的点，且不具有等价的非齐次表示。

2. 三维点与齐次坐标

三维点坐标可以使用非齐次坐标 $\boldsymbol{x}=(x, y, z)\in\mathbb{R}^3$ 或齐次坐标 $\tilde{\boldsymbol{x}}=(\tilde{x}, \tilde{y}, \tilde{z}, \tilde{w})\in\mathcal{P}^3$ 来表示。与二维点的齐次表示一样，我们可以使用 $\tilde{\boldsymbol{x}}=\tilde{w}\bar{\boldsymbol{x}}$ 的增广向量 $\bar{\boldsymbol{x}}=(x, y, z, 1)$ 来表示一个三维点的齐次坐标。

3. 齐次坐标下的二维仿射变换

在射影几何中，二维几何变换构成如图 3-10 所示的变换群。

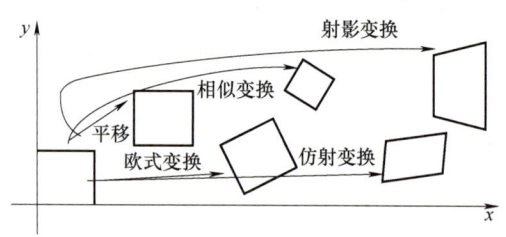

图 3-10　二维几何图像变换的基本群

（1）平移变换　二维的平移变换可以写成 $\boldsymbol{x}'=\boldsymbol{x}+\boldsymbol{t}$ 或者其矩阵形式，即

$$\boldsymbol{x}'=[\boldsymbol{I}, \boldsymbol{t}]\bar{\boldsymbol{x}} \tag{3-24}$$

式中，$\boldsymbol{I}$ 是（2×2）单位矩阵，也可以写成齐次坐标形式，即

$$\bar{\boldsymbol{x}}'=\begin{bmatrix} \boldsymbol{I} & \boldsymbol{t} \\ \boldsymbol{0}^{\mathrm{T}} & 1 \end{bmatrix}\bar{\boldsymbol{x}} \tag{3-25}$$

式中，$\boldsymbol{0}$ 代表零向量，通过在式（3-24）基础上附加一个 $[\boldsymbol{0}^{\mathrm{T}}, 1]$ 行，可以得到全秩 3×3 变换矩阵。

（2）旋转变换　旋转与平移变换因为保留了欧几里得距离，通常也被称为二维刚体运动或二维欧几里得变换，可以写成 $\boldsymbol{x}'=\boldsymbol{R}\boldsymbol{x}$，旋转矩阵 $\boldsymbol{R}$ 为

$$\boldsymbol{R}=\begin{pmatrix} \cos\theta & -\sin\theta \\ \sin\theta & \cos\theta \end{pmatrix} \tag{3-26}$$

式中，$\boldsymbol{R}$ 是一个标准正交旋转矩阵。

（3）仿射变换　仿射变换是射影几何学中的一种重要概念，原始图形的平行性、共线性和比例关系在仿射变换后仍然保持不变。仿射变换包括平移、旋转、缩放、切变等基本变换，如图 3-11 所示。

齐次坐标下，仿射变换的矩阵表达为

$$\begin{pmatrix} x' \\ y' \\ 1 \end{pmatrix}=\begin{pmatrix} a_{11} & a_{12} & t_x \\ a_{21} & a_{22} & t_y \\ 0 & 0 & 1 \end{pmatrix}\begin{pmatrix} x \\ y \\ 1 \end{pmatrix} \tag{3-27}$$

可用分块矩阵写成更简洁的形式，即

$$\boldsymbol{v}'=\boldsymbol{H}_A\boldsymbol{v}=\begin{pmatrix} \boldsymbol{A} & \boldsymbol{t} \\ \boldsymbol{0}^{\mathrm{T}} & 1 \end{pmatrix}\boldsymbol{v} \tag{3-28}$$

式中，$\boldsymbol{A}$ 是一个 2×2 的非奇异矩阵，$\boldsymbol{t}$ 是一个 2×1 的矢量，$\boldsymbol{0}$ 是一个 2×1 矢量。平面上的仿射变换有 6 个自由度，对应 6 个矩阵元素（$\boldsymbol{A}$ 中 4 个元素，矢量 $\boldsymbol{t}$ 中两个元素）。仿射变换

可根据 3 组不共线的对应点来计算。

码 3-2【程序源码】
图像仿射变换

图 3-11　仿射变换

4. 特殊的仿射变换

接下来介绍 3 种特殊形式的仿射变换，分别是相似变换、等距变换和欧式变换。

（1）相似变换　相似变换的矩阵表达式为（考虑逆时针为正）

$$\begin{pmatrix} x' \\ y' \\ 1 \end{pmatrix} = \begin{pmatrix} s\cos\theta & s\sin\theta & t_x \\ -s\sin\theta & s\cos\theta & t_y \\ 0 & 0 & 1 \end{pmatrix} \begin{pmatrix} x \\ y \\ 1 \end{pmatrix} \tag{3-29}$$

或用分块矩阵写成更简洁的形式，即

$$v' = H_s v = \begin{pmatrix} s\boldsymbol{R} & \boldsymbol{t} \\ \boldsymbol{0}^{\mathrm{T}} & 1 \end{pmatrix} v \tag{3-30}$$

式中，$s(>0)$ 表示各向同性放缩，$\boldsymbol{R}$ 是 2×2 正交旋转矩阵（$\boldsymbol{R}^{\mathrm{T}}\boldsymbol{R} = \boldsymbol{R}\boldsymbol{R}^{\mathrm{T}} = \boldsymbol{I}$，且 $\det(\boldsymbol{R}) = 1$）。

相似变换的典型特例为纯旋转（$\boldsymbol{t} = 0$）和纯平移（$\boldsymbol{R} = \boldsymbol{I}$）。相似变换有 4 个自由度，所以可以根据两组对应点来计算。

（2）等距变换　等距变换的矩阵表达式为

$$\begin{pmatrix} x' \\ y' \\ 1 \end{pmatrix} = \begin{pmatrix} e\cos\theta & \sin\theta & t_x \\ -e\sin\theta & \cos\theta & t_y \\ 0 & 0 & 1 \end{pmatrix} \begin{pmatrix} x \\ y \\ 1 \end{pmatrix} \tag{3-31}$$

或用分块矩阵写成更简洁的形式，即

$$v' = H_{\mathrm{I}} v = \begin{pmatrix} \boldsymbol{R} & \boldsymbol{t} \\ \boldsymbol{0}^{\mathrm{T}} & 1 \end{pmatrix} v \tag{3-32}$$

式中，$e = \pm 1$，$\boldsymbol{R}$ 是一个一般的正交矩阵，$\det(\boldsymbol{R}) = \pm 1$。

（3）欧氏变换　欧氏变换的矩阵表达式为

$$\begin{pmatrix} x' \\ y' \\ 1 \end{pmatrix} = \begin{pmatrix} \cos\theta & \sin\theta & t_x \\ -\sin\theta & \cos\theta & t_y \\ 0 & 0 & 1 \end{pmatrix} \begin{pmatrix} x \\ y \\ 1 \end{pmatrix} \tag{3-33}$$

或用分块矩阵写成更简洁的形式，即

$$v' = H_E v = \begin{pmatrix} \boldsymbol{R} & \boldsymbol{t} \\ \boldsymbol{0}^{\mathrm{T}} & 1 \end{pmatrix} v \tag{3-34}$$

欧氏变换是先旋转后平移的组合,可表达刚体的运动。平面上的欧氏变换有 3 个自由度,所以可以更具两组点的对应性来计算。

5. 射影变换

射影变换也被称为透视变换或单应变换,齐次坐标系中可以表示为

$$\tilde{x}' = \tilde{H}\tilde{x} \tag{3-35}$$

式中,$\tilde{H}$ 是一个任意的 3×3 的齐次矩阵。射影变换定义在任意尺度上,即两个仅在尺度上不同的 $\tilde{H}$ 矩阵是等价的。归一化齐次坐标 $\tilde{x}'$ 可以得到非齐次结果,即

$$x' = \frac{h_{00}x + h_{01}y + h_{02}}{h_{20}x + h_{21}y + h_{22}}, y' = \frac{h_{10}x + h_{11}y + h_{12}}{h_{20}x + h_{21}y + h_{22}} \tag{3-36}$$

射影变换具有保持直线的性质。

变换	矩阵形式	自由度	保留特性	图像
平移	$[I|t]_{2\times 3}$	2	方向	□
相似变换	$[sR|t]_{2\times 3}$	4	角度	◇
仿射变换	$[A]_{2\times 3}$	6	平行线	▱
射影变换	$[H]_{2\times 3}$	8	直线	▱

图 3-12 二维几何变换群的层级结构

3.2.2 图像插值算法

几何变换 T 将输入图像中的像素 (x, y) 映射到输出图像中的一个新位置 (x', y'),如图 3-13 所示。图像几何变换输出的新坐标点 (x', y') 通常是连续实值,而数字图像通常用离散的整数值来表示,因此需要利用相邻的非整数样本亮度值来插值出最终输出图像的每个像素的亮度值。

通常有两种方法计算几何变换后图像的亮度值,第一种是前向映射(Forward Mapping),其执行方式为扫描输入图像的像素,并在每个位置 (x, y) 直接使用几何变换,例如式(3-27),计算输出图像中相应像素的空间位置 (x', y'),但这种方式可能存在多个输入图像像素映射到一个输出图像像素,以及输出图像像素无法计算出的值填入等问题。

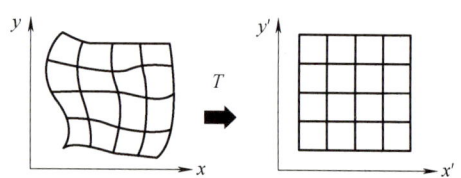

图 3-13 图像坐标点的几何变换

另一种方式是根据输出图像的像素位置,使用变换矩阵的逆矩阵计算该位置在输入图像中的像素位置,以确定输出像素值的灰度值,这种方式称为反向映射(Inverse Mapping)。反向变换映射到原图像上的坐标一般为浮点坐标,这些浮点坐标一般不会与原图像的像素坐标完全重合,而是位于原图像的像素网格之间。因此,我们需要插值方法来估算这些浮点坐标处的像素值。反向映射方法可以解决前向映射中输出与输入位置无法一一匹配的问题,因此其更加有效,被许多商业软件所使用。

常见的插值算法有最近邻插值、双线性插值以及双三次插值,我们对其逐一进行介绍。

(1)最近邻插值(Nearest-Neighbor Interpolation) 最近邻插值是一种简单而高效的插

值方法。设变换后图像的坐标为 (x', y')，通过反向变换可以得到原图像的浮点坐标 (x, y)。最近邻插值的基本思想是找到原图像中与 (x, y) 最接近的一个整数坐标，并将该位置的像素值赋给变换后图像的 (x', y') 坐标位置，如图 3-14 所示。

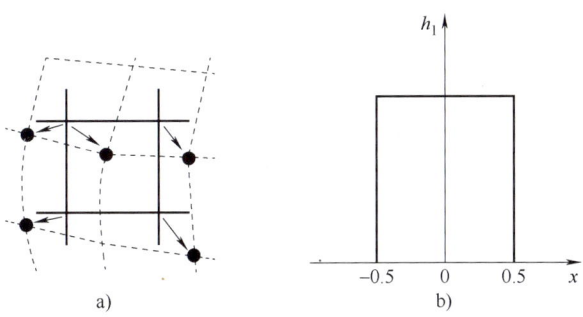

图 3-14　最近邻域插值示意图

图 3-14a 显示如何分配新的亮度值，实线为输入图像的坐标栅格，虚线为反向映射如何将输出图像的坐标栅格映射到输入图像。图 3-14b 显示一维情况下的插值核函数 h_1。最近邻插值如下

$$f_1(x,y) = g_s(\text{round}(x), \text{round}(y)) \tag{3-37}$$

例 3-1　假设通过反向变换得到的原图像坐标为（2.3，4.7）。它的四个相邻整数坐标分别为（2，4）、（2，5）、（3，4）和（3，5）。在这四个坐标中，距离（2.3，4.7）最近的是（2，5），因此将原图像中（2，5）位置的像素值赋给变换后图像的（2.3，4.7）位置。

最近邻插值的优点是计算简单，速度快。最近邻插值的位置误差最多为半个像素，导致直线边界对象的插值结果呈现出阶梯状外观，不够平滑。为了得到更好的效果，应使用更多的信息，而不仅仅使用最近像素的灰度值，常用的方法是双线性插值和双三次插值。

（2）双线性插值（Bilinear Interpolation）　双线性插值同时考虑点 (x, y) 附近的四个点，并假设在这个邻域内亮度函数是线性的，如图 3-15 所示。

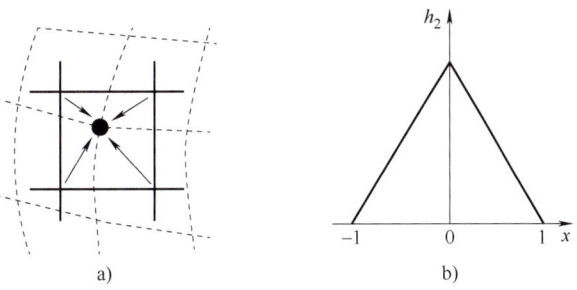

图 3-15　双线性插值示意图，原始图像的离散坐标栅格用实线表示

对于一个目标像素坐标，通过反向变换得到的原图像的浮点坐标为 $(i+u, j+v)$，其中 i、j 均为浮点坐标的整数部分，u、v 为浮点坐标的小数部分，是取值 $[0, 1)$ 区间的浮点数。在双线性插值中，这个像素的值 $f(i+u, j+v)$ 可由原图像中坐标为 (i, j)、$(i+1, j)$、$(i, j+1)$、$(i+1, j+1)$ 所对应的周围四个像素的值决定，即

$$f(i+u,j+v) = (1-u)(1-v)f(i,j) + (1-u)vf(i,j+1) + \\ u(1-v)f(i+1,j) + uvf(i+1,j+1) \quad (3-38)$$

式中，$f(i, j)$ 表示原图像 (i, j) 处的像素值，以此类推。公式中的每一项代表了周围四个像素对浮点坐标 $(i+u, j+v)$ 处像素值的贡献。权重系数反映了浮点坐标与这四个像素的距离关系。我们可以用一个例题来说明。

例 3-2 假设目标图像的某个像素坐标为 (1, 1)，通过反向变换得到的原图像的浮点坐标为 (0.75, 0.75)。已知原图像中的四个像素的值为 $f(0,0)=100$、$f(0,1)=150$、$f(1,0)=200$、$f(1,1)=250$，根据双线性插值方法计算目标图像中 (1, 1) 处的像素值。

根据题意，浮点坐标 (0.75, 0.75) 对应的整数部分为 $i=0$ 和 $j=0$，小数部分为 $u=0.75$ 和 $v=0.75$。将已知数值代入式 (3-39)

$$f(0.75,0.75) = (1-0.75)(1-0.75)f(0,0) + (1-0.75)0.75f(0,1) + \\ 0.75(1-0.75)f(1,0) + 0.75 \times 0.75 f(1,1)$$

将原图像中四个像素的值代入

$$f(0.75,0.75) = 0.0625 \times 100 + 0.1875 \times 150 + 0.1875 \times 200 + 0.5625 \times 250 = 212.5$$

因此，目标图像中 (1, 1) 处的像素值为 212.5。

在上述例题中，反推得到对应原图的坐标是 (0.75, 0.75)，这其实只是一个概念上的虚拟像素，实际在原图中并不存在这样一个像素，那么目标图的像素 (1, 1) 的取值不能够由这个虚拟像素来决定，而只能由原图的这四个像素共同决定，即 (0, 0)、(0, 1)、(1, 0)、(1, 1)。由于 (0.75, 0.75) 离 (1, 1) 要更近一些，所以 (1, 1) 所起的决定作用更大一些，这从对应项的系数 $uv=0.75 \times 0.75$ 就可以体现出来，而 (0.75, 0.75) 离 (0, 0) 最远，所以 (0, 0) 所起的决定作用就要小一些，公式中系数为 $(1-u)(1-v)=0.25 \times 0.25$ 也体现出了这一特点。

(3) 双三次插值（BiCubic Interpolation） 双线性插值仅选取了反推坐标周围的四个点，而双三次插值则充分选取反推坐标周围的 16 个点来共同决定该坐标的像素值，如图 3-16b 所示。插值权重根据 BiCubic 函数来确定，即

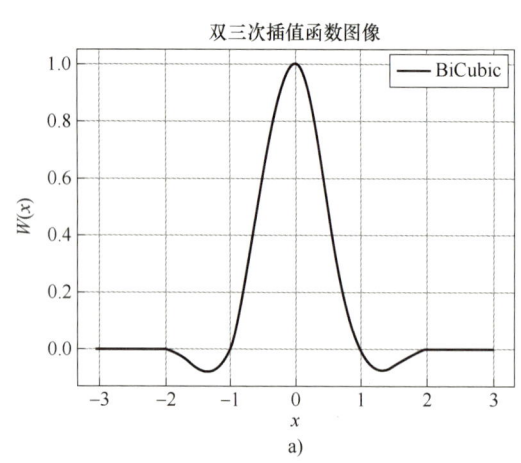
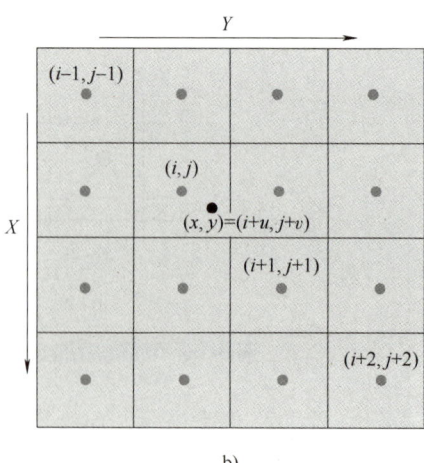

图 3-16 BiCubic 函数图像和双三次插值的选点

$$W(x) = \begin{cases} (a+2)|x|^3 - (a+3)|x|^2 + 1, & |x| \leq 1 \\ a|x|^3 - 5a|x|^2 + 8a|x| - 4a, & 1 < |x| < 2, \\ 0, & \text{其他} \end{cases} \quad (3\text{-}39)$$

在双三次插值之中我们令 $a = -0.5$，此时该函数图像如图 3-16a 所示。

BiCubic 函数的自变量代表反推坐标与周围的 16 个像素坐标的距离，我们可以观察到，在 BiCubic 函数图像中到中心点距离越远，函数值越小的规律，与双线性插值中系数的取值方式是一致的。BiCubic 基函数是一维的，而像素是二维的，所以我们将像素点的 x 轴距离与 y 轴距离分开计算，总共有 4 个 x 轴距离和 4 个 y 轴距离。将这些距离代入式（3-39）中得到相应像素点的权重，再将周围 16 个点的像素值×W（x 轴的距离）×W（y 轴的距离），并进行求和得到目标坐标对应的像素值。

双三次插值既可避免最近邻插值中阶梯状边界的问题，又能应对双线性插值的模糊化。双三次插值经常用于图像缩放操作，很好地保留了图像中的细节。接下来我们通过一个例子展示三种插值算法的效果。我们先对原图进行下采样降低分辨率以更好地体现三种插值算法的对比效果。随后，我们分别对下采样图像使用最近邻插值、双线性插值和双三次插值三种插值方法将图像放大到原来的大小，具体结果如图 3-17 所示。

码 3-3【程序源码】
插值算法

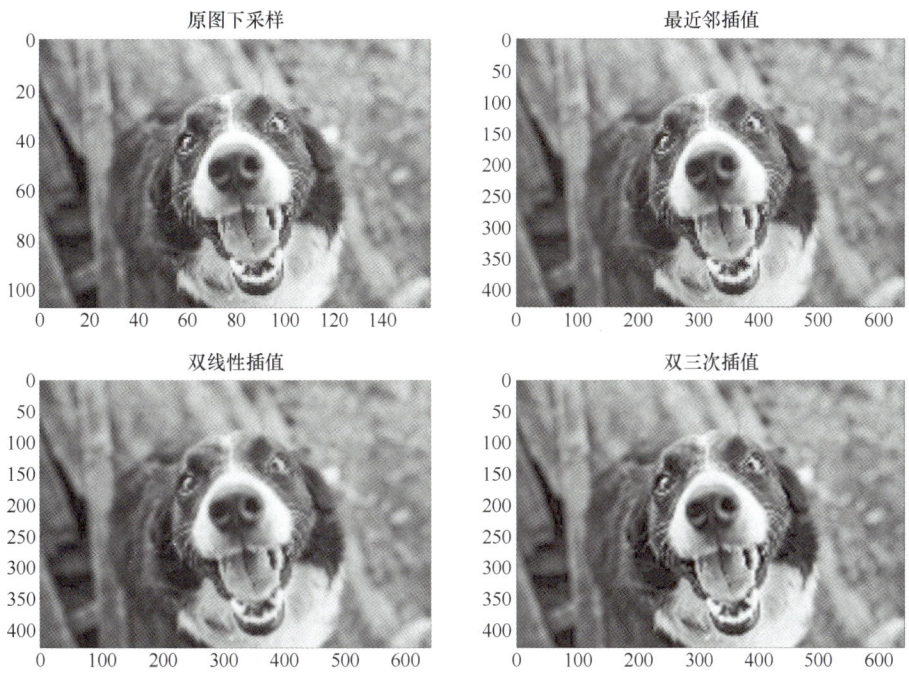

图 3-17 三种插值运行结果

3.2.3 图像形变与标准姿态对齐

本节综合应用图像几何变换方法、图像插值算法、和 Delaunay 三角剖分共同实现图像形变与标准姿态对齐。

以人脸图像姿态对齐为例，如图 3-18 所示为一张侧面姿态的人脸图像，其关键点在图 3-18b 中显示。图像姿态对齐任务是给定目标姿态关键点位置，如图 3-18c 所示，寻求几何变换，通过图像形变操作将原姿态（图 3-18a）转换到目标标准姿态（图 3-18d）。

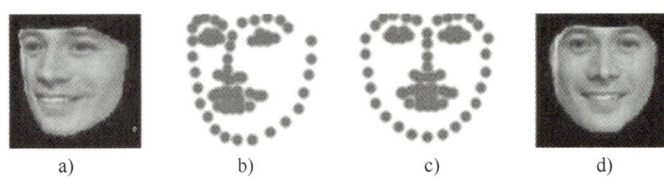

图 3-18　图像形变与标准姿态对齐

通过图像几何变化方法建立从图 3-18b 到图 3-18c 的仿射变换，并应用图像插值算法计算几何姿态变换后对应像素点的颜色与亮度值，从而完成图像姿态对齐。但由于人脸形变的非刚性，难于直接应用简单的 2D 仿射变换实现非刚性变换。尽管人脸形变整体上是非线性的，但是局部小区域内的几何形变可以近似认为是线性的。如何将人脸的全局几何划分成多个局部小区域呢？Delaunay 三角剖分是该问题的一种有效的解决途径。

1. Delaunay 三角剖分

Delaunay 三角剖分是一种几何图形分割方法。对于给定人脸特征点集 P，如图 3-19a 中所示红色特征点，Delaunay 三角剖分将特征点集 P 划分为一系列互不相交的三角形，使得三角形的顶点都是 P 中的点，并且这些三角形没有重叠和遗漏。在所有可能的三角剖分中，Delaunay 三角剖分的特点是其生成的三角形满足 Delaunay 性质，即任意一个三角形的外接圆中不包含其他点，如图 3-19b 所示。Delaunay 三角剖分倾向于最大化最小角度，从而避免瘦长的三角形。

码 3-4【程序源码】
Delaunay 三角剖分

 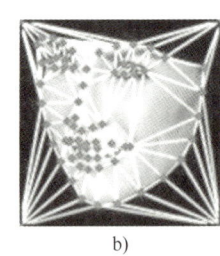 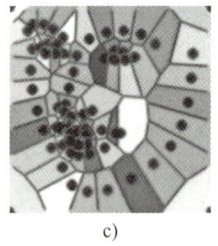

a)　　　　　　　　b)　　　　　　　　c)

图 3-19　根据人脸 68 个关键点建立的 Delaunay 三角剖分，并生成相应的 Voronoi 图

给定点集，往往存在不止一个三角剖分。我们希望从中挑选出一个"最优"的三角剖分，可以利用翻转边算法。如图 3-20 所示，假设一条边 BD 属于两个三角形 ABD、BCD，这两个三角形的合集所构成的四边形有两条对角线，BD 是其中的一条。基于存在定理：对三角剖分中的一条边 BD，若它不满足 Delaunay 性质，则可以被翻转成为一条局部 Delaunay 边 AC。现在用另一条对角线 AC 替换 BD，得到两个新的三角形 ABC、ACD，并用这两个新的三角形替换原三角剖分，得到新的三角剖分。所以每进行一次翻转边操作时，都把三角剖分"局部"地改善了。那么对任意一个三角剖分，只要持续进行上述的翻转边操作，最终就可

以转化为一个 Delaunay 三角剖分，即满足任何一个三角形的外接圆内部都不包含点集 P 中的顶点。

构造 Delaunay 三角形可采用增量式逐点插入，每次插入新点后，调整三角剖分以保持 Delaunay 性质。Voronoi 图（Voronoi Diagram）同样是一种将平面划分为若干区域的几何结构，每个区域对应于平面上的一个点，且该区域中的所有点到该点的距离均小于到其他点的距离。Voronoi 图与 Delaunay 三角剖分

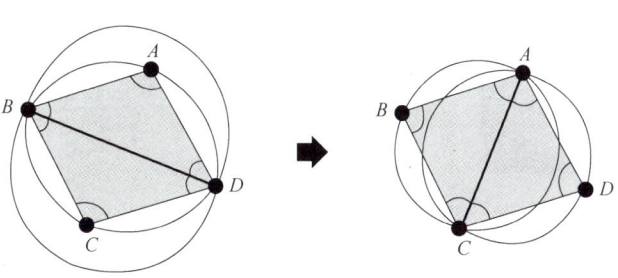

图 3-20　经过一次翻转边操作

是对偶关系，如图 3-19c 所示，即 Delaunay 三角形的顶点是 Voronoi 单元的中心，而 Delaunay 三角形的边是 Voronoi 单元的边。

2. 人脸形变与姿态对齐

回到人脸图像姿态对齐的例子，将面部建模为三角形的平面网格。对人脸进行变形时，我们将人脸划分为若干个 Delaunay 三角形。对目标图像中的每一个三角形以及原图像中对应的三角形，计算将目标图像中该三角形的三个角点映射到原图像中对应三角形的三个角点的仿射变换。对每个 Delaunay 三角形，使用计算获得的仿射变换将三角形内的所有像素转换到形变图像。对原图像中所有三角形重复此操作，以将原图像对齐到标准姿态，如图 3-18 所示。

3.3　基于深度学习的图像重建与解耦

3.3.1　基于深度学习的图像重建

PCA 方法利用从训练数据的协方差矩阵得到的正交基（特征向量）线性地重建图像，具有线性方法表征数据的局限性，本节利用深度学习的方法开展非线性的图像重建克服这种局限性。深度学习的核心是通过层级复合网络进行特征学习。本节主要介绍自编码器深度神经网络，利用自编码器对 PCA 进行非线性扩展以重建图像数据。

自编码器是一种无监督学习算法，主要学习两个函数：一个是编码函数，对输入数据进行特征提取与编码；另一个是解码函数，根据编码函数提取的特征重建输入数据。如图 3-21 所示，对于解码空间中的任意一个输入向量 $\boldsymbol{x} \in \mathbb{R}^m$ 通过编码函数 E_ϕ 变换为 $z = E_\phi(\boldsymbol{x})$，$z \in \mathbb{R}^n$，实现从输入层到隐藏层的编码过程，之后通过解码函数 D_θ 得到从隐藏层到输出层的解码结果 $\tilde{\boldsymbol{x}} = D_\theta(z)$，$\tilde{\boldsymbol{x}} \in \mathbb{R}^m$。对于向量表示数据，编码器和解码器都由多层感知机组成，例如一层 MLP 编码器可以表示为

$$E_\phi(\boldsymbol{x}) = \sigma(\boldsymbol{W}\boldsymbol{x} + \boldsymbol{b}) \tag{3-40}$$

式中，σ 为激活函数，常用的有 sigmoid 激活函数、tanh 激活函数和 ReLU 激活函数等；$\boldsymbol{W}$ 为权重矩阵；$\boldsymbol{b}$ 为偏差向量。对于图像数据，编码器和解码器通常都由卷积神经网络构建，如图 3-21 所示。

根据任务，为自编码器设定相关的损失函数，以驱动其训练和学习过程。假设样本数据

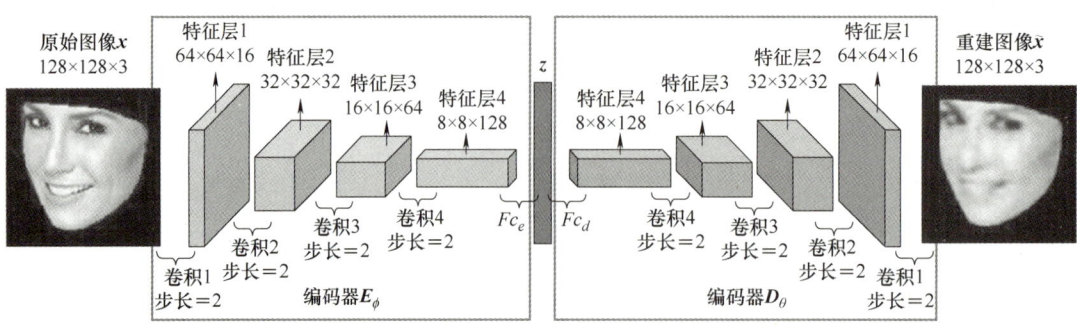

图 3-21　具有卷积架构的自动编码器模型

服从的概率分布为 μ_{ref}，度量重建数据 $\tilde{x}$ 与输入样本 x 之间距离的函数为 $d(x, \tilde{x})$。定义自编码器的损失函数为

$$L(\theta, \phi) = \mathbb{E}_{x \sim \mu_{\text{ref}}} \left[d(x, D_\theta(E_\phi(x))) \right] \quad (3\text{-}41)$$

函数 $d(x, \tilde{x})$ 通常采用 L_2 范数，即 $d(x, \tilde{x}) = \|x - \tilde{x}\|^2$。最优自编码器需要满足

$$\min_{\theta, \phi} L(\theta, \phi) = \min_{\theta, \phi} \left(\frac{1}{N} \sum_{i=1}^{N} \| x_i - D_\theta(E_\phi(x_i)) \|_2^2 \right) \quad (3\text{-}42)$$

采用梯度下降法进行自编码器解空间的搜索，这个搜索过程被称为自编码器的训练过程。

如果自编码器使用线性激活函数，则其最优解与主成分分析（PCA）密切相关。具体而言，若自编码器的隐层大小为 p（$p<$ 输入大小），那么自编码器权重矩阵 W 所表示的向量子空间可以理解为 PCA 中前 p 个主成分组成的向量子空间，并且自编码器的输出是编码特征与该向量子空间上基函数的加权重建。但是自编码器的基函数不具备 PCA 中基函数的正交性质。

相对于线性 PCA 方法，自编码器通过学习数据的非线性内蕴特性，可以实现更为复杂的数据降维和去噪任务。

3.3.2　基于深度学习的图像表观与几何信息解耦

主动表观模型 AAM 使用线性模型来重建图像中的表观和几何变化，可将 AAM 中的 PCA 替换成深度自编码器可以实现基于深度学习的图像表观与几何信息解耦。具体而言，对于几何关键特征点，可以利用全链接架构的自编码器实现特征提取，基函数学习与关键点重建。对齐的二维人脸图像可以通过装载卷积神经网络架构的自编码器实现特征提取，基函数学习与人脸重建。

给定一组几何关键特征点（Landmarks），AAM 模型可以从这些特征点中学习正交特征向量来提取图像的几何信息，并且可以使用平均脸将人脸图像进行扭曲，对齐为规范的人脸形状和视图。那么，对于没有任何特征点或监督信息的情况，我们该如何从图像中提取表观和几何信息呢？接下来介绍可形变生成器模型从无标签数据中进行学习对图像的表观纹理和几何形状进行建模。

可形变生成器模型，通过表观生成器（The Appearance Generator）和几何生成器（The Geometric Generator）两个生成器网络，将图像中

码 3-5【程序源码】
可形变生成器模型

的表观信息和几何信息分解为两个独立的隐向量。表观生成器生成图像的表观信息，包括颜色、亮度、身份或类别等，而几何生成器输出每个像素坐标的位移，并对表观生成器的输出进行拉伸和旋转等几何扭曲，从而获得最终的生成图像，如图 3-22 所示。其中几何运算只修改图像中像素的位置，并不改变它们的颜色和亮度，这样表观信息和几何信息就可以被模型中的表观生成器和几何生成器解耦提取了。

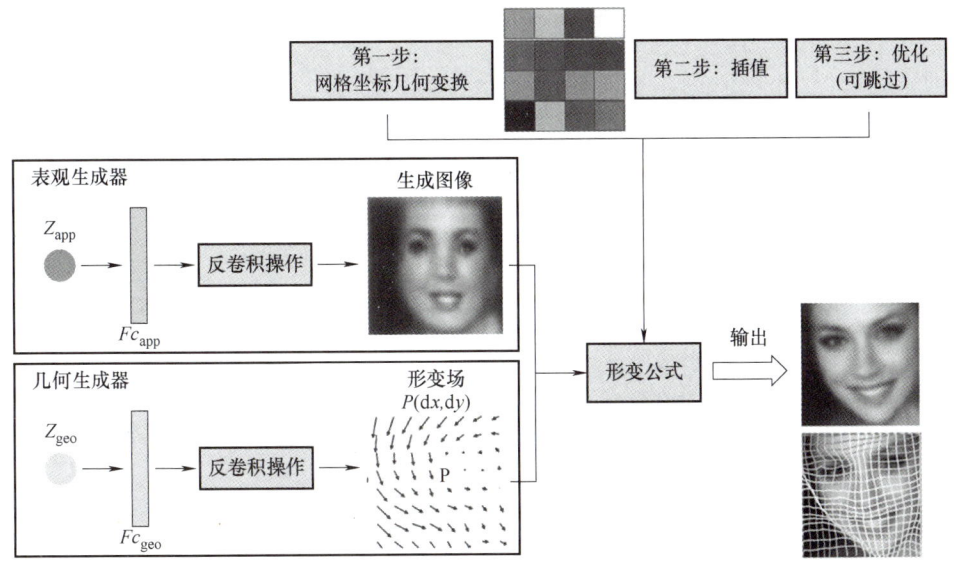

图 3-22 可形变生成器模型

可形变生成器的模型可以表示为

$$I = G(\mathbf{Z}^a, \mathbf{Z}^g; \theta) + \varepsilon \\ = F_w(g_a(\mathbf{Z}^a; \theta_a), g_g(\mathbf{Z}^g; \theta_g)) + \varepsilon \tag{3-43}$$

式中，隐向量 $\mathbf{Z}^a \sim N(0, I_{d_a})$、$\mathbf{Z}^g \sim N(0, I_{d_g})$ 和重建误差 $\varepsilon \sim N(0, \sigma^2 I_D)$ 之间是相互独立的；F_w 为扭曲函数，使用几何生成器 $g_g(\mathbf{Z}^g; \theta_g)$ 生成的变形场来扭曲表观生成器 $g_a(\mathbf{Z}^a; \theta_a)$ 生成的图像，从而合成出最终输出图像 I。

采用针对两个隐向量的交替反向传播算法来学习可形变生成器模型。具体而言，在训练数据集 $\{I_i, i=1, \cdots, N\}$ 上最大化对数似然函数来训练模型

$$L(\theta) = \frac{1}{N} \sum_{i=1}^{N} \log p(I_i; \theta) \\ = \frac{1}{N} \sum_{i=1}^{N} \log\left[\int p(X_i, Z_i^a, Z_i^g; \theta) \, \mathrm{d}Z_i^a \mathrm{d}Z_i^g\right] \tag{3-44}$$

对完整数据对数似然中的不确定性因素 Z_i^a 和 Z_i^g 进行积分，得到观测数据的对数似然。接下来，将对数似然函数进行求导并根据 EM 算法，可以得到

$$\frac{\partial}{\partial \theta} \log p(I; \theta) = \frac{1}{p(I; \theta)} \frac{\partial}{\partial \theta} \int p(I, Z^a, Z^g) \, \mathrm{d}Z^a \mathrm{d}Z^g \\ = E_{p(Z^a, Z^g | I, \theta)}\left[\frac{\partial}{\partial \theta} \log p(I, Z^a, Z^g; \theta)\right] \tag{3-45}$$

由于式（3-45）中的积分与期望难于处理，因此使用Langevin动力学方程从后验分布$p(Z_a,Z_g|I;\theta)$中采样，并计算蒙特卡罗平均值来估计该期望。对于每个观测图像I，隐向量Z^a和Z^g可以从$p(Z^a,Z^g|I;\theta)$中交替采样获得，即固定Z^g从$p(Z^a|I;Z^g,\theta) \propto p(I,Z^a;Z^g,\theta)$中采样$Z^a$，然后固定$Z^a$从$p(Z^g|I;Z^a,\theta) \propto p(I,Z^g;Z^a,\theta)$中采样$Z^g$。在每次采样之后，隐向量更新为

$$Z_{\tau+1}^a = Z_\tau^a + \frac{\delta^2}{2}\frac{\partial}{\partial Z^a}\log p(I,Z_\tau^a;Z_\tau^g,\theta) + \delta\ \varepsilon_\tau^a$$

$$Z_{\tau+1}^g = Z_\tau^g + \frac{\delta^2}{2}\frac{\partial}{\partial Z^g}\log p(I,Z_\tau^g;Z_\tau^a,\theta) + \delta\ \varepsilon_\tau^g \tag{3-46}$$

式中，τ是Langevin动态采样的时间步；δ是采样步长；ε_τ^a和ε_τ^g是独立的标准高斯噪声，作为扩散项防止采样陷入局部模式中。完整数据的对数似然可以整理为

$$\begin{aligned}\log p(I,Z^a;Z^g,\theta) &= \log\left[p(Z^a)p(I|Z^a,Z^g,\theta)\right]\\ &= -\frac{1}{2\sigma^2}\|I-F(Z^a,Z^g;\theta)\|^2 - \frac{1}{2}\|Z^a\|^2 + C_1\\ \log p(I,Z^g;Z^a,\theta) &= \log\left[p(Z^g)p(I|Z^a,Z^g,\theta)\right]\\ &= -\frac{1}{2\sigma^2}\|I-F(Z^a,Z^g;\theta)\|^2 - \frac{1}{2}\|Z^g\|^2 + C_2\end{aligned} \tag{3-47}$$

式中，C_1和C_2为归一化常数。从式（3-47）可以看出，如果采样充足，那么得到的Z^a和Z^g满足联合后验概率分布。

模型训练完成之后，可获得与表观和几何隐向量相关的两组基函数，这样表观和几何隐向量可以理解为沿着相应的基函数方向进行投影或重建的系数。为了学习表观隐向量，通过将几何隐向量设置为零并将表观隐向量的某一维设置为非零，然后将这些表观和几何隐向量组送到可变形生成器中，从而得到相应的表观基函数。即每次将表观变量Z^a的某个维度在$[-\gamma,\gamma]$中以均匀的步长$\frac{2\gamma}{10}$进行采样，与此同时Z^a的其他维度保持为零。相反地可以得到几何基函数和潜在向量。图3-23所示为在CelebA数据集的1000张人脸图像上进行训练得到的两组基函数，左图表明表观隐向量的每个维度对颜色、亮度和性别等信息的编码，例如，在第一行中，从左到右，背景颜色从黑色变为白色，性别从女性变为男性；在第二行中，当对应的Z^a趋近于0时，男性的胡子会变厚，当对应的Z^a逐渐增大时，女性的头发会变浓密，而右图显示了几何潜在向量的每个维度对几何信息的编码，例如，在第一行中，人脸的形状从左到右由胖变瘦；在第二行中，面部的姿势从左到右进行变换。

利用可形变生成器模型，可以很方便地对抽象的图像信息进行提取与重组从而完成后续的AI任务。如图3-24所示，第一行显示了CelebA数据集中的七张人脸图像；第二行展示了将第一行中的第2~7张人脸图像的几何向量z_1与第一行中的第1张人脸图像的表观向量z_2进行重组生成的结果；第三行展示了将第一行中的第2~7张人脸图像的表观向量z_2与第一行中的第1张人脸图像的几何向量z_1进行重组生成的结果。对于未知的图像，我们可以首先推断出它们的表观和几何隐向量，然后将目标图像的几何隐向量与源图像表观隐向量重新组合，从而完成几何信息的传递。

对于高分辨率的人脸图像，可以使用FFHQ数据集中的40000人脸图像来训练可变形生

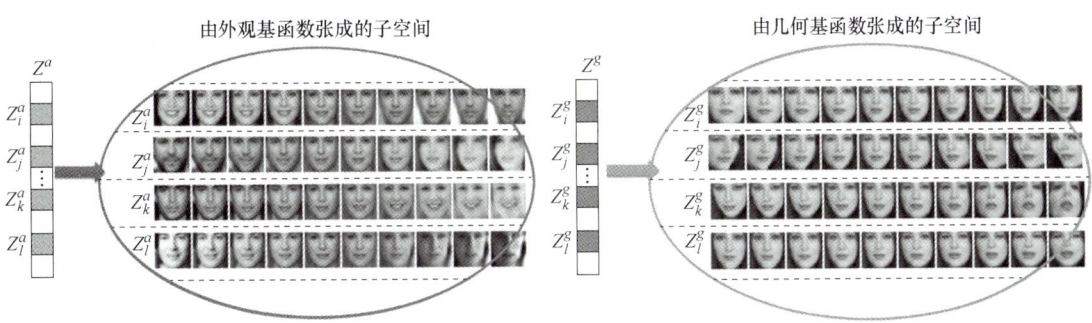

图 3-23 典型的表观和几何基函数

图 3-24 图像几何与表观隐向量的重组生成

成器。与图 3-24 类似,图 3-25 和图 3-26 展示了在高分辨率的情况下,对应生成的表观和几何基函数以及向量重组的结果。图 3-25 中的前两行展示了典型的表观基函数,第三和五行则展示了几何潜在向量基本几何信息的编码结果。图 3-26 显示的是对抽象的几何和外观信息进行转移和重组的结果示例,第一行显示来自 FFHQ 的 8 张人脸图像;第二行展示了将第 2~8 个人脸的几何向量与第 1 个人脸的表观向量进行重组生成的结果;第三行则展示出将第 2~8 个人脸的表观向量与第 1 个人脸的几何向量进行重组的结果。

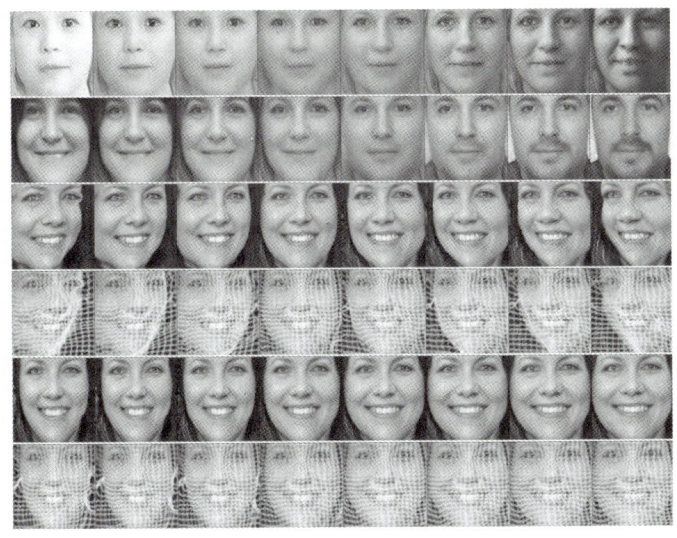

图 3-25 高分辨率图像情况下提取的表观和几何基函数

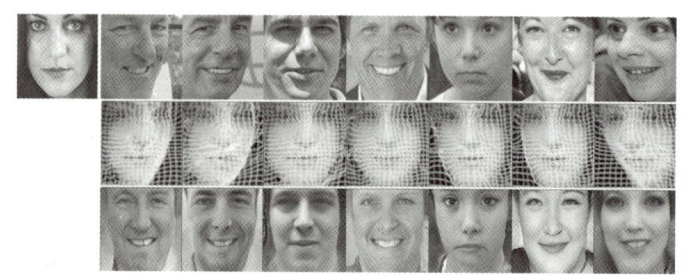

图 3-26 对抽象的几何和外观信息进行转移和重组

3.4 本章课程项目实验

人脸模型在面部识别、表情识别、动画设计等任务中具有广泛的应用，完成这些任务的一个重要步骤就是从人脸图像中提取关键的人脸信息。根据前面章节的学习，我们掌握了人脸图像的重建与变换等相关内容，本章的课程项目将所学习到的主成分分析（PCA）与自编码器（Autoencoder）这两种图像降维表示方法融入实验中，帮助读者更好理解如何提取图像的有效信息，以及利用有效信息对图像进行重建与变换。

在这个项目中我们使用 1000 张来自 CelebA 数据集的图像，可以从官网（https://mmlab.ie.cuhk.edu.hk/projects/CelebA.html）或课程网站下载。CelebA 数据集中每张图像的大小为 128×128 像素，这些人脸图像经过预处理，复杂背景已被去除。关于每张人脸图像的特征点，可以使用 OpenFace 自动识别出 68 个特征点，需要注意的是，在应用主成分分析（PCA）对灰度进行处理之前，这些特征点必须预先进行对齐。

码 3-6【程序源码】
第 3 章实验

基于 ASM 和 AAM 模型的人脸识别方法。

1. 利用 PCA 主成分分析的线性重建方法

将 1000 个人脸数据分为两部分：前 800 张人脸图像组成训练集，其余 200 张人脸图像组成测试集。在以下步骤中，始终使用训练集来计算特征向量和特征值，并使用从训练集计算的特征向量来计算测试图像的重建误差。

实验步骤：

1）在没有标签的情况下，计算并显示训练图像的平均脸和前 $K=50$ 个特征脸（Eigenfaces），并使用它们来重构剩余的 200 个测试图像，平均脸的结果示例如图 3-27 所示。需要注意的是，PCA 通常应用于强度或灰度图像，对于彩色图像，可以首先将彩色图像从 RGB 颜色模型转换为 HSV（色调、饱和度、亮度）模型。然后在 V（亮度）通道上应用 PCA。

2）计算训练数据中标签的平均值和前 $K=50$ 个特征形变（Eigenwarps），结果示例如图 3-28 所示，包含了 50 个特征脸，分别对应于前 50 个最大的特征值。

其中人脸形变包括四个步骤：

① 寻找对应点。例如，在我们的数据集中，有 68 个特征点加上 4 个角点。

② 在这些点上定义三角网格。使用 Delaunay 三角剖分法：给定平面上的一组点，

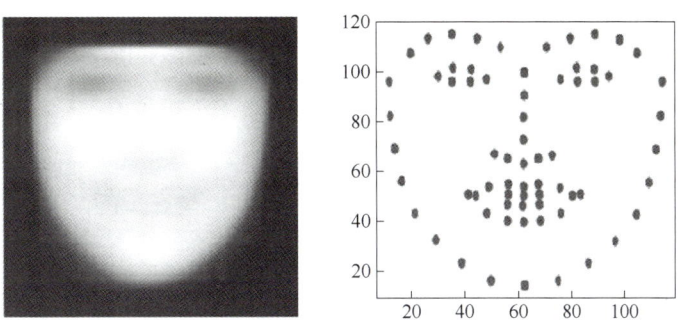

图 3-27　平均脸（未对齐）和平均关键特征点

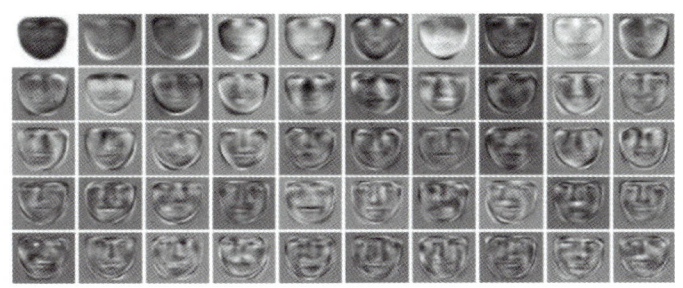

图 3-28　训练人脸的特征脸和特征形变

Voronoi 图将空间划分为边界线与相邻点等距的各个三角形区域。

③ 在源图像中选择一个三角形，并在目标图像中选择对应的三角形，计算从目标图像映射到源图像的仿射变换。

④ 使用得到的仿射变换和插值算法，对目标三角形内的每个像素，根据映射到源图像中的邻域点插值计算该像素的亮度值。对目标图像中的所有三角形重复此过程，生成最终的人脸形变图像。

3）将上述两个步骤结合起来。目标是基于几何形变（Warping）的前 10 个特征向量和表观变换的前 K 个（比如说 50 个）特征向量来重建图像，结果示例如图 3-29 所示。对于训练图像，首先通过将图像的特征点扭曲到平均位置来对齐图像，然后根据这些对齐的图像计算表观特征脸。对于每个测试数据：

① 将其人脸特征点投影到前 10 个几何基函数子空间中计算重建系数，并获得重建的人脸几何特征点。由于仅用了 10 个主要成分，这个过程将损失一些几何重建精度。

② 将人脸图像形变到平均姿态位置，然后投影到最大 K 个（比如 $K=50$）表观特征脸，你就可以在平均位姿下得到重建的表观人脸图像。同样由于仅使用部分主成分重建，在这里会损失一些表观精度。

③ 将在步骤②中重建的人脸形变到在步骤①中原几何特征点位姿。请注意，构建这个新图像仅需要存储 60 个重建系数。然后将重建的人脸与原始测试图像进行比较。

4）假设人脸特征点的重建系数服从高斯分布，利用训练集中的人脸特征点重建系数集合计算该分布参数。从学习的重建系数分布中随机采样几何重建系数与表观重建系数，同时

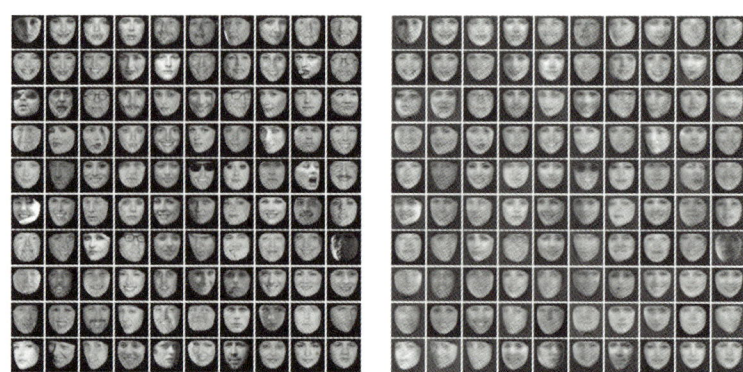

图 3-29 原始的 100 张测试人脸图像和使用 50 个特征脸重建的对应人脸图像

利用几何形变分析中的前 10 个主成分与表观分析中的 50 个主成分，共同合成随机人脸。

2. 利用基于深度学习自动编码器的非线性重建

PCA 从训练数据的协方差矩阵中学习正交特征向量以线性重建图像。而自动编码器是主成分分析的非线性扩展，它通过深度神经网络提取特征并重建。自动编码器将输入层的数据压缩为低维特征编码，然后将该特征编码解码为与原始数据匹配的输出，该过程驱动自动编码器学习维数约减过程。

人脸表观和几何特征点自动编码器的网络结构，可以参考表 3-1 和表 3-2 的设计方案。可自行设计网络结构，但请保持表观隐变量的尺寸为 50 和几何隐变量的尺寸为 10，以便与主成分分析进行公平比较。建议的网络训练参数如下：epoch 为 300，批大小为 100，优化器为 AdamOptimizer，学习率为 0.0007。

表 3-1 表观自动编码器的参考网络结构

序号	编码器					解码器				
	层	通道	核	步长	激活函数	层	通道	核	步长	激活函数
0	Conv	16	5	2	LeakyReLU	Deconv	128	8	1	LeakyReLU
1	Conv	32	3	2	LeakyReLU	Deconv	64	3	2	LeakyReLU
2	Conv	64	3	2	LeakyReLU	Deconv	32	3	2	LeakyReLU
3	Conv	128	3	2	LeakyReLU	Deconv	16	3	2	LeakyReLU
4	Fc	50	–	–	LeakyReLU	Deconv	3	5	2	sigmoid

表 3-2 几何自动编码器的参考网络结构

序号	编码器			解码器		
	层	通道	激活函数	层	通道	激活函数
0	Fc	100	LeakyReLU	Fc	100	LeakyReLU
1	Fc	10	LeakyReLU	Fc	68*2	sigmoid

实验步骤：

1）重新执行上述 PCA 主成分分析方法中的步骤 3），将 PCA 替换为深度自编码器。具体而言，几何关键点可由全连接架构的自编码器重建和生成，而二维人脸图像可以由具有卷积架构的自动编码器重建和生成。

2）隐变量插值生成结果：选择方差最大的表观隐变量的前 4 个维度，每次改变一个隐变量，同时保持其他维度不变，显示每个表观维度的插值结果。选择方差最大的几何隐变量的前 4 个维度，每次改变一个隐变量，同时保持其他维度不变，显示每个几何维度的插值结果。

本章小结

本章主要介绍关于图像重建与几何变换方面的内容，以人脸图像的重建与几何变换为例，深入探讨了图像重建与几何变换的关键技术和应用。从基于统计学习的图像重建基础出发，逐步引入了解耦人脸图像几何信息与表观信息的方法，详细讨论了图像几何变换原理、标准姿态对齐技术，并拓展了基于深度学习方法的图像重建与解耦。

首先，本章介绍了主成分分析（PCA）为代表的统计学习方法在图像重建中的基础应用。PCA 作为一种经典的统计方法，可以从大量数据中提取出最重要的特征，简化问题并提高处理效率。在人脸图像分析中，PCA 有助于提取眼睛、鼻子、嘴巴的位置和形状等关键特征，对人脸识别和表情识别等任务至关重要。

接着讨论了图像几何信息与表观信息的解耦方法，包括主动形状模型（ASM）和主动表观模型（AAM）。ASM 基于点分布模型，通过训练图像样本集获取形状向量的统计信息，而 AAM 结合了几何形状模型与图像外观模型，通过对完整图像块进行统计建模，更全面地捕捉形状和纹理的可变性。

然后在图像几何变换与重建部分，我们学习了仿射变换和射影几何变换的基本知识，包括平移、旋转、缩放和切变等基本变换。特别指出，仿射变换能保持图形的平行性和共线性，适用于图像对齐、缩放、旋转和倾斜校正等操作。

最后进一步探讨了基于深度学习方法的图像重建与解耦，重点学习了深度自编码器和可形变生成器模型。深度自编码器作为一种无监督学习算法，通过非线性方式进行数据降维和特征学习。可形变生成器模型则通过将图像中的表观信息和几何信息分解为两个独立的深度生成子，实现了对图像的非线性重建。

整体而言，本章为读者提供了一个全面的图像重建与几何变换的学习框架，涵盖了从传统统计学习方法到现代深度学习技术的多种技术手段，并通过实际的课程项目实验加深了对这些技术应用的理解。通过本章的学习，希望读者能够深入掌握图像重建与几何变换的关键技术和应用，为进一步的研究和实践打下坚实的基础。

思考题与习题

3-1 假设协方差矩阵为 $\begin{pmatrix} 5 & 2 \\ 2 & 4 \end{pmatrix}$，请计算 PCA 中的第一个主成分的方向向量。

3-2 数据降维中涉及的投影矩阵通常要求是正交的。试分析正交投影矩阵和非正交投影矩阵用于降维的优缺点。

3-3 请阐述在进行人脸图像分析前需要进行的预处理步骤，并解释每步的作用。

3-4 假设已经有一个 ASM 模型来识别人脸的轮廓。请解释如何将 ASM 模型拓展到 AAM 模型，以包含面部特征的颜色和纹理信息。

3-5 设计一个能将图像顺时针旋转 30°的变换矩阵，并将其用于变换点（2，8）。

3-6 试解释为什么利用仿射变换可将一个圆映射为一个椭圆，但不能将椭圆映射为一条双曲线或一条抛物线。

3-7 请描述如何对自编码器的超参数进行调优，以提高模型的性能。

参考文献

[1] BISHOP C M. Pattern recognition and machine learning [M]. New York：Springer，2006.

[2] SZELISKI R. Computer vision：algorithms and applications [M]. New York：Springer，2011.

[3] SONKA M，HLAVAC V，BOYLE R. Image processing, analysis, and machine vision [M]. Stamford：Cengage Learning，2015.

[4] FORSYTH D A，PONCE J. Computer vision：a modern approach [M]. 2nd ed. New Jersey：Pearson Education，2012.

[5] BELHUMEUR P N，HESPANHA J P，KRIEGMAN D J. Eigenfaces vs. fisherfaces：recognition using class specific linear projection [J]. IEEE Transactions on Pattern Analysis and Machine Intelligence，1997，19（7）：711-720.

[6] MOGHADDAM B，PENTLAND A. Probabilistic visual learning for object representation [J]. IEEE Transactions on Pattern Analysis and Machine Intelligence，1997，19（7）：696-710.

[7] GONZALEZ R C，WOODS R E. Digital image processing [M]. 4th ed. New York：Pearson Education，2018.

[8] XING X L，GAO R Q，HAN T，et al. Deformable generator networks：unsupervised disentanglement of appearance and geometry [J]. IEEE Transactions on Pattern Analysis and Machine Intelligence，2022，44（3）：1162-1179.

第 4 章 图像复原

导 读

本章将深入探讨图像复原领域的关键概念与技术。与图像增强相比，图像复原技术的主要目的是以某种预定义的方式来改进图像。尽管两者的涵盖范围有重叠之处，但图像增强主要是一种主观处理，而图像复原很大程度上是一种客观处理。图像复原利用退化现象的先验知识来复原已退化的图像。因此，图像复原技术主要涉及退化建模，并应用逆过程恢复复原图像。本章将介绍图像退化与复原的处理方法、噪声模型、图像退化函数估计、最小均方误差滤波器以及图像去雾模型。通过本章的学习，读者将能够深入了解图像增强技术的原理与应用，为后续章节的实践操作打下坚实的基础。

本章知识点

- 图像退化与复原处理
- 噪声模型
- 图像退化函数估计
- 最小均方误差滤波器
- 图像去雾模型
- 基于深度学习的图像复原

4.1 图像退化与复原处理

本章中把图像退化建模为一个算子 H，这个算子与一个加性噪声项共同对输入图像 $f(x, y)$ 进行运算，生成一幅退化图像 $g(x, y)$（图 4-1）。已知 $g(x, y)$ 以及关于 H 和加性噪声项 $\eta(x, y)$ 的一些知识后，图像复原的目的就是得到原图像的一个估计 $\hat{f}(x, y)$。我们希望这一估计尽可能地接近原图像，并且一般来说，关于 H 和 η 的信息知道的越多，得到的 $\hat{f}(x, y)$ 就越接近 $f(x, y)$。

若 H 是一个线性位置不变算子，则空间域中的退化图像为

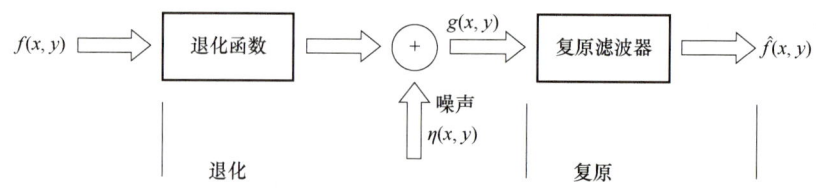

图 4-1　图像退化/复原处理的一个模型

$$g(x,y) = (h * f)(x,y) + \eta(x,y) \tag{4-1}$$

式中，$h(x,y)$ 是退化函数的空间表示；符号 $*$ 表示卷积。由卷积定理可知，式（4-1）在频率域中的等效公式为

$$G(u,v) = H(u,v)F(u,v) + N(u,v) \tag{4-2}$$

式中，各大写字母项是式（4-1）中相应项的傅里叶变换。这两个公式是本章中大部分复原内容的基础。

4.2　噪声模型

数字图像中的噪声源主要出现在图像获取和/或传输过程中。在获取图像的过程中，成像传感器的性能主要受各种环境因素和传感元件本身的质量的影响，例如，用 CCD 摄像机获取图像时，光照水平和传感器温度是影响结果图像中的噪声数量的主要因素。图像在传输过程中会因传输信道中的干扰而污染，例如，使用无线网络传输的图像可能会被光照或其他大气扰动污染。

4.2.1　噪声的空间和频率特性

与我们的讨论相关的是噪声的空间特性参数以及噪声是否与图像相关。频率性质是指噪声在傅里叶（频率）域中的频率含量。例如，当噪声的傅里叶谱为常量时，噪声通常称为白噪声。这个术语来源于白光的物理性质，即白光包含可见光谱中的所有频率。

除空间周期噪声外，本章假设噪声与空间坐标无关，并且与图像本身也不相关（即像素值与噪声分量的值之间没有相关性）。尽管这些假设在某些应用（如 X 射线成像和核医学成像等量子限制成像）中不成立，但处理空间相关噪声的复杂度超出了我们的讨论范围。

4.2.2　一些重要的噪声概率密度函数

接下来的讨论将关注图 4-1 所示模型的噪声分量中的灰度值的统计性质。这些灰度值可视为随机变量，而随机变量可由概率密度函数（PDF）来表征。如图 4-1 所示模型的噪声分量是一幅图像 $\eta(x,y)$，其大小与输入图像相同。为进行仿真，我们创建一幅噪声图像，方法是生成一个阵列，阵列的灰度值是有着规定概率密度函数的随机数。这种方法对所有要讨论的 PDF 都是正确的，但椒盐噪声除外，因为椒盐噪声的应用不同。下面介绍图像处理应用中最常见的几种噪声 PDF。

1. 高斯噪声

由于在空间域和频率域中数学上很容易处理，因此高斯噪声模型在实际中得到了广泛应用。事实上，高斯噪声模型的这种易处理性使得它甚至适用于条件轻微得到满足的情况。

高斯噪声随机变量 z 的 PDF 为

$$p(z) = \frac{1}{\sqrt{2\pi}\sigma} e^{-(z-\bar{z})^2/2\sigma^2}, -\infty < z < +\infty \quad (4\text{-}3)$$

式中，z 表示灰度；$\bar{z}$ 是 z 的均（平均）值；σ 是 z 的标准差。图 4-2a 所示为高斯噪声的函数曲线，z 值在区间 $\bar{z}\pm\sigma$ 内的概率约为 0.68，z 值在区间 $\bar{z}\pm2\sigma$ 内的概率约为 0.95。

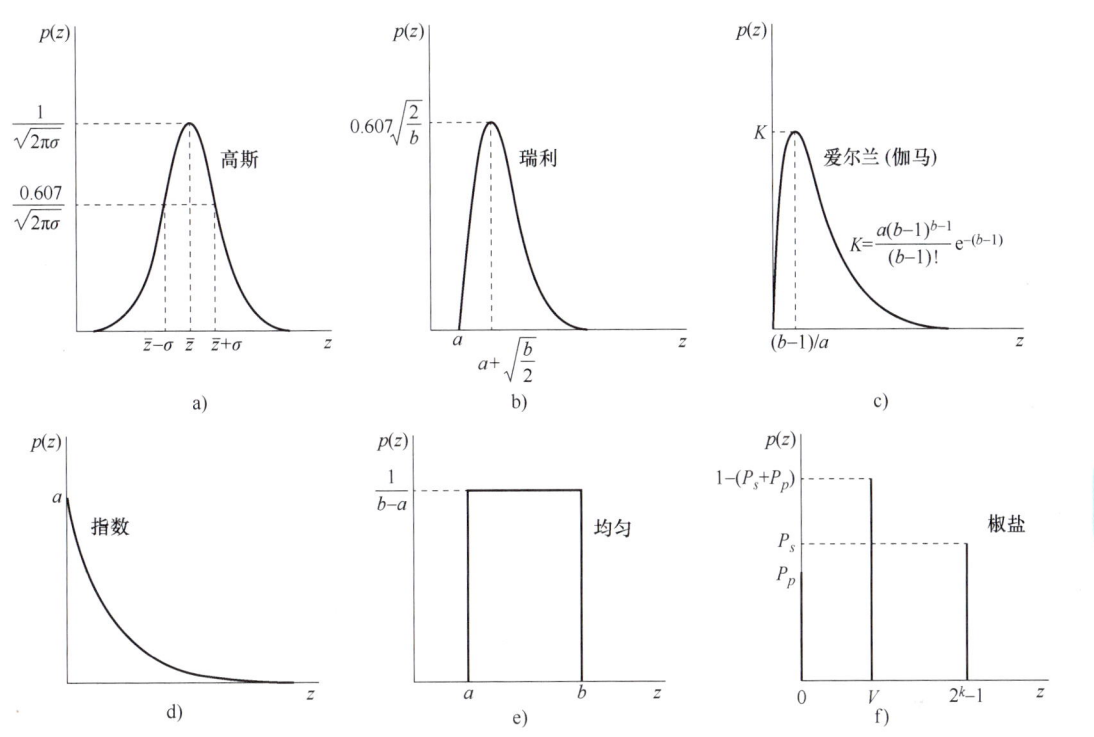

图 4-2 一些重要的概率密度函数

2. 瑞利噪声

瑞利噪声的 PDF 为

$$p(z) = \begin{cases} \frac{2}{b}(z-a)e^{-\left(z-\frac{a^2}{b}\right)}, & z \geq a \\ 0, & z < a \end{cases} \quad (4\text{-}4)$$

当随机变量 z 由一个瑞利 PDF 表征时，其均值和方差为

$$\bar{z} = a + \sqrt{\frac{\pi b}{4}} \quad (4\text{-}5)$$

$$\sigma^2 = \frac{b(4-\pi)}{4} \quad (4\text{-}6)$$

图 4-2b 所示为瑞利噪声的函数曲线。注意到原点的距离及密度的基本形状右偏这一事实。瑞利密度对倾斜形状直方图的建模非常有用。

3. 爱尔兰（伽马）噪声

爱尔兰噪声的 PDF 为

$$p(z) = \begin{cases} \dfrac{a^b z^{b-1}}{(b-1)!} e^{-az}, & z \geq 0 \\ 0, & z < 0 \end{cases} \quad (4\text{-}7)$$

式中，参数 $a > b$，b 是一个正整数；"!"表示阶乘。z 的均值和方差为

$$\bar{z} = \dfrac{b}{a} \quad (4\text{-}8)$$

$$\sigma^2 = \dfrac{b}{a^2} \quad (4\text{-}9)$$

图 4-2c 所示为伽马噪声的函数曲线。尽管式（4-9）常称伽马密度，但严格地说，仅当分母为伽马函数 $\Gamma(b)$ 时这才是正确的。当分母如表达式所示时，该密度称为爱尔兰密度更合适。

4. 指数噪声

指数噪声的 PDF 为

$$p(z) = \begin{cases} a e^{-az}, & z \geq 0 \\ 0, & z < 0 \end{cases} \quad (4\text{-}10)$$

式中，$a > 0$。z 的均值和方差为

$$\bar{z} = \dfrac{1}{a} \quad (4\text{-}11)$$

$$\sigma^2 = \dfrac{1}{a^2} \quad (4\text{-}12)$$

注意，这个 PDF 是爱尔兰 PDF 在 $b=1$ 时的一种特殊情况。图 4-2d 所示为指数噪声的函数曲线。

5. 均匀噪声

均匀噪声的 PDF 为

$$p(z) = \begin{cases} \dfrac{1}{b-a}, & a \leq z \leq b \\ 0, & z < a \text{ 或 } z > b \end{cases} \quad (4\text{-}13)$$

z 的均值和方差为

$$\bar{z} = \dfrac{a+b}{2} \quad (4\text{-}14)$$

$$\sigma^2 = \dfrac{(b-a)^2}{12} \quad (4\text{-}15)$$

图 4-2e 所示为均匀噪声的函数曲线。

6. 椒盐噪声

如果 k 是在一幅数字图像中表示灰度值的比特数，那么该图像的灰度值的值域可能是 $[0, 2^k-1]$（对于 8 比特图像来说是 $[0, 255]$）。椒盐噪声的 PDF 为

$$p(z) = \begin{cases} P_s, & z = 2^k - 1 \\ P_p, & z = 0 \\ 1 - (P_s + P_p), & z = V \end{cases} \quad (4\text{-}16)$$

式中，V 是区间 $0<V<2^k-1$ 内的任意整数。

令 $\eta(x,y)$ 表示一幅椒盐噪声图像，其密度值满足式（4-16）。已知大小与 $\eta(x,y)$ 相同的图像 $f(x,y)$ 时，我们使用椒盐噪声来污染它，方法是在 f 中 η 为 0 的所有位置赋 0 值，在 f 中 η 为 2^k-1 的所有位置赋 2^k-1 值，保留 f 中 η 为 V 的所有位置的值不变。

若 P_s 和 P_p 都不为 0，尤其是它们相等时，满足式（4-16）的噪声值将是白色的（2^k-1）或黑色的（0），并且像盐粒和胡椒那样随机分布在整个图像上，这类噪声因此而得名。有些文献中会使用双极冲激噪声（P_s 和 P_p 为 0 时称为单极冲激噪声）、数据丢弃噪声和尖峰噪声等名称。本书中交替使用术语"冲激噪声"和"椒盐噪声"。

像素被盐粒或胡椒噪声污染的概率 $P=P_s+P_p$。我们通常将 P 称为噪声密度。例如，若 $P_s=0.02$，$P_p=0.01$，则 $P=0.03$，并且我们说图像中近 2% 的像素被盐粒噪声污染，1% 的像素被胡椒噪声污染，则噪声密度是 3%，即图像中近 3% 的像素被椒盐噪声污染。

我们知道，尽管椒盐噪声是由每个概率而非均值和方差规定的，但为完整起见，这里包含均值和方差。椒盐噪声的均值为

$$\bar{z}=(0)P_p+K(1-P_s-P_p)+(2^k-1)P_s \tag{4-17}$$

方差为

$$\sigma^2=(0-\bar{z})^2 P_p+(K-\bar{z})^2(1-P_s-P_p)+(2^k-1)^2 P_s \tag{4-18}$$

在上面的两个公式中，都显式地包含了 0，表明胡椒噪声的值被假设为零。

上述概率密度函数（PDF）作为一个整体，为建模广泛的噪声污染情况提供了有用的工具。例如，图像中的高斯噪声通常由电子电路噪声以及（光照不足或高温度引起的）传感器噪声等因素导致。瑞利分布有助于表征距离成像中的噪声现象。指数分布和伽马分布在激光成像中有广泛的应用。冲激噪声通常出现在成像期间的快速瞬变（如开关故障）中。虽然均匀分布对实际情况的描述较为简单，但它非常有用，是大量随机数发生器的基础，并广泛应用于仿真中。

例 4-1 带噪图像及其直方图。

图 4-3 所示为一幅用于说明刚刚讨论的噪声模型的测试图像。这是一幅适用的图像，因为它由三个简单的恒定区域组成，即黑色区域、灰色区域和近白色区域，因此有助于对图像中添加的各种噪声分量的特性进行视觉分析。

图 4-4 所示为图 4-3 中添加了 6 种噪声后的测试模式。每幅图像的下方是根据该图像计算得到的直方图。为每种情况选择了噪声的参数，以便合并对应于测试模式中的三个灰度级的直方图。这样做可使得噪声变得非常明显，但不会模糊下方图像的基本结构。

比较图 4-4 中的直方图和图 4-2 中的概率密度函数，会发现一种接近的对应性。椒盐噪声例子的直方图不包含 V 的规定峰值，因为 V 只在创建噪声图像而保持原图像的值不变时使用。

图 4-3 用于说明图 4-2 中 PDF 的特性的测试图像

当然，除椒盐噪声的峰值外，还存在图像中其他灰度的许多峰值。除整体灰度稍有不同外，图 4-4 中的前五幅图像视觉上很难区分，即使它们的直方图明显不同。

图 4-4f 中的椒盐噪声图像是导致退化的这类噪声的唯一视觉指示。

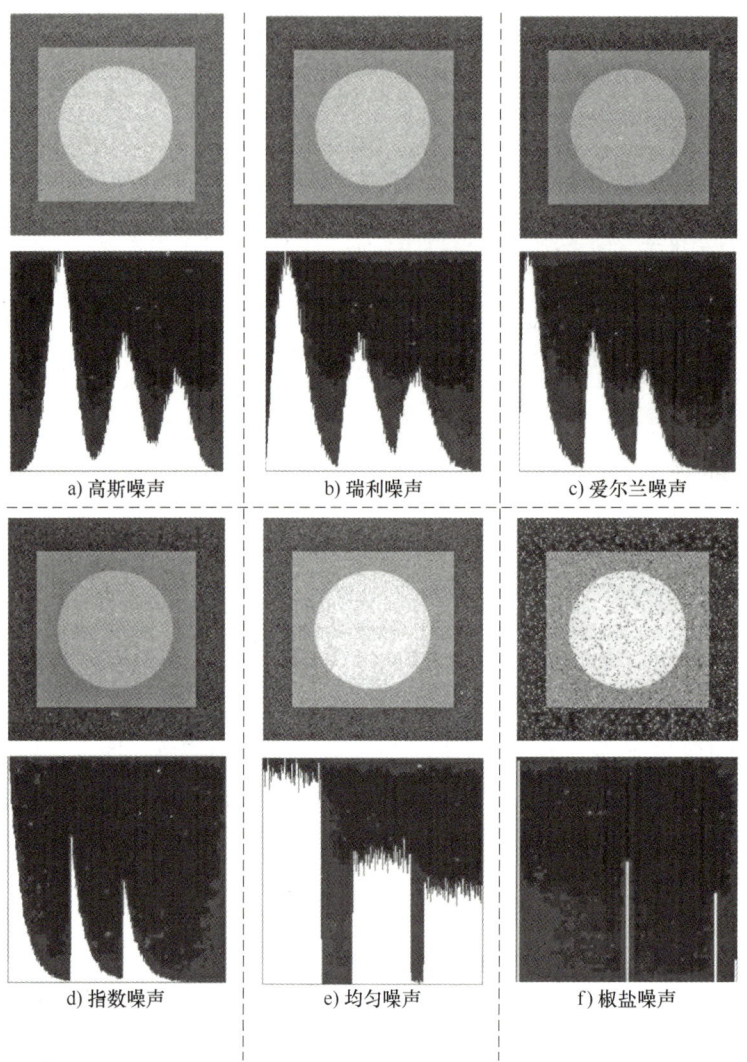

图 4-4　向图 4-3 所示图像中添加噪声后产生的图像与直方图

在椒盐噪声的直方图中，为避免与页面背景混在一起，原点的峰值（零灰度）和灰度级远端的峰值略有偏移。

4.2.3　周期噪声

图像中的周期噪声通常是在图像获取期间由电气或机电干扰产生的。本章仅讨论与空间相关的噪声。周期噪声可以通过频率域滤波来显著减少。例如，考虑图 4-5a 中的图像，该图像被（空间）正弦噪声污染。纯正弦波的傅里叶变换在正弦波共轭频率处表现为一对共轭冲激。因此，如果空间域中正弦波的幅度较强，我们将在图像的频谱中看到每个正弦波对应的一对冲激，如图 4-5b 所示。在频率域中消除或减少这些冲激点，可以有效地消除或减弱空间域中的正弦噪声。

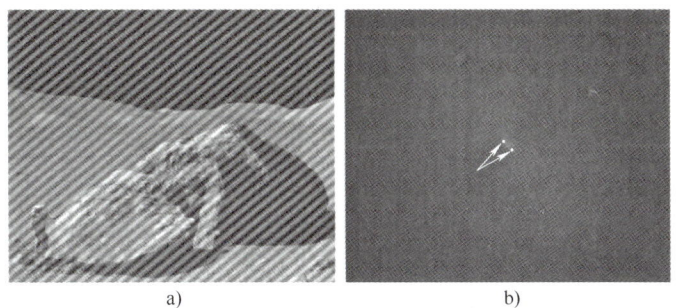

图 4-5 被加性正弦噪声污染的图像和由正弦波引起的两个共轭冲激

4.2.4 估计噪声参数

周期噪声的参数通常是通过检测图像的傅里叶谱来估计的。周期噪声通常会产生能通过视觉分析检测到的频率尖峰，然后直接根据图像推出噪声分量的周期性，但仅在简单情况下才能采用这一方法。在噪声尖峰非常明显，或知道干扰频率分量所在位置的情况下，可以使用自动分析。

噪声 PDF 的参数通常可以从传感器获取，但对于特定配置，则需要进行估计。当成像系统可用时，可通过获取一组"平坦"的图像来研究系统的噪声特性。对于光学传感器，这种方法可以简单地通过对均匀照射的实心灰度板进行成像来实现，所得图像通常能够很好地反映系统的噪声特性。

当只能使用由传感器生成的图像时，可由一小片恒定的背景灰度来估计 PDF 的参数。例如，图 4-6 中的垂直条带是从图 4-4 所示的高斯、瑞利和均匀图像中截取的，所示直方图是用这些小条带的图像数据计算得到的。可以看出，这些直方图的形状非常接近于图 4-6 中的直方图形状。标定使得它们的高度不同，但它们的形状非常相似。

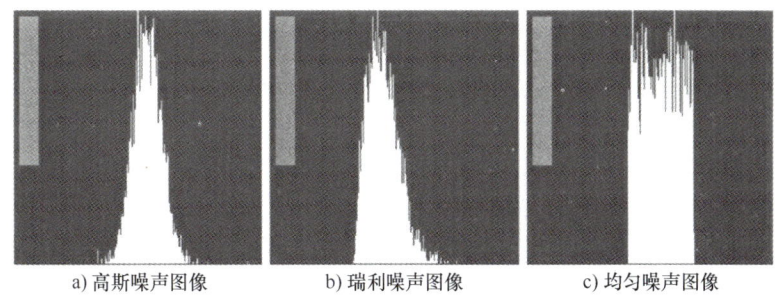

a) 高斯噪声图像　　　　b) 瑞利噪声图像　　　　c) 均匀噪声图像

图 4-6 使用小条带（显示为小插图）由图 4-4 直方图计算得到的直方图

来自图像条带的数据的最简用途是计算灰度级的均值和方差。考虑由 S 表示的一个条带（子图像），并令 $p_s(z_i)$，$i=0, 1, 2, \cdots, L-1$ 表示 S 中的像素灰度的概率估计（归一化直方图值），其中 L 是整个图像中的可能灰度数（对 8 比特图像而言，L 为 256）。我们将 S 中的像素值的均值和方差估计如下

$$\bar{z} = \sum_{i=0}^{L-1} z_i \, p_s(z_i) \tag{4-19}$$

$$\sigma^2 = \sum_{i=0}^{L-1} (z_i - \bar{z})^2 \, p_s(z_i) \tag{4-20}$$

通过直方图的形状，可以确定最接近的 PDF。如果形状接近高斯分布，则均值和方差是我们需要的参数，因为高斯 PDF 完全由这两个参数决定。对于前面讨论的其他分布形状，我们可以使用均值和方差来求解相应的参数 a 和 b。对于冲激噪声的处理则有所不同，因为需要估计的是黑、白像素出现的实际概率。要获得这个估计，必须观察到黑色像素和白色像素。因此，要计算出有意义的噪声直方图，图像中应有一个相对恒定的中灰度区域。直方图中对应于黑色像素和白色像素的峰值高度可用于估计式（4-16）中的 P_s 和 P_p。

4.3 图像退化函数估计

估计图像复原中所用退化函数的方法主要为观察法、试验法、数学建模法，下面将讨论这些方法。利用这三种方法之一估计的退化函数来复原图像的过程，有时称为盲去卷积，其目的是强调真正的退化函数很少完全已知的事实。

4.3.1 采用观察法估计退化函数

假设我们有一幅退化图像，但没有关于退化函数 H 的任何知识。根据图像被线性位置不变过程退化的假设，估计 H 的一种方法是从图像本身采集信息。例如，若图像被模糊，则可以观察图像中包含样本结构的一个小矩形区域，如某个物体和背景的一部分。为了降低噪声的影响，我们可以先寻找一个信号内容很强的区域（如一个高对比度区域），然后处理子图像，得到尽可能不模糊的结果。

令 $g_s(x,y)$ 表示观察子图像，令 $f_s(x,y)$ 表示处理后的子图像（实际上，这幅子图像是原图像在该区域的估计）。然后，假设噪声的影响由于选择了一个强信号区域而可以忽略，则根据式（4-21）有

$$H_s(u,v) = \frac{G_s(u,v)}{\hat{F}_s(u,v)} \tag{4-21}$$

由这个函数的特性，我们可根据位置不变的假设来推断完整的退化函数 $H(u,v)$。例如，假设 $H(u,v)$ 的径向曲线近似为高斯曲线形状，我们可以利用这一信息在更大的尺度上构建一个具有相同基本形状的函数 $H(u,v)$。我们将在后续讨论的复原方法之一中使用 $H(u,v)$。很明显，这是仅在特殊环境下使用的烦琐过程，如复原一幅具有历史价值的老照片。

4.3.2 采用试验法估计退化函数

可用的设备与获取退化图像的设备相似时，原理上是可能获得退化的精确估计的。在各种系统设置下，我们可以获取类似于退化图像的图像，直到获取的图像尽可能接近所要复原的图像为止。然后，使用相同的系统设置对一个冲激（小光点）成像，得到退化的冲激响应。线性空间不变系统完全由其冲激响应表征。

一个冲激由一个亮点来模拟，这个点应亮到能降低噪声对可忽略值的影响。回顾可知，一个冲激的傅里叶变换是一个常量，根据式（4-22）有

$$H(u,v) = \frac{G(u,v)}{A} \tag{4-22}$$

式中，$G(u,v)$ 是观察图像的傅里叶变换；A 是一个描述冲激强度的常量。如图 4-7 所示为

该函数一个例子。

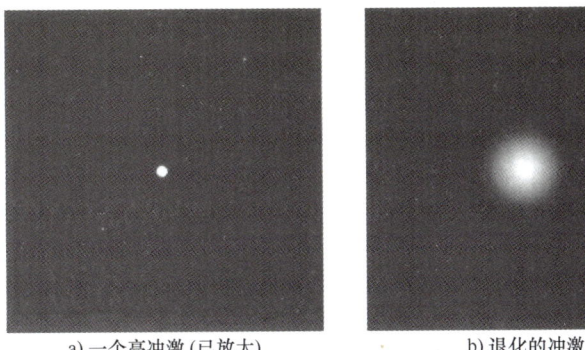

a) 一个亮冲激(已放大)　　　　b) 退化的冲激

图 4-7　根据冲激特性估计退化

4.3.3　采用建模法估计退化函数

由于在图像复原中的性能较好，退化建模已被人们使用了多年。在某些情况下，模型甚至可以考虑导致退化的环境条件。例如，Hufnagel 和 Stanley 根据大气湍流的物理特性提出了一个退化模型，这个模型的形式对我们来说很熟悉，即

$$H(u,v) = e^{-k(u^2+v^2)^{\frac{5}{6}}} \tag{4-23}$$

式中，k 是与湍流性质有关的常数。除了指数中的 5/6 次幂，该式与高斯低通滤波器传递函数的形式相同。事实上，高斯 LPF 有时用于模拟轻度的均匀模糊。图 4-8 是用式（4-23）并取 $k=0.0025$（剧烈湍流）、$k=0.001$（中等湍流）和 $k=0.00025$（轻微湍流）来模拟模糊一幅图像时得到的几个例子。所有图像的大小均为 480×480 像素。

另一种常用的建模方法是，根据基本原理推导一个数学模型。下面通过对获取过程中被图像和传感器之间的匀速线性运动模糊的图像的处理来说明这一过程。假设图像 $f(x,y)$ 做平面运动，$x_0(t)$ 和 $y_0(t)$ 分别是运动在 x 方向和 y 方向上的时变分量。记录介质（如胶片或数字存储器）上任何一点的总曝光量，是成像系统快门打开期间的瞬时曝光量的积分。

假设快门开关是瞬间发生的，并且光学成像过程是完美的，这可让我们隔离由于图像运动产生的影响。于是，若 T 是曝光的持续时间，则有

$$g(x,y) = \int_0^T f[x - x_0(t), y - y_0(t)] dt \tag{4-24}$$

式中，$g(x,y)$ 是被模糊的图像。

式（4-24）的连续傅里叶变换为

$$G(u,v) = \int_{-\infty}^{+\infty} \int_{-\infty}^{+\infty} g(x,y) e^{-j2\pi(ux+vy)} dxdy \tag{4-25}$$

将式（4-24）代入式（4-25）得

$$G(u,v) = \int_{-\infty}^{+\infty} \int_{-\infty}^{+\infty} \left[\int_0^T f[x - x_0(t), y - y_0(t)] dt \right] e^{-j2\pi(ux+vy)} dxdy \tag{4-26}$$

颠倒积分的顺序得

$$G(u,v) = \int_0^T \left[\int_{-\infty}^{+\infty} \int_{-\infty}^{+\infty} f[x - x_0(t), y - y_0(t)] e^{-j2\pi(ux+vy)} dxdy \right] dt \tag{4-27}$$

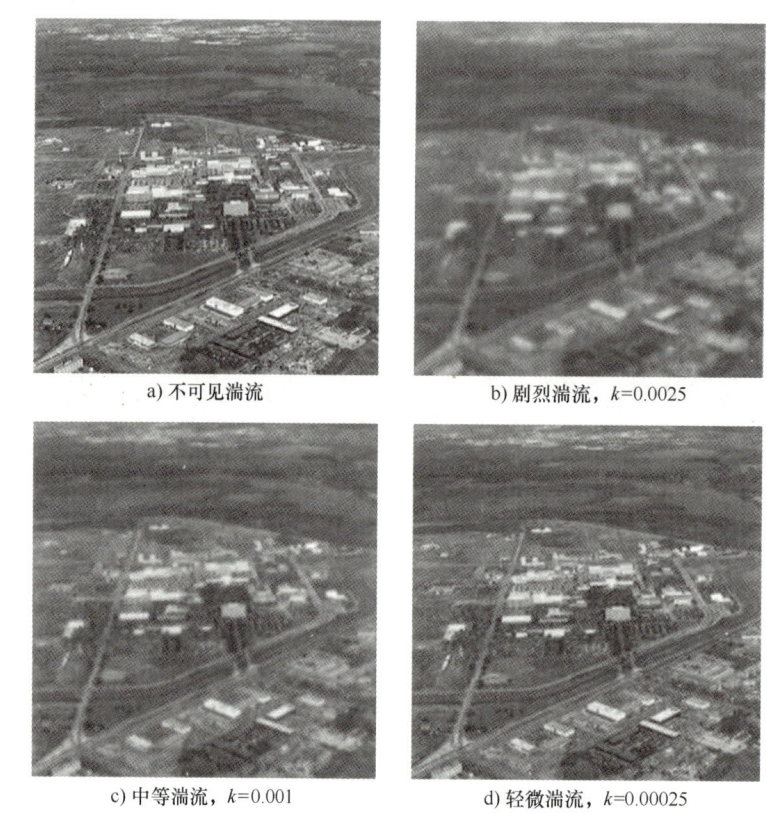

a) 不可见湍流　　　　　　　　　　b) 剧烈湍流，k=0.0025

c) 中等湍流，k=0.001　　　　　　　d) 轻微湍流，k=0.00025

图 4-8　湍流建模（原图像由 NASA 提供）

方括号内的积分项是位移函数 $f[x-x_0(t), y-y_0(t)]$ 的傅里叶变换。由傅里叶变换基本性质得

$$G(u,v) = \int_0^T F(u,v) e^{-j2\pi[ux_0(t)+vy_0(t)]} dt = F(u,v) \int_0^T e^{-j2\pi[ux_0(t)+vy_0(t)]} dt \qquad (4-28)$$

定义

$$H(u,v) = \int_0^T e^{-j2\pi[ux_0(t)+vy_0(t)]} dt \qquad (4-29)$$

可将式（4-28）表示为我们熟悉的如下形式

$$G(u,v) = H(u,v) F(u,v) \qquad (4-30)$$

若运动分量 $x_0(t)$ 和 $y_0(t)$ 是已知的，则可直接由式（4-29）得到传递函数 $H(u,v)$。如说明的那样，假设图像只在 x 方向 [即 $y_0(t)=0$] 做速率为 $x_0(t) = \dfrac{at}{T}$ 的匀速直线运动。当 $t=T$ 时，图像移动的总距离为 a。

令 $y_0(t)=0$，由式（4-29）可得

$$H(u,v) = \int_0^T e^{-j2\pi ux_0(t)} dt = \int_0^T e^{-\frac{j2\pi uat}{T}} dt = \frac{T}{\pi ua} \sin(\pi ua) e^{-j\pi ua} \qquad (4-31)$$

若允许图像同时在 y 方向做速率为 $y_0(t) = \dfrac{bt}{T}$ 的匀速直线运动，则退化函数变为

$$H(u,v) = \frac{T}{\pi(ua+vb)}\sin[\pi(ua+vb)]e^{-j\pi(ua+vb)} \tag{4-32}$$

为生成一个大小为 $M\times N$ 的离散滤波器传递函数,我们可在 $u=0,1,2,\cdots,M-1$ 和 $v=0,1,2,\cdots,N-1$ 处对上式取样。

例 4-2 运动导致的图像模糊。

图 4-9b 是一幅被模糊的图像,其模糊过程如下:计算图 4-9a 中图像的傅里叶变换,将该变换乘以式(4-32)中的 $H(u,v)$,再对结果取反变换。图像的大小都为 688×688 像素,并且在式(4-32)中使用的参数为 $a=b=0.1$ 和 $T=1$。当退化图像中存在噪声时,从模糊图像复原原图像存在一些挑战。

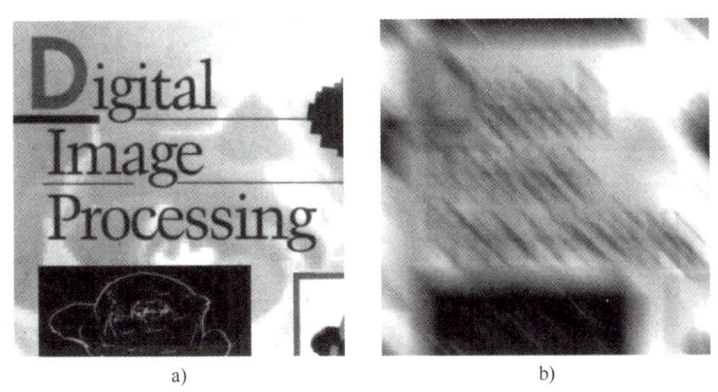

a)   b)

图 4-9 原图像和使用式(4-32)中的函数($a=b=0.1$,$T=1$)模糊图像后的结果

4.4 最小均方误差滤波器

前一节讨论的逆滤波方法并未明确处理噪声的步骤。本节讨论一种退化函数和噪声的统计特性的复原方法。这种方法的基础是,将图像和噪声视为随机变量,目标是求未污染图像 f 的一个估计 $\hat{f}$,使它们之间的均方误差最小。均方误差定义为

$$e^2 = E\{(f-\hat{f})^2\} \tag{4-33}$$

式中,$E\{\cdot\}$ 是参数的期望值。我们假设噪声和图像是不相关的,即其中一个或另一个的均值为零,并且估计中的灰度级是退化图像中灰度级的线性函数。根据这些假设,式(4-33)中误差函数的最小值在频率域中由如下表达式给出

$$\hat{F}(u,v) = \left[\frac{H^*(u,v)S_f(u,v)}{S_f(u,v)|H(u,v)|^2+S_\eta(u,v)}\right]G(u,v) = \left[\frac{H^*(u,v)}{|H(u,v)|^2+\frac{S_\eta(u,v)}{S_f(u,v)}}\right]G(u,v)$$

$$= \left[\frac{1}{H(u,v)}\frac{|H(u,v)|^2}{|H(u,v)|^2+\frac{S_\eta(u,v)}{S_f(u,v)}}\right]G(u,v)$$

$$\tag{4-34}$$

式（4-34）中用到了一个复数与其共轭的乘积等于该复数的幅度的平方这个结论。这个结果称为维纳滤波，它由 N. Wiener 首次提出。由方括号中各项组成的这个滤波器，通常也称最小均方误差滤波器或最小二乘方误差滤波器。本章末尾给出了详细介绍维纳滤波器推导过程的一些参考文献。注意式（4-34）的第一行，即维纳滤波器没有逆滤波中退化函数为零的问题，除非对相同的 u 值和 v 值整个分母都是零。

式（4-34）中的各项的意义如下所示：

$\hat{F}(u, v)$ 为估计的未退化图像傅里叶变换。

$G(u, v)$ 为退化图像的傅里叶变换。

$H(u, v)$ 为退化传递函数（空间退化的傅里叶变换）。

$H^*(u, v) = H(u, v)$ 的复数共轭。

$|H(u, v)|^2 = H(u, v) H^*(u, v)$。

$S_\eta(u, v) = |N(u, v)|^2 =$ 噪声的功率谱。

$S_\eta(u, v) = |N(u, v)|^2$ 未降质图像的功率谱。

空间域中复原后的图像由频率域估计 $\hat{F}(u, v)$ 的傅里叶反变换给出。注意，若噪声为零，则噪声功率谱消失，并且维纳滤波器简化为逆滤波器。

许多有用的测度都基于噪声和未退化图像的功率谱。其中最重要的一种测度是信噪比，它在频率域中用下式来近似

$$\text{SNR} = \frac{\sum_{u=0}^{M-1}\sum_{v=0}^{N-1}|F(u,v)|^2}{\sum_{u=0}^{M-1}\sum_{v=0}^{N-1}|N(u,v)|^2} \tag{4-35}$$

这个比值是信息承载信号功率（未退化的原图像）水平与噪声功率水平的测度。低噪声图像通常有较高的 SNR，而高噪声图像通常有较低的 SNR。这个比值是表示复原算法性能的一个重要测度。

式（4-33）中以统计形式给出的均方误差，也可根据原图像和复原图像的和来近似，即

$$\text{MSE} = \frac{1}{MN}\sum_{x=0}^{M-1}\sum_{y=0}^{N-1}[f(x,y) - \hat{f}(x,y)]^2 \tag{4-36}$$

事实上，如果一个人认为恢复的图像是"信号"，这个图像和原始图像之间的差异是"噪声"，我们可以定义一个空间域的信噪比为

$$\text{SNR} = \sum_{x=0}^{M-1}\sum_{y=0}^{N-1}\hat{f}(x,y)^2 \Big/ \sum_{x=0}^{M-1}\sum_{y=0}^{M-1}[f(x,y) - \hat{f}(x,y)]^2 \tag{4-37}$$

f 和 $\hat{f}$ 越接近，这个比值就越大。有时，我们会使用前两个测度的平方根，因此它们分别称为均方根误差和均方根信噪比。前面曾提及，量化的测度与感知的图像质量之间并不一定有着良好的关联性。

处理白噪声时，谱是一个常数，因此大大简化了处理。然而，未退化图像的功率谱通常不是已知的。当这些量未知或不能估计时，经常使用的一种方法是根据下式来近似式（4-34）

$$\hat{F}(u,v) = \left[\frac{1}{H(u,v)} \frac{|H(u,v)|^2}{|H(u,v)|^2 + K}\right] G(u,v) \tag{4-38}$$

式中，K 是加到 $|H(u,v)|^2$ 的所有项上的一个规定常数。下面的几个例子说明了这一表达式的应用。

例 4-3　逆滤波和维纳滤波去模糊的比较。

图 4-10 说明了维纳滤波相对于直接反滤波的优势。图 4-10a 是图 4-8b 的全逆滤波结果。同样，图 4-10b 是图 4-8c 的径向受限逆滤波结果。为了方便比较，这里复制了这些图像。图 4-10c 显示了使用式（4-38）得到的结果。K 的值是交互选择的，以产生最佳的视觉结果。维纳滤波相对于直接逆方法的优势在这个例子中是显而易见的。通过比较图 4-8a 和 4-10c，我们看到维纳滤波器产生的结果在外观上非常接近原始的、未降级的图像。

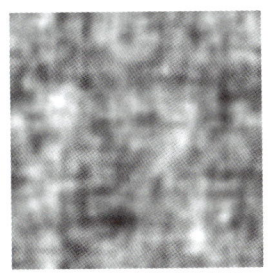

a) 图 4-8b 的全逆滤波结果　　b) 径向受限的逆滤波结果　　c) 维纳滤波结果

图 4-10　逆滤波与维纳滤波的比较

例 4-4　使用维纳滤波的更多去模糊示例。

图 4-11 的第一行从左到右分别是：图 4-9b 被均值为零、方差为 650 的加性高斯噪声严重污染后的模糊图像；直接逆滤波后的图像；维纳滤波后的图像。使用式（4-38）和 $H(u,v)$，并交互地选择 K，得到了最好的视觉效果。不出所料，直接逆滤波得到的是一幅不适用的图像。注意，逆滤波后的图像中的噪声强到几乎完全掩盖了图像的内容。维纳滤波后的结果也不完美，但为我们提供了关于图像内容的一些线索。阅读图中的文字仍然有些困难。

图 4-11 的第二行显示了刚才讨论的相同序列，但噪声方差的水平降低了一个数量级。这种减少对反滤波器几乎没有影响，但维纳结果有很大改善。例如，文本现在更容易阅读了。图 4-11 的第三行，噪声方差比第一行降低了五个数量级以上。事实上，图 4-11g 中的图像并没有可见的噪声。在这种情况下，逆滤波的结果很有趣。噪声仍然相当明显，但可以透过噪声的"帷幕"看到文本。图 4-11i 中的维纳滤波结果非常好，视觉上与原始图像非常接近。

图 4-11 的第二行显示了刚才讨论的相同图像序列，但噪声方差降低了一个数量级。噪声方差的这一降低对逆滤波几乎没有影响，但明显改进了维纳滤波后的效果。例如，滤波后阅读文字现在要容易得多。图 4-11 的第三行与第一行相比，噪声方差降低了 5 个数量级。事实上，图 4-11g 中几乎已看不到噪声。在这种情况下，逆滤波的结果非常有趣。噪声仍然清晰可见，但透过"窗帘"已能看到文字。图 4-11i 中的维纳滤波结果非常好，视觉上接近图 4-10a 中的原图像。实践中，复原滤波的结果很少能够接近原图像。

图 4-11 a）由运动模糊和加性高斯噪声污染的 8 比特图像；b）逆滤波后的结果；c）维纳滤波后的结果；d)~f）相同的图像序列，但噪声方差降低了一个数量级；g)~i）相同的图像序列，但噪声方差与 a）相比降低了 5 个数量级。注意图 h）中去模糊后的图像透过"窗帘"清晰可见

4.5 图像去雾模型

4.5.1 基于暗通道先验的图像去雾算法

1. 基本方法

基本的基于暗通道先验的图像去雾算法利用了大气散射模型，又借助暗通道先验来确定模型的参数。

（1）大气散射模型　描述雾、霾环境下图像退化（降质）的物理模型为：

$$I(x) = I_\infty r(x) e^{-kd(x)} + I_\infty (1 - e^{-kd(x)}) \tag{4-39}$$

式中，x 表示空间位置（$x = (x, y)^T$），$I(x)$ 代表雾霾图像；I_∞ 表示无穷远处的天空辐射（环境光或全局大气光）强度；$r(x)$ 代表反射率；$e^{-kd(x)}$ 代表大气透射率；k 表示散射系数（雾浓度影响系数）；$d(x)$ 代表 x 处的场景深度（景深）。

该模型表明，退化主要有两个因素：空气中浑浊介质对成像物体反射光的吸收和散射（这导致光照的直接衰减）以及空气中的大气粒子和地面的反射光在散射过程中对成像过程造成的多重散射干扰（它们分别对应式（4-39）的第 1 项和第 2 项）。该模型可用图 4-12 来表示，即原本应清晰的图像受到两个因素的影响而退化了。

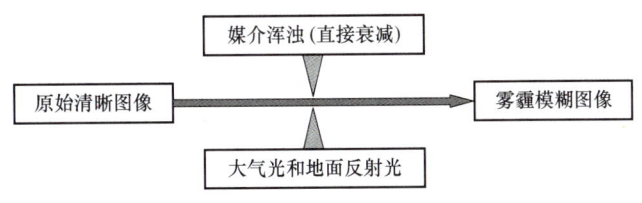

图 4-12 雾霾图像退化模型

上述模型可简化为如下大气散射模型

$$I(x) = J(x)t(x) + A[1 - t(x)] \tag{4-40}$$

式中，$J(x)$ 代表无雾（无环境干扰）图像或对应场景辐射；$t(x)$ 为媒介传输图，也称为大气透射率，其值随景深呈指数衰减。对均匀同质的大气，大气透射率可表示为

$$t(x) = e^{-kd(x)}, 0 \leq t(x) \leq 1 \tag{4-41}$$

式（4-40）中，A 代表整体环境光，简称为大气光/天空光，一般假设为全局常量，与局部位置 x 无关。式（4-40）右边第 1 项对应入射光的衰减，也称为直接衰减，描述了场景辐射照度在大气中的衰减（从场景点到观测点传播中的衰减）；第 2 项对应大气光的成像，也称大气耗散函数或空气光幕，表示场景成像时由于大气散射所产生的对观测点光强的影响，就是它导致了场景的模糊和颜色的失真等雾霾的效果。

式（4-39）~式（4-41）中各量及它们之间的关系示意在图 4-13 中，其中与 $r(x)$ 相关的各个量由于衰减或反射并不直接出现在进入摄像机/观察者的图像中。

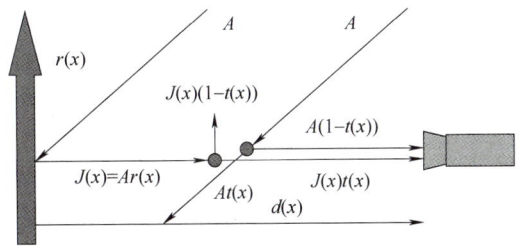

图 4-13 大气散射模型的细节

根据式（4-40），图像去雾的主要工作就是要估计出 A 和 $t(x)$，从而可恢复出无雾图像 $J(x)$ 为

$$J(x) = A - \frac{A - I(x)}{t(x)} \tag{4-42}$$

这里需要分别获得整体环境光和大气透射率才能恢复无雾图像，实际中是很难同时做到的。

（2）暗通道先验 基于对大量无雾图像的统计观察发现：对于自然图像中非天空部分

的局部区域里的某些像素点,至少其有一个颜色通道的亮度值很低(趋于0)。据此,可得到暗通道先验模型/假设(也有人称为暗原色先验理论),即对于任意一幅自然无雾图像 $J(x)$,其暗通道满足

$$J_{\text{dark}}(x) = \min_{y \in N(x)} \left[\min_{C \in (R,G,B)} J_C(y) \right] \to 0 \quad (4\text{-}43)$$

式中,$J_C(y)$ 代表 $J(x)$ 的某一个 R、G、B 颜色通道;$N_r(x)$ 表示以像素点 x 为中心的邻域(半径为 r),可记为 $N_r(x)$。假设在 $N_r(x)$ 邻域内的大气透射率值为常数,记为 $t^N(x)$,调整式(4-40)并对两边进行最小化运算(即将暗通道值代入),可得到

$$\min_{y \in N(x)} \left[\min_{C \in (R,G,B)} \frac{I_C(y)}{A_C} \right] = [1 - t^N(x)] + \min_{y \in N(x)} \left[\min_{C \in (R,G,B)} \frac{J_C(y)}{A_C} \right] t^N(x) \quad (4\text{-}44)$$

如果大气光值 A 为已知常量,取 $J_C(y) = 0$,则可得到 $N_r(x)$ 邻域中大气透射率的估计值 $t^N(x)$ 为

$$t^N(x) = 1 - \min_{y \in N(x)} \left[\min_{C \in (R,G,B)} \frac{I_C(y)}{A_C} \right] \quad (4\text{-}45)$$

根据暗通道先验模型,通常无雾图像的暗通道像素亮度很小,基本趋近于 0,所以含雾图像中暗通道像素的亮度值与雾的浓度值非常接近。因此,可以利用图像的暗通道值来估计大气光值,进而得到大气透射率。

上述基于暗通道先验模型的方法为求解大气散射模型提供了一条可行的路线,成为利用图像恢复技术实现图像去雾的一种基本方法。

码 4-1【程序源码】
暗通道先验

例 4-5 基本方法去雾的效果示例。

利用基本方法进行图像去雾的效果可见图 4-14 的示例,其中左图为有雾的原图,而右图是去雾后的结果图。可见效果还是很明显的。

(3)基本方法的不足 基本方法在实际应用中会遇到一系列问题。例如,实用中需选取一定的像素来估计暗通道值,基本方法中选取暗通道图里最亮的前 0.1% 个像素所对应的原图中最亮的点作为大气光的估计点。但这种方式并不能保证选出真正的最亮点,尤其是当场景中有灯光等出现时常会受到干扰。同时,这种做法也会导致去雾后图像的平均亮度低于原图像。另外,如果直接将式(4-45)代入式(4-40)进行反演去雾,则去雾图像会出现明显的光晕效

图 4-14 基本方法去雾的效果示例

应,直接影响图像的分辨率和信噪比。除此之外,暗通道先验假设大气透射率在局部窗口内为常量,但当窗口跨越景深边界时,也会产生"光晕"现象。最后,利用暗通道先验模型时常会导致出现噪声放大的现象,为此还需对去雾前和去雾后的图像进行双边滤波以抑制噪声。

下面具体介绍一些对基本方法改进的思路和做法。

2. 尺度自适应

暗通道先验模型假设大气透射率在 $N(x)$ 邻域内为常量，此时 r 的取值会对去雾的效果产生影响。仅使用单尺度（固定 r）的暗通道先验模型和引导/导向滤波并不能同时兼顾好的色彩复原效果和小的"光晕"失真效果。

尺度自适应根据图像的颜色及边缘特征来自适应地获得像素级的暗通道求解尺度，从而更好地满足暗通道先验的约束条件，以有效抑制"光晕"现象和色彩失真。

（1）由颜色特征求解初始尺度　先计算几个与像素颜色特征相关的量。

1）雾霾图像的彩色通道最小值为

$$\text{Dark}_C(x) = \min_{C \in (R,G,B)} [I_C(x)] \tag{4-46}$$

2）雾霾图像中最小值处的亮度分量为

$$I_{\text{int}}(x) = \frac{I_R(x) + I_G(x) + I_B(x)}{3} \tag{4-47}$$

3）雾霾图像中最小值处的饱和度分量为

$$I_{\text{sat}}(x) = 1 - \frac{\text{Dark}_C(x)}{I_{\text{int}}(x)} \tag{4-48}$$

根据雾霾图像中最小值处的颜色特征可以得到像素级的初始尺度 $r_0(x)$。由式（4-46）~式（4-48）可知：当颜色饱和度强或 $I_{\text{sat}}(x)$ 较大时，应采用较小的尺度；当浓雾区域颜色饱和度弱或 $I_{\text{sat}}(x)$ 较小时，应采用较大的尺度。注意前一种情况时 $\text{Dark}_C(x)$ 也较小，而后一种情况时 $\text{Dark}_C(x)$ 也较大。所以，可认为尺度与通道最小值是正相关的。如果用 $r_0(x) = k \text{Dark}_C(x)$ 表示像素级的初始尺度，为使尺度值为整数，可定义 $r_0(x)$ 为

$$r_0(x) = \max\{1, \text{round}[k\text{Dark}_C(x)]\} \tag{4-49}$$

（2）由边缘特征对尺度进行修正

1）边缘检测：采用坎尼算子对雾霾图的亮度分量 $I_{\text{int}}(x)$ 进行边缘检测，得到二值化边缘图 I_{canny}。

2）前景分离：对 I_{canny} 进行形态学闭合运算操作，粗略地将图像的前景和背景区分开，并将结果用 I_{close} 表示。$I_{\text{close}} = 1$ 的像素覆盖了图像的前景区域。

3）获取初始尺度：设置边缘像素尺度阈值 r_{th}，用 I_{close} 滤除背景，得到前景像素初始尺度为

$$r_s(x) = I_{\text{close}}(x) r_0(x) \tag{4-50}$$

式中，$r_0(x)$ 的取值为 [0, 10] 中的整数，$r_s(x)$ 为零的像素对应背景区域。r_{th} 取 $r_s(x)$ 中出现概率最大的非零值，这样可以增大前景区域 $J_{\text{dark}}(x) \to 0$ 的概率。

4）利用边缘特征对尺度进行修正：如果获得了 x 点处的（自适应）尺度，就可用下式来求解暗通道

$$\text{Dark}_C(x) = \min_{y \in N_\eta(x)} \left[\min_{C \in (R,G,B)} I_C(y) \right] \tag{4-51}$$

3. 透射率估计

基于暗通道先验的去雾方法是在局部图像块内估计透射率，这样得到的透射率在块内是恒定的。但在实际图像处理中，块内的透射率并不总是恒定的。对块和点的暗通道值进行融

合会不可避免地引入一些错误的细节信息。对此，可采用局部自适应维纳滤波器对透射率进行细化估计，以有效地去除块效应和光晕现象。

假设大气光 A 已知，由于错误的细节信息是在融合的过程中引入的，分析式（4-40）可知，融合后得到的暗通道值 $J_d(x)$ 可看作大气耗散 $g(x)=A[1-t(x)]$ 和错误细节信息 $n(x)$ 之和，即

$$J_d(x) = g(x) + n(x) \tag{4-52}$$

这里假设 $g(x)$ 和 $n(x)$ 是相互独立的。

给定式（4-52），可采用局部自适应维纳滤波器来估计采样窗口 $N(x)$ 内的 $g(x)$，记为

$$g^E(x) = \mu_g(x) + \frac{\sigma_g^2(x) + \sigma_n^2}{\sigma_g^2(x)}[J_d(x) - \mu_d(x)] \tag{4-53}$$

式中，$\mu_g(x)$ 和 $\sigma_g^2(x)$ 分别为 $g(x)$ 在采样窗口内的均值和方差；$\mu_d(x)$ 为 $J_d(x)$ 在采样窗口内的均值；σ_n^2 为细节信息 $n(x)$ 的方差（均值为0），假设其在整幅图像中是恒定的，可如下估计：

$J_d(x)$ 在采样窗口内的方差 $\sigma_d^2(x)$ 为两部分之和，即

$$\sigma_d^2(x) = \sigma_g^2(x) + \sigma_n^2 \tag{4-54}$$

实际中，大气光在较大的采样窗口内是互相关的，且其方差 $\sigma_g^2(x)$ 很小。假设 $\sigma_g^2(x) \ll \sigma_n^2$，则可用暗通道值方差的全局平均作为细节方差的估计

$$(\sigma_n^2)^E = \frac{1}{M}\sum_{x=0}^{M-1} \sigma_d^2(x) \tag{4-55}$$

式中，M 为整幅图像里的像素点数。

估计得到 $g(x)$ 的均值和方差以及细节信息的方差后，通过式（4-53）可得到大气光函数的最优估计 $g^E(x)$，而最后的大气透射率为

$$t(x) = 1 - k\frac{g^E(x)}{A} \tag{4-56}$$

式中，k 为常数（称为去雾深度参数），一般 k 的取值范围为 0.92~0.95。

4.5.2 水下图像复原模型

在无雾霾图像中，暗通道的统计相关性不易在水下图像中进行测试，因为在水上条件下很难获得真实的水下场景图像。然而，暗通道先验的假设依然是合理的，即至少有一个颜色通道的部分像素强度接近于零。造成这些低强度的原因主要有以下几类：阴影、颜色通道强度较低的彩色物体或表面（如鱼类、藻类或珊瑚）以及暗色物体或表面（如岩石或暗色沉积物）。

尽管暗通道假设看起来是正确的，但波长独立性假设仍会带来一些问题。图4-15 和图4-16 分别显示了自然场景和水下场景的红、绿、蓝三通道以及暗通道先验（DCP）、水下暗通道先验（UDCP）的暗通道像素强度分布直方图。通过对比可以发现，水下图像的红通道大约有90%的像素集中在最低的强度区间，并且由于水下介质通常呈蓝色，水下图像中的蓝通道强度会比自然场景中的高。这是由于传输介质对光的吸收，红通道会发生急剧衰减，因此红通道的信息不可靠，DCP估计的传输率也不准确。

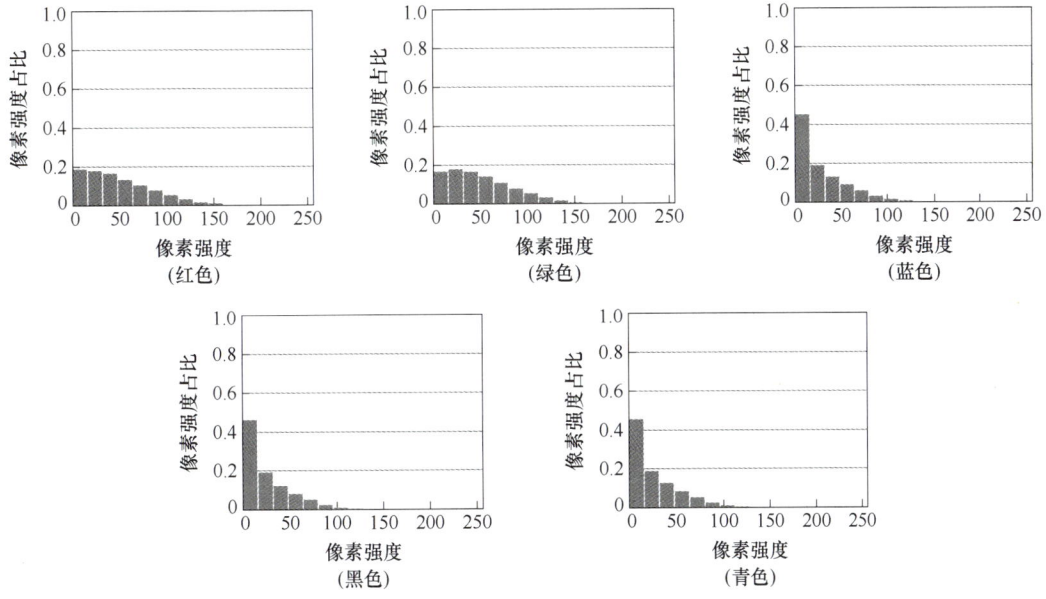

图 4-15 自然场景三种颜色通道和暗通道像素强度分布
(黑色和青色直方图代表 DCP 和 UDCP 的暗通道分布)

图 4-15 彩图   图 4-16 彩图

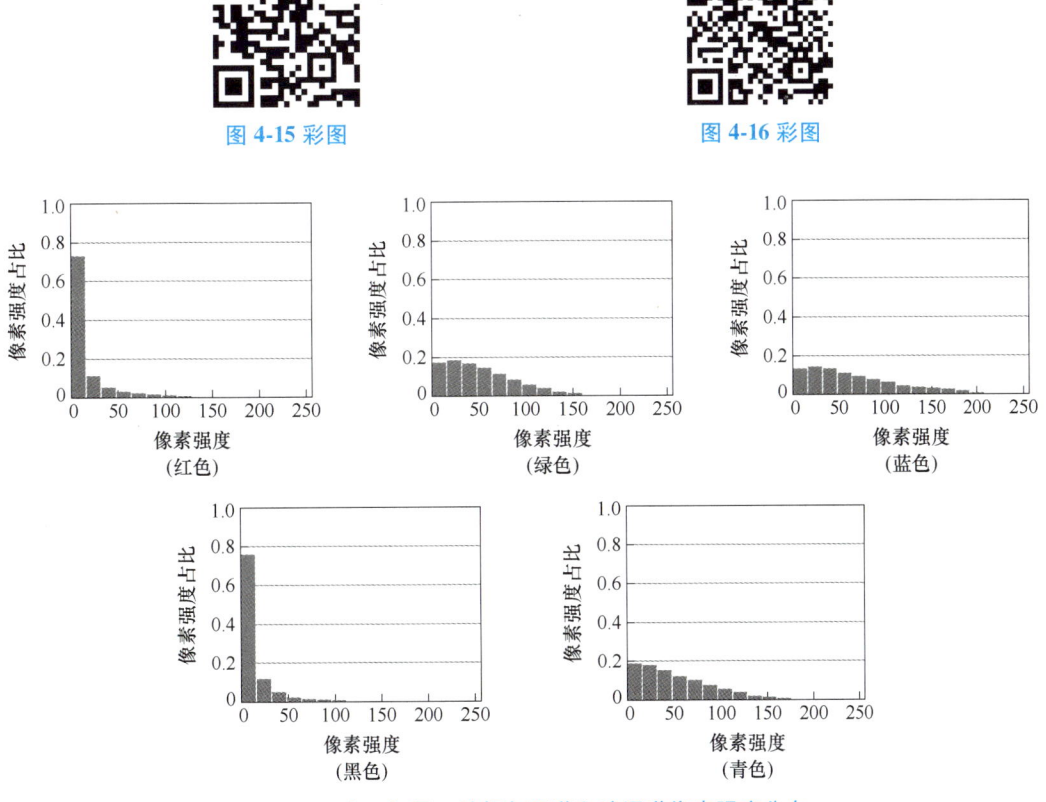

图 4-16 水下场景三种颜色通道和暗通道像素强度分布
(黑色和青色直方图代表 DCP 和 UDCP 的暗通道分布)

为了克服这一问题,水下暗通道先验(UDCP)只考虑绿色和蓝色通道,通过这种先验可以反演模型,获得介质传输率的估计值,如式(4-57)所示。介质透射率和反向散射光常数为还原图像提供了足够的信息。

$$I_{\text{Dcp}}^{\text{RGB}}(x) = \min_{y \in \Omega(x)} \left\{ \min_{c \in \{G, B\}} I_c(y) \right\} \quad (4-57)$$

通过对图 4-16 中 DCP 和 UDCP 暗通道分布直方图的观察,我们可以发现,对于水下图像而言,UDCP 的暗通道分布更为合理。这证明了 UDCP 在估计水下介质传输率方面是一种更优的方法。

码 4-2【程序源码】
UDCP

图 4-17a~c 分别展示了原始水下图像及使用 UDCP 和 DCP 方法恢复后的图像,图 4-17d、e 为使用 UDCP 和 DCP 方法获得的彩色深度图。彩色深度图中,蓝色表示更近的点,红色表示更远的点。由图中可见,使用 UDCP 恢复的图像在对比度和色彩真实度方面均优于 DCP,同时 UDCP 生成的图像深度信息更为准确。

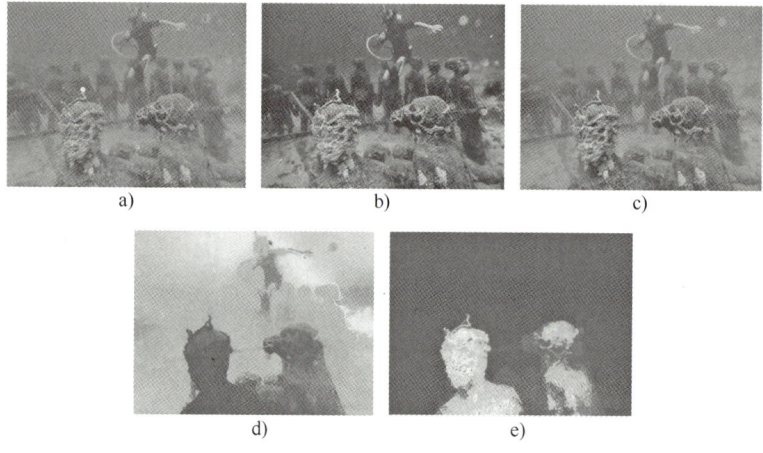

图 4-17 水下恢复图像与深度估计例一

图 4-18 同样展示了类似的结果。图中可以看出,UDCP 恢复的图像在还原度方面表现更佳,特别是在距离摄像机较远的场景中效果更为显著。这一优势在图 4-18b、c 左上角岩石清晰度的对比中尤为明显。上述观察结果表明,UDCP 在水下环境中表现更优,即使在 DCP

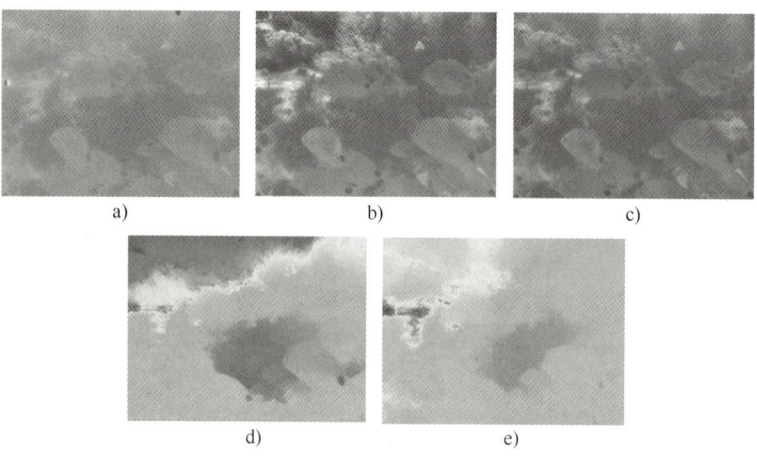

图 4-18 水下恢复图像与深度估计例二

效果不佳的情况下，仍能提供良好的水下图像恢复和深度估计。

尽管 UDCP 给出了有意义的结果，但由于其假设的限制，仍存在一定的可靠性和鲁棒性问题。一方面，单图像恢复方法能够提高图像质量，但另一方面，它容易受到场景特征变化的影响。因此，未来研究的一个重要方向是利用图像提供的信息来估计置信度，这可以应用于机器人技术。另一个重要方向是利用图像序列来消除模型参数的不确定性。具体而言，可以先使用单图像恢复方法进行初步估计，再通过图像序列进行连续细化。

4.6 基于深度学习的图像复原

尽管暗通道先验（DCP）和水下暗通道先验（UDCP）方法在水下图像复原方面取得了一定效果，但这些方法的计算时间较长，且其效果对水下成像公式中参数评估的准确性高度依赖，同时模型中的某些先验假设并不总成立，因而导致这类方法的泛化能力较差。随着深度学习技术的不断发展，特别是 Swin-Transformer 和 ConvNext 等网络架构的提出，使得神经网络在视觉任务处理方面的性能得到了进一步提升，为水下图像处理提供了新的思路。

基于深度学习的图像复原方法有许多种类，本节将以基于物理先验的特征融合水下图像恢复网络为例来解释其原理。考虑到水下图像的成像特点，将水下图像的局部空间信息和全局色彩信息进行分离，分别提取出包含像素位置关系的高宽高、低通道数的空间信息特征向量，以及仅包含全局性色彩信息的高通道数、宽高为 1 的特征向量。在空间信息提取模块中，通过引入空间注意力机制，使模型能够专注于水下图像中的某些局部信息，从而提高复原图像中物体边缘细节的表现，减少模糊。在色彩信息提取模块中，考虑到不同成像条件对水下图像色彩的影响，通过引入通道注意力机制，使模型能够专注于不同通道上的色彩、对比度和亮度等全局信息的复原，减少生成图像中的色偏，使生成图像尽可能接近真实图像。

码 4-3【程序源码】
基于深度学习的
水下复原实验

在提取出不同信息后，解码器逐步生成复原图像，通过调制操作结合不同通道上的全局信息，使得不同层级的解码器将不同尺度的色彩信息逐步融合进空间信息中。最后，在物理先验模块中，将水下光学成像模型嵌入到最终的生成器中，通过引入注意力机制，使网络在处理不同的水下图像时能够关注不同的成像机制，从而综合利用神经网络和传统方法的优势。

1. 整体流程

恢复网络的整体流程如图 4-19 所示。其中，SASEF、CACFE、PPAM 分别代表空间注意力空间信息提取模块、通道注意力色彩信息提取模块、物理先验模块；F_{mid} 是中间向量；F_S 是空间特征向量；F_C 是色彩特征向量；E_{θ_1} 是参数为 θ_1 的编码器；D_{θ_2} 是参数为 θ_2 的解码器；I_w 是水下图像。具体流程如下：

在解码器中充分利用局部空间信息和全局色彩信息估算传输率特征图 $\hat{t}_d$，再通过物理先验模块 PPAM 中的调制卷积和物理先验知识分别生成基于数据的恢复图像 I_g 和基于物理先验的恢复图像 I_p，最后通过 PPAM 模块中的混合注意力机制，将 I_g 与 I_p 进行深度特征级融合，并重建为最终的恢复图像 I_{rec}。

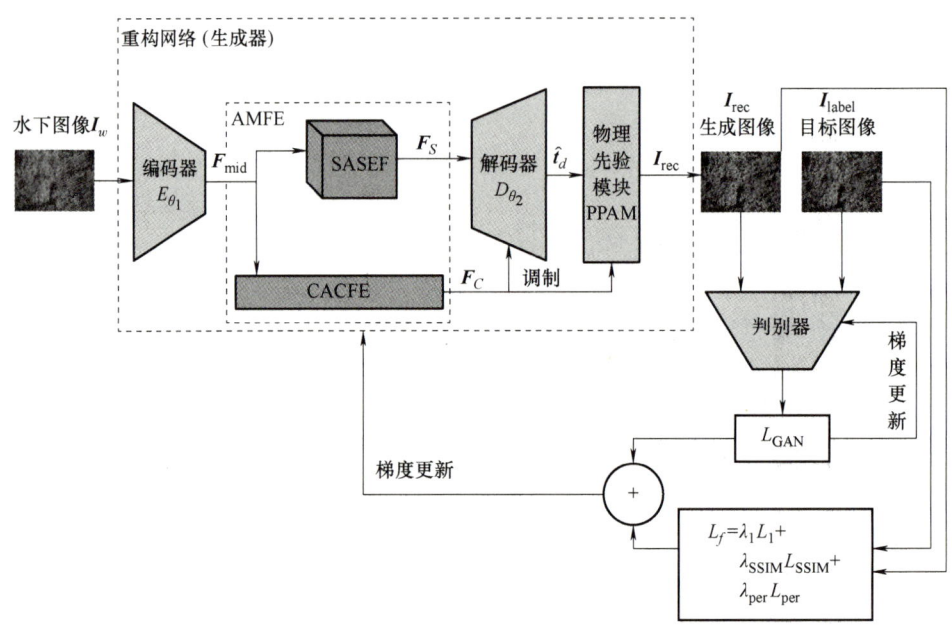

图 4-19 恢复网络的整体流程图

2. 编码器

图 4-20 详细展示了编码器结构,其由 1 个卷积模块和 4 个残差模块组成。首先水下图像 I_w 由一个卷积操作编码为一个水下特征向量 $F_w = \text{Conv}(I_w) \in \mathbf{R}^{32 \times 256 \times 256}$,得到的水下特征向量送入后续的残差模块,特征向量通道数由 32 逐渐增长至 512,其增长因子是 2,在通道数增长的同时,我们在每一个残差模块中,都对特征向量进行下采样,逐步提高神经网络的感受野,其下采样因子也为 2,经过四个残差结构后,可以得到中间特征向量 $F_{mid} = E_{\theta_1}(I_w) \in \mathbf{R}^{512 \times 16 \times 16}$。

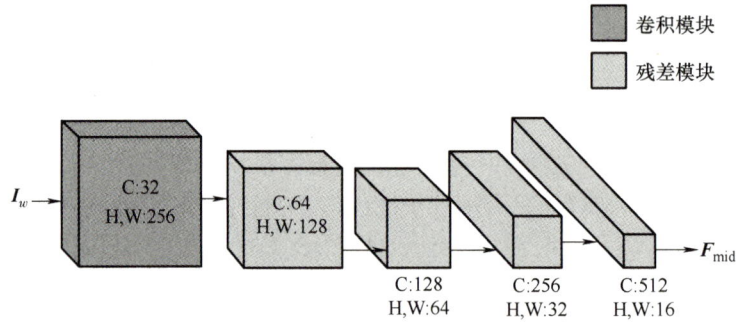

图 4-20 编码器的结构

3. SASEF 和 CACFE 模块

如图 4-21 所示,SASEF 由两个空间注意力模块所组成。第一个空间注意力模块不改变特征向量的通道数,在第二个注意力模块中,在通道方向上进行压缩,最终输出的空间特征向量 $F_S \in \mathbf{R}^{8 \times 16 \times 16}$。

CACFE 模块可以使用神经网络提取水下图像的全局色彩信息,以便在后续的模块中计算全局均匀背景光 A_c。考虑到每个通道空间所包含的信息意义不同,提取色彩信息时每个通道应该具有不同的贡献,因此使用通道注意力模块提取水下图像的色彩信息。通道注意力模

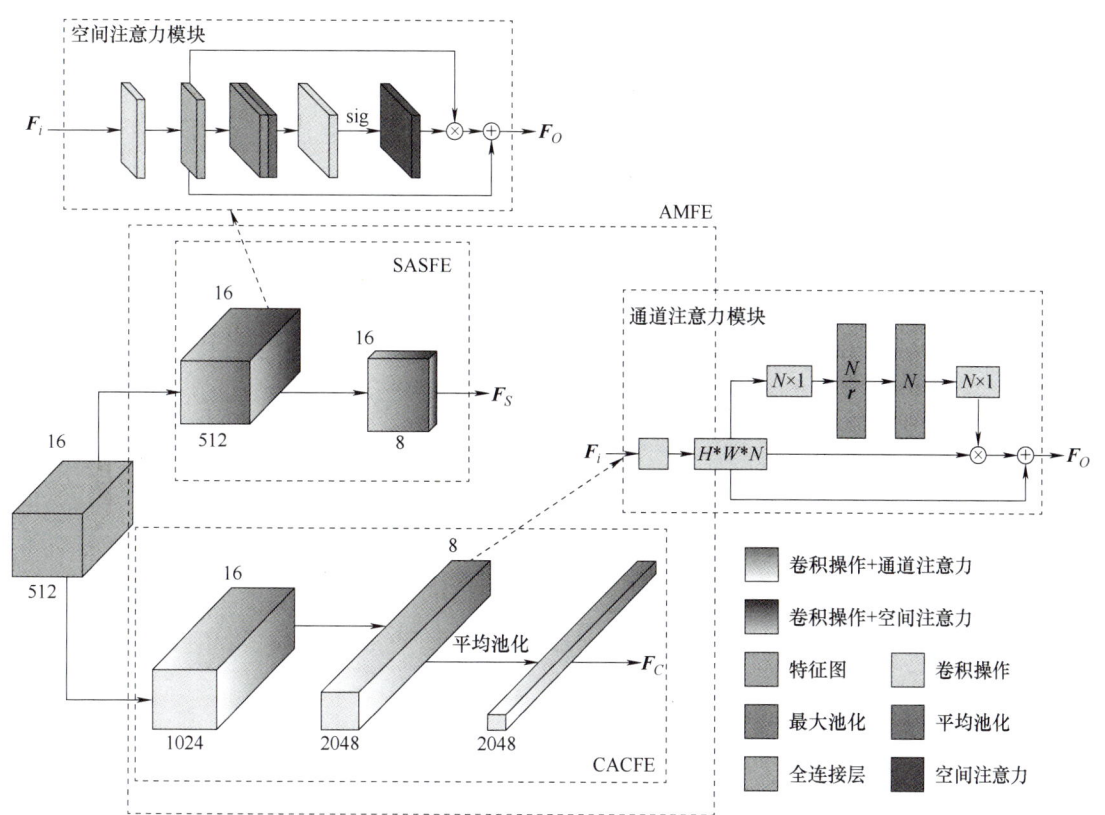

图 4-21 SASEF 和 CACFE 的结构

块如图 4-21 所示。色彩信息提取模块由两个通道注意力模块依次串联组成，考虑到色彩信息与空间信息无关，因此中间特征向量每通过一个通道注意力模块其宽高都会缩减为原来的 1/2，在最后一个全连接层前使用全局平均池化替代下采样以消除空间信息，最终输出色彩信息特征向量 $F_C \in \mathbf{R}^{2048}$。

4. 解码器

如图 4-22 所示，解码器共由 9 个残差模块组成，前 4 个残差模块只进行通道方向上的扩展并不进行上采样操作。使用调制操作，将色彩信息逐步融入特征向量中。简单来说调制操作是将学习到的调制向量映射到特定层的平均值和方差上，调制操作的数学表达式是 $w'_{ijk} = s_i w_{ijk}$。其中，w 和 w' 分别代表原始权重和调制权重；s_i 是通过全连接层所学到的与第 i 个输入特征图相对应的比例，本文中为色彩信息，j 和 k 分别为特征图和卷积核的空间下标。经过调制和卷积操作后，输出向量的标准差为 $\sigma_j = \sqrt{\sum_{i,k} w'^2_{ijk}}$。为了将输出特征图恢复为单位标准差，我们需要解调操作，将上述标准差再次嵌入到卷积权重中，即 $w''_{ijk} = w'_{ijk} / \sqrt{\sum_{i,k} w'^2_{ijk} + \varepsilon}$，$\varepsilon$ 的作用是防止分母为 0。

后 5 个残差模块在通道方向上不断压缩，同时依旧使用 blur 对图像进行上采样，在最后的残差模块中，我们生成最终的特征图 $x \in \mathbf{R}^{128 \times 256 \times 256}$，最后分别使用一层卷积网络将该特征图转换为重构图像和传输率特征图。

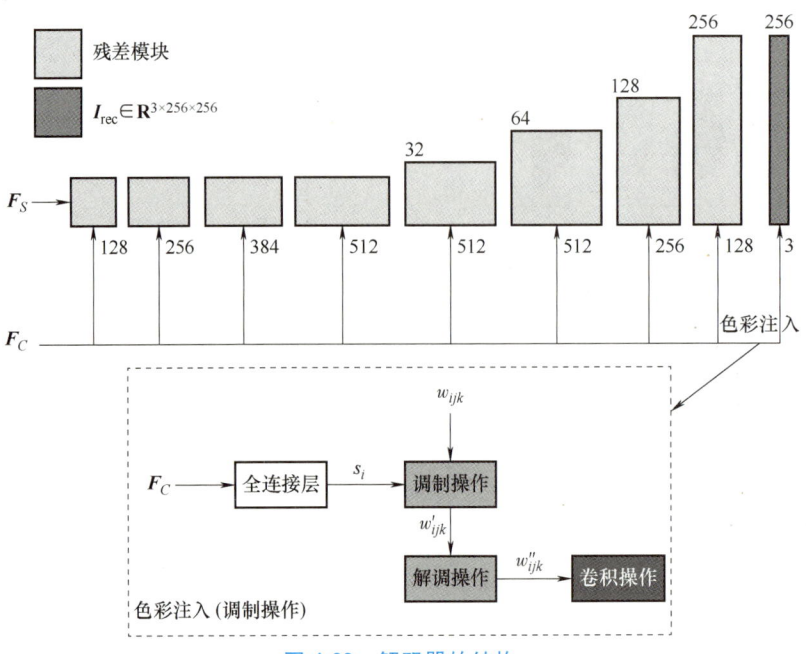

图 4-22　解码器的结构

5. 物理先验模块

为了更好地利用已有的物理先验知识和深度神经网络的非线性学习能力，该模型使用物理先验模块。在物理先验模块中，首先利用 $\hat{t}_C$ 与 F_C 通过调制操作生成一张基于神经网络的恢复图像 F_g；同时利用 $\hat{t}_C$ 与 F_C 通过全连接层计算公式（4-42）中的参数并生成一张基于物理先验的恢复图像 F_p。将生成特征向量和物理特征向量沿通道堆叠后，利用混合注意力机制生成的权重图，经过卷积操作后得到最终恢复的图像如图 4-23 所示。其中 F_p 具体表达式为

$$F_p = A - \frac{A - I(x)}{t(x)} \tag{4-58}$$

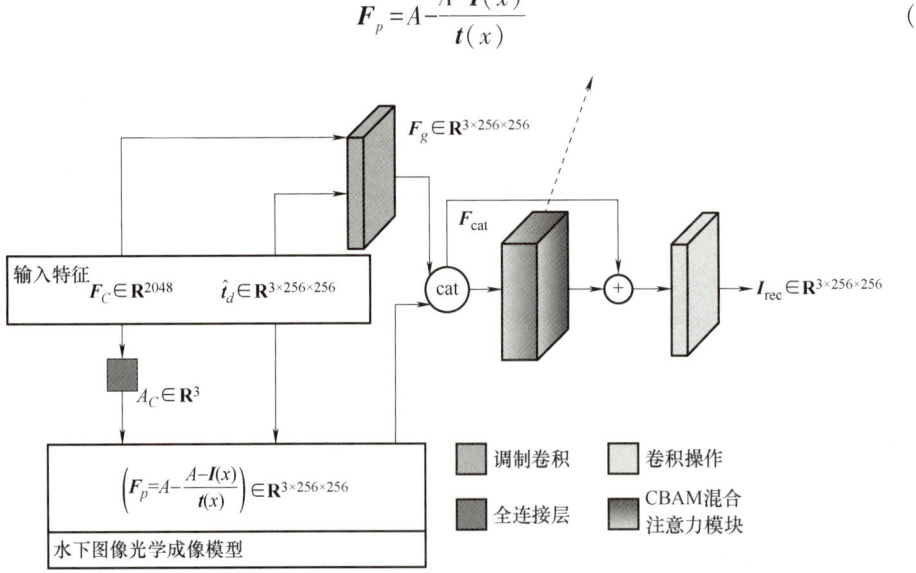

图 4-23　基于物理先验和注意力机制的图像恢复模块的结构

6. 图像复原结果分析

如图 4-24 所示，该模型在水下图像复原方面表现优异，能够显著改善水下图像的质量，有效减轻图像模糊和色偏等问题，提升目标检测的准确性。由于采用了信息分离的结构，该模型具有良好的泛化能力，适用于各种水下成像环境。

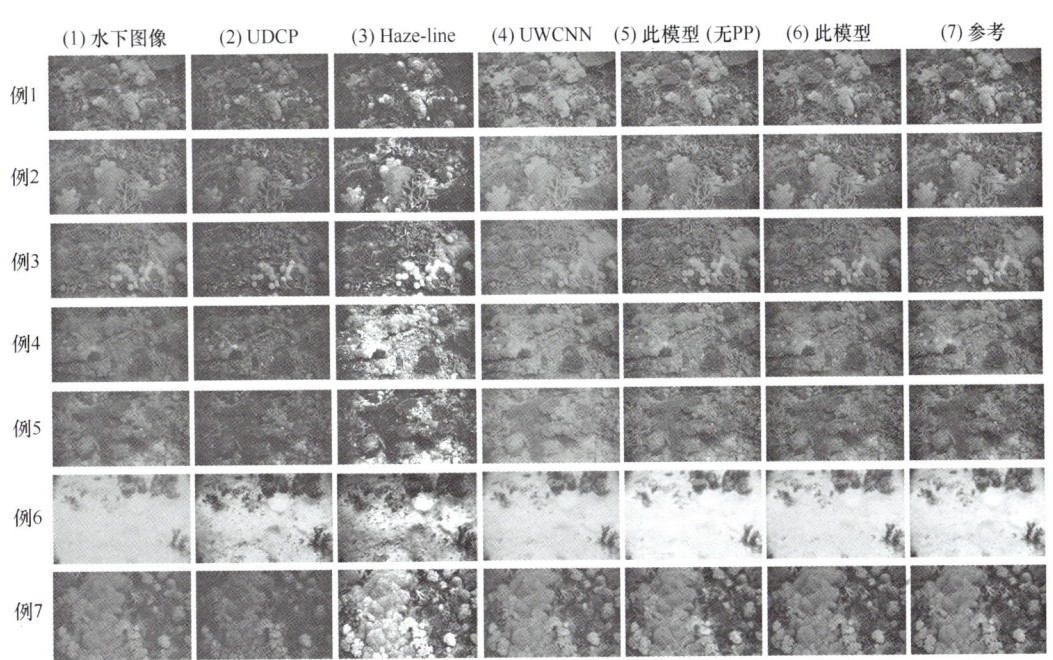

图 4-24 此模型与其他模型对比结果

4.7 本章课程项目实验

1. 基础实验

使用 OpenCV 和 NumPy 库，实现暗通道先验算法，复原水下图像，具体要求如下：

1）统计 Heron Island Coral Reef Dataset（HICRD）数据集的 RGB 通道的像素强度分布直方图，总结分析其分布规律。

2）尝试根据公式编写暗通道先验算法代码，从 HICRD 数据集中选出一张进行测试，保留 DCP 光强图、复原图和介质传输率图，并对结果进行分析。

HICRD 数据集可通过 https://doi.org/10.3390/rs14174297 或 https://github.com/Junlin-Han/CWR 访问。

2. 扩展实验

除 UDCP 算法外，还有许多暗通道先验的变种算法，例如 IDCP 算法。IDCP 算法舍弃了 DCP 中求取的暗通道，并定义景深图像来替代暗通道图像，即

$$I_{\text{Depth}}^{\text{RGB}}(x) = [I_{\max}(x) - I_{\min}(x)]/255 \tag{4-59}$$

式中，$I_{\max}(x)$ 表示 RGB 通道中均值最大的通道图像；$I_{\min}(x)$ 表示 RGB 通道中均值最小的通道图像；x 表示图像的像素。

IDCP 以景深图代替暗通道图，可行的原因是：传统 DCP 算法利用暗通道的本质是为了获得环境的景深信息，以估计大气背景颜色，且通过暗通道图像的景深效果得到透射图。以亮暗通道的差值得到景深图，反映出了水下环境的景深效果，且可以代替暗通道图像估计水体背景颜色。

IDCP 中背景均匀光估计的方法和基于暗通道图像的估计方式类似，在景深图像中寻找亮度为前 0.1% 的像素点，在原图像中计算这些像素点对应的三通道的均值作为背景均匀光颜色，即

$$A_c = \frac{1}{|P^{0.1\%}|} \sum_{x \in P^{0.1\%}} I_c(x) \tag{4-60}$$

因为已经得到了景深图，IDCP 中介质传输率可以直接由景深图获得，即

$$\tilde{t}(x) = \lambda [1 - \omega I_{\text{Depth}}^{\text{RGB}}(x)] \tag{4-61}$$

式中，ω 为经验参数，使图像具有一定模糊效果，通常为 0.95；λ 为用于自适应调整介质传输率图亮度的系数，$\lambda = I_{\text{Depth}}^{\text{RGB}}(x)$。

实验要求：根据以上 IDCP 原理与公式，使用 OpenCV 和 NumPy 库，基于 HICRD 数据集，实现 IDCP 算法，复原水下图像。

本章小结

本章涵盖了图像复原的基础知识和常用技术，旨在帮助读者建立起对数字图像复原的基本理解和技能。图像复原结果基于这样一个假设，即图像退化可建模为一个线性位置不变的过程与加性噪声之和，其中的加性噪声与图像值不相关。首先，我们深入探讨了图像退化与复原处理的基本操作，并介绍了集中噪声的基本模型。接着，我们学习了图像退化函数的估计方法，主要包括基于观察法的退化函数估计方法、基于试验法的退化函数估计方法和基于数学建模的退化函数估计方法。随后，我们学习了最小均方误差滤波器，并通过实例分析其图像复原效果。最后我们讲解了图像去雾算法。

思考题与习题

4-1 从式（4-39）到式（4-40）的简化过程中使用了什么假设？

4-2 暗通道先验模型做了什么假设？举例说明哪些情况下暗通道先验模型有可能不精确。

4-3 本章基本方法与前章节介绍的无约束恢复方法及有约束恢复方法有什么联系，有什么区别？

4-4 讨论本章中两种大气光区域确定方法的优缺点。

4-5 比较本章中两种大气光值校正方法的异同。它们各适合什么应用场合？

4-6 如果将能见度为 150~500m 视为有雾天气，比较本章中大气光区域确定方法的各自特点。

4-7 对一幅有雾图像及利用基本方法消除雾霾的结果图像分别计算它们的能见度，并

进一步计算 3 个评价（对比度的）指标。它们的变化趋势/比例一致吗？为什么？

4-8　编程练习（可使用任何语言）。①实现 4.5 节的基本方法，选取一些有雾图像来验证效果；②实现若干个 4.5 节介绍的改进方法，并比较哪些方法在哪些情况下所得到的改进效果最明显；③查阅文献，选取近期进一步改进的方法，并比较改进的效果。

参考文献

［1］张心祎，谭耀，邢向磊. 基于物理先验的深度特征融合水下图像复原［J］. 智能系统学报，2023，18（6）：1185-1196.

［2］DREWS P L J, NASCIMENTO E R, BOTELHO S S C, et al. Underwater depth estimation and image restoration based on single images［J］. IEEE Computer Graphics and Applications，2016，36（2）：24-35.

［3］HE K M, SUN J, TANG X O. Single image haze removal using dark channel prior［C］//IEEE. Conference on Computer Vision and Pattern Recognition. Miami：IEEE，2009：1956-1963.

［4］HAN J, SHOEIBY M, MALTHUS T, et al. Underwater image restoration via contrastive learning and a real-world dataset［J］. Remote Sensing，2022，14（17）：4297.

［5］CHEN W, JIA Z, YANG J, et al. Multispectral image enhancement based on the dark channel prior and bilateral fractional differential model［J］. Remote Sensing，2022，14（1）：233.

［6］冈萨雷斯. 数字图像处理：第 3 版［M］. 阮秋琦，译. 北京：电子工业出版社，2011.

第 5 章 图像分割

> **导读**
>
> 本章将深入探讨图像分割的基础概念与相关技术,从图像分割基础知识开始,依次介绍点检测、线检测和边缘检测方法,介绍常见的图像分割算法,包括基于阈值处理图像的分割算法、基于图论的图像分割算法以及基于马尔可夫随机场的图像分割算法。随着深度学习技术的发展,特别是卷积神经网络的广泛应用,图像分割技术取得了显著进展,使得我们能够实现更精确和高效的图像分割结果,基于深度学习的图像分割算法也是本章的重点内容。通过本章的学习,读者将能够深入理解图像分割技术的原理与应用,为后续章节的实践操作打下坚实的基础。

> **本章知识点**
>
> - 图像分割基础
> - 边缘检测算法
> - 阈值处理算法
> - 基于图论的图像分割算法
> - 马尔可夫随机场图像分割算法
> - 基于深度学习的图像分割算法

5.1 基础知识与边缘检测

图像分割(Image Segmentation)是数字图像处理中的一项重要任务,旨在将图像划分成多个具有相似属性或语义的区域。这种技术在计算机视觉和图像处理领域中具有广泛的应用,例如目标检测、场景理解、医学影像分析、自动驾驶和图像编辑等领域。图像分割的目标是将图像中的像素划分为不同的类别或区域,以便更好地理解图像内容并提取感兴趣的目标。常见的图像分割方法包括阈值分割、边缘检测、区域生长、图割算法和基于深度学习的分割。

近年来,随着深度学习技术的发展,特别是卷积神经网络(CNN)的广泛应用,图像分割取得了巨大的进展。深度学习模型能够学习图像中的特征并实现端到端的图像分割,使得分割结果更加准确和稳健。例如,语义分割模型能够将图像中的每个像素分类到相应类别，实现像素级的分割精度。然而，图像分割仍然面临一些挑战，如处理复杂背景、边界模糊、图像噪声和类别不平衡等问题。因此，研究人员不断探索新的算法和技术，以提高图像分割的精度、效率和鲁棒性，推动图像分割技术在各个领域的应用和发展。

令 R 表示一幅图像占据的整个空间区域。我们可以将图像分割视为把 R 分为 n 个子区域 R_1，R_2，$\cdots$，R_n 的过程，满足以下条件：

1）$\bigcup_{i=1}^{n} R_i = R$。
2）R_i 是一个连通集，$i=1$，2，$\cdots$，n。
3）$R_i \cap R_j = \varnothing$，对于所有 i 和 j，$i \neq j$。
4）$Q(R_i) = \text{TRUE}$，$I=1$，2，$\cdots$，n。
5）$Q(R_i \cap R_j) = \text{FALSE}$，对于任何 R_i 和 R_j 的邻接区域。

其中，$Q(R_k)$ 是定义在集合 R_k 的点上的一个逻辑属性，并且 $\varnothing$ 表示空集。若 R_i 和 R_j 的并集形成一连通集，则我们说这两个区域是邻接的。条件1）指出，分割必须是完全的，也就是说，每个像素都必须被分配到一个区域。条件2）要求一个区域中的点以某些预定义的方式来连接，即这些点必须是4连接的或8连接的。条件3）指出，各个区域必须是不重叠的。条件4）涉及分割后的区域中的像素必须满足的属性，例如，如果 R_i 中的所有像素都有相同的灰度级，则 $Q(R_i) = \text{TRUE}$。最后，条件5）指出，两个邻接区域 R_i 和 R_j 在属性 Q 的意义上必须是不同的。分割中的基本问题就是把一幅图像分成满足前述条件的多个区域。

分割通常利用区域属性的不连续性和相似性。不连续性假设这些区域的边界彼此完全不同，且与背景不同，从而允许基于灰度的局部不连续性来进行边界检测，例如，基于边缘的分割。基于区域的分割方法根据事先定义的一组准则把一幅图像分割成具有相似属性的几个区域。

5.1.1 点与线检测

图像分割的基础内容是对图像中的点和线进行提取和识别。

孤立点检测：针对镶嵌在图像的恒定或近似恒定区域中的孤立点检测，点检测原理和空域滤波十分相似。本质上该方法利用模板对原图像进行卷积处理，然后对得到的新图进行阈值处理。如果新图中像素点大于设置阈值，则认为检测到孤立点而加以保留；反之若小于阈值则舍去。通常使用的模板如下：

$$\begin{pmatrix} -1 & -1 & -1 \\ -1 & 8 & -1 \\ -1 & -1 & -1 \end{pmatrix}$$

因此，点检测包括以下三个步骤：
1）设计滤波模板并进行图像空域滤波。
2）基于滤波后的图像设置阈值 T。
3）将滤波后的图像的像素值与阈值 T 进行比较。

值得注意的是，点检测还可以采用差值检测的方法，即找到最大像素值和最小像素值的差大于阈值 T 的点。结果如图5-1所示。

a) 原图　　　　　　b) 滤波点检测　　　　　c) 差值点检测

图 5-1　滤波点检测与差值点检测示意图

从结果可以看出，通过保留处理后大于最大灰度值 0.5 倍的点，实现了孤立点的检测。

线检测：对于水平方向，垂直方向与对角线方向的线检测，可设计如下检测模板

水平检测模板：$\begin{bmatrix} -1 & -1 & -1 \\ 2 & 2 & 2 \\ -1 & -1 & -1 \end{bmatrix}$　　45°检测模板：$\begin{bmatrix} 2 & -1 & -1 \\ -1 & 2 & -1 \\ -1 & -1 & 2 \end{bmatrix}$

竖直检测模板：$\begin{bmatrix} -1 & 2 & -1 \\ -1 & 2 & -1 \\ -1 & 2 & -1 \end{bmatrix}$　　-45°检测模板：$\begin{bmatrix} -1 & -1 & 2 \\ -1 & 2 & -1 \\ 2 & -1 & -1 \end{bmatrix}$

例 5-1　使用 45°模板检测一幅 186×486 像素的电路连线的掩膜图像。

如图 5-2 所示，45°对角线的检测结果依次为：原图像图 5-2a；整体线检测提取图 5-2b；左上方放大图 5-2c；右下方放大图 5-2d；整体线检测提取绝对值图 5-2e 以及阈值图 5-2f。

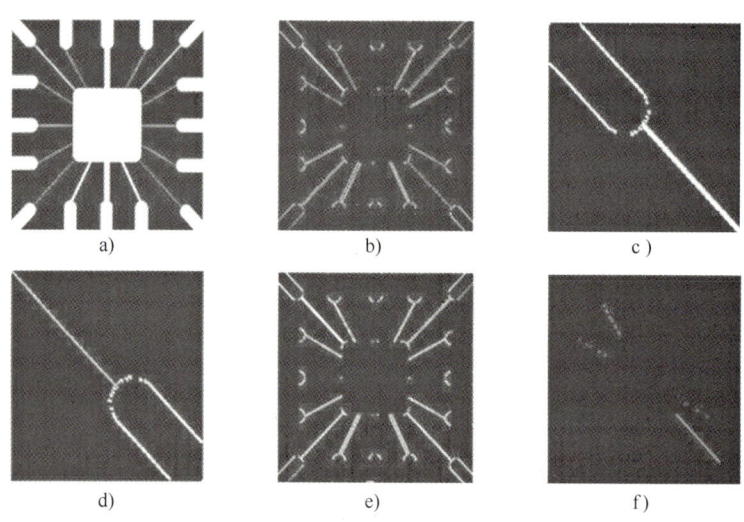

a)　　　　　　　　b)　　　　　　　　c)

d)　　　　　　　　e)　　　　　　　　f)

图 5-2　线检测效果示意图

5.1.2　边缘检测

边缘是两区域交接处连通的像素集合，位于边缘的像素点灰度值通常变化剧烈。线可以看作特殊的边缘，线两侧背景的灰度值同时远高于或低于线上的灰度值。边缘检测是计算机视觉和图像处理领域的一个基础且重要的任务，它旨在检测图像亮度、颜色或纹理等特征发

生剧烈变化的位置，这些边缘信息对于后续的图像分割、图像分析、目标识别及场景理解等任务至关重要。在医学影像中，边缘检测可用于检测血管、器官轮廓，肺部纹理和骨骼结构等边缘信息。通过提取这些边缘信息，帮助医生对疾病进行更精准分析和诊断治疗。在工业检测中，边缘检测能够识别零件表面的边缘，如划痕和裂纹等缺陷，从而提高零件的质量检测精度和效率。在自动驾驶领域，边缘检测可用于识别道路边界、交通标志等边缘信息，有助于车辆实现安全行驶和智能决策。突出图像中的边缘信息，可以增强图像的对比度和清晰度，从而改善图像的视觉效果。在图像增强领域，边缘检测通过突出图像中的边缘特征，可以使图像在视觉上更加清晰和生动，助于提升图像的质量。

点、线和边缘可以通过利用图像灰度的局部变化来检测，而微分是用于感知局部变化的数学工具。一阶导数和二阶导数都可以用来计算图像灰度值的变化，对于离散的数字图像，通常利用数值差分来计算。采用空间滤波器，例如 3×3 的滤波器，得到差分效果。

例 5-2　点、线、边缘处的一阶微分和二阶微分响应。

如图 5-3 所示的图像包含实心物体、一条线和单个噪声点。通过图像噪点中心拉一条水平线，并记录水平线上的灰度值，得到图 5-3b 的灰度变化曲线，灰度级简化表示成 8 级，由图 5-3c 可以很清晰地看到水平线上不同点对应的灰度级。其中斜坡横跨 4 个像素，而噪声（图像中间位置的亮点）对应单个像素，线宽为三个像素。

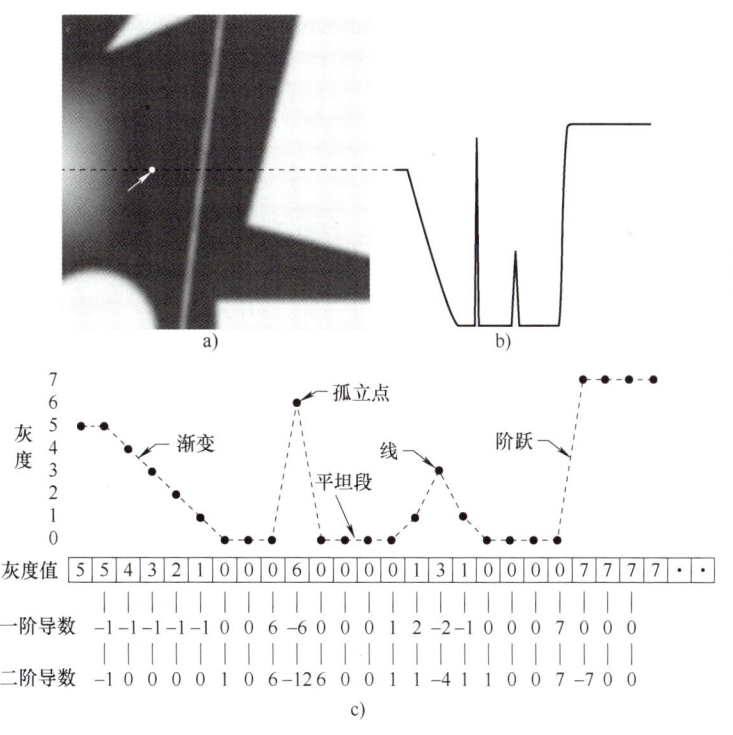

图 5-3　边缘检测机制

斜坡的一阶导数不为 0；二阶导数则仅在开始和结尾处不为 0。可以明显看出，一阶导数在图像中产生较粗的边缘，而二阶导数则会产生较细的边缘。噪声点的二阶导数响应幅度远高于一阶导数，因为二阶导数对变化的响应比一阶导数更敏感。例子中的线很细，二阶导数对精细细节的响应幅度大于一阶导数。观察灰度台阶的过渡处,可以发现二阶导数的符号在进入边缘和离开边缘时相反,这称为双边效应。因此二阶导数的符号可用于确定边缘过渡是从亮到暗(二阶导数为负),还是从暗到亮(二阶导数为正)。

与二维图像的一阶导数密切相关的是图像梯度,可用来在图像 f 的 (x, y) 位置处寻找边缘的强度和方向,并以向量形式定义,即

$$\nabla f \equiv \mathrm{grad}(f) \equiv \begin{pmatrix} g_x \\ g_y \end{pmatrix} \equiv \begin{pmatrix} \dfrac{\partial f}{\partial x} \\ \dfrac{\partial f}{\partial y} \end{pmatrix} \tag{5-1}$$

该向量指出了 f 在位置 (x, y) 处的函数值最大变化率的方向。某点的边缘与该点的梯度向量是正交的。

向量 ∇f 的大小(长度)表示为 $M(x, y)$,即

$$M(x, y) = \mathrm{mag}(\nabla f) = \sqrt{g_x^2 + g_y^2} \tag{5-2}$$

它表示梯度向量的幅值,反映边缘处亮度变化的强度。梯度幅值越大,边缘越明显。注意 g_x、g_y 和 $M(x, y)$ 都是与原图像大小相同的图像,反映 f 中所有像素位置上的亮度变化。实践中 $M(x, y)$ 通常称为梯度图像。梯度向量的方向表示为

$$a(x, y) = \arctan\left(\dfrac{g_y}{g_x}\right) \tag{5-3}$$

在图像的每个像素处计算偏导数 $\dfrac{\partial f}{\partial x}$ 和 $\dfrac{\partial f}{\partial y}$。对于离散数字图像,一点邻域上的偏导数计算采用差分来估计,即

$$g_x = \dfrac{\partial f(x, y)}{\partial x} = f(x+1, y) - f(x, y) \tag{5-4}$$

$$g_y = \dfrac{\partial f(x, y)}{\partial y} = f(x, y+1) - f(x, y) \tag{5-5}$$

用于计算梯度偏导数的滤波器模板,通常称为梯度算子、边缘算子或边缘检测子等。不同的滤波器模板得到的梯度是不同的,由此衍生出很多算子,例如 Roberts、Prewitt、Sobel 和 Laplacian 算子等。下面将详细介绍这些算子。

1. Roberts 算子边缘检测

Roberts 算子的模板分为水平方向和垂直方向,从其模板可以看出,Roberts 算子能较好地检测正负 45°的图像边缘,模板如下。

$$d_x = \begin{pmatrix} -1 & 0 \\ 0 & 1 \end{pmatrix} \quad d_y = \begin{pmatrix} 0 & -1 \\ 1 & 0 \end{pmatrix}$$

码 5-1【程序源码】
Roberts 算子

例如,如图 5-4 所示 Roberts 算子的模板,在像素 P_5 处 x 和 y 方向上的梯度大小 g_x 和 g_y,计算方法如下。

$$g_x = \dfrac{\partial f}{\partial x} = P_9 - P_5 \tag{5-6}$$

$$g_y = \dfrac{\partial f}{\partial y} = P_8 - P_6 \tag{5-7}$$

图 5-4　Roberts 算子梯度示意图

实现的效果如图 5-5 所示。

图 5-5　Roberts 算子结果图

我们可以从图 5-5 中发现，Roberts 算子对低噪声且边缘陡峭的图像处理效果较好，但是，利用 Roberts 算子提取的边缘结果较粗，对边缘的定位不够准确。

2. Prewitt 算子边缘检测

Prewitt 算子是一种图像边缘检测的微分算子，其原理是利用特定区域内像素灰度值产生的差分实现边缘检测。由于 Prewitt 算子采用 3×3 模板对区域内的像素值进行计算，而 Roberts 算子的模板为 2×2，故 Prewitt 算子的边缘检测结果在水平方向和垂直方向均比 Roberts 算子更加明显。Prewitt 算子适合用来识别噪声较多、灰度变化缓慢的图像，其算子模板如图 5-6 所示。

码 5-2【程序源码】
Prewitt 算子

图 5-6　Prewitt 算子梯度示意图

Prewitt 计算公式如下

$$g_x = \frac{\partial f}{\partial x} = (P_7 + P_8 + P_9) - (P_1 + P_2 + P_3)$$

$$g_y = \frac{\partial f}{\partial y} = (P_3 + P_6 + P_9) - (P_1 + P_4 + P_7) \tag{5-8}$$

Prewitt 算子边缘检测实例效果如图 5-7 所示。

图 5-7　Prewitt 算子边缘检测效果示意图

3. Sobel 算子边缘检测

Sobel 算子是计算机视觉领域一种重要的边缘检测算子，其通过对图像中每个像素点的灰度值进行一阶或二阶微分运算，可以检测出变化明显的点，即边缘。由于边缘处的灰度值通常会发生剧烈变化，Sobel 算子可以有效地识别图像中的边缘及其位置和方向。这种边缘检测的方法能够显著减少图像的数据量，剔除与目标不相关的信息，同时保留图像的重要结构属性。

码 5-3【程序源码】
Sobel 算子

Sobel 算子结合了高斯平滑和微分求导。在 Prewitt 算子的基础上，Sobel 算子增加了权重系数，认为不同距离的近邻像素对当前像素点的影响不同，距离越近的像素对当前像素的影响越大，因此应赋予更大的权重系数。Sobel 算子对噪声具有平滑作用，并提供较为精确的边缘方向信息。常用于噪声较多、灰度变化平缓的图像。其算法模板如下所示（其中 d_x 表示水平方向，d_y 表示竖直方向）

$$d_x = \begin{pmatrix} -1 & 0 & 1 \\ -2 & 0 & 2 \\ -1 & 0 & 1 \end{pmatrix} \quad d_y = \begin{pmatrix} -1 & -2 & -1 \\ 0 & 0 & 0 \\ 1 & 2 & 1 \end{pmatrix}$$

这两个矩阵分别与图像的每个像素点进行卷积运算，得到水平方向和垂直方向的梯度幅值。然后，可以通过以下公式计算图像的梯度幅值和方向

$$G = \sqrt{G_x^2 + G_y^2}$$
$$\theta = \arctan\left(\frac{G_y}{G_x}\right) \tag{5-9}$$

式中，G 表示梯度幅值；θ 表示梯度方向。在实际应用中，常将水平和垂直方向上的梯度幅值进行组合，得到综合的边缘强度。这可以通过计算梯度幅值的平方根来实现。需要注意的是，以上公式中的卷积运算和平方根计算都是针对图像的每个像素点进行的。因此，在实际编程实现时，需要遍历图像的每个像素点，依次进行卷积运算和梯度计算。

在 Python 编程实现中，可以使用 NumPy 库实现 Sobel 算子进行边缘检测。NumPy 提供了用于数组（特别是矩阵）操作的强大功能，非常适合图像处理中的卷积运算。此外，还可以使用 OpenCV 库中的 Sobel 函数。Sobel 算子边缘检测效果图如图 5-8 所示。

4. Laplacian 算子边缘检测

Laplacian 算子是边缘检测中基于二阶微分理论的重要工具。Laplacian 算子是一种二阶

图 5-8　Sobel 算子边缘检测实现示意图

微分算子，它通过计算图像中每个像素点的二阶导数，并检测这些导数的零交叉点来确定边缘的位置。在图像处理中，边缘通常表现为灰度值的显著变化，因此二阶导数能够很好地捕捉这些变化。对灰度值变化响应敏感的特性使得 Laplacian 算子对噪声也同样敏感，因此，在应用 Laplacian 算子进行边缘检测之前，通常需要先对图像进行平滑处理以减少噪声的影响。常用的平滑方法有高斯滤波等。

码 5-4【程序源码】
Laplacian 算子

二维图像中的 Laplacian 算子可以表示为

$$\nabla^2 f = \frac{\partial^2 f}{\partial x^2} + \frac{\partial^2 f}{\partial y^2} \tag{5-10}$$

式中，∇^2 代表图像的二阶导数；$\frac{\partial^2 f}{\partial x^2}$ 和 $\frac{\partial^2 f}{\partial y^2}$ 分别代表图像在水平和垂直方向上的二阶导数。在实际应用中，Laplacian 算子通常通过卷积核来实现。常用的 3×3 的 Laplacian 算子模板为

$$\begin{pmatrix} 0 & 1 & 0 \\ 1 & -4 & 1 \\ 0 & 1 & 0 \end{pmatrix}$$

使用这个模板对图像进行卷积运算，可以得到图像的 Laplacian 二阶导数图像。

在 Python 中，可以通过使用 OpenCV 或 SciPy 库来实现 Laplacian 算子。OpenCV 内建的 cv2.Laplacian() 函数可以用来计算图像的 Laplacian。这个函数返回图像的 Laplacian 二阶导数，通常用于边缘检测。Laplacian 算子边缘检测效果如图 5-9 所示。

图 5-9　Laplacian 算子边缘检测效果示意图

5. LOG 算子边缘检测

LOG 算子（Laplacian of Gaussian，高斯-拉普拉斯边缘检测算子）结合了高斯滤波和拉普拉斯算子，高斯滤波用于平滑图像并减少噪声，而拉普拉斯算子则用于检测图像的二阶导数变化，从而定位边缘。

高斯滤波器的二维形式可以表示为

$$G(x,y,\sigma)=\frac{1}{2\pi\sigma^2}e^{-\frac{x^2+y^2}{2\sigma^2}} \tag{5-11}$$

码 5-5【程序源码】LOG 算子

式中，(x,y) 是像素坐标；σ 是高斯函数的标准差，控制滤波器的平滑程度。

LOG 算子进一步对式（5-11）的结果应用拉普拉斯算子，即

$$\frac{\partial G}{\partial x}=\frac{1}{2\pi\sigma^2}\cdot\frac{1}{-2}\frac{1}{\sigma^2}2xe^{-\frac{x^2+y^2}{2\sigma^2}}=-\frac{x}{2\pi\sigma^4}e^{-\frac{x^2+y^2}{2\sigma^2}} \tag{5-12}$$

$$\frac{\partial^2 G}{\partial x^2}=-\left(\frac{1}{2\pi\sigma^4}e^{-\frac{x^2+y^2}{2\sigma^2}}-\frac{2x}{z\sigma^2}e^{-\frac{x^2+y^2}{2\sigma^2}}\frac{x}{2\pi\sigma^4}\right)$$

$$=-\frac{1}{2\pi\sigma^4}e^{-\frac{x^2+y^2}{2\sigma^2}}+\frac{x^2}{2\pi\sigma^6}e^{-\frac{x^2+y^2}{2\sigma^2}} \tag{5-13}$$

$$=\frac{x^2-\sigma^2}{2\pi\sigma^6}e^{-\frac{x^2+y^2}{2\sigma^2}}$$

由于 (x,y) 在函数中是对称的，因此很容易得到

$$\frac{\partial G}{\partial y}=-\frac{y}{2\pi\sigma^4}e^{-\frac{x^2+y^2}{2\sigma^2}} \tag{5-14}$$

$$\frac{\partial^2 G}{\partial y^2}=\frac{y^2-\sigma^2}{2\pi\sigma^6}e^{-\frac{x^2+y^2}{2\sigma^2}} \tag{5-15}$$

$$\nabla^2 G(x,y,\sigma)=\frac{\partial^2 G}{\partial y^2}+\frac{\partial^2 G}{\partial x^2}=\frac{x^2+y^2-2\sigma^2}{2\pi\sigma^6}e^{-\frac{x^2+y^2}{2\sigma^2}} \tag{5-16}$$

LOG 算子也可以理解成首先对图像进行高斯滤波，然后对滤波后的图像应用拉普拉斯算子，即

$$\text{LOG}(x,y)=\nabla^2[G(x,y)*f(x,y)] \tag{5-17}$$

在实际应用中，LOG 算子可以通过预先计算好的卷积核来实现，这些卷积核是高斯函数的二阶导数的离散近似。将 LOG 算子与图像进行卷积，就可以得到边缘检测的结果，如图 5-10 所示。

5.1.3 Canny 边缘检测

Canny 算子提出之前，已经存在多种边缘检测算子，如 Prewitt 算子、Roberts 算子、Sobel 算子等。这些算子虽然能够在一定程度上实现边缘检测，但往往存在对噪声敏感、边缘定位不准确或边缘断裂等问题。因此开发一种更为准确、鲁棒性更好的边缘检测算法成为当时的研究热点。

正是在这样的背景下，John F. Canny 于 1986 年提出了 Canny 边缘检测算法。Canny 算子通过引入多阶段处理流程，包括噪声抑制、梯度计算、非极大值抑制、双阈值检测以及滞后

图 5-10　LOG 算子边缘检测结果示意图

阈值等步骤，有效地解决了传统边缘检测算法存在的问题。该算法能够在抑制噪声的同时，准确地定位边缘位置，并且能够连接断裂的边缘，生成完整且连续的边缘图像。

　　Canny 边缘检测算法一经提出，便因其出色的性能受到了广泛关注。它被认为是当时最好的边缘检测算法之一，并在后续的研究和应用中得到了不断发展和完善。如今，Canny 算子已经成为计算机视觉和图像处理领域的一个经典算法，被广泛应用于各种实际场景中，如医学影像分析、机器人视觉、安全监控以及自动驾驶等。

　　Canny 算子旨在有效地抑制噪声和精确定位边缘位置。核心思想通过一系列精心设计的步骤逐步提取和细化图像中的边缘信息。Canny 算子边缘检测流程如图 5-11 所示。流程 Canny 算子首先使用高斯滤波器对图像进行平滑处理，以减少图像中的噪声。然后计算平滑后图像的梯度，以获取潜在的边缘信息。Canny 算子使用一阶偏导数的有限差分来计算图像中每个像素点的梯度幅值和方向。梯度幅值表示了图像中灰度变化的速度，而梯度方向则指示了变化的方向。接下来，Canny 算子采用非极大值抑制策略来进一步细化边缘。非极大值抑制的目的是保留局部梯度最大的点，而抑制非边缘点。通过比较每个像素点与其邻域内具有相同梯度方向的像素点的梯度强度，仅保留局部梯度最大值点作为边缘候选点。最后，Canny 算子使用双阈值策略来确定真正的边缘点。设定两个阈值：高阈值和低阈值。高于高

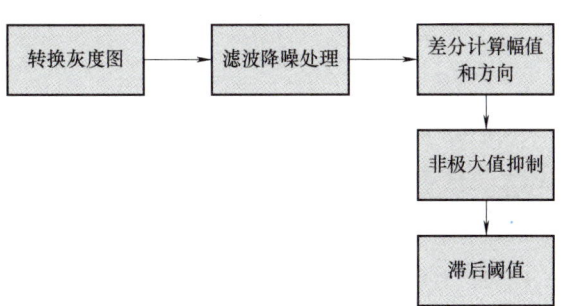

图 5-11　Canny 算子边缘检测流程

阈值的点被认为是强边缘点,低于低阈值的点被认为是非边缘点,而介于两者之间的点则是弱边缘点。强边缘点被确定为边缘,而弱边缘点则需要进一步判断。

(1) 灰度转化与滤波降噪预处理　鉴于 Canny 算子适于对单通道灰度图像进行处理,边缘检测之前将原图像进行灰度转换。由于采集设备、环境干扰等多方面的原因,导致采集到的图像信息往往含有噪声信息,如最常见的椒盐噪声和高斯噪声。Canny 算子在抗噪声干扰和精确定位之间寻求最佳平衡方案,一般使用高斯滤波来去除噪声,例如常用的 3×3 卷积核模板如下:

$$\begin{pmatrix} \frac{1}{16} & \frac{2}{16} & \frac{1}{16} \\ \frac{2}{16} & \frac{4}{16} & \frac{2}{16} \\ \frac{1}{16} & \frac{2}{16} & \frac{1}{16} \end{pmatrix}$$

高斯滤波卷积核的维数不应选取过大,否则会平滑边缘信息,使得边缘检测算子无法正确识别边缘信息。5×5 模板方差为 2 的高斯模糊结果,如图 5-12 所示。

图 5-12　5×5 模板方差为 2 的高斯模糊结果

(2) 计算梯度图像的幅值和方向　使用一阶有限差分计算图像梯度并得到在 x 和 y 方向上的两个偏导数矩阵,Canny 边缘检测算法使用 Sobel 算子提取梯度,Y 与 X 方向 Sobel 算子如下

$$\boldsymbol{S}_y = \begin{pmatrix} -1 & -2 & -1 \\ 0 & 0 & 0 \\ 1 & 2 & 1 \end{pmatrix} \quad \boldsymbol{S}_x = \begin{pmatrix} -1 & 0 & 1 \\ -2 & 0 & 2 \\ -1 & 0 & 1 \end{pmatrix}$$

假设 $H(i, j)$ 表示待检测图像以 (i, j) 为中心的邻域像素块,则

$$H(i,j) = \begin{pmatrix} A_0 & A_1 & A_2 \\ A_3 & C & A_5 \\ A_6 & A_7 & A_8 \end{pmatrix}$$

式中，C 为要计算的梯度，Y 方向的梯度可以表示为

$$G_y = 2 \times A_7 + A_6 + A_8 - (2 \times A_1 + A_0 + A_2) \tag{5-18}$$

X 方向的梯度可以表示为

$$G_x = 2 \times A_5 + A_2 + A_8 - (2 \times A_3 + A_0 + A_6) \tag{5-19}$$

则 C 点的梯度幅值为

$$G_{C(i,j)} = \sqrt{G_x^2 + G_y^2} \tag{5-20}$$

C 点的梯度方向为

$$\theta = \arctan\left(\frac{G_y}{G_x}\right) \tag{5-21}$$

效果如图 5-13 所示。

a) X 方向的梯度图　　b) Y 方向的梯度图　　c) X, Y 方向梯度相加图

图 5-13　计算图像梯度幅值示意图

（3）非极大值抑制　为得到精细边缘，Canny 算子细化梯度检测得到的边缘像素所构成的边界。考虑梯度幅值图中以 (i, j) 为中心的小邻域，例如 3×3 邻域，比较中心点像素与梯度方向上相邻像素，如果中心像素的值大于沿梯度方向的相邻像素值，就作为局部最大保留下来，否则就将其置零抑制。梯度方向通常量化到图 5-14 所示的水平边缘、竖直边缘、45°边缘、-45°边缘为代表的 4 对区间中。非极大值抑制结果如图 5-15 所示。

码 5-6【程序源码】
Canny 算子

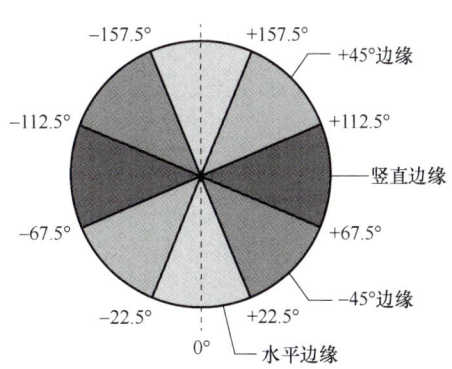

图 5-14　非极大值抑制结果

图 5-15 非极大值抑制前后对比图

例 5-3 非极大值抑制示例。以 (i,j) 为中心的 3×3 邻域梯度幅值矩阵表示为

$$H(i,j)_{(G)} = \begin{pmatrix} 60 & 120 & 81 \\ 150 & 155 & 108 \\ 126 & 93 & 130 \end{pmatrix}$$

其梯度方向矩阵表示为

$$H(i,j)_{\theta} = \begin{pmatrix} -31.0 & -31.1 & -30.1 \\ -30.4 & -30.2 & -30.3 \\ -30.4 & -30.6 & -32.9 \end{pmatrix}$$

该局部图像的中心像素梯度幅值为 155,并且该 3×3 邻域的梯度方向量化后,均位于图 5-14 所示的 45°边缘区间对中。将其梯度幅值与梯度方向位于相同量化区间的像素比较,因为中心像素梯度幅值比其他点幅值都大,所以保留作为边缘像素;如果它小于其中之一,那么将其抑制去除。沿梯度方向这样操作可以将粗的边缘细化。

(4)滞后阈值化处理 经过非极大值抑制产生的检测结果可能包含由噪声及其他原因造成的虚假边缘,还需要进一步筛选处理。Canny 算子选取双阈值并通过滞后阈值化方法确定最接近真实的图像边缘。首先标记梯度幅值大于高阈值的边缘像素,并认为它们构成了部分真实边缘,记为高阈值筛选边缘集合 H,但是由于阈值较高,产生的图像边缘不完整,因此进一步筛选出梯度幅值大于低阈值且与已筛选的边缘集合 H 邻接的像素作为补充的边缘集合 L。即在高阈值边缘集合 H 形成的轮廓断点处的连通邻域中收集大于低阈值的候选边缘点,这样通过高低阈值配合,Canny 算子最终提取的边缘为边缘集合 H 与边缘集合 L 的并集。结果如图 5-16 所示。

在实际应用中,Canny 边缘检测算法的参数设置对于检测结果具有重要影响。例如,高斯滤波器的核大小、梯度计算时使用的算子、双阈值的大小设置等都会影响边缘检测的准确性和敏感性。因此,在实际应用中需要根据具体的图像特点和任务需求进行参数调整和优化以获得最佳的边缘检测结果。

图 5-16　Canny 算子结果图

5.1.4　边缘连接与霍夫变换

1. 边缘连接的原理

实际应用中由于噪声、光照不均匀等因素的影响，边缘检测的结果并不完整，往往包含一些不连续的点，因此需要通过边缘连接来修正和优化这些结果。边缘连接是边缘检测后的一个重要处理步骤，其基本思想是通过一定的算法将离散的边缘点连接成连续的曲线或轮廓。这通常涉及对边缘点的分析和判断，以确定哪些点应该被连接在一起。例如，可以计算每个边缘点的梯度强度和方向，然后根据这些信息进行边缘的连接。此外，还可以使用一些高级的图像处理技术，如形态学操作、滤波等，来进一步改善边缘连接的效果。

边缘连接是图像处理中一个非常重要的步骤，它能够将离散的边缘点连接成连续的轮廓，从而更好地描述和理解图像中的物体和场景。

2. 霍夫变换的原理

霍夫变换（Hough Transform）是图像处理中广泛使用的一种技术，主要用于检测图像中的直线、圆和椭圆等特殊几何轮廓。其基本思想是将图像空间中的目标轮廓检测问题转化为参数空间中的峰值检测问题。具体来说，霍夫变换利用了图像空间和参数空间之间的对偶性。在图像空间中，目标轮廓是由一系列的点或像素组成的，而在参数空间中则是由一组参数表示。例如，一条直线在图像空间中是由一系列的点组成的，而在参数空间中则可以用两个参数（斜率和截距）来表示。

霍夫变换的过程可以分为以下几个步骤：首先对图像进行边缘检测，得到包含形状边缘的二值图像。然后将二值图像中的边缘点映射到参数空间中的一条曲线上。图像中的几何轮廓由多个边缘点组成，这些边缘点在参数空间中对应的曲线会相交于一点并在离散累加器中形成一个峰值。最后通过检测参数空间中的峰值，可以确定图像中几何形状的参数，从而实现对几何形状的检测。

以直线检测为例，假设待检测的直线 $L(x, y): y = ax + b$，如果对 a 和 b 建立一个参数空间，则 (a,b) 表示参数空间中的一个点，且该点和待检测直线 $L(x,y)$ 是一一对应的，即图像空间中的一条直线对应参数空间的一个点，直线 $L(x,y)$ 也可以写成

$$L(a,b):b=-xa+y \tag{5-22}$$

设待检测直线上的离散点集合为 S，任取集合中的两个点 (x_i,y_i) 和 (x_j,y_j)，其中 $i\neq j$。那么 $y_i=ax_i+b$ 和 $y_j=ax_j+b$ 线性无关，或者说这两个以参数空间 a、b 为变量的方程必然有一个焦点 (a',b')，可以联立方程组求解 (a',b')。反过来，参数空间中相交于同一点的所有直线在图像空间中也都有空线的点与之对应，点-线对偶关系如图 5-17 所示。

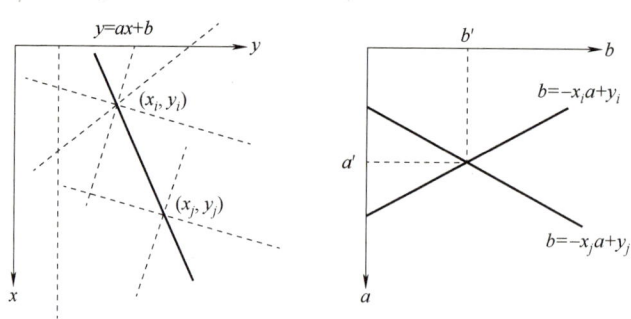

图 5-17　直线霍夫变换示意图

为确定图像中几何轮廓的参数，还需对参数空间中的参数 a 和 b 在取值范围内量化，并根据离散量化的结果，构造一个累加器 $A(a,b)$，并初始化为零。对每个图像空间的给定点，让 a 遍历所有可能值，并利用式（5-22）计算出 b，根据 a 和 b 的值累加更新 $A(a,b)=A(a,b)+1$；累加器 A 中的最大值代表了几何曲线上给定点的数目，最后根据累加器 A 中最大值所对应的参数 a 和 b 确定图像空间的一条直线 $y=ax+b$。

当直线接近竖直方向时，斜率 a 将接近无穷大，此时可将关于 x、y 的直角坐标系转换成图 5-18 所示的 ρ、θ 参数坐标系，$y=\rho\sin\theta$，$y=ax+b$ 可以转化为 $y\sin\theta+x\cos\theta=\rho$。在 ρ 和 θ 空间中，原图像中共线的点，对应相交的正弦曲线。如图 5-18 所示。

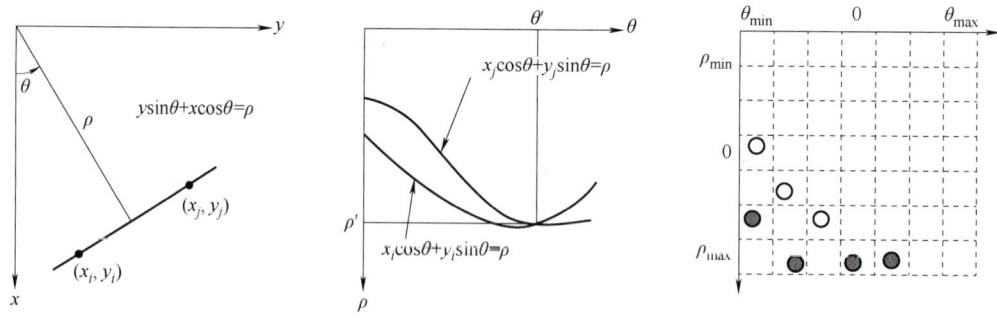

图 5-18　直角坐标系换成 ρ、θ 参数坐标系示意图

实际上霍夫变换还可以寻找圆锥曲线等可以用解析式表达的目标轮廓。对于待检测的曲线不易用解析式表达时，广义霍夫变换利用表格建立目标轮廓与参考点间的关系，从而继续利用霍夫变换进行检测，结果图如图 5-19 所示。

图 5-19　霍夫变换结果图

霍夫变换具有对遮挡和噪声不敏感的优点,在实际应用中具有很好的鲁棒性。霍夫变换并不直接进行边缘连接,但它可以用于提取图像中的几何形状,而这些形状往往是由一系列边缘点组成的。因此在某种程度上,霍夫变换可以为边缘连接提供有用的信息。边缘连接和霍夫变换都是图像处理中重要的技术。边缘连接主要关注将离散的边缘点连接成连续的轮廓,而霍夫变换则主要用于从图像中检测简单几何形状。在实际应用中,两者往往可以结合使用,从而实现对图像的深入理解和分析。

5.2　阈值处理

阈值处理在图像分割应用中占有重要的地位。基于阈值的图像分割首先设定一个或多个阈值,然后将图像的每个像素与这些阈值进行比较,根据比较结果将像素归入不同的类别或区域。

5.2.1　全局阈值处理

全局阈值处理的原理是基于整个图像的灰度直方图信息,选取一个全局的阈值来对图像的像素进行分割。全局阈值处理的目标是将图像中的像素按照其灰度值分为两类:一类是目标对象(通常是物体),另一类是背景对象。

选取阈值的一种方法是通过目视检查直方图。例如,图 5-20 所示的直方图有两个不同的模式,可以很容易地选取一个阈值 T 来分开它们。另一种选择阈值的方法是交互试验,挑选不同的阈值,直到观测者觉得产生了较好的结果时为止。这在交互式环境下特别有效。

例如,这种方法允许用户使用一个图形控件(如滑动条)来改变阈值并可立即看到结果。

自动选择阈值可以通过以下步骤进行:

1)为阈值 T 选一个初始估计值(建议初始估计值为图像中最大亮度值和最小亮度值的中间值)。

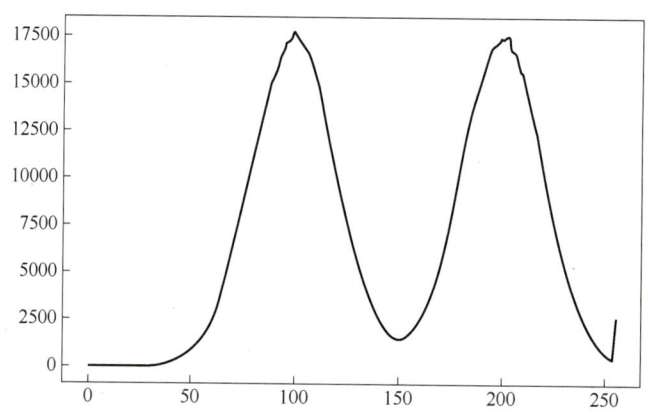

图 5-20　通过目视分析一个双模式直方图来选择阈值

2）使用 T 分割图像。这会产生两组像素：亮度值 $\geqslant T$ 的所有像素组成的 G_1，亮度值小于 T 的所有像素组成的 G_2。

3）计算 G_1 和 G_2 范围内的像素的平均亮度值 μ_1 和 μ_2。

4）计算一个新阈值为

$$T = \frac{1}{2}(\mu_1 + \mu_2) \tag{5-23}$$

5）重复步骤 2）到 4），直到连续两次迭代中阈值的差小于预先设定的停止参数为止。

5.2.2　基于 OTSU 的全局阈值处理

OTSU 最优全局阈值方法的核心思想是寻找一个最优全局阈值，使得图像中的前景和背景之间的类间方差最大。具体而言，OTSU 算法首先计算图像的直方图：

$$p_r(r_q) = \frac{n_q}{n}, \quad q = 0, 1, 2, \cdots, L-1 \tag{5-24}$$

式中，n 是像素总数；n_q 是灰度级为 r_q 的像素数目；L 是图像中所有可能的灰度级数。遍历每个灰度级，计算阈值选取为当前灰度级 k 时，将样本划分到灰度级为 $[0, 1, \cdots, k-1]$ 的类 C_0 下的像素平均灰度值，即

$$\mu_0 = \sum_{q=0}^{k-1} q\, p_q(r_q) \Big/ \sum_{q=0}^{k-1} p_q(r_q)$$

和将样本划分到灰度级为 $[k, k+1, \cdots, L-1]$ 的类 C_1 下的像素平均灰度值，即

$$\mu_1 = \sum_{q=k}^{L-1} q\, p_q(r_q) \Big/ \sum_{q=k}^{L-1} p_q(r_q)$$

以及整幅图像的总平均灰度值，即

$$\mu_T = \sum_{q=0}^{L-1} q\, p_q(r_q)$$

并计算类间方差，σ_B^2 定义为

$$\sigma_B^2 = \omega_0 (\mu_0 - \mu_T)^2 + \omega_1 (\mu_1 - \mu_T)^2$$

$$\omega_0 = \sum_{q=0}^{k-1} p_q(r_q)$$
$$\omega_1 = \sum_{q=k}^{L-1} p_q(r_q) \tag{5-25}$$

最后，OTSU 方法选择最大化类间方差 σ_B^2 的阈值 k，即为最优全局阈值。通过这个阈值，可以将图像中的每个像素与其进行比较。如果像素的灰度值大于这个阈值，就将其视为前景（目标），否则视为背景。这样，图像就被分割为了前景和背景两部分，实现了基于 OTSU 的最优全局阈值处理。观察图像直方图（图 5-21）和分割对比结果（图 5-22），可以发现在没有明显波谷的情况下，基本的全局阈值处理并不能得到预期的图像分割效果，而 OTSU 方法成功地将目标边界分割出来，其分割效果明显优于基本的全局阈值处理方法。

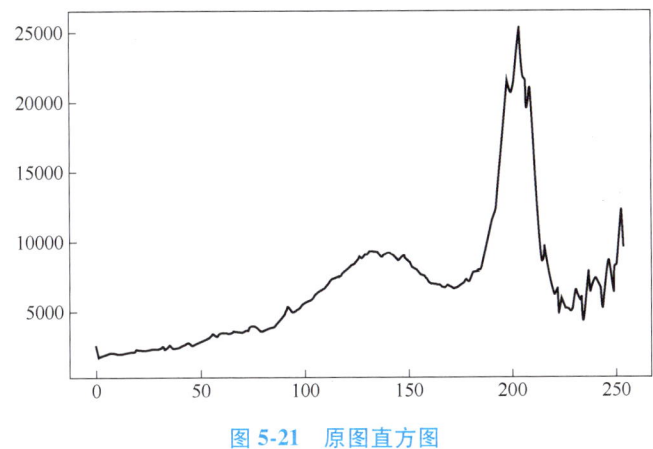

图 5-21 原图直方图

图 5-22 基于全局的阈值处理与 OTSU 方法图

OTSU 方法的优点在于它是一个自适应的阈值选择方法，无须人工干预就能够自动适应图像的复杂度及灰度分布的变化。比一般的基于灰度的阈值选择方法有更高的分类精度和更好的适应性。此外 OTSU 算法计算简单，算法复杂度较低可快速实现。

5.3 基于图论的图像分割

本节讨论一种利用图论原理进行图像分割的方法。图像被建模成图，其中像素或特定的图像区域表示为图的顶点，而顶点之间的连接关系（即边）反映了像素或区域之间的相似性或某种特定的关系。它的优点是能够充分利用图像的全局信息，对噪声和复杂场景具有一定的鲁棒性。

5.3.1 图论基础

图论是数学的一个分支，主要研究由若干给定的点及连接两点的边所构成的图形。这种图形通常用来描述某些实体之间的某种特定关系，其中点代表实体，连接两点的边表示两个实体间具有的某种关系。基于图论的方法在解决涉及实体间关系的问题时，能够比矩阵、张量、序列等结构更有效进行建模。

图论的基本概念包括图、顶点（节点）、边、邻接关系、路径、环、度数等。图由顶点和连接顶点的边组成，根据边的方向性和是否带有权重，图可以分为有向图、无向图、带权图和不带权图。邻接关系描述的是两个顶点直接连接的情况，而路径则是由一系列顶点组成，其中每个顶点通过一条边连接到下一个顶点。环是图中形成一个循环的路径。顶点的度数是与该顶点相连的边的数量，在有向图中，度数还可以分为入度和出度。

图论在计算机科学中有广泛的应用，包括网络路由、图像处理、人工智能等领域。例如，在网络路由中，图论可以用来寻找最短路径，确定数据传输的最佳路径；在图像处理中，图论可以用于图像分割，提取图像中的目标物体；在人工智能中，图论则可用于构建知识图谱，实现知识的表示和推理。此外，图论还在物理学、生物学、社交网络、交通规划、电路设计等领域中发挥着重要作用。

5.3.2 基于图割法的图像分割

图割（Graph Cuts）是一种基于图论的全局能量优化算法，普遍应用于图像分割、立体视觉（Stereo Vision）和图像抠图（Image Matting）等场合。图像前景（目标）和背景的图像分割可以看作一个最优标记问题，例如前景目标像素标记为 1，背景像素标记为 0。通过构造约束条件下的能量函数建立优化模型，当能量函数取最小值时获得最优标记完成图像分割。

设 I 表示所有图像像素的集合，N 表示邻域像素对 $\{p, q\}$ 的集合，例如，二维图像像素形成一个包含 4 或 8 邻域连接的矩形二维网格，其连接包含在 N 中。如果为每个图像像素 i_k 赋予一个二值标签 $l_k \in \{\text{obj}, \text{bgd}\}$，其中 obj 和 bgd 分别表示前景对象和背景标签，那么标签向量 $\boldsymbol{L} = (l_1, \cdots, l_p, \cdots, l_{|I|})$ 定义了一个二值分割。综合考虑区域的相似性和边界的不连续性，图像的能量函数可以定义为

$$E(\boldsymbol{L}) = \lambda R(\boldsymbol{L}) + B(\boldsymbol{L}) \tag{5-26}$$

式中，$E(\boldsymbol{L})$ 是图像标记为 $\boldsymbol{L}$ 时的能量函数或代价函数；$R(\boldsymbol{L})$ 表示区域能量项，$B(\boldsymbol{L})$ 表示边界平滑能量项；λ 是区域能量项的相对重要因子，λ 为 0 时表示只考虑边界因素。

区域能量项 $R(\boldsymbol{L})$ 定义为

$$R(\boldsymbol{L}) = \sum_{p \in I} R_p(l_p) \tag{5-27}$$

式中，$R_p(l_p)$ 表示将像素 p 标记为 l_p 的代价。如果像素 p 属于目标的概率大于其属于背景的概率，则将该像素标记为目标像素，否则标记为背景像素。为了使得正确标记的代价最小，$R_p(l_p)$ 可以定义为

$$R_p(l_p) = \begin{cases} -\ln P_r(I_p \mid O), l_p = 1 \\ -\ln P_r(I_p \mid B), l_p = 0 \end{cases} \tag{5-28}$$

式中，I_p 表示像素 p 的特征（如灰度、梯度等），$P_r(I_p \mid O)$ 和 $P_r(I_p \mid B)$ 分别表示特定灰度级属于对象目标和背景的概率，这些概率可以根据目标与前景的特征直方图来获得。

边界平滑能量项 $B(\boldsymbol{L})$ 定义为

$$B(\boldsymbol{L}) = \sum_{p,q \in \mathbf{N}} B_{\{p,q\}}$$

$$\delta(l_p, l_q)\delta(l_p, l_q) = \begin{cases} 0, l_p = l_q \\ 1, l_p \neq l_q \end{cases} \tag{5-29}$$

式中，$\delta(l_p, l_q)$ 只考虑边缘的邻域像素对；$B_{\{p,q\}}$ 是相邻像素 p 和 q 之间的局部标签不连续性的惩罚代价。如果邻域像素 p 和 q 的特征很相似，则它们属于同一目标或同一背景的可能性很大，否则一个属于对象而另一个属于背景（即在对象/背景边界上），即 p 和 q 越相似，则 $B\{p,q\}$ 越大，否则越接近于 0。在边界平滑的目标下，为使正确标记的代价最小，$B\{p,q\}$ 可以定义为

$$B_{\{p,q\}} = \exp\left(-\frac{(I_p - I_q)^2}{2\sigma^2}\right) \frac{1}{\text{dist}(p,q)} \tag{5-30}$$

式中，$\text{dist}(p, q)$ 表示像素 p 和 q 之间的距离。

求解式（5-26）中的能量极小化问题，等价于求解图论中的最小割/最大流问题。利用无向图 $G = (V, E)$ 表示待分割的图像（称为 S-T 图），顶点 V 分为普通顶点和终端顶点两类，普通顶点对应于图像中的每个元素，终端顶点包括源点 S(Source) 和汇点 T(Sink)。边 E 分为 n-link 和 t-link 两类，n-link 是由两个相邻的普通顶点连接形成的边，t-link 是由普通顶点和终端顶点连接形成的边。S-T 图中的每条边都有一个非负的权值，可以理解为代价。一个割就是边集合 E 的一个子集 C，断开这些边可以将图 G 分割为互不相交的 S 子图和 T 子图，即分割后每个普通顶点只剩一个 t-link。在图像分割中，S 子图中的普通顶点构成前景 O，而 T 子图中的普通顶点构成背景 B，如图 5-23 所示。

割 C 由以下 3 种边组成：

1) 如果两个相邻的普通顶点 p 和 q 连接到不同的终端顶点，则边 $\{p, q\} \in C$。

2) 如果普通顶点 p 属于前景 O，则边 $\{p, T\} \in C$。

3) 如果普通顶点 p 属于背景 B，则边 $\{p, S\} \in C$。

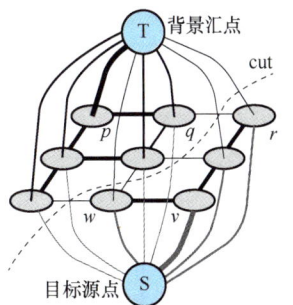

图 5-23 最小割原理示意图

割的代价 $|C|$ 等于 C 中所有边的权值之和。如果割 C 的代价在所有割中最小，则称此为最小割。福特-富尔克森方法表明最大流与最小割等效，因而可以利用最大流/最小割算法来获得 S-T 图的最小割。图割方法通

过寻找图的最小割来最小化能量函数，从而实现图像分割，图中边的权值决定了最后的分割结果。

对图像进行分割时，首先构建 S-T 图，n-link 边的权值由 $B_{|p,q|}$ 决定，与终端顶点 S 相连的 t-link 边的权值由 $R_p(1)$ 决定，与终端顶点 T 相连的 t-link 边的权值由 $R_p(0)$ 决定。S-T 图构造完成后，选取两个种子点（人为指定分别属于目标和背景的两个像素点），可以通过图论中的最大流算法来找到对应于能量最小化的最小割，从而将图像的目标（S 子图中的普通顶点集）与背景（T 子图中的普通顶点集）分开，如图 5-24 所示。

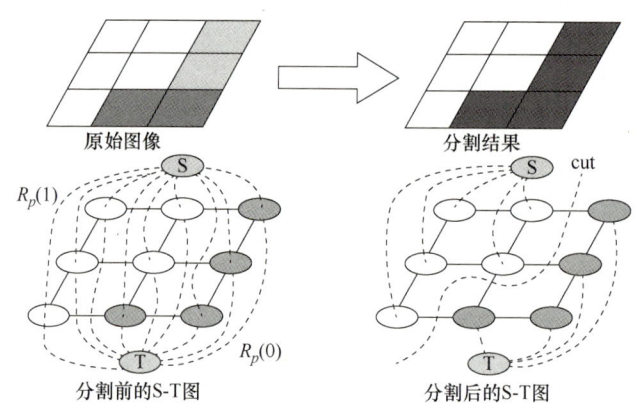

图 5-24　Graph Cuts 图形分割示意图

5.4 基于马尔可夫随机场的图像分割

马尔可夫随机场（Markov Random Field，MRF）是一种经典的统计模型，在计算机视觉、图像处理、自然语言处理等领域有广泛的应用。MRF 可以有效地捕捉局部依赖关系，并通过联合概率分布来描述系统的整体行为。MRF 在图像分割中用于建模像素标签（如前景、背景）的空间依赖关系。每个像素的标签作为随机变量，通过相邻像素的标签来构建依赖关系，确保分割结果的平滑性和一致性。通过最大化或最小化能量函数确定每个像素的标签，从而实现图像分割。

5.4.1　马尔可夫随机场基础

随机场是一组随机变量在某个空间（通常是网格或图）上的集合。每个随机变量对应空间中的一个位置，并且这些随机变量之间可能存在依赖关系。在图像处理中，二维图像可建模为二维随机场，随机变量可以代表像素的灰度级、颜色、纹理或提取的特征。因此，随机场为图像中的每个像素提供了一个概率分布，描述其可能的状态。

马尔可夫性质是 MRF 的核心概念，它描述了随机变量之间的局部依赖关系。对于一个随机变量，其条件概率仅依赖于其邻域（即与它直接相邻的随机变量），而与其他非邻域变量无关。给定一个随机变量 X_i 及其邻域 N_i，有 $P(X_i | X_{-i}) = P(X_i | X_{N_i})$，其中 X_{-i} 表示除 X_i 以外的所有随机变量，X_{N_i} 表示 X_i 的邻域变量。

马尔可夫随机场结合了马尔可夫性质与随机场的概念，常用来描述一组随机变量之间的相关性。在图像处理中，每个像素可以视为一个随机变量，其取值受到周围像素的影响。马尔可夫随机场通过描述变量间的联合分布来表达各个变量之间的相关性，阐明了像素间的空间关系和相互作用。对于二维马尔可夫随机场，其中平面结构可很好地表达图像中彼此像素间存在的空间邻域约束相关性。

Hammersley-Clifford 定理证明了马尔可夫随机场与吉布斯分布两者间的等价关系。在统计力学中，吉布斯分布给出了系统处于某种状态的概率，这个概率是状态的局部属性（例如系统的能量和温度）的函数。因此，吉布斯模型可以视为定义在团上的一组势函数。吉布斯分布表示为

$$P(X=x) = \frac{1}{Z}\exp(-E(x)) \tag{5-31}$$

$$E(x) = \sum_{c \in C} \Phi_c(x_c)$$

式中，$E(x)$ 是状态 x 的能量函数；Z 是配分函数（归一化函数），用于确保概率和为 1。能量函数 $E(x)$ 通常表示为一组势函数（Potential Functions）的和。C 是图中的所有团（Clique）的集合，团中所有成对像素都互为近邻。Φ_c 是团 c 的势函数，依赖于团中的变量 x_c，MRF 可以结合多种势函数和能量函数，灵活处理不同问题。有效建模局部依赖关系，适用于空间数据和图像处理。

5.4.2 基于 MRF 的图像分割

基于马尔可夫随机场的图像分割中，图像被看作一个马尔可夫随机场，即图像中的每个像素或区域的状态与其相邻像素或区域的状态存在依赖关系。这种依赖关系是通过构建能量函数来描述的，能量函数通常包括像素的势能函数和相邻像素之间的联合势能函数。势能函数描述了像素在其所属区域中的适应性，而联合势能函数则描述了相邻像素之间的交互关系。通过优化这个能量函数，可以得到图像的最佳分割结果。优化过程通常涉及最小化能量函数，这可以通过迭代算法或优化算法来实现。在优化过程中，每个像素或区域的状态会根据其相邻像素或区域的状态进行调整，以使得整个图像的能量达到最小。

利用马尔可夫随机场来实现图像分割的过程，实际上就是把图像中所有像素分配到 K 个类别标签过程。$I = \{I_1, I_2, \cdots, I_N\}$ 表示所有图像像素特征的集合。依据贝叶斯理论，图像分割或像素标记问题，可以建模为

$$P(l|I) = \frac{P(I|l)P(l)}{P(I)} \propto P(I|l)P(l) \tag{5-32}$$

公式描述相邻像素间的联合势能先验，$P(l)$ 可通过马尔可夫随机场建模为

$$P(l) = \frac{1}{Z}\exp(-E(l)) = \frac{1}{Z}\exp\left(-\sum_{c \in C}\Phi_c(l)\right) \tag{5-33}$$

以图 5-25 的灰度图像分割为例，邻域相似标签的平滑先验可简单建模为

$$\Phi_c(i,j) = \beta\delta(l_i,l_j) = \begin{cases} -\beta & \text{当}\, l_i = l_j\text{时}, \\ +\beta & \text{当}\, l_i \neq l_j\text{时} \end{cases} \tag{5-34}$$

式中，β 可以设置为固定的先验值，随着 β 的增加，区域趋向于一致平滑。

描述像素势能函数的类条件概率可以简单建模为高斯分布，即

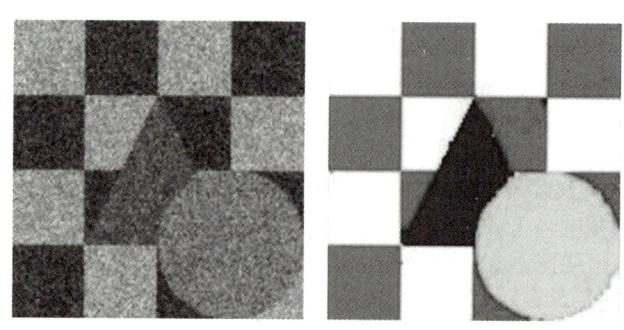

图 5-25 灰度图像分割

$$P(I_p \mid l_p) = \frac{1}{\sqrt{2\pi}\sigma_{l_p}} \exp\left(-\frac{(I_p - \mu_{l_p})^2}{2\sigma_{l_p}^2}\right) \tag{5-35}$$

其中每个标签类的高斯分布参数，如均值和方差，可以通过用户交互方式进行经验估计，或通过期望最大化算法自动估计。

根据贝叶斯定理［式（5-32）］，即建模的先验与类条件概率［式（5-33）、式（5-35）］，可以推导出 MRF 能量函数为

$$l^{\text{MAP}} = \arg\max_{l \in L} P(l \mid I) = \arg\min_{l \in L} E(l)$$

$$E(l) = \sum_p \left(\log(\sqrt{2\pi}\sigma_{l_p}) + \frac{(I_p - \mu_{l_p})^2}{2\sigma_{l_n}^2} \right) + \sum_{i,j} \beta \delta(l_i, l_j) \tag{5-36}$$

上述能量函数［式（5-36）］的最小化问题，当分割类别标签数已知时，可通过梯度下降算法，模拟退火等算法求解。当分割类别未知时，需要更灵活的马尔可夫链蒙特卡罗采样算法来实现全自动分割。

基于马尔可夫随机场的图像分割方法具有一些显著优势。首先它能够充分利用图像中的统计信息，捕捉到像素或区域之间的相关性，从而实现更准确地分割。其次马尔可夫随机场模型能够处理噪声和不确定性，对于复杂场景的图像分割具有鲁棒性。此外它还能够处理多标签分类问题，对图像进行更细粒度的分类。

在实际应用中，基于马尔可夫随机场的图像分割方法已广泛应用于多种领域。

5.5 基于深度学习的图像分割

相较于传统图像分割方法通常使用像素色彩、边缘和纹理等低级特征来区别对象和背景；深度学习方法通过神经网络从数据中自动学习高级语义特征来分割图像。在复杂开放的场景下，基于深度学习的图像分割方法，通常能够达到比传统方法更高的准确度。

深度学习图像分割算法主要分为以下三种类型：语义分割、实例分割和全景分割。这三种算法区分的主要依据是对图像内容的处理。图像内容一般分为可计数的实例目标和无定形的区域。

语义分割是一种将图像中的每个像素分配给特定类别标签的技术，关注的是图像中的无定形区域部分。其通过将相似的纹理区域分配给唯一的类别标签来识别图像中的不同材质或

纹理。因此语义分割可以将图像中的区域分为不同的类别，例如车、道路、天空、草地等。语义分割的目标是将图像中的每个像素归类到相应的类别中，但它不能区分不同的物体实例。

实例分割是在图像中检测并区分不同的物体实例。它通过为每个物体实例分配不同的标识符或掩膜来实现。实例分割的目标是对每个物体实例进行独立的分割，从而可以识别和跟踪图像中的每个物体。实例分割技术通常与目标检测技术相结合，以定位和分割图像中的物体实例。

全景分割是一种结合了语义分割和实例分割的综合方法。它既关注图像中的无定形区域部分，也能区分不同的物体实例。全景分割为图像中的每个像素分配一个语义标签和一个唯一的实例标识符。全景分割的目标是同时提供对图像中物体和背景的语义理解以及物体实例的定位和分割。三种图像分割效果对比如图5-26所示。

a) 语义分割　　　　　　b) 实例分割　　　　　　c) 全景分割

图 5-26　分割效果图

不难看出，语义分割类似目标检测只是将目标识别成相应的类；而实例分割则更像目标跟踪，它可以区分同类别不同目标；全景分割是前二者的结合。在介绍图像语义分割和图像实例分割的算法之前，下面简单介绍一些深度学习图像分割评价指标。

1. 平均像素准确率

在图像分割任务背景下，平均像素准确率（Mean Pixel Accuracy，MPA）是一种常用的评估指标，用于衡量分割模型在像素级别上的准确性。它通过计算每个类别的像素准确率，然后取平均值，来评估分割模型的整体性能。对于分类问题，根据类别数构建混淆矩阵，例如 $k+1$ 分类问题，生成 $(k+1)\times(k+1)$ 的混淆矩阵。最简单的二分类，见表5-1。

表 5-1　二分类例

结果	预测为正	预测为负
实际为正	真正例（TP）	假负例（FN）
实际为负	假正例（FP）	真负例（TN）

计算每个类别的像素准确率，对于每个类别 i，其像素准确率（Pixel Accuracy，PA）定义为

$$PA_i = \frac{TP_i + TN_i}{TP_i + TN_i + FP_i + FN_i} \tag{5-37}$$

MPA 是所有类别的像素准确率的平均值，即

$$MPA = \frac{1}{N}\sum_{i=1}^{N} PA_i \tag{5-38}$$

式中，N 表示类别总数；$TP_i + TN_i + FP_i + FN_i$ 表示总像素数，$TP_i + TN_i$ 表示正确分类的像素

数。MPA 是评估图像分割结果的重要指标，通过衡量每个类别的像素准确率并取平均，提供了一个直观且易于理解的整体分割性能度量。

2. 交并比

交并比 IoU 为预测分割和标签之间的重叠区域除以预测分割和标签之间的联合区域（两者的交集/两者的并集）。交并比公式如下，该指标的范围为 0~1（或 0~100%），其中 0 表示没有重叠，1 表示完全重叠分割，如图 5-27 所示。

$$\mathrm{IoU} = \frac{A \cap B}{A \cup B} = \frac{\mathrm{TP}}{\mathrm{TP+FP+FN}} \tag{5-39}$$

3. 骰子系数（Dice）

Dice 类似于交并比，用于测量分割结果与真实分割（Ground Truth）之间的重叠程度，但计算方法略有不同，主要差别在于分子取二倍交集，分母为两集合的相加和，公式

$$\mathrm{Dice} = \frac{2|A \cap B|}{|A|+|B|} = \frac{2 \times \mathrm{TP}}{\mathrm{FN+TP+TP+FP}} \tag{5-40}$$

4. Hausdorff 距离

Hausdorff 距离用于评估分割边界的准确性和一致性，用于测量两个形状或两个点集之间的相似程度，评估分割结果与真实分割之间的匹配程度。对于两个点集 A 和 B，Hausdorff 距离定义为

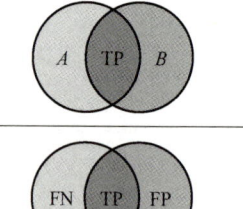

图 5-27 交并比示意图

$$H(A,B) = \max(h(A,B), h(B,A))$$
$$h(A,B) = \max_{a \in A} \min_{b \in B} \| a-b \|$$
$$h(B,A) = \max_{b \in B} \min_{a \in A} \| b-a \| \tag{5-41}$$

点集 A 表示图像分割结果中的边界点集，点集 B 表示真实分割（Ground Truth）中的边界点集。$h(A,B)$ 表示对于点集 A 中的每个点，找到点集 B 中距离其最近的点，然后取这些最小距离的最大值。这反映了从 A 到 B 的最大最小距离。$h(B,A)$ 表示同样的计算方式，但从点集 B 到点集 A。Hausdorff 距离是这两个方向上最大最小距离的较大值，即反映了分割边界与真实边界之间的最大误差。Hausdorff 距离是一个对称的距离度量，这个性质使得 Hausdorff 距离在比较两个集合或形状时非常有用，提供了一个明确的最大距离度量，便于理解和解释分割结果的质量。然而，Hausdorff 距离也存在局限性，例如它对最大误差敏感，容易受噪声或孤立点的影响。

5.5.1 基于深度学习的图像语义分割

1. 基于全卷积神经网络的语义分割

全卷积网络（FCN）从卷积神经网络提取的抽象特征中恢复每个像素所属的类别。FCN 是深度学习在图像分割领域的开山之作，可以接受任意尺寸的输入图像，FCN 将 CNN 网络的全连接层替换为反卷积层，采用反卷积层对最后一个卷积层的特征图进行上采样，使其恢复到与输入图像相同的尺寸并获取 2 维特征图，最后再对采样的特征图进行逐像素分类。由于网络中只有卷积没有全连接，所以这个网络称为全卷积网络，结构如图 5-28 所示。

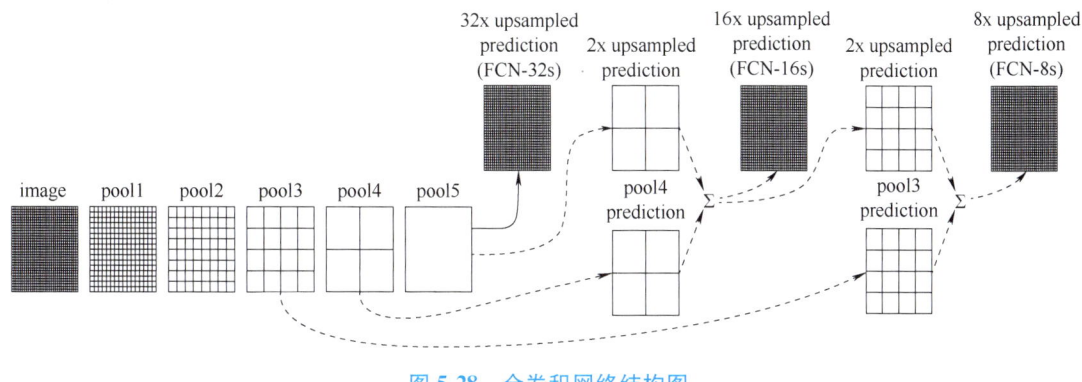

图 5-28　全卷积网络结构图

FCN 的基本框架结构可以分为编码器和解码器两个主要部分，以及输出层和反卷积层两个层次。

（1）编码器　编码器部分通常由一系列卷积层和池化层组成，这些层的目的是提取输入图像的特征。这部分结构可以是预训练的卷积神经网络（如 VGG、ResNet 等），也可以是专门为图像分割任务设计的网络结构。在 FCN 最初提出时使用 VGG16 网络的前几层作为编码器。在编码过程中，卷积层负责提取图像的局部特征，而池化层则负责降低特征的空间维度（高度和宽度），从而减少计算量并提取更加抽象的特征。随着网络层次的加深，特征图的深度（通道数）会增加，但空间维度会减小。

（2）解码器　解码器部分将编码器提取的特征映射回原始图像的空间维度，从而生成与输入图像同样大小的分割图。解码器通常由一系列上采样（或称为反卷积）层和卷积层组成。在解码过程中，上采样层负责逐步恢复特征图的空间维度，从而增加特征图的高度和宽度。这样做的目的是使网络能够生成像素级的输出。上采样可以通过不同的方法实现，如双线性插值、最近邻插值或转置卷积。FCN 采用反卷积层来实现上采样。当特征图的空间维度恢复到接近原始图像大小时，卷积层会被用来进一步处理特征图，并生成最终的分割结果。

（3）输出层　FCN 的输出层通常是一个具有 K 个通道的卷积层，其中 K 是目标类别的数量。每个通道对应一个类别，输出的是该类别的概率分布。通过应用 Softmax 函数，可以得到每个像素属于各个类别的概率。

（4）反卷积层　在全卷积网络中，反卷积层（也称为转置卷积层或上采样卷积层）是一种特殊的卷积层，其引入是为了解决在卷积神经网络中连续应用池化层和卷积层后导致的尺寸减小问题。在图像分割任务中，我们需要恢复到与原始输入图像相同的空间分辨率，以便为每个像素提供分类信息。反卷积层的核心思想是在特征图的像素之间插入额外的像素，从而实现尺寸的放大。卷积与反卷积如图 5-29 所示。

反卷积层不仅用于图像分割任务，还可以应用于其他需要上采样的场景，如超分辨率、生成对抗网络（GANs）中的生成器等。

2. 基于 Unet 的图像语义分割

Unet 是一种用于图像分割的深度学习模型，主要用于医学图像的分割任务，但它的应用范围已扩展到其他领域，如遥感图像分析、自动驾驶中的道路检测等。Unet 的核心思想

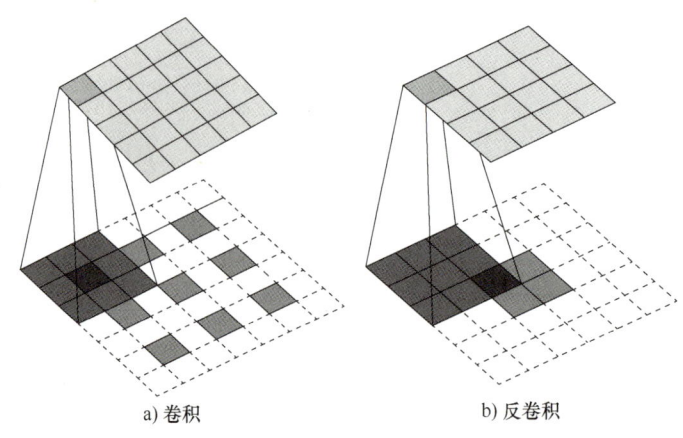

a) 卷积　　　　　　　　　b) 反卷积

图 5-29　卷积与反卷积示意图

是编码器-解码器（Encoder-Decoder）架构。Unet 的名称来源于其 U 形结构，即从输入图像开始，通过编码器部分逐步缩小空间分辨率，然后通过解码器部分逐步恢复原始分辨率，最终输出与输入图像大小相同的分割图。编码器部分类似于传统的卷积神经网络（如 VGG），由一系列的卷积层和最大池化层组成，通过卷积层提取特征，通过最大池化层逐步减小空间分辨率，增大特征的感受野。解码器部分通过上采样（上采样层、转置卷积等）逐步恢复图像的空间分辨率。与编码器部分相对称，每一个上采样操作后接一个卷积层，以细化分割结果。跳跃连接（Skip Connections）是 Unet 的特色功能模块，编码器中的每一层特征图直接连接到解码器中的相应层。这些跳跃连接帮助模型在恢复分辨率的过程中保留更多细节信息。Unet 网络结构如图 5-30 所示。

图 5-30 彩图

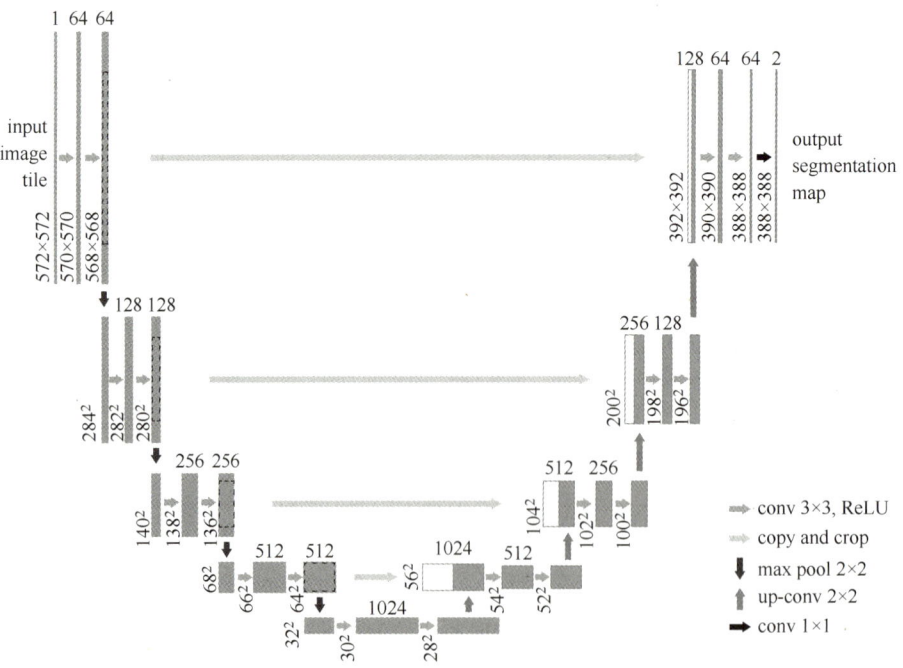

图 5-30　Unet 网络结构图

Unet 属于全卷积网络，所有操作都是卷积操作（包括标准卷积、最大池化和转置卷积等）。因此，它可以处理任意大小的输入图像，并生成相应大小的输出分割图。Unet 网络结构如图 5-30 所示，蓝色箭头代表 3×3 的卷积操作，并且步长是 1，红色箭头代表 2×2 最大池化操作，绿色箭头代表 2×2 的反卷积操作。收缩路径遵循典型的卷积网络架构。它由两个 3×3 卷积（无填充卷积）的重复应用组成，每个卷积后跟一个修正线性单元（ReLU）和一个步幅为 2 的 2×2 最大池化操作以进行下采样。在每次下采样步骤中，特征通道的数量加倍。扩展路径中的每一步骤包括特征图的上采样，随后是一个 2×2 反卷积，该卷积将特征通道的数量减半，然后与来自收缩路径的相应裁剪特征图进行拼接，并进行两个 3×3 卷积，每个卷积后跟一个 ReLU。由于每次卷积都会导致边界像素的丢失，因此裁剪是必要的。在最后一层，使用 1×1 卷积将每个 64 分量的特征向量映射到所需的类别数。整个网络共有 23 个卷积层。

医学图像普遍分辨率较高，为了实现输出分割图的无缝拼接，采用 Overlap-Tile 策略，在选择输入图块大小时，必须确保所有 2×2 最大池化操作都应用于具有偶数 x 和 y 大小的层，如图 5-31 所示，对黄色区域的分割预测需要蓝色区域内的图像数据作为输入，缺失的输入数据通过镜像外插来填充。

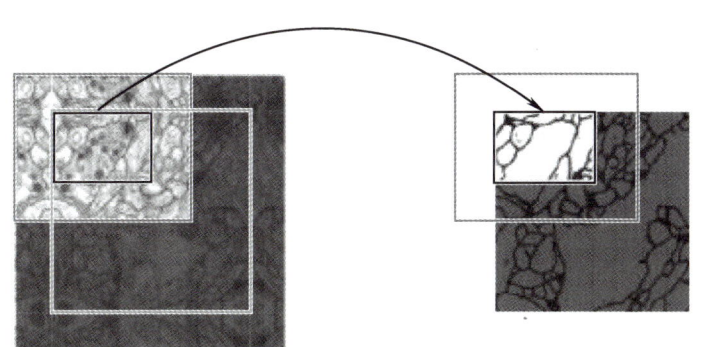

图 5-31 Overlap-Tile 策略示意图

如图 5-32a 所示，采用 DIC（差分干涉对比）显微镜在玻璃上记录的 HeLa 细胞原始图像。图 5-32b 所示为以不同颜色表示不同的 HeLa 细胞实例，并将真实分割叠加于原图像。图 5-32c 所示为生成的分割掩膜（白色代表前景，黑色代表背景）。图 5-32d 所示为像素级损失权重图，通过预先计算每个真实分割的权重图，补偿训练数据集中某些类别像素的不同频率，起到强制网络学习边界像素的作用。权重图计算为

$$w(x) = w_c(x) + w_0 \exp\left(-\frac{(d_1(x)+d_2(x))^2}{2\sigma^2}\right) \tag{5-42}$$

式中，w_c 是用于平衡类别频率的权重图；d_1 表示到最近细胞边界的距离；d_2 表示到第二近细胞边界的距离。

Unet 在医学图像分割中表现出色，尤其在数据量较少的情况下，能有效利用图像中的细节信息。结构简单，易于理解和实现，并且可以处理不同大小和类型的图像，适应性强。目前已提出多种基于 Unet 的改进方案，以提升性能适应不同的应用场景，具体包括，通过增加更密集的跳跃连接，以提高特征融合能力的 Unet++；通过注意力机制增强对目标区域

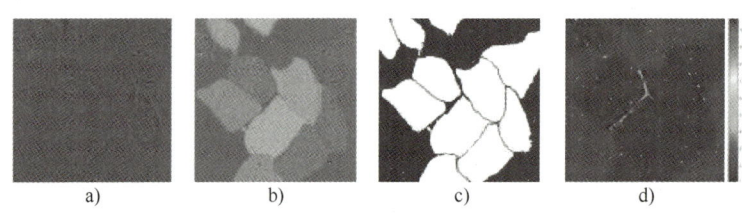

图 5-32 分割示例图

的关注，提高分割精度的 Attention Unet 和 3D 卷积，用于 3D 医学图像（如 MRI、CT）分割的 3D Unet。

5.5.2 基于深度学习的图像实例分割

YOLACT（You Only Look One-level，Any Category Thing）是一种用于实时物体检测和实例分割的深度学习模型。它结合了 YOLO（You Only Look Once）系列的快速检测能力和实时实例分割技术。YOLACT 使用 ResNet-101 作为提取图像的特征的骨干网络。为了处理不同尺度的物体，YOLACT 使用特征金字塔网络（FPN）来融合不同尺度的特征图，这些特征图从骨干网络的不同层提取，通过横向连接和顶层下采样层融合，生成一组具有丰富上下文信息的多尺度特征图。为了解决实例分割的实时性问题，YOLACT 将实例分割任务划分为两个更简单的平行任务，通过对这两个任务的结果进行融合来得到最终的实例分割结果。YOLACT 引入了原型掩膜的概念，使用全卷积网络（FCN）作为第一分支来产生一些具有整个图像大小的原型掩膜，这些原型掩膜捕捉图像的全局信息且不与任何实例相关；第二分支在目标检测分支的基础上添加预测头，预测头接收来自 FPN 的特征图，针对每一个锚框都预测一个掩膜系数向量，该向量表示如何将原型掩膜线性组合起来生成该物体的实例掩膜，并生成物体检测和分割结果。YOLACT 最终输出每个物体的边界框位置，每个边界框内物体属于不同类别的概率，和每个物体的分割掩膜。YOLACT 网络架构如图 5-33 所示。

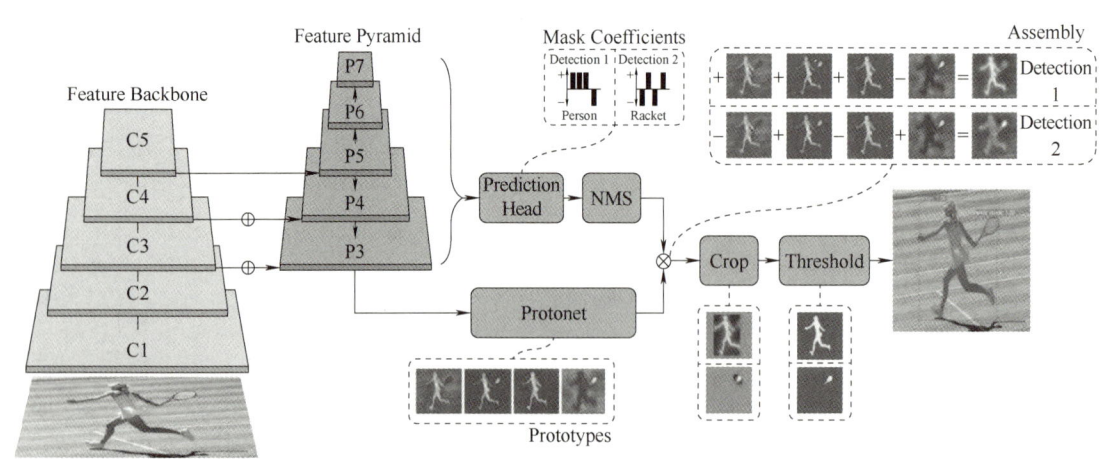

图 5-33 YOLACT 网络架构图

YOLACT 进行实例分割主要根据掩膜在空间上具有一致性的特性，即彼此靠近的像素很可能属于同一个实例。充分利用卷积层生成"原型掩膜",利用全连接层生成"掩膜系数",二者并行处理。具体而言,原型生成分支(Protonet)为整个图像预测一组 k 个原型掩膜。将分支实现为一个最后一层具有 k 个通道(每个原型对应一个通道)的 FCN,并将其附加到骨干特征层。这种形式与标准的语义分割的不同之处在于其对原型没有明确的损失约束,所有的监督都源于集成后的最终掩膜损失。

典型的基于锚点的目标检测器在其预测头中有两个分支:一个分支预测 c 个类别置信度,另一个分支预测 4 个边界框回归器。对于掩膜系数预测,只需添加一个并行的第三分支,预测 k 个掩膜系数,每个系数对应一个原型。因此,每个锚点不再是生成 $4+c$ 个系数,而是生成 $4+c+k$ 个系数。

为了产生实例掩膜,将产生模板的分支和产生掩膜系数的分支使用线性组合的方法进行结合,并对组合结果使用 sigmoid 非线性函数来生成最终的掩膜,该过程可以用一次矩阵乘法来高效实现,即

$$M = \sigma(PC) \tag{5-43}$$

式中,P 为 $h \times w \times k$ 的原型掩膜矩阵;C 为 $n \times k$ 的掩膜系数矩阵。

YOLACT 使用三种损失训练模型,分别是分类损失 L_{cls},边界框回归损失 L_{box} 和掩膜损失 $L_{mask}=\mathrm{BCE}(M,M_{gt})$,即计算组合掩膜 M 与真实掩膜 M_{gt} 之间的逐像素二元交叉熵。YOLACT 使用 ResNet-101 和 FPN 作为默认特征骨干网络,基础图像大小为 550×550。类似于 RetinaNet,修改 FPN 从 P5(而非 C5)开始,依次生成 P6 和 P7 作为 3×3 步幅为 2 的卷积层,并在每层放置 3 个纵横比为 [1, 1/2, 2] 的锚点。P3 的锚点面积为 24 平方像素,每层的尺度是前一层的两倍(对应的尺度为 [24, 48, 96, 192, 384])。对于附加到每个 Pi 的预测头,建立共享的 3×3 卷积层,然后每个分支有其自己的并行 3×3 卷积层。与 RetinaNet 相比,YOLACT 的预测输出设计更为轻量和高效。

YOLACT 使用平滑 L1 损失来训练边框回归器,并以与 SSD 相同的方式编码边框回归坐标。为了训练类别预测,使用 Softmax 交叉熵,包含 c 个正标签和 1 个背景标签。YOLACT 通过创新性的架构设计,结合了 YOLO 的快速检测能力和高效的实例分割方法,提供了一种高效、准确的解决方案,适用于各种实时性要求高的应用场景。

5.6　本章课程项目实验

图像分割是目前分析图像的比较常用且实用的技术。水下观测是探索海洋最直观的手段之一。受水下光学特性、声学特性以及杂波、水生生物等的影响,水下观测中所采集的图像并不总能满足观测需求。通过水下图像分割实验对本章介绍的深度学习算法有更好的理解。

码 5-7【程序源码】
本章项目实验

在这个项目中我们使用 SUIM 数据集作为本章课程项目实验使用的水下图像分割数据集。SUIM 数据集中包含 1500 多幅图像,带有像素注释的八种对象类别:鱼(脊椎动物)、珊瑚礁(无脊椎动物)、水生植物、残骸/废墟、潜水员、机器人和海底。这些图像是在海洋探索和人机合作实验中严格收集的,并由人类参与者进行注释,如图 5-34 所示。数据集可从 https://github.com/xahidbuffon/SUIM 网址中自行下载。本章选用以下四种深度学习算法(必选 SUIM-Net 算法)对水下图像进行分割。

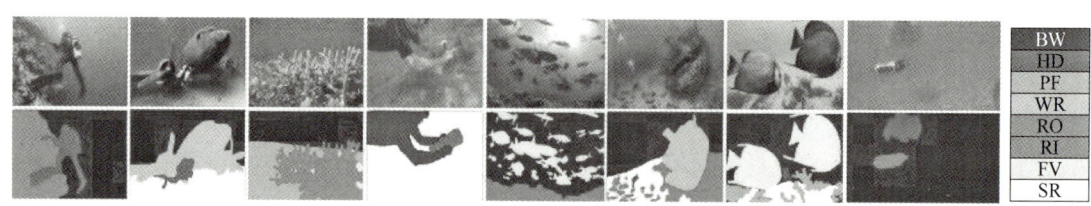

图 5-34 部分示例图像和相应的像素注释

1. 利用 DeepLab 网络对水下图像分割步骤

第一步：数据预处理。将原始图像转换为算法输入所需的格式，例如将图像缩放到固定大小、进行归一化等。

第二步：加载模型。使用 DeepLab 的预训练模型或自己训练的模型，加载模型参数和结构。

第三步：输入图像将预处理后的图像输入到模型中，进行前向计算。

第四步：获取分割结果从模型的输出中获取分割结果，通常是一个与输入图像大小相同的分割图像，其中每个像素都表示该像素所属的类别。

第五步：后处理。根据需要对分割结果进行后处理，例如去除噪声、合并相邻的像素等。

第六步：使用交并比、精度以及召回率等指标对其进行测试。

结果如图 5-35 所示。

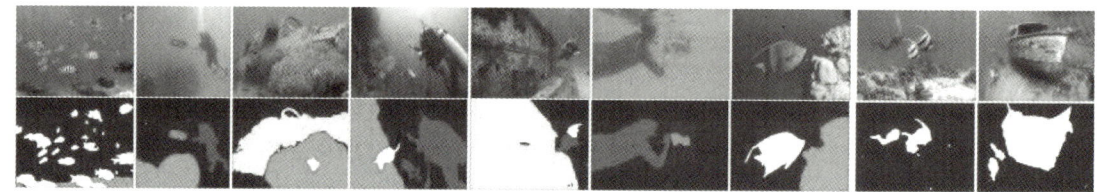

图 5-35 DeepLab 算法的部分结果展示

2. 利用 U-Net 网络对水下图像分割步骤

第一步：数据预处理，对数据集进行预处理，包括图像的缩放、归一化和标签的解析。

第二步：搭建 U-Net 模型，包括编码器（下采样路径）和解码器（上采样路径），并添加跳跃连接，并选择合适的损失函数，如交叉熵损失或 Dice 损失。

第三步：对训练数据进行增强，如旋转、翻转、缩放等，以增加数据多样性，并使用优化算法（如 Adam）进行模型训练，迭代调整模型参数以最小化损失函数。

第四步：对测试集进行预测，生成每个像素的分类结果，计算并可视化分割结果。

第五步：使用评价指标评估模型性能，并与其他方法进行对比，采用常用的评价指标，如交并比（Intersection over Union, IoU）、精度（Precision）、召回率（Recall）等。

结果如图 5-36 所示。

图 5-36　U-Net 算法的部分结果展示

3. 利用 FCN 网络对水下图像分割步骤

第一步：数据收集和预处理。收集需要分割的图像数据，并进行必要的数据预处理，例如对图像进行缩放、旋转或者去噪处理等。

第二步：从预处理后的图像中提取特征，例如颜色、纹理、形状等。

第三步：搭建 FCN 模型，对训练数据进行增强，例如旋转、翻转、缩放等，以增加数据多样性，并使用优化算法（如 Adam）进行模型训练，迭代调整模型参数以最小化损失函数。

第四步：对测试集进行预测，生成每个像素的分类结果，计算并可视化分割结果。

第五步：使用评价指标评估模型性能，并与其他方法进行对比，采用常用的评价指标，对分割结果进行评估，比如计算分割的准确率、召回率、F1 值等，根据评估结果对算法进行调整和优化，以获得更好的分割效果。

结果如图 5-37 所示。

图 5-37　FCN 算法的部分结果展示

4. 利用 SUIM-Net 网络对水下图像分割步骤

第一步：数据预处理，对数据集进行预处理，包括图像的缩放、归一化和标签的解析。

第二步：搭建 SUIM-Net 模型，包括编码器（下采样路径）、解码器（上采样路径）、残差跳跃模块、可选跳跃层。

第三步：对训练数据进行增强，例如旋转、翻转、缩放等，以增加数据多样性，并使用优化算法（如 Adam）进行模型训练，迭代调整模型参数以最小化损失函数。编码器网络从输入的 RGB 图像中提取 256 个特征图，然后由三个顺序解码器层利用编码的特征图。

第四步：对测试集进行预测，生成每个像素的分类结果，计算并可视化分割结果。

第五步：使用评价指标评估模型性能，并与其他方法进行对比，采用常用的评价指标，例如交并比（Intersection over Union，IoU）、精度（Precision）、召回率（Recall）等。

结果如图 5-38 所示。

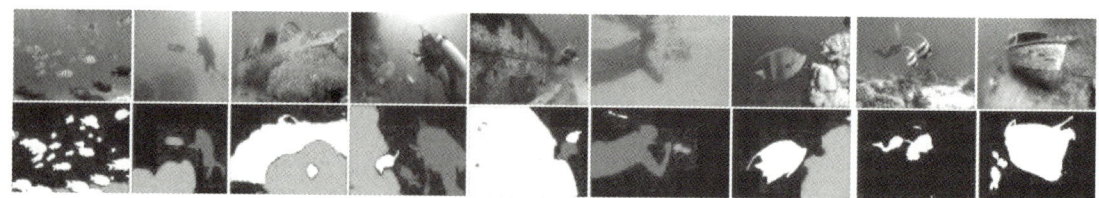

图 5-38 SUIM-Net 算法的部分结果展示

本章小结

在图像处理领域，图像分割是一项至关重要的任务，旨在将图像划分为具有相似特征或语义内容的区域，有助于提取目标区域并进行进一步的分析，在医学影像分析、目标检测、场景理解等领域中具有广泛应用。本章节介绍了图像分割的相关基础知识以及常用方法，涵盖了诸如基于阈值分割、边缘检测以及图割算法等传统方法。同时，随着深度学习技术的发展，基于深度学习的方法，如语义分割和实例分割，实现了更精细的像素级分割。本章中主要展开介绍了深度学习领域的图像分割方法，其中实例分割主要有 YOLACT，语义分割领域主要有 FCN 和 Unet，目前正处于深度学习学科快速发展时期，随着更加新颖、庞大的模型的推出，SOTA 的更迭也会越来越快。

思考题与习题

5-1 列举并简要描述三种常用的特征点检测方法，比较这三种方法的优缺点，并且针对不同的应用场景（如图像配准、物体识别、运动估计等），讨论每种方法的适用性。

5-2 对给定的一幅图像分别应用 Harris 角点检测、SIFT（尺度不变特征变换）和 ORB（方向加快鲁棒特征）进行特征点检测，并且将检测结果在图像上进行可视化并进行比较。

5-3 常用的线检测有哪些，它相比点检测的适用性有哪方面优势。

5-4 证明什么样的 Sobel 模板和 Prewitt 模板会对水平边缘、垂直边缘和 ±45° 方向边缘能给出各向同性的结果。

5-5 使用 Sobel 算子编写一个 Python 程序，对给定的灰度图像进行边缘检测。展示原始图像和检测到的边缘图像。

5-6 解释 OTSU 阈值分割的基本原理，在什么情况下 OTSU 阈值分割方法最适用？它的局限性是什么？

5-7 解释自适应阈值分割的基本原理，并试图分析自适应阈值分割和 OTSU 阈值分割的主要区别是什么？在什么情况下应优先选择自适应阈值分割？

5-8 解释图割（Graph Cut）在图像分割中的基本原理。什么是最小割（Min Cut）和最大流（Max Flow）？

5-9 描述基于 GrabCut 算法的图像分割方法，并解释该算法是如何利用图割法进行分割的。

5-10　什么是马尔可夫随机场（Markov Random Field，MRF）？在图像分割中如何应用 MRF 模型？

5-11　给定一个简单的二值图像，使用 MRF 模型描述其分割过程。你需要定义邻域系统、能量函数，并解释如何通过优化能量函数实现图像分割。

5-12　什么是全卷积网络（Fully Convolutional Network，FCN）？如何将其应用于语义分割任务中？

5-13　解释 U-Net 模型的基本结构和工作原理，讨论 U-Net 模型在语义分割任务中的优势。

5-14　基于 U-Net 模型对常用图像分割数据集（如 ISIC 2018 或 COCO 数据集）进行语义分割，并展示分割结果，试图分析哪些因素会影响分割结果？

5-15　讨论 U-Net 模型在不同应用领域（如医学图像分割、遥感图像分割、自动驾驶中的道路分割等）的具体应用和挑战，在哪些方面可以进行改进。

5-16　基于深度学习的图像分割局限性在哪里，如何解决这些局限性？

参考文献

[1] 冈萨雷斯. 数字图像处理［M］. 阮秋琦，译. 北京：电子工业出版社，1976.

[2] 王志明. 数字图像处理与分析［M］. 北京：清华大学出版社，2012.

[3] 张运楚. MATLAB 数字图像处理［M］. 北京：中国建筑工业出版社，2021.

[4] 章毓晋. 图像分割［M］. 北京：科学出版社，2001.

[5] 赫恩，巴克. 计算机图形学［M］. 北京：电子工业出版社，2000.

[6] 丁万鼎. 概率论与数理统计［M］. 上海：上海科学技术出版社，1988.

[7] 罗杰斯. 计算机图形学的算法基础［M］. 梁友栋，译. 北京：科学出版社，1987.

[8] YANG Z M, WANG Q, ZENG J C, et al. RAU-net：U-net network based on residual multi-scale fusion and attention skip layer for overall spine segmentation［J］. Machine Vision and Applications，2022，34（1）：10.

[9] HASSANZADEH T, ESSAM D, SARKER R. EEvo U-net：an ensemble of evolutionary deep fully convolutional neural networks for medical image segmentation［J］. Applied Soft Computing，2023，143：110405.

[10] 陈倩. 基于迁移学习的医学图像分割多任务算法研究［D］. 合肥：中国科学技术大学，2022.

[11] ZHANG B, ZHANG L, ZHANG L, et al. Retinal vessel extraction by matched filter with first-order derivative of gaussian［J］. Proceedings of the 2010 Computers in Biology and Medicine，2010，40（4）：438-445.

[12] KIM T, LEE H, KIM D. Uacanet：uncertainty augmented context attention for polyp segmentation［C］. Proceedings of the ACM International Conference on Multimedia，2021：2167-2175.

[13] ZHANG C, LIN G, LIU F, RUI Y, CHUNHUA S. Canet：classagnostic segmentation networks with iterative refinement and attentive fewshot learning［C］//IEEE. Conference on Computer Vision and Pattern Recognition. Long Beach：IEEE，2019：5217-5226.

[14] AFRASIYABI A, LAROCHELLE H, LALONDE J, GAGNE C. Matching feature sets for few-shot image classification［C］//IEEE. Conference on Computer Vision and Pattern Recognition. New Orleans：IEEE，2022：9004-9014.

第 6 章 图像表示

导 读

本章将带领读者深入探索图像表示的世界,从基础知识到前沿技术,全面解析图像在计算机视觉中的表达方式。我们将从图像表示的基础开始,逐步引入图像角点检测、多分辨率与图像金字塔、经典图像表示描述子,以及图像纹理表示等内容。通过本章的学习,您将不仅了解到这些技术的理论基础,还将学会如何将它们应用于实际的图像处理任务中。

本章知识点

- Harris 角点检测算法
- 高斯和拉普拉斯金字塔
- 图像小波分解
- 尺度不变特征提取 SIFT
- 方向梯度直方图 HOG
- 局部二值描述 LBP
- 图像纹理表示

6.1 图像表示基础

图像表示（Image Representation）是指将图像转换成计算机可处理的形式的过程。图像表示的目标是将图像转换成一种计算机能够理解的形式,使得计算机能够对图像进行分析、处理、识别等操作。最基本的图像表示方法是将图像分解为像素,每个像素代表图像中的一个点,其颜色值可以用数字表示。在本节的学习中我们要更进一步学习图像的特征表示。在图像处理和计算机视觉领域中,图像特征是对图像中某些显著信息或结构的抽象表示。它们对于图像的描述和理解至关重要,并且在各种应用中发挥着关键作用,如目标检测、图像匹配、物体识别等。本章将深入探讨图像特征的基本概念以及常用的表示方法。图像特征可以是图像中的某些局部区域、边缘、角点、纹理等,具有以下几个重要特点：

1）局部性：图像特征通常关注于图像的局部区域,而不是整幅图像。这是因为局部特征更容易捕捉到图像中的局部结构和信息。

2）鲁棒性：图像特征应对图像的变换和噪声具有一定的稳定性，即使在图像发生平移、旋转、缩放或受到一定程度的噪声干扰时，特征仍能够保持其可靠性。

3）可区分性：图像特征应该具有足够的区分度，能够区分不同的图像或图像中的不同物体。

常用的图像特征表示方法包括但不限于以下几种：

1）基于梯度的特征：包括边缘特征和角点特征。边缘特征通常通过检测图像中的梯度变化来确定边缘位置，而角点特征则关注于图像中的局部极值点。

2）局部描述子：局部描述子是一种在图像中提取局部区域特征的方法，它能够对局部结构进行描述并生成用于表示该结构的向量。常见的局部描述子包括尺度不变特征变换（SIFT）、方向梯度直方图（HOG）和局部二值模式（LBP）等。

3）深度学习特征：利用深度学习技术从图像中提取高层次的特征表示。深度卷积神经网络（CNN）在图像特征提取领域取得了显著的成果，通过在大规模数据上进行训练，CNN能够学习到图像的抽象特征表示。

选择合适的图像特征表示方法取决于具体的应用场景和任务需求，需要根据实际情况综合考虑特征的鲁棒性、计算效率以及适用性等因素。

6.2 图像角点检测

6.2.1 角点表示目标函数

角点检测（Corner Detection）是计算机视觉系统中用来获得图像特征的一种方法，广泛应用于运动检测、图像匹配、视频跟踪、三维建模和目标识别等领域中，也称为特征点检测。到目前为止，角点还没有明确的定义，但通常认为角点是两条边（或者更多条边）的交点，角点具有以下特征：

1）轮廓之间的交点。

2）对于场景的视角变化具备鲁棒性。

3）该点附近区域的像素点无论在梯度方向上还是其梯度幅值上有着较大变化。

为了描述角点的特征，我们想象在图像中定义一个局部小窗口，然后沿各个方向移动这个窗口，就像空间滤波中那样，如图6-1所示，由此会出现三种情况，分别对应平坦区、边缘和角点。

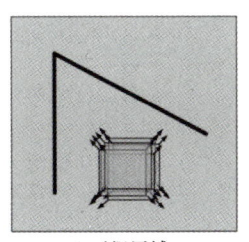
a) 平坦区域
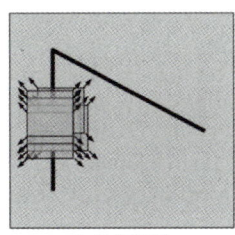
b) 边缘区域
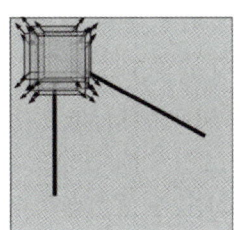
c) 角点

图6-1 图像的平坦区域、边缘、角点

1）窗口内的图像强度，在窗口向各个方向移动时，都没有发生变化，则窗口内都是"平坦区"，不存在角点。

2）窗口内的图像强度，在窗口向某一个（些）方向移动时，发生较大变化；而在另一些方向不发生变化，那么窗口内可能存在"边缘"。例如图 6-1 中的窗口向垂直方向移动窗口内容就不会发生变化，但是左右移动时以及对角线移动时会发生变化；

3）窗口内的图像强度，在窗口向各个方向移动时，都发生了较大的变化，则认为窗口内存在"角点"。

我们可以看出，边缘点通常在某个特定方向上发生较大的灰度或颜色变化，而在其他方向上变化较小。这种方向性的变化可以通过计算图像的梯度来检测。相比之下，角点则是在任何方向上都存在较大的灰度变化，可以认为它是由多条边缘相交而形成的点状结构。根据上述分析我们可以得知角点的判断方式，就是判断窗口移动前后窗口中的像素变化量。当窗口发生 $[u,v]$ 移动时，那么滑动前与滑动后对应的窗口中的像素点灰度变化描述为

$$E(u,v) = \sum_{x,y} w(x,y)\left[I(x+u, y+v) - I(x,y)\right]^2 \tag{6-1}$$

式中，u，v 是窗口的偏移量；(x,y) 是窗口内所对应的像素坐标位置，窗口有多大，就有多少个位置；$w(x,y)$ 是窗口函数，最简单情形就是窗口内的所有像素所对应的 w 权重系数均为 1。但有时我们会将 $w(x,y)$ 函数设定为以窗口中心为原点的二元正态分布。如果窗口中心点是角点时，移动前与移动后，该点的灰度变化应该最为剧烈，所以该点权重系数可以设定大些，表示窗口移动时，该点在灰度变化贡献较大；而离窗口中心（角点）较远的点，这些点的灰度变化几近平缓，这些点的权重系数，可以设定小点，以示该点对灰度变化贡献较小，那么我们自然想到使用二元高斯函数来表示窗口函数。两种窗口函数形式如图 6-2 所示。

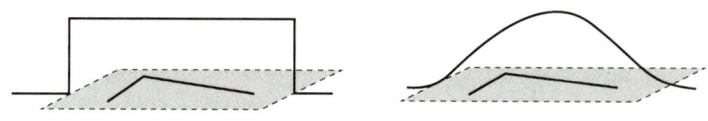

图 6-2 窗口函数

现在我们再次分析这个公式可以明显发现，当窗口处在平坦区域上滑动时，灰度不会发生变化，那么 $E(u,v)=0$；如果窗口处在纹理比较丰富的区域上滑动，那么灰度变化会很大。算法最终思想就是计算灰度发生"较大"变化时所对应的位置，这里的"较大"是指任意方向上的滑动，并非单指某个方向。

6.2.2 Harris 角点检测算法

Harris 角点检测算法是 Harris 和 Stephens 于 1988 年在 Moravec 算法［式（6-1）］的基础上提出基于信号的点特征提取方法。下面我们对这个算法进行学习。

我们继续从式（6-1）出发，我们的目的是通过分析 (u,v) 变化时 $E(u,v)$ 是产生怎样的变化来分析当前位置是不是角点，但直接使用式（6-1）计算 $E(u,v)$ 的方式说比较复杂的，我们希望得到一个更加直观的 (u,v) 与 $E(u,v)$ 的关联。为了达到这一目的，我们需要使用泰勒展开

$$I(x+u,y+v) \approx I(x,y) + I_x u + I_y v \tag{6-2}$$

式中，$I_x = \dfrac{\mathrm{d}I}{\mathrm{d}x}$，$I_y = \dfrac{\mathrm{d}I}{\mathrm{d}y}$，将其代回式（6-1）得

$$\begin{aligned}
E(u,v) &= \sum_{x,y} w(x,y)[I(x+u,y+v) - I(x,y)]^2 \\
&\approx \sum_{x,y} w(x,y)[I(x,y) + I_x u + I_y v - I(x,y)]^2 \\
&= \sum_{x,y} w(x,y)[I_x u + I_y v]^2 \\
&= \sum_{x,y} w(x,y)(I_x^2 u^2 + 2 I_x I_y uv + I_y^2 v^2) \\
&= \sum_{x,y} w(x,y)(u,v)\begin{pmatrix} I_x^2 & I_x I_y \\ I_y I_x & I_y^2 \end{pmatrix}\begin{pmatrix} u \\ v \end{pmatrix} \\
&= (u,v)\left(\sum_{x,y} w(x,y)\begin{pmatrix} I_x^2 & I_x I_y \\ I_y I_x & I_y^2 \end{pmatrix} \right)\begin{pmatrix} u \\ v \end{pmatrix}
\end{aligned}$$

经过上述推导过程后，我们可以将 $E(u,v)$ 写为

$$E(u,v) \approx (u,v) M \begin{pmatrix} u \\ v \end{pmatrix}$$

$$M = \sum_{x,y} w(x,y) \begin{pmatrix} I_x^2 & I_x I_y \\ I_y I_x & I_y^2 \end{pmatrix} \tag{6-3}$$

式中，M 被称为 Harris 矩阵。由此我们可以将 (u,v) 与 $E(u,v)$ 的关联问题转化为对矩阵 M 进行分析的问题。对于平坦点，I_x、I_y 均趋向于 0，整个 M 矩阵也趋于 0。对于边缘上的点，比如以垂直边缘为例，窗口内边缘点位置，I_x 存在较大意义数值而 I_y 值很小约为 0。这导致 M 矩阵贴近于以下情况

$$M = \begin{pmatrix} a & 0 \\ 0 & 0 \end{pmatrix}$$

我们知道，实对称矩阵是一定可以进行正交对角化的，即

$$M = P \Lambda P^{\mathrm{T}} = P \begin{bmatrix} \lambda_1 & 0 \\ 0 & \lambda_2 \end{bmatrix} P^{\mathrm{T}}$$

此时 M 矩阵的两个特征值 $\lambda_1 = a$、$\lambda_2 = 0$，也就是说，对于垂直边缘，M 的特征值会呈现一个特征值远大于另一个特征值的情况，同理，对于水平边缘也应如此。那么由此我们可以推定，对于角点位置 I_x、I_y 均存在较大意义数值，那么 M 矩阵的两个特征值的数值一定比较大，同时也比较接近。

注意，上述说明只是一个不严谨的推论，主要是辅助读者进行一定程度的认知，但最终得出的结论是正确的。现在我们从另一个角度去分析，回顾前面的式子，当我们将 $E(u,v)$ 固定为一个常数时，可以看到，式（6-3）变成了一个参数为 u、v 的椭圆方程。设 $M = \sum_{x,y} w(x,y)\begin{pmatrix} I_x^2 & I_x I_y \\ I_y I_x & I_y^2 \end{pmatrix} = \begin{pmatrix} A & C \\ C & B \end{pmatrix}$，$E(u,v) = \mathrm{const}$，则式（6-3）变为

$$\mathrm{const} = Au^2 + 2Cuv + Bv^2 \tag{6-4}$$

可以看到，式（6-4）明显代表了一个椭圆公式。我们先以一个特殊情况为例子，假设在 M 中不存在 I_x、I_y 交叉项，即 $C=0$，此时 $M=\begin{pmatrix} A & 0 \\ 0 & B \end{pmatrix}=\begin{pmatrix} \Sigma_w I_x^2 & 0 \\ 0 & \Sigma_w I_y^2 \end{pmatrix}=\begin{pmatrix} \lambda_1 & 0 \\ 0 & \lambda_2 \end{pmatrix}$ 决定了椭圆为 $\text{const}=\lambda_1 u^2+\lambda_2 v^2$。此时局部区域的梯度方向信息都集中在主对角线上，$\lambda_1$ 表征了 x 方向的梯度信息，λ_2 表征了 y 方向的梯度信息。同时，$\dfrac{1}{\sqrt{\lambda_1}}$，$\dfrac{1}{\sqrt{\lambda_2}}$ 还代表椭圆轴的长度。我们知道，椭圆有长轴和短轴。椭圆短轴的地方，代表像素值变化最剧烈的方向，因为得到相同灰度变化值所需的偏移量最小；长轴的地方，代表像素值变化最缓慢的方向，因为得到相同灰度变化值所需的偏移量最大。由此，我们可以得出与前面相同的结论，即角点位置需要 λ_1、λ_2 均足够大，代表着任何方向像素值变化都很剧烈。

而对于普遍的情况，即 C 不为 0 的情况，我们也可以进行处理。由于 M 是实对称矩阵，我们可以进行正交对角化，即 $M=P\Lambda P^T=(\boldsymbol{e}_1,\boldsymbol{e}_2)\begin{pmatrix} \lambda_1 & 0 \\ 0 & \lambda_2 \end{pmatrix}\begin{pmatrix} \boldsymbol{e}_1^T \\ \boldsymbol{e}_2^T \end{pmatrix}$，其中 λ_1、λ_2 为 M 的特征值 $\boldsymbol{e}_1$、$\boldsymbol{e}_2$ 为对应的特征向量，将其代回到式（6-3）可得

$$E=\lambda_1(u,v)\boldsymbol{e}_1\boldsymbol{e}_1^T\begin{pmatrix} u \\ v \end{pmatrix}+\lambda_2(u,v)\boldsymbol{e}_2\boldsymbol{e}_2^T\begin{pmatrix} u \\ v \end{pmatrix} \tag{6-5}$$

令 $E(u,v)=\text{const}$，改写为椭圆形式

$$\dfrac{\left(\boldsymbol{e}_1^T\begin{pmatrix} u \\ v \end{pmatrix}\right)^2}{\left(\sqrt{\dfrac{1}{\lambda_1}}\right)^2}+\dfrac{\left(\boldsymbol{e}_2^T\begin{pmatrix} u \\ v \end{pmatrix}\right)^2}{\left(\sqrt{\dfrac{1}{\lambda_2}}\right)^2}=\text{const} \tag{6-6}$$

由此，借助矩阵 P，我们将原始像素点映射到新的空间中，从而得到了熟悉的椭圆方程。λ_1，λ_2 仍然决定着椭圆的长短轴，因此结论仍然如前所述。我们再将结论总结一下，设 M 矩阵两个特征值为 λ_1、λ_2，则：

1）如果 λ_1、λ_2 都较大且较为接近，那么窗口内含有角点。
2）如果 $\lambda_1\gg\lambda_2$ 或 $\lambda_2\gg\lambda_1$，那么窗口内含有线性边缘。
3）如果 λ_1、λ_2 都很小，那么窗口内为平坦区域。

为了进一步用公式表示上述现象，也为了方便计算，Harris 角点检测中采用如下角点响应函数来直接判定一个位置是否为角点

$$R=\det(M)-\alpha\,\text{tr}\,(M)^2 \tag{6-7}$$

式中，参数 $\alpha\in(0.04,0.06)$。这个公式很容易理解，由于 M 是实对称矩阵，由实对称矩阵的性质可得：$\det(M)=\lambda_1\lambda_2$，$\text{trace}(M)=\lambda_1+\lambda_2$。由此我们便可以推出，两个特征值都较大时，$R$ 具有较大的正值，这表示存在一个角；一个特征值较大而另一个特征值较小时，R 具有较大的负值；两个特征值都较小时，R 的绝对值较小，表明正在考虑的小块图像是平坦的。这个公式使得角点判定不用去计算复杂的特征值，而是转而计算行列式和迹，进一步减少了计算量。现在，我们可以对角点检测算法计算步骤做出总结：

码 6-1【程序源码】
Harris 角点检测

1)在每个像素处计算偏导(即计算 I_x、I_y)。
2)在每个像素周围的窗口中计算矩阵 $\boldsymbol{M}$。
3)计算角点响应函数 R,根据 R 值计算是否为角点。

图 6-3 给出了一个使用 cv2.cornerHarris 进行角点检测的实际案例。可以看到,在图中大部分门、窗四角,以及栏杆交点处都被识别为角点。

图 6-3 角点检测案例

6.3 多分辨率与图像金字塔

在图像处理和计算机视觉中,多分辨率表示是一种重要的技术,它允许我们以不同的尺度来观察和处理图像。多分辨率表示可以帮助我们在不同尺度下捕捉图像的特征和细节,从而实现对图像更全面的理解和分析。图像金字塔是一种经典的多分辨率表示方法,它通过在不同尺度上对图像进行平滑和下采样来构建具有层级结构的图像序列。

6.3.1 图像多分辨率技术

图像多分辨率技术是基于人类视觉系统的工作方式而提出的。人眼在观察物体时能够适应不同的观测距离和分辨率,从而能够在不同尺度下获取到物体的特征信息。图像多分辨率技术的目标是模拟人眼对图像的多尺度感知能力,以便更好地处理和分析图像。

图像多分辨率技术又称多尺度图像处理技术,指对图像采用多尺度的表达,并在不同尺度下分别进行处理。在实际应用中,图像里有些内容或特点在某个尺度下不容易看出来或获得,但在另外的尺度下却很容易看出来或检测到。所以利用多尺度技术常可以更有效地提取图像特征,获取图像内容。

图像金字塔是一种由多尺度图像组成的层级结构,其中底层为原始图像,而顶层为最低分辨率的图像。通过在不同尺度上对图像进行平滑和下采样操作,可以构建具有层级结构的图像序列,从而实现对图像在不同尺度上的表示和分析。对一幅 $N×N$ 的图像 M,如果将其在两个方向上各隔一个像素后取出一个像素,这些取出的像素将构成一幅大小为 $\frac{N}{2}×\frac{N}{2}$ 的缩略图像。这个过程可重复进行,直到原始 $N×N$ 图像变为一幅 $1×1$ 的图像。通过这个过程可得到一系列不同尺度的图像,可记为 $\{M_0, M_1, \cdots, M_n\}$,其分辨率分别为 $N×N$,$\frac{N}{2}×\frac{N}{2}$,

$\left(\frac{N}{2}\right)^2 \times \left(\frac{N}{2}\right)^2$,…,$\left(\frac{N}{2}\right)^n \times \left(\frac{N}{2}\right)^n$。所得到的一系列图像构成一个金字塔的结构,原始图像对应第 0 层,$\frac{N}{2} \times \frac{N}{2}$ 的图像对应第 1 层,$\left(\frac{N}{2}\right)^n \times \left(\frac{N}{2}\right)^n$ 的图像对应第 n 层,如图 6-4 所示。在图像金字塔中,底层图像具有最高分辨率,顶层图像具有最低分辨率。通过这种方式,我们可以在不同尺度上对图像进行分析和处理,从而实现对图像特征的多尺度提取和分析。

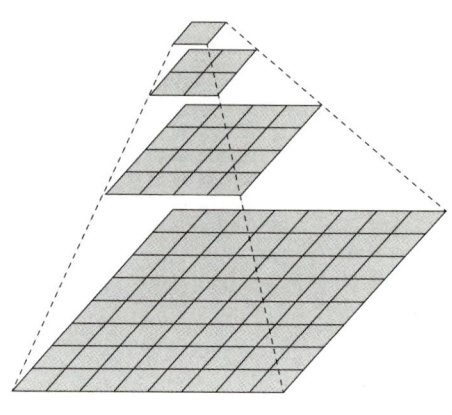

图 6-4 图像金字塔

6.3.2 高斯和拉普拉斯金字塔

1. 高斯金字塔

在上一小节中,我们给出了一种使用隔行隔列取样进行下采样生成图像金字塔的方法,但是这样的下采样会丢失很多信息。根据采样定理,当信号中的高频成分超过采样频率的一半时,就会发生混叠,使得在重构时高频成分被错误地解释为低频成分。为了解决这一问题,我们可以在下采样之前使用平滑滤波降低图像中的高频成分,从而保证产生一张正常的下采样图像。对图像的平滑可以借助各种低通滤波来进行,若是使用高斯平滑滤波器在下采样前进行图像平滑,得到的金字塔称为高斯金字塔,产生的各层图像可简称为高斯图像。

设 G_n 表示第 n 层高斯金字塔的图像,则 G_0 表示高斯金字塔的最底层,这一层实际上就是原图像。为了得到 G_{n+1},首先需要对 G_n 进行平滑操作,即做高斯平滑滤波,然后进行下采样操作,比如删除所有的偶数行和偶数列,从而得到 G_{n+1}。在 OpenCV 中,可以使用 pyrDown() 函数构建高斯金字塔,其使用的高斯核如下:

$$\frac{1}{256}\begin{pmatrix} 1 & 4 & 6 & 4 & 1 \\ 4 & 16 & 24 & 16 & 4 \\ 6 & 24 & 36 & 24 & 6 \\ 4 & 16 & 24 & 16 & 4 \\ 1 & 4 & 6 & 4 & 1 \end{pmatrix}$$

2. 拉普拉斯金字塔

拉普拉斯金字塔实际上是为了实现高斯金字塔的图像重建而存在的,它是在高斯金字塔的基础上生成的。在前面的学习中我们了解到,在高斯金字塔生成过程中,高频细节信息在卷积和下采样中丢失，拉普拉斯金字塔的作用便是保留所有层所丢失的高频信息，用于图像恢复。拉普拉斯金字塔的生成过程如图 6-5 所示，从中可以看到，拉普拉斯金字塔中的图像是用高斯金字塔中相邻两层中的第 $n+1$ 层图像与第 n 层图像的相减得到。为此，我们需要对较高层次的图像进行上采样来进行放大。具体做法如下：

1）将图像在每个方向扩大为原来的两倍，新增的行和列以 0 填充。

2）使用与下采样前同样的内核（乘以 4）对放大后的图像滤波，获得"新增像素"的近似值。

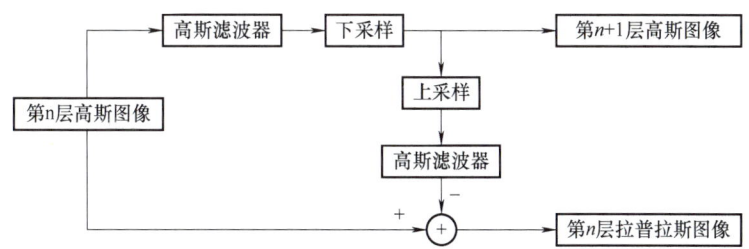

图 6-5　拉普拉斯金字塔和高斯金字塔的生成过程

在 OpenCV 中，这两个步骤可以由 PyrUp（）函数实现。借由此方法，我们可以得到放大后的第 $n+1$ 层高斯图像，但是可以预见的是，其结果与第 n 层高斯图像相比会比较模糊，这一差异性来自采样与平滑滤波会导致的信息的丢失。拉普拉斯金字塔通过存储这两张图像的差异来保护这些丢失信息，从而在进行图像重建或者其他图像处理操作时，能够准确地恢复原始图像的细节。

令 L_n 表示第 n 层拉普拉斯图像，其生成公式如下

$$L_n = G_n - \mathrm{PyrUp}(G_{n+1}) \tag{6-8}$$

那么显然我们可以使用上述公式的逆过程对图像进行重建，即

$$G_{n-1} = L_{n-1} + \mathrm{PyrUp}(G_n) \tag{6-9}$$

由此，通过迭代使用上述公式，就能够在有最高层高斯图像和全部拉普拉斯金字塔图像的条件下进行原始图像重建。

如图 6-6 所示为图像复原的例子，可以看到，对第 2 层高斯图像进行上采样与滤波后再加上第 1 层的拉普拉斯图像就得到了第 1 层的高斯图像。类似地，将第 1 层的高斯图像进行上采样与滤波后再与第 0 层的拉普拉斯图像相加就得到了第 0 层的高斯图像，也就是原始图像。在图 6-6 中，为了将拉普拉斯图显示清楚，我们将其亮度进行了一定程度的提高后显示。

码 6-2【程序源码】
图像金字塔与图像复原

6.3.3　多分辨率展开

对同一幅图像采用不同的尺度表达后，相当于给图像数据的表达增加了一个新的坐标。即除了一般使用的空间分辨率外，现在又多了一个刻画当前层次的新参数。如果用 s 来标记这个新的尺度参数，则包含一系列有不同分辨率图像的数据结构可被称为尺度空间。可以用 $f(x,y,s)$ 来表示图像 $f(x,y)$ 的尺度空间。在 $s \to \infty$ 的极限情况下，尺度空间会收敛到一个具有原始图像平均灰度的常数图像。

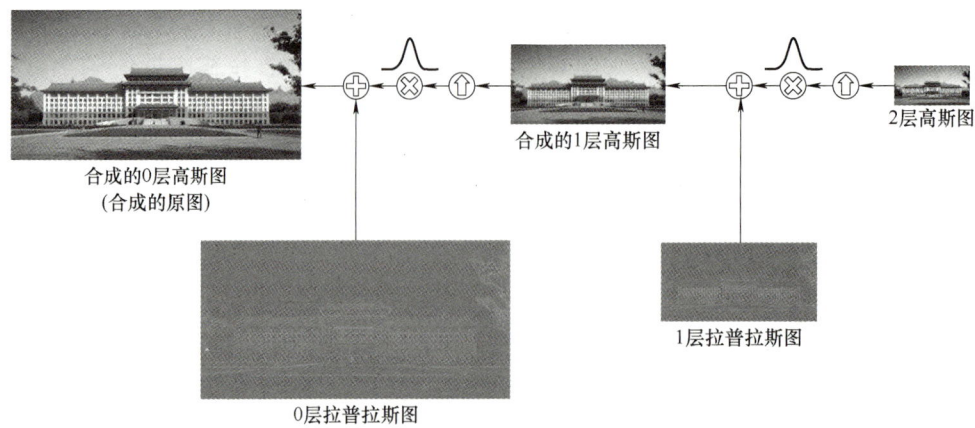

图 6-6　原始图像复原

小波分解为实现图像的多分辨率展开提供了一种灵活且有效的工具。小波变换具有多分辨分析（Multi-Resolution Analysis）的特点，而且在时域和频域都具有表征信号局部特征的能力。原则上讲，传统使用傅里叶分析的地方，都可以用小波分析取代。小波分析优于傅里叶变换的地方在于它在时域和频域同时具有良好的局部化性质。下面我们介绍一下小波分解的基础理论。在介绍小波变换前，我们需要了解三个概念：序列展开、尺度函数和小波函数。

1. 序列展开

序列展开是一种信号或函数分解的方法，它将一个信号或函数表示为一系列展开函数的线性组合。这种展开方法允许我们用一组基函数来逼近或表示原始信号或函数，从而简化问题或提取其特征。

具体来说，对于一个信号或函数 $f(x)$，可以将其表示为如下的序列展开形式

$$f(x) = \sum_k \alpha_k \phi_k(x) \tag{6-10}$$

式中，α_k 是展开系数，代表了在展开函数 $\phi_k(x)$ 下的线性权重；$\phi_k(x)$ 是展开函数，是一组预先选择的基函数或基本模式。通过选择不同的展开函数和调整展开系数，我们可以使用序列展开来逼近或表示原始信号或函数。展开函数的设计通常需要满足以下两个条件：

1）线性独立性：展开函数的集合中的每个函数都不能由其他函数的线性组合表示。换句话说，如果我们有一组展开函数 $\{\phi_k(x)\}$，那么任何一个函数 $\{\phi_i(x)\}$ 都不是其他函数 $\{\phi_j(x)\}$ 的线性组合，除非 $i=j$。

2）生成性：展开函数的集合能够生成整个函数空间，也就是说，任何一个函数都可以由展开函数的线性组合来逼近。这意味着对于任意函数 $f(x)$，都存在一组展开系数 α_k，使得 $f(x)$ 可以表示为展开函数的线性组合。

展开函数 $\phi_k(x)$ 如果满足以下两个条件，则称 $\phi_k(x)$ 是基本函数，而展开函数的集合 $\{\phi_k(x)\}$ 称为基（Basis）。所有可用式表达的函数 $f(x)$ 构成一个函数空间 U，它与 $\{\phi(x)\}$ 是密切相关的。如果 $f(x) \in U$，则 $f(x)$ 可用式（6-10）表达。

一般情况下，展开函数通常会被设计为正交归一化基，需满足下述两个条件，即

$$\langle \phi_i(x), \phi_j(x) \rangle = \int_a^b \phi_i(x) \phi_j(x) \mathrm{d}x = \delta_{ij} \tag{6-11}$$

$$\int_a^b |\phi_k(x)|^2 dx = 1 \tag{6-12}$$

式中,〈·,·〉表示内积(或者称为点积);δ_{ij}是克罗内克 δ 符号,当 $i=j$ 时为 1,否则为 0;|·|表示取绝对值。

当展开函数为正交归一化基时

$$\alpha_k = \langle \phi_k(x), f(x) \rangle = \int \phi_k(x) f(x) dx \tag{6-13}$$

2. 尺度函数

尺度函数是多尺度分析中的关键组成部分,它在序列展开和信号处理中发挥着重要作用。尺度函数通常用于构建信号或图像的多尺度表示,以便在不同尺度上进行分析和处理。考虑由实的、平方可积的父尺度函数 $u(x)$ 的所有整数平移和二进制缩放组成的基函数集合,即缩放和平移后的函数集 $\{u_{j,k}(x), j,k \in \mathbf{Z}\}$,其中

$$u_{j,k}(x) = 2^{\frac{j}{2}} u(2^j x - k) \tag{6-14}$$

可以看到,整数平移 k 决定 $u(x)$ 沿 x 轴的位置,尺度 j 决定 $u(x)$ 的形状,即其宽度和幅度。若将 j 限制为某个值,如 $j=j_0$,则 $\{u_{j_0,k}(x)\}$ 可视为张成的函数空间 U_{j_0} 的基。对于尺度函数空间 U_j,其尺寸会随着 j 的增减而增减。所有可度量的、平方可积的函数都可表示为尺度函数在 $j \to \infty$ 时的线性组合,即

$$U_\infty = L^2(R) \tag{6-15}$$

$L^2(R)$ 是可度量的、平方可积的一维函数集合。

尺度函数空间之间存在嵌套关系,即 $U_{-\infty} \subset \cdots \subset U_{-1} \subset U_0 \subset U_1 \subset U_2 \subset \cdots \subset U_{+\infty}$。由此我们可以意识到,$U_j$ 中的展开函数可以用 U_{j+1} 中的展开函数以加权和的形式表示,设 $h_u(k)$ 为尺度函数系数,则有

$$u(x) = \sum_{k \in \mathbf{Z}} h_u(k) \sqrt{2} u(2x - k) \tag{6-16}$$

回顾尺度函数定义可知,$u(x) = u_{0,0}(x)$。上式表明任何一个子空间的展开函数都可用其下一个分辨率(1/2 分辨率)的子空间的展开函数来构建。该式称为多分辨率细化方程,它建立了相邻分辨率层次和空间之间的联系。

3. 小波函数

与尺度函数类似,定义母小波函数 $v(x)$,对其进行整数平移和二进制缩放,得到集合 $\{v_{j,k}(x)\}$ 为

$$v_{j,k}(x) = 2^{\frac{j}{2}} v(2^j x - k) \tag{6-17}$$

同理,给定一个初始 j,就可以确定一个小波函数空间 V_j,其与尺度函数空间 U_j 间存在关系如下

$$U_{j+1} = U_j \oplus V_j \tag{6-18}$$

式中,⊕ 表示直和。换句话说,U_j 与 V_j 均是 U_{j+1} 的子空间,且在空间 U_{j+1} 中,U_j 与 V_j 互补。由此我们还可以进行进一步的展开,一般起始尺度取 $j=0$,我们可以得到如下展开式

$$U_j = U_{j-1} \oplus V_{j-1} = U_{j-2} \oplus V_{j-2} \oplus V_{j-1} = U_0 \oplus V_0 \oplus V_1 \cdots \oplus V_{j-1} \tag{6-19}$$

另外,U_j 中的尺度函数与 V_j 中的小波函数是正交的,即

$$\langle u_{j,k}(x), v_{j,l}(x) \rangle = 0, k \neq l \tag{6-20}$$

回顾式（6-18），我们还可以得出空间 V_j 为其同一级 U_j 空间与其上一级空间 U_{j+1} 的差，那么我们由此可以得出，小波函数可以表示成其下一级分辨率的各位置尺度函数的加权和，即

$$v(x) = \sum_k h_v(k) \sqrt{2} u(2x-k) \tag{6-21}$$

式中，$h_v(k)$ 表示小波函数系数。由于整数小波平移彼此正交，并且与它们的互补尺度函数正交，小波函数系数 $h_v(k)$ 和尺度函数系数 $h_u(k)$ 存在关系如下

$$h_v(k) = (-1)^k h_u(1-k) \tag{6-22}$$

4. 小波变换

由前面的讨论可知，所有可度量的、平方可积的函数的空间可以定义为 $L^2(R) = U_{j_0} \oplus V_{j_0} \oplus V_{j_0+1} \cdots$，其中 j_0 是一个任意的初始尺度。那么，对于一个可度量的、平方可积的函数 $f(x)$，可以使用小波函数 $v(x)$ 和尺度函数 $u(x)$ 的小波级数展开，即

$$f(x) = \sum_k c_0(k) u_{0,k}(x) + \sum_{j=0}^{+\infty} \sum_k d_j(k) v_{j,k}(x) \tag{6-23}$$

式中，$c_0(k)$ 称为近似系数，$d_j(k)$ 分别称为细节系数。在式（6-23）中，第一个求和对应的是用 $j=0$ 上的尺度函数产生 $f(x)$ 的一个近似，第二个求和表示了使用小波函数表示 $f(x)$ 在不同尺度 j 上的细节部分。若尺度函数和小波函数是规范正交的，则有

$$c_0(k) = \langle f(x), u_{0,k}(x) \rangle, d_j(k) = \langle f(x), v_{j,k}(x) \rangle \tag{6-24}$$

同理，在计算机中，我们需要离散的处理。如果 $f(x)$ 是一个离散序列，则对 $f(x)$ 展开得到的近似系数和细节系数称为 $f(x)$ 的离散小波变换（Discrete Wavelet Transform, DWT）。此时，同样在度函数和小波函数是规范正交的条件下，式（6-23）、（6-24）变为

$$f(x) = \frac{1}{\sqrt{N}} \left[\sum_{k=0}^{2^j-1} W_u(0,k) u_{0,k}(x) + \sum_{j=0}^{J-1} \sum_{k=0}^{2^j-1} W_v(j,k) v_{j,k}(x) \right] \tag{6-25}$$

$$W_u(0,k) = \frac{1}{\sqrt{N}} \sum_{x=0}^{N-1} f(x) u_{0,k}(x), W_v(j,k) = \frac{1}{\sqrt{N}} \sum_{x=0}^{N-1} f(x) v_{j,k}(x) \tag{6-26}$$

式（6-25）和式（6-26）中，N 是 2 的整数次幂（即 $N=2^J$）；$j=0, 1, \cdots, J-1$；$k=0, 1, \cdots, 2^j-1$；$x=0, 1, \cdots, N-1$；$\frac{1}{\sqrt{N}}$ 为归一化因子。式（6-26）中 $f(x)$、$u_{0,k}(x)$、$v_{j,k}(x)$ 均为离散形式。系数 $W_u(0,k)$ 与 $W_v(j,k)$ 为近似系数和细节系数，对应连续函数小波级数展开中的 $c_0(k)$ 与 $d_j(k)$。

5. 快速小波变换

可以证明，离散小波变换在尺度 j 的细节系数是离散小波变换在尺度 $j+1$ 近似系数的函数，即

$$W_v(j,k) = \sum_n h_v(n-2k) W_u(j+1,n) \tag{6-27}$$

类似地，离散小波变换在尺度 j 的近似系数也是离散小波变换在尺度 $j+1$ 近似系数的函数，即

$$W_u(j,k) = \sum_n h_u(n-2k) W_u(j+1,n) \tag{6-28}$$

这两个公式揭示了相邻变换系数的联系。分析上述两式我们可以得知，细节系数 $W_v(j,k)$ 可以由尺度 $j+1$ 的近似系数 $W_u(j+1,n)$ 与顺序反转后的尺度函数系数 $h_v(-n)$ 进行卷积，然

后进行下采样得到。类似地，尺度系数 $W_u(j,k)$ 可以由尺度 $j+1$ 的近似系数 $W_u(j+1,n)$ 与顺序反转后的尺度函数系数 $h_u(-n)$ 进行卷积，然后进行下采样得到。这一计算操作如图 6-7 所示。

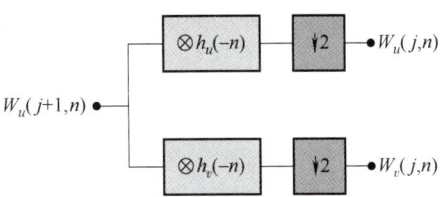

图 6-7 规范正交滤波器的 FWT 分析滤波器组

根据图 6-7 所示的计算方式可以进行迭代，如图 6-8 所示。设最高级尺度为 J，则我们可以令 $f(x)=W_u(J,n)$，这是由于若以高于奈奎斯特率的取样率对 $f(x)$ 取样，则在取样分辨率下样本是尺度系数的良好近似，并且可用于初始高分辨率尺度系数输入。对于第一级计算，其将原始函数分解为两部分，其中 $W_u(J-1,n)$ 对应下一尺度近似系数，包含了低频成分；$W_v(J-1,n)$ 对应下一尺度细节系数，包含了高频成分。而对于产生的近似部分 $W_u(J-1,n)$，可以进一步分解成两部分，如此迭代循环可形成如图 6-8 所示的一种二叉树形式。

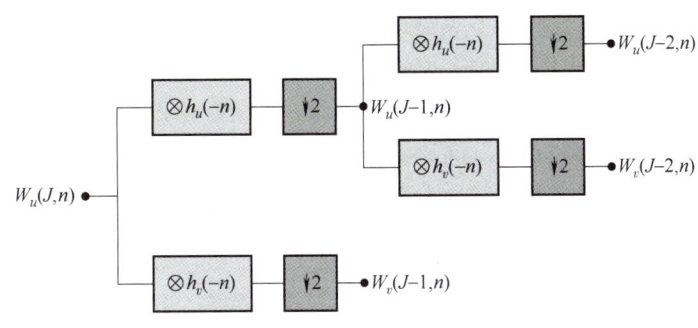

图 6-8 三尺度 FWT 分析

反过来，我们也可以使用近似系数 $W_u(J,n)$ 和细节系数 $W_v(J,n)$ 对 $f(x)$ 进行重建，其过程如图 6-9 所示。

6. 二维小波变换

前一节的一维小波变换很容易扩展到二维函数（如图像）。在二维情况下，需要 1 个二维尺度函数 $u(x,y)$ 和 3 个二维小波 $v^H(x,y)$、$v^V(x,y)$、$v^D(x,y)$。每个二维小波都是两个一维函数的积，即

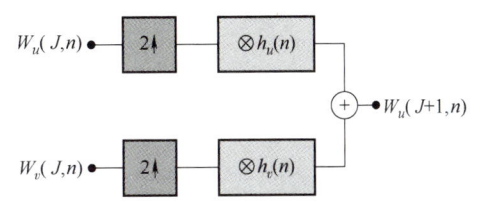

图 6-9 快速小波反变换示意图

$$u(x,y)=u(x)u(y)$$
$$v^H(x,y)=v(x)u(y)$$
$$v^V(x,y)=u(x)v(y)$$
$$v^D(x,y)=v(x)v(y) \tag{6-29}$$

从式（6-29）中我们可以得出，$u(x,y)$ 是一个可分离的尺度函数，$v^H(x,y)$、$v^V(x,y)$、$v^D(x,y)$ 具有方向敏感性，分别测量列方向、行方向、对角线方向的变化。

定义尺度和平移基函数为

$$u_{j,m,n}(x,y)=2^{\frac{j}{2}}u(2^j x-m, 2^j y-n) \tag{6-30}$$

$$v_{j,m,n}^i(x,y) = 2^{\frac{j}{2}} v^i(2^j x - m, 2^j y - n), i = \{H, V, D\} \qquad (6\text{-}31)$$

对于尺度为 $M \times N$ 的函数（图像）$f(x,y)$ 的离散小波变换为

$$W_u(0,m,n) = \frac{1}{\sqrt{MN}} \sum_{x=0}^{M-1} \sum_{y=0}^{N-1} f(x,y) u_{0,m,n}(x,y) \qquad (6\text{-}32)$$

$$W_v^i(j,m,n) = \frac{1}{\sqrt{MN}} \sum_{x=0}^{M-1} \sum_{y=0}^{N-1} f(x,y) v_{j,m,n}^i(x,y), i = \{H, V, D\} \qquad (6\text{-}33)$$

一般取 $N = M = 2^J$，$j = 0, 1, \cdots, J-1$，$k = 0, 1, \cdots, 2^j - 1$，离散反小波变换为

$$f(x,y) = \frac{1}{\sqrt{MN}} \sum_m \sum_n W_u(0,m,n) u_{0,m,n}(x,y) +$$

$$\frac{1}{\sqrt{MN}} \sum_{i=H,D,V} \sum_{j=j_0}^{\infty} \sum_m \sum_n W_v^i(j,m,n) v_{j,m,n}^i(x,y) \qquad (6\text{-}34)$$

类似于一维离散小波变换，二维 DWT 可以使用数字滤波器和下取样器来实现。采用可分离的二维尺度和小波函数，我们首先简单地取 (x,y) 的各行的一维 FWT，然后取结果的各列的一维 FWT，图 6-10 以框图的形式展示了这一过程。如一维情况中那样，图像 $f(x,y)$ 被用于 $W(j+1,k,l)$ 的输入。让各行与 $h_u(-n)$ 和 $h_v(-n)$ 卷积，并对各列下取样后，得到水平分辨率降为 1/2 的两幅子图像。高通细节分量表征图像垂直方向的高频信息；低通近似分量包含其垂直方向的低频信息。然后，对两幅子图像逐列滤波并下取样，得到 4 个 1/4 大小的输出子图像：W_u、W_v^H、W_v^V 和 W_v^D，这四张子图像通常以图 6-11b 的排列显示。

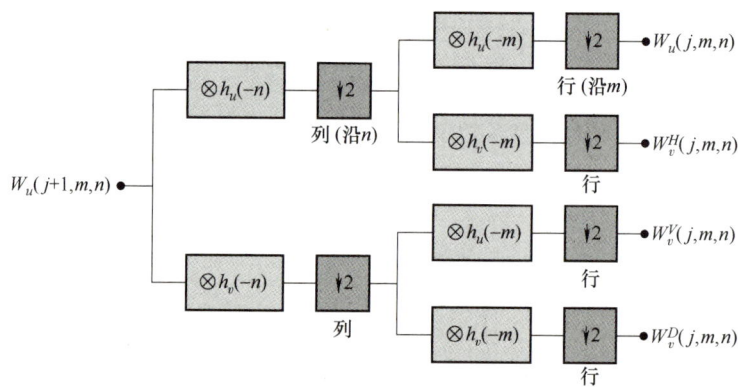

图 6-10 二维小波变换

小波变换的结果是对图像进行了分解。如果我们对生成 W_u 子图继续应用小波变换，我们就能得到一个多尺度分解的结果。图 6-11 展示了图像的二级小波分解示意图，图像从尺度 $j+2$ 分解得到尺度 $j+1$，再进一步分解到了尺度 j。

图 6-12 展示了一个对图像进行小波分解的实际案例。从小波分解的结果图中可以看到，生成的图像有一个低频子图像，一个反映水平边缘的垂直方向高频的子图像，一个反映垂直边缘的水平方向高频的子图像，还有一个子图像沿水平方向和垂直方向的高频细节均有体现。可以想象，这个左上角的低频子图像还能继续进行小波分解，由此我

码 6-3【程序源码】
小波分解

们可以得到一组低频子图像序列，这体现着对图像进行小波分解是获得图像多尺度表达的一种方法。

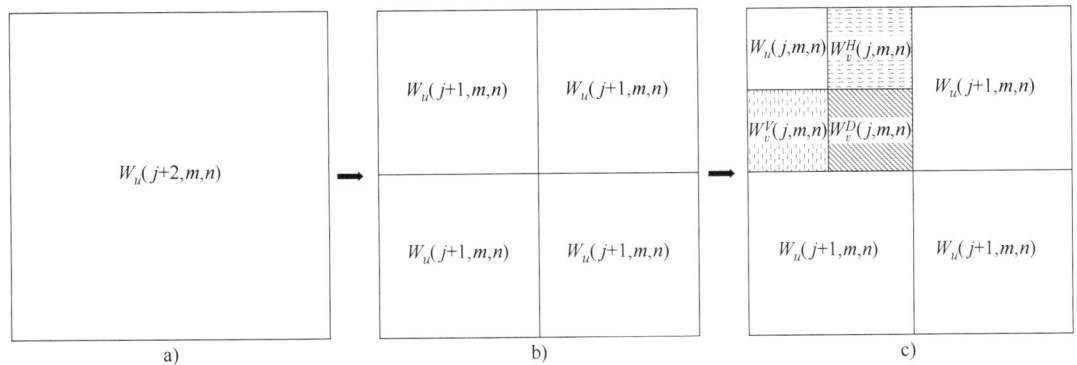

图 6-11　二级小波分解示意图

图 6-12　图像小波分解案例

同理，我们也可以用一个相反的过程进行重建。如图 6-13 所示，每次迭代时，对四尺度 j 近似和细节子图像进行上取样，并与两个一维滤波器进行卷积：一个卷积对子图像的列进行运算，另一个卷积对子图像的行进行运算。结果相加得到尺度 $j+1$ 近似，重复这一过程直到重建原图像。

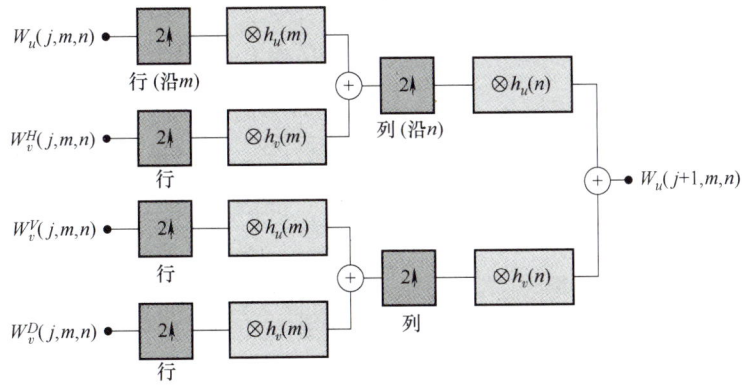

图 6-13　合成滤波器组

6.4 经典图像表示描述子

6.4.1 尺度不变特征变换 SIFT

图像匹配的核心问题是在不同时间、不同分辨率、不同光照、不同位姿下将同一目标所成的图像相对应。传统的匹配算法通常直接提取角点或边缘作为特征，但这些方法对环境变化的适应能力较差。因此，迫切需要一种鲁棒性更强、能够应对不同光照、不同位姿等情况下有效识别目标的方法。

1999 年，加拿大不列颠哥伦比亚大学的 David G. Lowe 教授总结了当时基于不变性技术的特征检测方法，并正式提出了一种基于尺度空间的图像局部特征描述算法，即尺度不变特征变换（Scale-Invariant Feature Transform 或 SIFT）。该算法能够在图像缩放、旋转等条件下保持不变性，具有出色的鲁棒性。随后，该算法在 2004 年得到进一步完善。SIFT 算法主要分为构建尺度空间、初步提取关键点、筛选关键点、生成关键点描述子这几步，下面我们对其进行介绍。

1. 构建尺度空间

在 6.3.2 节中，我们学习了用高斯金字塔对图像的多尺度空间进行表示。高斯卷积核作为实现尺度变换的唯一线性核，SIFT 算法中仍使用其构建图像的尺度空间，即

$$L(x,y,\sigma) = G(x,y,\sigma) \otimes f(x,y) \tag{6-35}$$

式中，$G(x,y,\sigma)$ 是尺度可变高斯函数，(x,y) 是空间坐标，是尺度坐标。σ 大小决定图像的平滑程度，σ 越大，卷积结果越平滑。输入图像 $f(x,y)$ 依次与标准差为 σ，$k\sigma$，$k^2\sigma$，…的高斯核卷积，可生成一系列由一个常量因子 k 分隔的高斯滤波图像，图 6-14 左侧所示的是 $k=\sqrt{2}$ 的情况。从图中可以看到，尺度空间的计算分为多个倍频程（Octave），或者更简单的说法是分为多组。计算更高一级组中的第一幅图使用的初始核的标准差是前一级组中的第一幅图使用的初始核的标准差的二倍，在前面我们学习过，高斯标准差越大，对应的高斯核的尺寸通常也会越大，那么相对于取一个标准差为 2σ 的更大的高斯核去卷积，使用标准差为 σ 的高斯核对下采样后的图像进行卷积提取特征计算效率更高，这也解释了为什么要通过下采样对尺度空间进行多个组的分离。同时，对于每个倍频程组内，下一张图像并非使用初始图进行高斯核卷积的，而是在上一张图像的基础上进行的，这是由于先后进行两次标准差为 σ_1 和 σ_2 的高斯核卷积和使用 $\sigma = \sqrt{\sigma_1^2 + \sigma_2^2}$ 的一个高斯核进行卷积得到的结果是一样的。比如我们在计算 $k\sigma$ 位置的结果时，我们只需要对前一层结果使用 $\sqrt{k^2\sigma^2 - \sigma^2}$ 的标准差的高斯核进行卷积，这样相比使用 $k\sigma$ 对原图进行卷积，高斯核的大小减小了，从而提升了计算效率。

对于每个新倍频程组，其第一幅图像可以直接对前一个组的第三幅图像 2 下取样得到。来自任何倍频程组顶部的第三幅图像称为倍频程图像，因为用于平滑它的标准差是用于平滑该倍频程组中的第一幅图像的标准差的 2 倍。对于图 6-14 所示的 $k=\sqrt{2}$ 的情况，其倍频程图像用于平滑的标准差为 $k^2\sigma = 2\sigma$，那么将其进行二倍下采样即可得到下一倍频程组的第一幅图像。

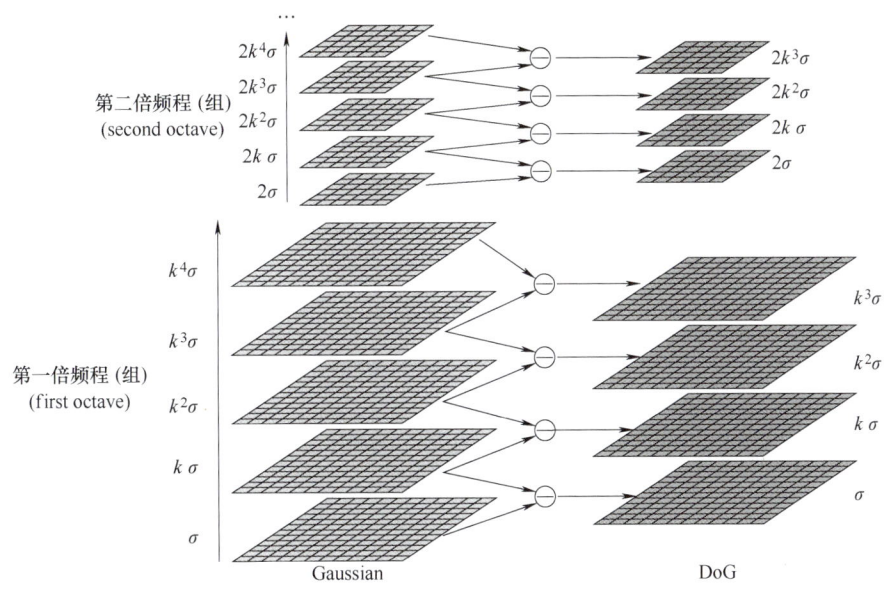

图 6-14 高斯差分尺度空间

Lindeberg 指出尺度规范化的 LoG 算子具有真正的尺度不变性。即我们可以在不同尺度的图像（已经经过高斯卷积）上进行拉普拉斯运算（二阶导数），并求极值点，从而求出关键点。Laplacian of Gaussian（LoG）算子其计算公式如下

$$\text{LoG} = \nabla^2 [G_\sigma(x,y)] = \frac{\partial^2 G_\sigma(x,y)}{\partial x^2} + \frac{\partial^2 G_\sigma(x,y)}{\partial y^2} = \frac{x^2+y^2-2\sigma^2}{\sigma^4} \cdot \frac{1}{2\pi\sigma^2} \cdot e^{-\frac{x^2+y^2}{2\sigma^2}}$$

$$= \frac{1}{\sigma^2}\left(\frac{x^2+y^2}{\sigma^2}-2\right) \cdot \frac{1}{2\pi\sigma^2} \cdot e^{-\frac{x^2+y^2}{2\sigma^2}} \tag{6-36}$$

LoG 算子的含义便是先对图像进行高斯平滑滤波，再使用 Laplace 算子进行边缘检测。使用平滑滤波的原因在于微分运算对噪声比较敏感，因此使用平滑滤波以降低噪声的影响。

LoG 算子的运算量很大，Lowe 做了近似处理。将高斯差分算子 DoG 近似于高斯-拉普拉斯算子 LoG，即

$$\text{DoG} = G(x,y,k\sigma) - G(x,y,\sigma) \approx (k-1)\sigma^2 \nabla^2 G \tag{6-37}$$

DoG 算子是高斯函数的差分，具体到图像中，就是将图像在不同参数下的高斯滤波结果相减，其中 $k-1$ 是个常数，不影响极值点的检测。由上所述，高斯差分金字塔可由高斯金字塔每组相邻层数作差得到。高斯差分尺度空间如图 6-14 右侧所示，公式如下

$$D(x,y,\sigma) = \text{DoG} * I(x,y) = (G_{\sigma_1} - G_{\sigma_2}) * I(x,y) = L(x,y,k\sigma) - L(x,y,\sigma) \tag{6-38}$$

2. 初步提取关键点

根据我们前面的讲述，关键点的提取在于寻找 DoG 空间的极值点。为了寻找极值点，每一个采样点要和它所有的相邻点比较，看其是否比它的图像域和尺度域的相邻点大或者小。如图 6-15 所示，中间的检测点和它同尺度的 8 个相邻点和上下相邻尺度对应 9×2 个点共 26 个点比较，以确保在尺度空间和二维图像空间都检测到极值点。一个点如果在 DoG

尺度空间本层以及上下两层的 26 个领域中是最大或最小值时，就认为该点是图像在该尺度下的一个特征点。为了方便读者理解，我们绘制了初步提取关键点的全过程示意图，如图 6-16 所示。

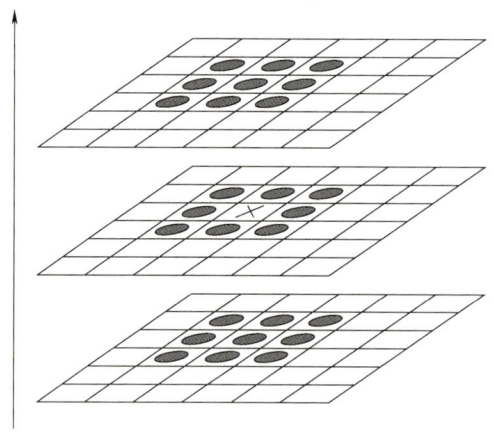

图 6-15　初步关键点选取

至此，我们回顾图 6-14，我们可以进行参数值选取的判断。首先，我们对于每一组 DoG，最终极值检测会输出的尺度数 $s=2$，因为检测极值点需要相邻上下层次 DoG 图均存在，所以最终只有层次为 $k\sigma$、$k^2\sigma$ 的能够输出。反过来说，当确定每组最终极值检测会输出的尺度数为 s 时，可以得出每组 DoG 有 $s+2$ 层，每组高斯核平滑图有 $s+3$ 层。同时，为了满足尺度变化的连续性，一般取 $k=2^{1/s}$。例如在图 6-14 中尺度数 $s=2$，那么 $k=\sqrt{2}$，最终第一组的输出层次为 $\sqrt{2}\sigma$、2σ，第二组的输出层次为 $2\sqrt{2}\sigma$、4σ，可以看到输出的尺度是连续的。

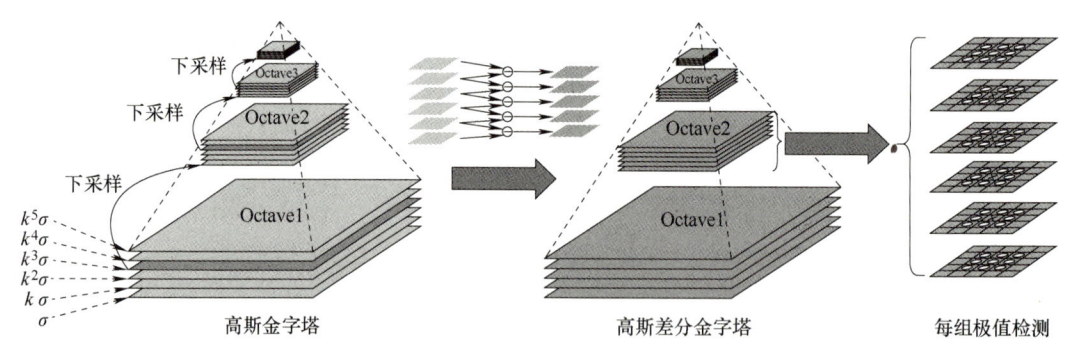

图 6-16　关键点提取全过程

3. 筛选关键点

由于 DoG 值对噪声和边缘较敏感，因此，在上面 DoG 尺度空间中检测到局部极值点还要经过进一步的检验才能精确定位为特征点。为了提高关键点的稳定性，需要对尺度空间 DoG 函数进行曲线拟合。利用 DoG 函数在尺度空间的泰勒（Taylor）展开式如下

$$D(\boldsymbol{x}_0+\boldsymbol{x}) = D(\boldsymbol{x}_0) + \left(\frac{\partial D}{\partial \boldsymbol{x}_0}\right)^{\mathrm{T}} \boldsymbol{x} + \frac{1}{2}\boldsymbol{x}^{\mathrm{T}}\frac{\partial^2 D}{\partial \boldsymbol{x}_0^2}\boldsymbol{x} \tag{6-39}$$

其中，D 及其导数 $\frac{\partial D}{\partial \boldsymbol{x}}$ 在样本点 $\boldsymbol{x}_0$ 处计算，$\boldsymbol{x}=(x,y,\sigma)^{\mathrm{T}}$ 为相 $\boldsymbol{x}_0$ 的偏移量，将此二阶泰勒展开作为 DoG 函数的近似，对其求导并令导数为零，则可以得到极值点位置的偏移量如下

$$\frac{\partial D}{\partial \boldsymbol{x}} = \frac{\partial D}{\partial \boldsymbol{x}_0} + \frac{\partial^2 D}{\partial \boldsymbol{x}_0^2}\boldsymbol{x} = 0 \Rightarrow \hat{\boldsymbol{x}} = -\left(\frac{\partial^2 D}{\partial \boldsymbol{x}_0^2}\right)^{-1}\frac{\partial D}{\partial \boldsymbol{x}_0}$$

$$D(\boldsymbol{x}_0+\hat{\boldsymbol{x}}) = D(\boldsymbol{x}_0) + \left(\frac{\partial D}{\partial \boldsymbol{x}_0}\right)^{\mathrm{T}}\hat{\boldsymbol{x}} - \frac{1}{2}\left(\frac{\partial D}{\partial \boldsymbol{x}_0}\right)^{\mathrm{T}}\hat{\boldsymbol{x}} = D(\boldsymbol{x}_0) + \frac{1}{2}\left(\frac{\partial D}{\partial \boldsymbol{x}_0}\right)^{\mathrm{T}}\hat{\boldsymbol{x}} \tag{6-40}$$

当偏移量 $\hat{\boldsymbol{x}}$ 的任一维度上大于 0.5，意味着真正的极值并不是离 $\boldsymbol{x}_0$ 点最近，所以必须改变当前关键点的位置，同时在新的位置上反复插值直到收敛。如果这样做，也有可能超出所设定的迭代次数或者超出图像边界的范围，此时这样的点应该被删除。极值处的函数值 $D(\boldsymbol{x}_0+\hat{\boldsymbol{x}})$ 可以用来去除低对比度的不稳定极值。在 Lowe 的实验中，所有 $|D(\boldsymbol{x}_0+\hat{\boldsymbol{x}})|<0.03$ 的极值点都被舍弃。

为了提高关键点的稳定性，仅仅靠消除低对比度的点（DoG 函数响应低）是不够的。由于 DoG 即使对边缘定位不准，也会有较强的响应值，因此就算是少量噪声也会引起特征点的不稳定。我们要消除不稳定的边缘响应。DoG 对于横跨边缘方向有较大的主曲率（变化率大），对于沿边缘方向（垂直于跨边缘方向）的响应主曲率较小。主曲率（二阶方向导数极大值）可以通过 2×2 黑塞（Hessian）矩阵求出。

$$\boldsymbol{H} = \begin{pmatrix} D_{xx} & D_{xy} \\ D_{yx} & D_{yy} \end{pmatrix}$$

导数由采样点相邻差估计得到。D 的主曲率和 $\boldsymbol{H}$ 的特征值成正比，令 α 为较大特征值，β 为较小的特征值，

$$\mathrm{Tr}(\boldsymbol{H}) = D_{xx} + D_{yy} = \alpha + \beta \tag{6-41}$$

$$\mathrm{Det}(\boldsymbol{L}) = D_{xx}D_{yy} - (D_{xy})^2 = \alpha\beta \tag{6-42}$$

令 $\alpha = r\beta$，则

$$\frac{\mathrm{Tr}(\boldsymbol{H})^2}{\mathrm{Det}(\boldsymbol{H})} = \frac{(\alpha+\beta)^2}{\alpha\beta} = \frac{(r\beta+\beta)^2}{r\beta^2} = \frac{(r+1)^2}{r} \tag{6-43}$$

$\frac{(r+1)^2}{r}$ 的值在两个特征值相等的时候最小，随着 r 的增大而增大，因此，为了检测主曲率是否在某阈值 r 下，只需检测

$$\frac{\mathrm{Tr}(\boldsymbol{H})^2}{\mathrm{Det}(\boldsymbol{H})} < \frac{(r+1)^2}{r} \tag{6-44}$$

Lowe 在论文中给出 $r=10$。也就是说，对于主曲率比值大于 10 的特征点将被删除，否则这些特征点将被保留。上述运算比求取矩阵 $\boldsymbol{H}$ 的具体特征值计算量要小得多。

4. 计算关键点描述子

上一步中确定了每幅图中的关键点。现在，我们需要为每个特征点计算一个方向，依照这个方向做进一步的计算，使算子具备旋转不变性。SIFT 使用关键点的尺度来选择最接近该

尺度的高斯平滑图像 L，这样，所有方向的计算就都以尺度不变的方式执行。然后，对这一尺度的每个图像样本 $L(x,y)$，使用像素差计算梯度幅度 $M(x,y)$ 和方向角 $\theta(x,y)$，即

$$M(x,y)=[(L(x+1,y)-L(x-1,y))^2+(L(x,y+1)-L(x,y-1))^2]^{\frac{1}{2}} \quad (6\text{-}45)$$

$$\theta(x,y)=\arctan\left[\frac{L(x,y+1)-L(x,y-1)}{L(x+1,y)-L(x-1,y)}\right] \quad (6\text{-}46)$$

至此，图像的关键点已经检测完毕，每个关键点有三个信息：位置，所处尺度、方向，由此可以确定一个 SIFT 特征区域。而后，我们便可以计算关键点描述子。在实际计算时，我们在以关键点为中心的邻域窗口内采样，并用直方图统计邻域像素的梯度方向。梯度直方图的范围是 0°～360°，其中每 45°一个柱，总共 8 个柱，或者每 10°一个柱，总共 36 个柱。

图 6-17a 所示为中央为当前关键点的位置，每个小格代表关键点邻域所在尺度空间的一个像素，利用公式求得每个像素的梯度幅值与梯度方向，箭头方向代表该像素的梯度方向，箭头长度代表梯度模值，然后用高斯窗口对其进行加权运算。

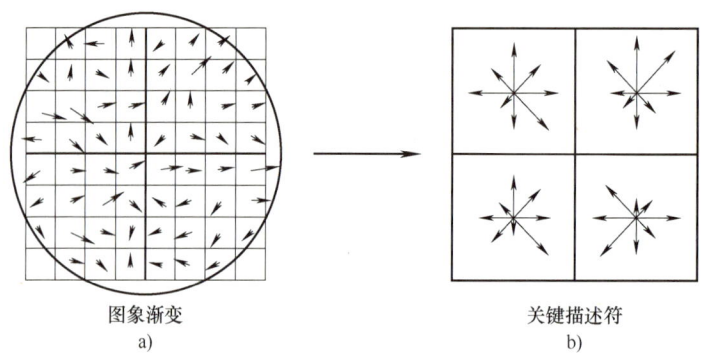

图象渐变
a)

关键描述符
b)

图 6-17 SIFT 关键点描述子

图 6-17a 中的圈代表高斯加权的范围。高斯加权的目的是避免随着窗口位置的微小变化导致的描述子的突然变化，同时减少远离描述子中心的梯度影响。对于每 4×4 的小块上，需要计算有 8 个方向容器的梯度方向直方图，梯度方向在 0°～44°之间的加入第一个方向容器，45°～89°之间的加入第二个容器，以此类推。计算一个小块的梯度方向直方图，得到每个梯度方向的累加值，即可形成一个种子点，如图 6-17b 所示，此图中一个关键点由 2×2 共 4 个种子点组成，每个种子点有 8 个方向向量信息，由此可以对每个关键点形成一个 2×2×8 = 32 维的描述子。这种邻域方向性信息联合的思想增强了算法抗噪声的能力，同时对于含有定位误差的特征匹配也提供了较好的容错性。在原论文中，Lowe 实验结果表明：描述子采用 4×4×8 = 128 维向量表征，综合效果最优。即计算关键点周围的 16×16 的邻域中每一个像素的梯度，并在每个 4×4 的小块中，通过加权梯度值加到直方图 8 个方向区间中的一个，计算出一个梯度方向直方图。这样就可以对每个关键点形成一个 4×4×8 = 128 维的描述子。

注意，由于描述子使用的是梯度方向，如果图像发生旋转，所有的梯度方向也会随之变化，对于每个关键点的描述子也就发生了变化。为了保持旋转不变性，我们在统计的时候将坐标轴旋转为对应关键点方向，如图 6-18 所示。同时，特征向量形成后，为了去除光照变化

的影响，需要对它们进行归一化处理，以便于不同图片同一特征点的比较。这样我们就可以使用 SITF 进行特征匹配。我们可以生成 A、B 两幅图的描述子，分别是 $k_1 \times 128$ 维和 $k_2 \times 128$ 维，而后将两图中所有尺度的描述子进行匹配。取图像 A 中的某个关键点，并找出其与图像 B 中欧式距离最近的前两个关键点，在这两个关键点中，如果最近的距离除以次近的距离少于某个比例阈值，则接受这一对匹配点。降低这个比例阈值，SIFT 匹配点数目会减少，但更加稳定。

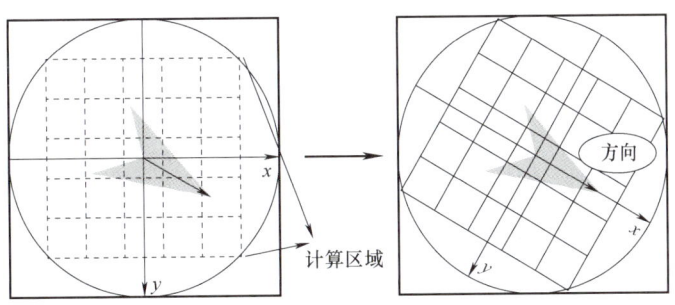

图 6-18　SIFT 的旋转不变性

实际应用中，我们可以使用 cv2.SIFT_create( ) 检测 SIFT 进行关键点检测。图 6-19 的案例显示了在图像上使用 SIFT 检测到的关键点位置。在图中，我们在每个特征点周围绘制了一个圆圈，圆圈的半径大小与特征点的尺度相关联，直观地看到展示了每个特征点的尺度大小。

码 6-4【程序源码】
SITF 关键点检测

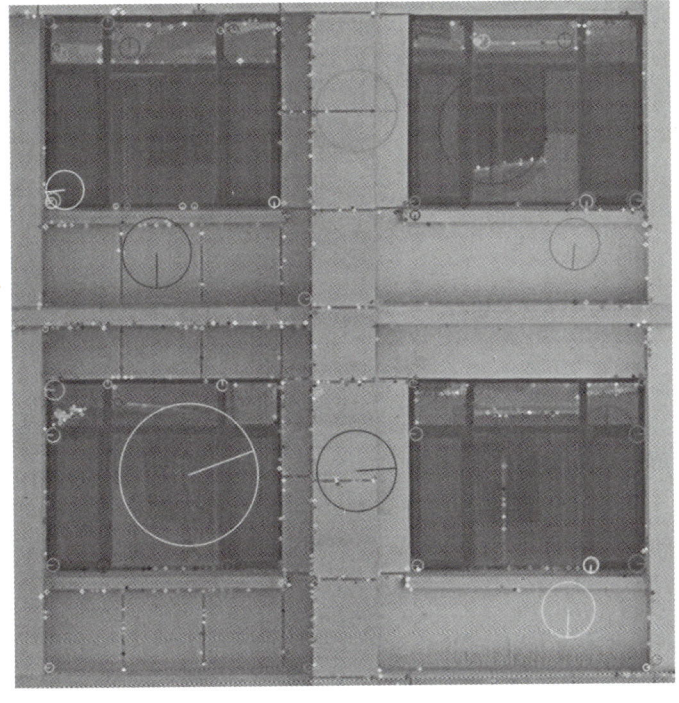

图 6-19　SIFT 示例

6.4.2 方向梯度直方图 HOG

HOG（Histogram of Oriented Gradient）特征是法国研究人员 Dalal 在 2005 年 CVPR 上提出的一种实现人体目标检测的图像描述方法，该特征通过计算和统计图像局部区域的梯度方向直方图来构成特征。其优点是可以对几何和光学的形变保持很好的不变形，换句话说，对环境的变化具有很强的鲁棒性。该特征的主要思想是：图像中局部目标的表现和形状能够被梯度或边缘的方向密度很好的描述。

在实际操作中，HOG 将图像分为小的细胞单元（Cells），每个细胞单元计算一个梯度方向（或边缘方向）直方图。为了对光照和阴影有更好的不变性，需要对直方图进行对比度归一化，可以通过将细胞单元组成更大的块（Block）并归一化块内的所有细胞单元来实现。我们将归一化的块描述符称为 HOG 描述子。将检测窗口中的所有块的 HOG 描述子组合起来就形成了最终的特征向量。HOG 特征提取主要分为预处理、计算梯度直方图、生成 HOG 特征向量三步。

1. 预处理

HOG 特征是在一个固定大小的小区域上计算的，这个区域一般称为窗口（Window）。在原论文中，HOG 是为了提取图像中人物特征设计的，因此我们可以从图中看到，需要计算 HOG 特征的区域是从原图中提取的一个 64×128 的窗口。而后，对于一个窗口，我们又将其分为块和细胞单元两级进行处理，其中细胞单元大小为 8×8；块大小为 16×16；一个块中包含 4 个细胞，块移动步长为 8 个像素，对应一个细胞的大小。预处理操作如图 6-20 所示。

图 6-20 HOG 预处理

2. 计算梯度直方图

首先，我们对于每个细胞计算梯度直方图。对于细胞中的每个像素点，我们需要计算两个值：梯度的强度以及方向。使用 sobel 算子，我们可以计算某个像素点 x 方向梯度 G_x 和 y 方向梯度 G_y，进一步可以计算出该点梯度大小 G 和梯度方向 θ，即

$$G = \sqrt{G_x^2 + G_y^2} \tag{6-47}$$

$$\theta = \arctan \frac{G_y}{G_x} \tag{6-48}$$

得出一个细胞中每个点的梯度大小 G 和梯度方向 θ 后，我们可以构建每个细胞的梯度直方图。对于梯度方向，HOG 采用无符号梯度的 0°～180°均分方向直方图，这是为了提高计算效率。将 180°的总范围以 20°为标准切分为小范围，最终得到 9 个区间（Bins）的梯度直方图。如图 6-21 所示，左上图是每个细胞的梯度方向，右上图是每个细胞的梯度强度，下图是 9 个区间的直方图。利用插值的方式，或者说，以梯度方向为权值对梯度大小进行分配的方式，我们可以将梯度强度映射到不同的梯度方向范围中，最终得到包含 9 个值的梯度直方图。例如，对于梯度方向为 60°的位置，将梯度大小数值 3 分配到对应 60°的第四个直方图区间中。而对于梯度方向为 110°的情况，需要将梯度大小的数值拆分，并分配到第 6 和第 7 区间中。

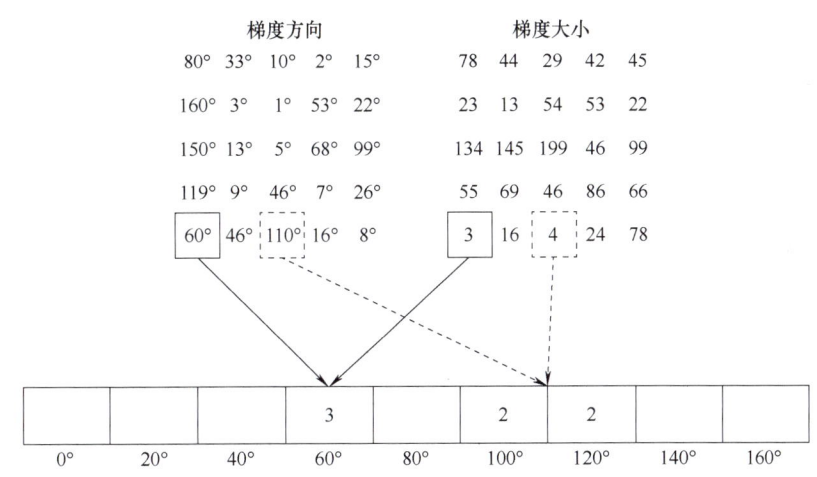

图 6-21　梯度直方图计算示例

3. 生成 HOG 特征向量

在获得每个细胞的直方图后，我们需要对块进行处理。一个块由 2×2 个细胞单元组成，而每个细胞的直方图可以用一个 9 维的向量表示，因此，某个块的特征向量为将其中包含的 4 个梯度直方图拼接得到的 4×9 = 36 长度的向量。而后，我们需要对这个 36 维的特征向量使用 L2 范数进行归一化用于消除光线影响。每将块滑动一次，就得到一个长度为 36 的特征向量，因为块每次移动步长正好是对应了一个细胞，所以对于一个 64×128 的窗口，总共有 7×15 = 105 次移动，最终将每个分块得到的特征向量合在一起得到 36×105 = 3780 维的窗口特征向量。

尽管 HOG 方法和 SIFT 算子都因为使用方向直方图而具有一定优势，但是它们的使用方式不同。事实上，SIFT 的目的是通过首先消除特征对之间的方向差异来匹配特征对，从而提供方向不变性（SIFT 本质上是尺度不变的，尽管它最终也是平移和旋转不变的，因为它的描述符具有每个特征的位置和方向信息）。相比之下，HOG 方法不提供方向不变，而是旨在呈现图像部分上的方向直方图的细胞图，从而可以识别人或其他形状。因此，它应该被描述为区域图像描述符，而不是局部图像描述符。然而，它还有另一个优点，即提供了良好的几何和光度不变性测量，因为它只关注方向的局部变化。

总结，在 HOG 中，存在以下特点：

1)局部特征提取:将图像分解为小的细胞可以捕获图像中的局部特征信息,这些局部特征可以帮助识别物体的轮廓和形状。

2)特征组合:将多个细胞组合成更大的块可以增加特征的表达能力,通过将局部特征结合起来,可以更好地表示物体的整体特征。

3)重叠增强特征:块之间是有重叠的,块之间的重叠允许局部特征在多个块中共享,这样可以增强对局部特征的检测能力,并提高对光照和背景变化的鲁棒性。

4)归一化增强性能:对每个块内的特征进行归一化可以增强性能,因为它可以抵消光照和背景的变化,使特征更加稳定和可靠。

图 6-22 展示了一个使用 HOG 进行行人检测的案例,案例是使用 cv2. HOGDescriptor 实现的。检测行人的过程就是使用 64×128 检测窗口在图像上滑动,对每个窗口内的图像区域提取 HOG 特征,并使用 SVM 检测器对这些特征进行分类。这个 SVM 检测器是一个预先训练好的用于检测行人目标模型。在图中可以看到检测到的窗口有大有小,这是由于算法将 HOG 特征检测与图像金字塔结合使用,以便在不同尺度下检测目标。具体来说,对于每个尺度的图像,都可以计算其相应的 HOG 描述符,并在这些描述符上应用行人检测算法。这样做可以在不同尺度下搜索目标,并提高检测的鲁棒性。

码 6-5【程序源码】
HOG 行人检测

图 6-22　HOG 行人检测

6.4.3　局部二值描述 LBP

局部二值模式(Local Binary Pattern,LBP),最初由芬兰奥卢大学的 Timo Ojala、Matti Pietikainen 和 Topi Maenpaa 于 1994 年提出,它是一种用来描述图像局部纹理特征的算子,具有旋转不变性和灰度不变性等显著的优点。

1. 原始 LBP

最原始的 LBP 算子定义在某中心像素及其周围大小为 3×3 的矩形窗口上,以窗口中心像素为阈值,与相邻的 8 个像素的灰度值比较。如图 6-23 所示,将中心像素的每个邻域像素值以该中心像素的灰度值为阈值进行二值量化，大于或等于中心像素的像素值则编码为 1，小于则编码为 0，以此形成一个局部二进制模式。将该二进制模式以 x 正轴方向为起点按照逆时针方向进行串联得到一个 8 位二进制数，并用该二进制数对应的十进制数字来唯一地标识该中心像素点。LBP 描述子对于光照变化和对比度变化具有一定的鲁棒性，因为它主要关注的是像素之间的相对关系而不是绝对灰度值。

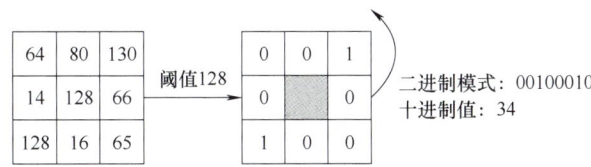

图 6-23 原始 LBP 描述子的生成

2. 圆形 LBP

定义在大小为 3×3 的矩形邻域系统上的 LBP 模式的应用受到严重制约，主要原因如下：

1）3×3 的邻域系统过于局部，无法捕获大尺度的纹理结构特征。

2）矩形邻域系统不宜于旋转不变特征的设计。

针对这些不足，Ojala 等人提出采用圆形邻域系统来计算 LBP 模式，并通过采用不同大小的圆形邻域系统将 LBP 扩展到多尺度上。圆形 LBP 的邻域像素选点如图 6-24 所示，由此产生的邻域像素选点坐标大多都不是整数，导致其坐标为落在原图像像素中心位置，对于这些虚拟位置的像素值，可以使用双线性插值方式获得。我们一般将此计算模式称为 $LBP_{R,P}$ 算子。$LBP_{R,P}$ 算子的计算步骤如下：

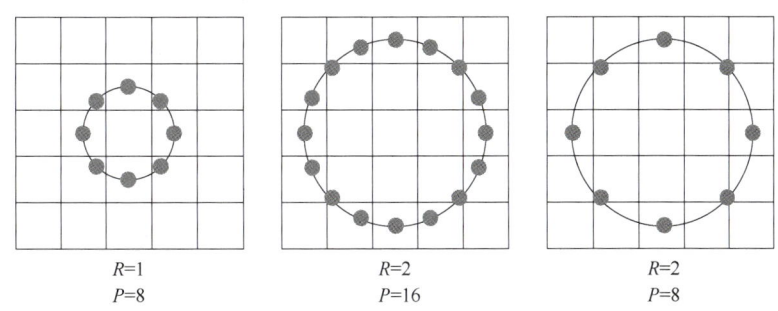

图 6-24 圆形 LBP 的取点

1）对于给定的像素点，以该像素点为中心选择一个固定半径为 R 的圆形邻域。在圆形邻域上均匀地选择 P 个等距的采样点。

2）对于每个采样点，将其灰度值与中心像素的灰度值进行比较：若采样点的灰度值大于等于中心像素的灰度值，则将该采样点的位置对应的二进制位设为 1；若采样点的灰度值小于中心像素的灰度值，则将该采样点的位置对应的二进制位设为 0。

3）将得到的 P 个二进制位串组合成一个二进制编码，作为该像素点的 $LBP_{R,P}$ 值。

若将邻域内中心像素点像素值设为 g_c，圆形邻域区域内第 p 个点像素值为 g_p，$LBP_{R,P}$ 值的计算公式为

$$s(x) = \begin{cases} 1, x \geq 0 \\ 0, x < 0 \end{cases}$$

$$\text{LBP}_{R,P} = \sum_{p=0}^{P-1} s(g_p - g_c) 2^p \tag{6-49}$$

3. 旋转不变 LBP

$\text{LBP}_{R,P}$ 算子的主要优势在于其对于纹理特征的描述能力更强，特别是在不同尺度下的纹理细节。通过调节参数 R 和 P，可以实现对不同尺度和粒度的纹理特征进行更加精细和全面的描述。但是 $\text{LBP}_{R,P}$ 算子仍不具有旋转不变性，为了解决这一问题，Ojala 等人继续进行了改进，提出了旋转不变（Rotation Invariant）LBP 模式。该模式将 LBP 周围的二进制码按位旋转，取二进制码最小的值。例如 11110001 情况，我们按位旋转，得到 11100011、11000111、10001111、00011111、00111110、01111100、11111000 七个不同的二进制数，最小值为 00011111，则取该种模式（Pattern）为最终 LBP。这又称为 LBPROT，或 $\text{LBP}_{R,P}^{ri}$，即

$$\text{LBP}_{R,P}^{ri} = \min\{\text{ROR}(\text{LBP}_{R,P}, i), i = 0, 1, \cdots, P-1\} \tag{6-50}$$

式中，$\text{ROR}(X, i)$ 执行沿时钟方向将 P 位数 X 移动 i 次。对于图像像素而言，就是将邻域集合按照时钟方向旋转很多次，直到当前旋转下构成的 LBP 值最小。例如对于 $R=1$、$P=8$ 的情况，LBPROT 算子总共有 36 种情况。

4. 均匀 LBP（Uniform LBP）

Ojala 提出了采用一种"均匀模式"（Uniform Pattern）来对 LBP 算子的模式种类进行降维。Ojala 等认为，在实际图像中，绝大多数 LBP 模式最多只包含两次从 1 到 0 或从 0 到 1 的跳变。因此，Ojala 将"均匀模式"定义为：当某个 LBP 所对应的循环二进制数从 0 到 1 或从 1 到 0 最多有两次跳变时，该 LBP 所对应的二进制就称为一个均匀模式类。注意跳变个数是循环来看的，假设计算跳变个数的算子为 U，那么 U（11000111）与 U（11111000）的值均为 2。跳变数 $U(\text{LBP}_{R,P})$ 的计算公式如下

$$U(\text{LBP}_{R,P}) = |s(g_{P-1} - g_c) - s(g_0 - g_c)| + \sum_{s=1}^{p-1} |s(g_p - g_c) - s(g_{p-1} - g_c)| \tag{6-51}$$

对于 $P=8$ 的情况，若 8 个数字都一样，跳变次数为 0，共两种情况；若 8 个数字中有 1 个 0、2 个 0、…、7 个 0，这些 0 都要相邻，才能保证跳变不超过 2 次，因此，每种情况都有 8 种组合。例如 8 个数字中有 2 个 0，若要保证跳变不超过 2 次，这两个 0 只能是相邻的，因此有 8 种组合：0011 1111、1001 1111、1100 1111、1110 0111、1111 0011、1111 1001、1111 1100、0111 1110，以上情况共有 8×7=56 种。综上所有情况相加，共 2+56=58 种。其余情况则统称为混合类，统统放到同一类中，即第 59 类。这 59 种类别中，前 58 种按照二进制数所对应的值按照从小到大编码为 1~58，第 59 类则编码为 0。由此可知，对于任意的 P 选取，最终类个数是 $P(P-1)+2$。相比原始 LBP，最终类数大大减少了，提高了计算效率。

根据上述分析我们可以得知 Uniform LBP 不具备旋转不变性。若需要在其基础上加入旋转不变性，其最终输出如下

$$\text{LBP}_{P,R}^{riu2} = \begin{cases} \sum_{p=0}^{P-1} s(g_p - g_c), & \text{当 } U(\text{LBP}_{R,P}) \leq 2 \text{ 时} \\ P+1 & \text{其他} \end{cases} \tag{6-52}$$

图 6-25 展示了不同亮度下处理得到的 LBP 特征图。在本示例中，LBP 特征的计算是在原始 LBP 上增加旋转不变性得到的，即比较中心像素点和其 8 邻域像素的灰度值大小关系，得到一个 8 位二进制数，再将这个二进制数按位旋转得到最小值作为最终的 LBP 描述子。图中的 LBP 特征图就是直接每个像素点位置的像素值变为 LBP 描述子生成的，在图中可以明显看到，不同亮度下的 LBP 特征图基本一致，这表明 LBP 描述子具有一定的光照不变性。在实际应用中，LBP 特征是一种简单且有效的图像描述符，适用于许多不同的图像处理和分析任务，它能够有效地描述图像中的纹理信息，在纹理分析、人脸识别、行人检测等领域均具有广泛的应用。

码 6-6【程序源码】
LBP 特征

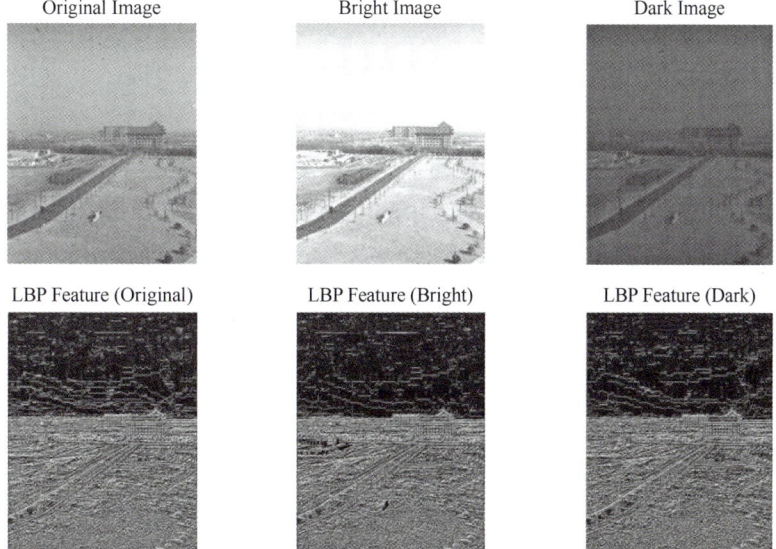

图 6-25　不同亮度下处理得到的 LBP 特征图

6.5　图像纹理表示

6.5.1　纹理分析基础

纹理可认为是灰度（颜色）在空间以一定的形式变化而产生的图案（模式），是一种重要的视觉线索，是图像中普遍存在而又难以描述的特征。人们常可以判断出纹理的存在性，但纹理却缺少众人所公认的定义，一个原因是人们对纹理的感受是与心理效果相结合的，所以用语言或文字来描述纹理通常是很困难的。

图像纹理定义问题至今没有得到圆满的解决，仍然不存在为众人所公认的定义，但是也有很多研究者针对不同的应用提出了自己的概念与定义。下面是几个具有代表性的定义：

定义 1：纹理是一种反映图像中同质现象的视觉特征，体现了物体表面共有的内在属性，包含了物体表面结构组织排列的重要信息以及它们与周围环境的联系。

定义2：如果图像内区域的局域统计特征或其他一些图像的局域属性变化缓慢或呈近似周期性变化，则可称为纹理。

定义3：纹理就是指在图像中反复出现的局部模式和它们的排列规则。

定义1从物质的组成及人类对物体的视觉感知的角度审视纹理。定义2中，局部属性的集合可以理解为一些基元类型和它们的空间关系，这个定义的一个重要部分是属性必须在恒定的纹理区域内重复出现。定义3通过纹理基元的局部模式的数目和类型以及它们的空间关系来描述纹理。总之，纹理大体上具有三大标志：某种局部序列性不断重复、非随机排列、纹理区域内大致为均匀的统一体。不同于灰度、颜色等图像特征，纹理通过像素及其周围空间邻域的灰度分布来表现，即局部纹理信息。另外，局部纹理信息不同程度上的重复性，就是全局纹理信息，实例如图6-26所示。

图 6-26 几种纹理实例

常用的3种纹理表达和描述方法是：统计法、结构法、频谱法。

（1）统计法　在统计法中，纹理被看作一种对区域中某种特征分布的定量测量结果。最简单的统计法是借助灰度直方图的据来描述纹理。统计法的目标是估计随机过程的参数，在6.5.2我们会介绍基于马尔可夫随机场的图像纹理描述。

（2）结构法　结构法是一种空域方法，其基本思想为复杂的纹理被看作由一组简单纹理基元以某种规则的或重复的关系结合的。这种方法试图根据一些描述几何关系的放置/排列规则来描述纹理。例如我们可以使用上节学习过的LBP来提取纹理特征。

（3）频谱法　频谱法的基本思想在于在图像中，纹理通常与图像中的高频分量相关联。由此，我们可以借助传统的傅里叶频谱或是盖博频谱来检测纹理模式。

纹理分析技术作为计算机视觉、图像处理、图像分析、图像检索等领域基础性研究之一，其研究内容主要包括：纹理分类和分割、纹理合成、纹理检索等。对纹理采用哪种表达和描述方法依赖于纹理的模式或尺度，根据纹理的不同模式度需采用不同的方法。

6.5.2　基于马尔可夫随机场的图像纹理描述

在第5章中，我们学习了马尔可夫随机场（MRF）的相关知识，该理论在纹理建模领域也有所应用。MRF 模型的一个重要特征为全局模式是通过局部相互作用的随机传播形成的。在 MRF 模型中，图像中的全局结构是通过像素之间的局部相互作用和传播来形成的。这种特性特别适合于纹理建模，因为纹理通常表现为全局重复的局部结构，但其具体的重复方式是不可预测的。因此，MRF 模型的随机传播性质使其能够有效地捕捉到纹理图像中的全局-局部特征。纹理合成模型 FRAME（Filters, Random Fields And Maximum Entropy）提供了一种综合的方法来描述和生成图像纹理。该方法通过在随机场上的概率分布 $f(I)$ 来表征具有相同纹理外观的图像集合 I。然后给出一组观察到的纹理示例，我们的目标是推断 $f(I)$。

1) 从一般滤波器库中选择一组滤波器来捕获纹理的特征。波滤器被设计用来捕捉任何可能被认为是给定纹理特征的特征。它们可以是任意大小的、线性或非线性的。将这些滤波器应用于观察到的纹理图像，并提取波滤后图像的直方图。这些直方图估计了 $f(I)$ 的边际分布。这一步称为特征提取。

2) 构造一个最大熵分布 $p(I)$，该分布被限制为匹配步骤 1) 估计的 $f(I)$ 的边缘分布，这一步称为特征融合。

3) 采用 Gibbs 采样器从 $p(I)$ 中抽取样本合成纹理图像。

可以看到，该方法结合了滤波、马尔可夫随机场和最大熵原理。其中，最大熵模型是用于构造一组随机变量的概率分布 p，它在给定一组约束条件下，选择具有最大熵（最不确定性）的概率分布，以最大程度地保持对数据的不确定性。我们简单介绍一下这一内容。假设我们已知一系列函数 $\phi_n(x)$ 的期望为

$$E_p[\phi_n(x)] = \int \phi_n(x)p(x)\mathrm{d}x = \mu_n, n = 1,\cdots,N \tag{6-53}$$

设 Ω 为满足约束条件的所有概率分布 $p(x)$ 的集合，则

$$\Omega = \{p(x) \mid E_p[\phi_n(x)] = \mu_n, n = 1,\cdots,N\} \tag{6-54}$$

根据最大熵原理，选择熵最大的概率分布是一个好的选择，即在计算约束条件 $E_p[\phi_n(x)] = \int \phi_n(x)p(x)\mathrm{d}x = \mu_n, n = 1,\cdots,N$，和 $\int p(x)\mathrm{d}x = 1$ 下有

$$p^*(x) = \arg\max\left\{-\int p(x)\log p(x)\mathrm{d}x\right\} \tag{6-55}$$

$p(x)$ 可以通过拉格朗日乘数法计算得

$$p(x;\Lambda) = \frac{1}{Z(\Lambda)}\exp\left\{-\sum_{n=1}^{N}\lambda_n\phi_n(x)\right\} \tag{6-56}$$

式中，$\Lambda = (\lambda_1,\lambda_2,\cdots,\lambda_n)$ 表示模型的参数向量。$Z(\Lambda) = \int \exp\left\{-\sum_{n=1}^{N}\lambda_n\phi_n(x)\right\}\mathrm{d}x$ 是配分函数。

我们知道，使用不同的滤波器能够提取到不同的纹理特征。为了进行纹理建模，FRAME 模型以不同滤波结果得到的直方图为约束建立直方图模型。设图像 I 在离散域 D 上定义，D 可以是 $N\times N$ 的区域。对于一个特定的纹理，设 $S_K = \{F^{(\alpha)}, \alpha = 1,\cdots,K\}$ 是一组有限的精心挑选的波滤器，$f^{(\alpha)}(z), \alpha = 1,\cdots,K$ 为 $f(I)$ 在 $F^{(\alpha)}$ 滤波器响应后对应的边缘分布。我们将与这些边际分布相匹配的概率分布 $p(I)$ 表示为一个集合，即

$$\Omega_K = \{p(I) \mid E_p[\delta(z-I^{(\alpha)}(v))] = f^{(\alpha)}(z), \forall z \in \mathbf{R}, \forall \alpha = 1,\cdots,K, \forall v \in D\} \tag{6-57}$$

$E_p[\delta(z-I^{(\alpha)}(v))]$ 为 $p(I)$ 相对于滤波器 $F^{(\alpha)}$ 在位置 v 处的边际分布 $p(I)$。由此我们可以使用最大熵求 $p(I)$，即

$$p(I) = \arg\max\{-\int p(I)\log p(I)\mathrm{d}I\} \tag{6-58}$$

约束条件为

$$E_p[\delta(z-I^{(\alpha)}(v))] = f^{(\alpha)}(z), \forall z \in \mathbf{R}, \forall \alpha = 1,\cdots,K, \forall v \in D$$

$$\int p(I)\mathrm{d}I = 1 \tag{6-59}$$

计算得到最大熵分布为

$$p(I;\Lambda_K,S_K) = \frac{1}{Z(\Lambda_K)}\exp\{-\sum_v\sum_{\alpha=1}^K\int\lambda^{(\alpha)}(z)\delta(z-I^\alpha(v))\mathrm{d}z\}$$

$$= \frac{1}{Z(\Lambda_K)}\exp\{-\sum_v\sum_{\alpha=1}^K\lambda^{(\alpha)}(I^{(\alpha)}(v))\} \tag{6-60}$$

式中，$S_K = \{F^{(1)}, F^{(2)}, \cdots, F^{(K)}\}$ 是一组选定的滤波器，$\Lambda_K = (\lambda^{(1)}(), \lambda^{(2)}(), \cdots, \lambda^{(K)}())$ 为拉格朗日参数，并且，在上式中，对于每个过滤器 $F^{(\alpha)}$，$\lambda^{(\alpha)}()$ 的形式为滤波器响应 $I^{(\alpha)}(v)$ 的连续函数。为了进行计算，我们需要推导出该式子的离散形式。假设滤波器响应 $I^{(\alpha)}(v)$ 被量化为 L 个离散的灰度级，因此 z 取集合 $\{z_1^{(\alpha)}, z_2^{(\alpha)}, \cdots, z_L^{(\alpha)}\}$ 中的值。由此，边际分布和直方图近似为 L 箱的分段常数函数，我们将这些分段函数表示为向量。$H^{(\alpha)} = (H_1^{(\alpha)}, H_2^{(\alpha)}, \cdots, H_L^{(\alpha)})$ 是 $I^{(\alpha)}$ 的直方图，$H^{\mathrm{obs}(\alpha)}$ 表示输入纹理 $I^{\mathrm{obs}(\alpha)}$ 的直方图。势能函数 $\lambda^{(\alpha)}()$ 近似为向量 $\boldsymbol{\lambda}^{(\alpha)} = (\lambda_1^{(\alpha)}, \lambda_2^{(\alpha)}, \cdots, \lambda_L^{(\alpha)})$。最大熵分布改写为

$$p(\boldsymbol{I};\Lambda_K,S_K) = \frac{1}{Z(\Lambda_K)}\exp\{-\sum_v\sum_{\alpha=1}^K\sum_{i=1}^L\lambda_i^{(\alpha)}\delta(z_i^{(\alpha)}-\boldsymbol{I}^{(\alpha)}(v))\} \tag{6-61}$$

交换求和顺序可得

$$p(\boldsymbol{I};\Lambda_K,S_K) = \frac{1}{Z(\Lambda_K)}\exp\{-\sum_{\alpha=1}^K\sum_{i=1}^L\lambda_i^{(\alpha)}H_i^{(\alpha)}\}$$

$$= \frac{1}{Z(\Lambda_K)}\exp\{-\sum_{\alpha=1}^K\langle\boldsymbol{\lambda}^{(\alpha)},H^{(\alpha)}\rangle\} \tag{6-62}$$

$\lambda^{(\alpha)}$，$\alpha = 1,2,\cdots,K$ 使用下述方程迭代求解，即

$$\frac{\mathrm{d}\lambda^{(\alpha)}}{\mathrm{d}t} = E_{p(\boldsymbol{I};\Lambda_K,S_K)}[H^{(\alpha)}] - H^{\mathrm{obs}(\alpha)} \tag{6-63}$$

在迭代过程中，$E_{p(\boldsymbol{I};\Lambda_K,S_K)}[H^{(\alpha)}]$ 无法直接求解。我们需要从 $p(\boldsymbol{I};\Lambda_K,S_K)$ 取样得到纹理图 I^{syn}，并使用其直方图 $H^{\mathrm{syn}(\alpha)}$ 用于 $E_{p(\boldsymbol{I};\Lambda_K,S_K)}[H^{(\alpha)}]$ 的估计。这一采样过程使用的是 Gibbs 采样器。吉布斯采样（Gibbs sampling）是统计学中用于马尔可夫蒙特卡罗（MCMC）的一种算法，用于在难以直接采样时从某一多变量概率分布中近似抽取样本序列。假设我们有一个包含 N 个随机变量的联合概率分布 $p(X_1, X_2, \cdots, X_N)$，我们希望从中抽样。吉布斯采样的步骤如下：

1）初始化：选择一个初始状态，即为每个随机变量 X_i 分配一个初始值，这个初始状态可以是随机选择的。

2）迭代更新：对于每个随机变量 X_i，在给定其他变量的值 X_{-i} 的条件下，从其条件概率分布 $p(X_i|X_{-i})$ 中抽样更新其值。这个条件分布可以根据贝叶斯规则计算得到。

3）重复迭代：重复进行步骤2），直到达到收敛状态。通常，需要进行足够多的迭代以确保采样的稳定性和收敛性。

至此，我们可以将该算法的总体步骤描述如下：

算法 1. FRAME

输入参考纹理图 I^{obs}。

选择一组合适的滤波器 $S_K = \{F^{(1)}, F^{(2)}, \cdots, F^{(K)}\}$。

计算参考图直方图 $\{H^{\text{obs}(\alpha)}, \alpha = 1, \cdots, K\}$。

初始化 $\lambda_i^{(\alpha)} \leftarrow 0, i = 1, 2, \cdots, L, \alpha = 1, 2, \cdots, K$。

将 I^{syn} 初始化为均匀白噪声纹理。

重复以下步骤：

从 I^{syn} 计算 $H^{\text{syn}(\alpha)}$，其中 $\alpha = 1, 2, \cdots, K$，并将其用于计算 $E_{p(I;\Lambda_K,S_K)}(H^{(\alpha)})$。

根据公式更新 $\lambda^{(\alpha)}$，其中 $\alpha = 1, 2, \cdots, K$，更新 $p(I;\Lambda_K, S_K)$。

在 $p(I;\Lambda_K, S_K)$ 上应用吉布斯采样器调整，将 I^{syn} 进行 w 次迭代。

直到对于 $\alpha = 1, 2, \cdots, K$，满足 $\frac{1}{2}\sum_{i}^{L} |H_i^{\text{obs}(\alpha)} - H_i^{\text{syn}(\alpha)}| \leq \varepsilon$。

算法 2. 进行 w 次迭代的 Gibbs 采样器

给定图像 $I(v)$，计数器 flip_counter 初始值为 0。

重复以下步骤：

在均匀分布下随机选择一个位置 v。

对于 val $= 0, \cdots, G-1$，G 是图像的灰度级数，通过 $p(I;\Lambda_K, S_K)$ 计算 $p(I(v) = \text{val} \mid I(-v))$，其中，$-v$ 代表除 v 以外的位置；而后在 $p(\text{val} \mid I(-v))$ 下随机取值更新 $I(v) \leftarrow \text{val}$。

更新 flip_counter 为 flip_counter+1。

直到 flip_counter 达到 $w \times M \times N$。

由于不同纹理特征适合的滤波器不同，在 FRAME 算法中设计了一个选择用于纹理合成的滤波器的算法。该算法通过比较合成纹理图像和观察到的纹理图像的直方图之间的距离，迭代选择与目标纹理最匹配的滤波器。感兴趣的读者可以参考论文原文进行进一步学习。

6.5.3 基于深度学习的图像纹理描述

1. 基于卷积神经网络（CNN）的特征提取

在图像处理中，传统滤波器被广泛应用于提取图像的纹理特征，如边缘、纹理等。传统滤波器通过在图像上进行卷积操作，利用预先设计好的滤波核来捕捉特定的图像特征。然而，这些传统方法存在着一定的局限性，比如需要手动设计滤波器、难以捕捉复杂纹理等。相比之下，卷积神经网络（CNN）能够更有效地提取纹理特征，主要原因如下：

1）CNN 具有层级结构，由多个卷积层和池化层交替组成。这种层级结构使得网络能够逐渐提取出越来越抽象的特征表示。低层的卷积层可以提取简单的特征，如边缘和色彩变化，而高层的卷积层则能够提取更加抽象和复杂的纹理特征。

2）CNN 通过参数学习的方式，自动地学习到如何提取图像中的纹理特征。在训练过程中，CNN 通过反向传播算法不断地调整滤波器的权重，使得网络能够学习到最优的特征表示。这使得 CNN 能够适应不同的图像数据集和任务，并且能够捕捉到更加复杂和抽象的纹理特征。

3）CNN 中的卷积操作具有局部连接和权重共享的特性，这意味着每个滤波器只与输入图像的局部区域相连接，并且在整个图像上共享权重。这种设计使得网络能够更加高效地学习到特征表示，并且能够更好地应对平移、旋转等图像变换，从而提高了纹理特征的提取效率和准确性。

4）深度 CNN 方法在纹理图像识别领域的应用也面临着多重挑战。深度 CNN 模型的训练需要大量带有类别标签的样本，只有在经过充分训练的情况下，模型才能具备良好的识别能力。然而，在纹理图像识别领域，尚缺乏一个大规模的纹理图像数据库，无法为深度 CNN 模型提供充足的训练样本。特别是在某些机密、危险或对人体有害的场景中，获得大量训练样本更加困难。同时，深度 CNN 模型的参数规模通常非常大，可能达到千万甚至上亿个，这导致了模型的优化和调参过程变得异常复杂且训练时间较长。特别是当需要从头开始训练一个大规模的深度 CNN 模型时，对计算资源的需求巨大。此外，随着模型结构的复杂化和层数的增加，所需的训练时间也会显著增加。为了解决这些问题，研究人员尝试采用迁移学习的方法。

迁移学习（Transfer Learning）是机器学习中的一种方法，它允许模型将从一个任务中学到的知识应用到另一个相关的任务中。这种方法在数据稀缺的情况下尤为有用。如图 6-27 所示。其基本思想是首先在大规模训练数据集（如 ImageNet 图像数据集）上对卷积神经网络（CNN）进行充分训练，不断优化网络参数，形成网络的先验知识，从而获得预训练的 CNN 模型。然后，将这个预训练的 CNN 模型应用于一个不同但具有一定相关性的新任务中。

在迁移学习过程中，最初对深度 CNN 模型进行充分训练的领域被称为源领域，而将预训练 CNN 模型最终应用的新领域称为目标领域。通常情况下，源领域具有充足的训练样本和先进的硬件平台，在预先训练 CNN 模型时已经消耗了大量的时间和计算资源，使得预训练的 CNN 模型具备了丰富的先验知识和良好的识别能力。因此，面对目标领域的识别任务时，由于目标领域和源领域具有一定的相关性，可将预训练 CNN 模型在源领域学习到的丰富的先验知识和识别能力迁移应用到新的目标领域。

利用迁移学习方法，可以将预训练的 CNN 模型作为目标领域识别任务的起点，并利用目标领域少量的训练样本对预训练 CNN 模型的参数进行微调。通过在目标领域中对预先训练的 CNN 模型进行微调训练，不仅能获得更好的模型性能，还能缩短训练时间，降低对目标域训练样本数量的要求。这种方法可以有效解决目标领域训练样本不足和缺乏高性能硬件平台的问题，为推动深度 CNN 方法在图像识别领域的广泛应用提供了一种很好的途径。

在实际应用中，可以利用在大规模 ImageNet 图像数据集上预先训练的 CNN 模型作为初始模型。尽管 ImageNet 数据集不是专门的纹理图像数据集，但它包含了丰富的纹理特征，这与纹理图像识别任务具有较大的相关性。因此，可以采用迁移学习的方法将 ImageNet 数据集预训练的 CNN 模型应用于纹理图像识别任务。相较于传统的机器学习方法，迁移学习方法充分利用了源领域中大量训练样本的特征信息，同时也能够有效利用目标领域中少量标记样本的信息，使得模型更好地适应新的应用场景。这种方法不仅充分利用了源领域的特征信息，同时也加入了目标领域的特征信息，从而提升了模型的泛化能力和适应性。有关迁移学习的纹理识别案例可以前往6.6节中学习。

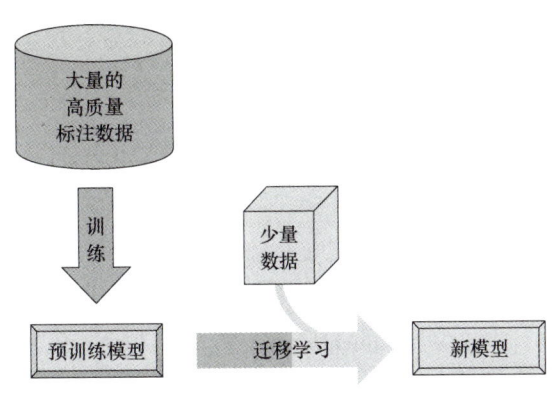

图6-27　迁移学习

2. 基于GAN的纹理合成

生成对抗网络（GAN）作为一种强大的深度学习框架，已在图像生成和合成任务中取得广泛应用。GAN在图像合成领域的广泛应用包括纹理合成任务，这也是一种图像合成任务。GAN由生成器和判别器两部分组成，它们相互竞争、相互协作，在对抗性训练的过程中不断提升生成图像的逼真度。在纹理合成任务中，生成器的主要任务是从随机噪声中生成具有指定纹理特征的图像，而判别器则负责区分生成的图像和真实的纹理图像。通过这种对抗性训练，生成器不断提高生成图像的逼真度，从而能够有效地捕捉到纹理图像中的复杂特征和结构信息。值得注意的是，GAN的训练过程是无监督的，只需要一组真实的纹理图像作为训练数据，无须大量标记数据，这降低了纹理合成任务的数据要求，同时提高了模型的灵活性和泛化能力。

基于GAN的纹理合成方法能够生成具有高度逼真纹理特征的图像，达到与真实纹理图像相媲美的水平。这种方法不仅提高了纹理合成任务的效率和准确性，还可以应用于多个领域，如计算机图形学、数字艺术和视觉效果制作等。随着深度学习技术的不断进步和发展，基于GAN的纹理合成方法将进一步完善和改进，为各种应用场景提供更优质和多样化的纹理合成解决方案。这一技术的发展将推动图像合成领域的创新，并为数字媒体、艺术创作和工程设计等领域带来更加丰富和引人注目的视觉效果。

6.6　本章课程项目实验

在前面的学习中我们学习了很多深度卷积神经网络，例如VGG、ResNet等。虽然利用这些方法能够在纹理数据库上取得较高的识别精度，并且避免了传统方法中复杂的特征提取算法的设计过程，但是这些模型的体积比较大，这在很多现实的应用场景（如移动端或嵌入式设备）中很难被应用，因为CNN模型的体积过大会导致设备的内存不足，并且无法满足这些场景对快速响应的要求。所以，研究体积小并且识别性能好的CNN模型在实际的工程应用场景中更为重要。因此，本节实验使用了一种轻量级的CNN模型，即选用MobileNet模型进行迁移学习，以便获得一个小体积的深度CNN模型，方便安装在便携式设备或移动终端上实现纹理图像识别。

1. 轻量级特征提取网络 MobileNet

MobileNet 系列是由谷歌提出的一系列轻量级卷积神经网络模型，旨在解决在移动和嵌入式设备上部署深度学习模型时所面临的计算和存储资源限制的问题。这些模型的设计目的是在保持较高的模型性能的同时，尽可能减少模型的参数数量和计算量，以便在资源受限的环境中高效运行。该系列模型是专注于移动端或者嵌入式设备中的轻量级 CNN 网络，是当前主流的端侧轻量级模型。Mobilenet 目前已经有 V1、V2、V3 三个系列。

MobileNetV1 其优点在于其基本模块使用了深度可分离卷积（Dpthwise Sparable Convolution）结构，此结构大大减少运算量和参数数量。深度可分离卷积分为 DW 卷积（Depthwise Convolution）和 PW 卷积（Pointwise Convolution）两步。不同于传统卷积中每个卷积核都会与输入特征图的每一个通道上进行卷积运算的方式，在 DW 卷积，每个卷积核只负责处理输入特征图的一个通道，这大大减少了计算量。PW 卷积则是对上一步的结果使用单位卷积核进行标准卷积并输出特征图。

MobileNetV2 中的亮点就是其模型基本模块使用了倒残差结构（Inverted residual block），使用该结构的原因是高维信息通过 ReLU 激活函数后丢失的信息更少，所以使用倒残差结构进行维度的提升。

如图 6-28 所示，倒残差结构与残差结构正好相反，其分为三步：

1）1×1 卷积升维，ReLU6 激活。
2）3×3 Depthwise 卷积，ReLU6 激活。
3）1×1 卷积降维，线性激活。

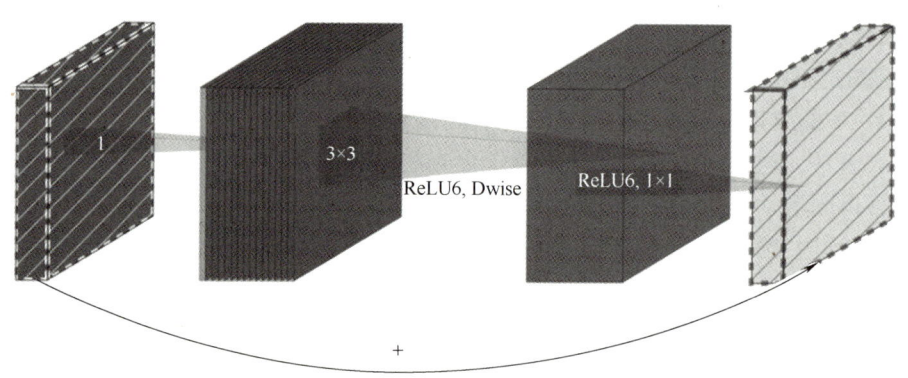

图 6-28 MobileNetV2 的倒残差结构

MobileNetV3 基本模块在 V2 版本的基础上增加了注意力机制（Squeeze-and-Excite 模块）。在图 6-29 中可以看到，SE 模块位于 DW 卷积操作之后。SE 模块主要的操作是特征图每一个通道进行池化处理，得到一个向量，再将所得到的向量通过两个全连接层，第一个节点得到的向量大小为原向量 1/4，经过第二个节点后向量大小变为与原向量一致，而后将全连接层得到的向量结果上的每个数值与特征图对应每个通道上的数据相乘，得到最终的结果。该结构的作用是学习每个特征通道的重要程度，其可以对相对重要的通道信息加以强调，而对不重要的信息加以抑制。

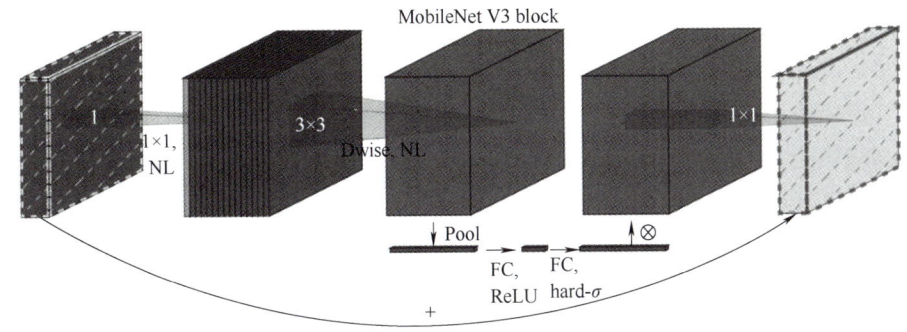

图 6-29 MobileNetV3 的基本结构

原文中指出，使用 swish 激活函数替换 ReLU 能够有效提升模型精度，但该激活函数计算成本较高，为此作者提出了计算成本较小的新的激活函数 h-swish 用于提升模型的精度，公式为

$$\text{h-swish}[x] = x \frac{\text{ReLU6}(x+3)}{6} \tag{6-64}$$

相比传统卷积神经网络，MobileNet 系列在准确率小幅降低的前提下大大减少模型参数，在计算机视觉领域，很多算法都会使用其作为主干网络（Backbone）提取特征。

2. 实验步骤

本次实验数据集使用 KTH-TIPS。KTH-TIPS 彩色纹理库由 10 个类别的纹理材料组成，具体包括铝、砂纸、海绵、灯芯绒、亚麻布、棉织物、面包、橘子皮、聚苯乙烯泡沫和薄脆饼干。对每个类别的纹理材料，在 3 种不同的照明条件、3 个不同的视角和 9 个不同的尺度条件下进行拍摄，所以每个类别可获取 3×3×9 = 81 个样本图像，因此 KTH-TIPS 纹理库一共含有 810 个样本图像。实验步骤具体设计如下：

码 6-7【程序源码】
MobileNet 实验

第一步：对图像进行预处理，并对训练样本进行数据增强。由于纹理图像的训练样本数量较少，为了抑制模型的过拟合，对每个样本进行随机缩放和旋转，利用随机生成的样本来扩充训练样本集的数量。

第二步：设计本章的迁移学习模型。首先，载入预训练的 MobileNet 模型，去掉最后的多个 FC 层，将剩下的卷积层部分作为特征提取器；然后，设计后面的分类器模块，包括一个全局平均池化（Global Average Pooling，GAP）层、一个 FC 层和一个 Softmax 分类概率输出层；最后，将特征提取模块和分类器模块级联起来，作为本节设计的基于 MobileNet 模型和迁移学习的模型。

第三步：设置模型训练的超参数值。主要包括指定优化器、损失数批尺寸、初始学习率、最大训练轮数等超参数的值。

第四步：对分类器模块进行初步训练。因为分类器模块的参数值是随机初始化的，在开始训练时会产生较大的梯度更新，这会破坏特征提取模块已经预先训练好的参数值，所以在对整个迁移学习模型进行微调训练之前，需要先对分类器模块进行初步的训练，即先冻结特征提取模块的参数，仅将分类器模块的参数设为可训练，然后利用现有的纹理图像训练样本对模型进行较少次数的训练，从而使分类器模块获得较好的初步训练参数值。在初步训练分类器模块时，设置学习率为 0.001，初步训练的轮数设为两轮。

第五步：解冻特征提取模块的参数，对整个模型进行微调训练。在训练时对当前的模型进行测试。每完成一轮训练，就使用分类评估指标在测试集上对当前的模型进行评估，以监测模型训练的状态。

第六步：保存评估效果最好的模型作为最终结果。

上述步骤为使用迁移学习的步骤。对于不使用迁移学习的对比实验只需要在未预训练的模型上直接进行超参数一致的训练即可。超参数的初始设置如下：

1）对训练样本进行数据增强时，设最大缩放因子为 0.2 倍、最大旋转角度为 60°。
2）更新模型参数时，选择性能稳健且收敛速度快的 Adam 算法作为优化器。
3）初步训练顶端模块时，学习率设为 0.001，初步训练的轮数为两轮。
4）最大训练轮数设为 50 轮，批尺寸设为 10，即每次送入 10 个样本进行训练。
5）模型的损失函数采用分类交叉熵函数。

3. 实验结果

为了体现迁移学习的作用，我们将前十个轮次模型的评估结果展示出来：

```
Epoch 1 (Pretrained), Accuracy: 0.8580, Precision: 0.8822, Recall: 0.8578, F1: 0.8529    Epoch 1 (Non-pretrained), Accuracy: 0.2037, Precision: 0.0812, Recall: 0.1895, F1: 0.1006
Epoch 2 (Pretrained), Accuracy: 0.8642, Precision: 0.8673, Recall: 0.8439, F1: 0.8266    Epoch 2 (Non-pretrained), Accuracy: 0.4691, Precision: 0.5369, Recall: 0.4508, F1: 0.3847
Epoch 3 (Pretrained), Accuracy: 0.9383, Precision: 0.9404, Recall: 0.9362, F1: 0.9362    Epoch 3 (Non-pretrained), Accuracy: 0.6852, Precision: 0.7463, Recall: 0.6718, F1: 0.6651
Epoch 4 (Pretrained), Accuracy: 0.9568, Precision: 0.9560, Recall: 0.9536, F1: 0.9541    Epoch 4 (Non-pretrained), Accuracy: 0.7099, Precision: 0.7381, Recall: 0.6958, F1: 0.6637
Epoch 5 (Pretrained), Accuracy: 0.9383, Precision: 0.9434, Recall: 0.9352, F1: 0.9333    Epoch 5 (Non-pretrained), Accuracy: 0.6914, Precision: 0.6867, Recall: 0.6835, F1: 0.6448
Epoch 6 (Pretrained), Accuracy: 0.9877, Precision: 0.9867, Recall: 0.9878, F1: 0.9866    Epoch 6 (Non-pretrained), Accuracy: 0.7037, Precision: 0.7796, Recall: 0.6886, F1: 0.6713
Epoch 7 (Pretrained), Accuracy: 0.9630, Precision: 0.9672, Recall: 0.9632, F1: 0.9599    Epoch 7 (Non-pretrained), Accuracy: 0.8765, Precision: 0.8910, Recall: 0.8793, F1: 0.8734
Epoch 8 (Pretrained), Accuracy: 0.8457, Precision: 0.8986, Recall: 0.8508, F1: 0.8146    Epoch 8 (Non-pretrained), Accuracy: 0.7469, Precision: 0.7811, Recall: 0.7547, F1: 0.7143
Epoch 9 (Pretrained), Accuracy: 0.9383, Precision: 0.9420, Recall: 0.9355, F1: 0.9331    Epoch 9 (Non-pretrained), Accuracy: 0.7222, Precision: 0.7714, Recall: 0.7279, F1: 0.7158
Epoch 10 (Pretrained), Accuracy: 0.9753, Precision: 0.9764, Recall: 0.9757, F1: 0.9748    Epoch 10 (Non-pretrained), Accuracy: 0.8025, Precision: 0.7853, Recall: 0.8004, F1: 0.7700
```

可以看到，在模型训练的初始阶段，使用预训练的模型明显优于不使用预训练模型。在这 10 个 Epoch 中，预训练模型在准确率、精确率、召回率和 F1 分数上均表现更优秀，说明预训练模型具有更强的泛化能力和学习能力。而对于模型的最优结果，预训练的模型在 33 轮得到 Accuracy：1.0000，Precision：1.0000，Recall：1.0000，F1：1.0000 的评估结果，完美分类了测试集中的所有样本。而非预训练模型最优结果在第 49 轮取得，结果为 Accuracy：0.9877，Precision：0.9889，Recall：0.9846，F1：0.9863，其效果弱于使用了预训练的模型，且使用了更多的轮次。由此我们可以得出结论，使用预训练的模型具有更快的收敛速度和更好的泛化能力，此方法能够明显节省资源和时间，有效提高模型性能。

本章小结

在本章中，我们深入探讨了图像表示基础以及图像处理中的关键技术，包括角点检测、多分辨率与图像金字塔、经典图像表示描述子以及图像纹理表示等。我们先介绍了图像表示的基础知识，包括图像的基本概念和表示方法，接着重点讨论了角点检测技术，介绍了角点的表示目标函数以及 Harris 角点检测算法，这是在计算机视觉领域中常用的一种技术，用于检测图像中的角点，对于特征点的提取和匹配至关重要。

在多分辨率与图像金字塔部分，我们学习了图像多分辨率原理以及高斯和拉普拉斯金字塔的构建方法，这些技术可以帮助我们在不同尺度下对图像进行处理和分析，从而更好地理解图像的特征和结构。随后，我们介绍了经典图像表示描述子，包括尺度不变特征提取（SIFT）、方向梯度直方图（HOG）和局部二值描述（LBP）等方法，这些方法在图像识别、物体检测等任务中都有广泛的应用。

在本章最后，我们探讨了图像纹理表示的基础知识，包括纹理分析的基本概念以及基于马尔可夫随机场和深度学习的图像纹理描述方法。图像纹理表示在许多领域中都具有重要的应用，如医学图像分析、地质勘探等。未来，随着人工智能和深度学习等技术的不断发展，图像处理领域也将迎来更多的创新和突破。我们可以期待在图像表示、特征提取和纹理描述等方面的进一步研究，以应对日益复杂和多样化的图像处理任务。

思考题与习题

6-1 对于一个尺寸为512×512的图像，使用5层高斯金字塔进行多分辨率展开，如果每一层都进行了一次下采样（每次下采样因子为0.5），最终得到的图像尺寸是多少？

6-2 什么是图像纹理，基于深度学习的图像纹理描述方法相比传统方法有哪些优势和不同之处？

6-3 角点在图像处理中的重要性是什么？请举例说明角点检测在计算机视觉任务中的应用。

6-4 在获得一幅图像的高斯金字塔和拉普拉斯金字塔后，如果丢失了高斯金字塔中的一层，能否将其恢复出来？如果丢失了拉普拉斯金字塔中的一层，能否将其恢复出来？如能恢复出来，描述一下其具体步骤。

6-5 假设有一个大小为 $M \times M$（$M = 2^n$）的输入图像，采用 SIFT 算法进行尺度空间分析。

1）如果每个组中的关键点尺度数为 $s=3$，那么每个组程中会有多少幅平滑后的图像？

2）每个组的下采样率为2，那么可以生成多少个组？

3）如果用于平滑第一组中的第一幅图像的标准差是 σ，那么用于平滑第2问中其余每个组的第一幅图像的标准差是多少？

6-6 假设有一个 3×3 的灰度图像如下

$$\begin{matrix} 2 & 3 & 5 \\ 7 & 8 & 4 \\ 6 & 1 & 9 \end{matrix}$$

选择中心像素的值为8，并将其周围的3×3的邻域划分为8个等分。其中，Px 是中心像素，P1 到 P8 是其周围的 8 个像素。计算中心像素的原始 LBP 描述子，并进一步得到其旋转不变的 LBP 描述子。

参考文献

[1] 冈萨雷斯, 伍兹. 数字图像处理［M］. 3版. 阮秋琦, 译. 北京：电子工业出版社, 2011.
[2] 章毓晋. 图像工程：图像处理［M］. 5版. 北京：清华大学出版社, 2024.
[3] SIMON J D, PRINCE. Computer vision: models, learning and inference［M］. Cambridge: Cambridge University Press, 2012.

［4］桑卡, 赫拉瓦卡, 博伊尔. 图像处理、分析与机器视觉［M］. 4版. 兴军亮, 艾海舟, 译. 北京: 清华大学出版社, 2018.

［5］RICHARD S. Computer vision: algorithms and applications［M］. New York: Springer, 2010.

［6］DAVID A, FORSYTH, JEAN P. Computer vision: a modern approach［M］. Beijing: Publishing House of Electronics Industry, 2017.

［7］HARRIS C G, STEPHENS M J. A combined corner and edge detector［J］. Alvey Vision Conference, 1988, 15（20）: 10-5244.

［8］LOWE D G. Distinctive image features from scale-invariant keypoints［J］. International Journal of Computer Vision, 2004, 60（2）: 91-110.

［9］DALAL N, TRIGGS B. Histograms of oriented gradients for human detection［C］//IEEE. Computer Society Conference on Computer Vision and Pattern Recognition. San Diego: IEEE, 2005: 886-893.

［10］刘丽, 匡纲要. 图像纹理特征提取方法综述［J］. 中国图象图形学报, 2009, 14（4）: 622-635.

［11］WU Y, ZHU S, MUMFORD D. Frame: filters, random fields, and minimax entropy--towards a unified theory for texture modeling［C］//IEEE. Computer Society Conference on Computer Vision and Pattern Recognition. San Francisco: IEEE, 1996: 686-693.

［12］ZHUANG F, QI Z, DUAN K, et al. A comprehensive survey on transfer learning［J］. Proceedings of the IEEE, 2021, 109（1）: 43-76.

第 7 章　图像识别

> **导　读**
>
> 　　图像识别技术使计算机具备视觉感知能力，从而理解图像内容并做出智能决策。本章将分为两个核心部分，分别探讨图像分类和图像检测这两种基础问题，并介绍相关的模型构建技术。
>
> 　　**图像分类**是图像识别中的基本任务，它涉及从图像中提取特征，并通过分类算法将这些特征与预定义的类别或标签匹配。早期的图像分类方法依赖于手工提取的特征，如颜色、纹理和形状等，这些方法在人脸识别、手写体识别和车辆识别等任务上取得了一定的成功。然而，随着数据量的增加和任务复杂度的提升，传统方法显示出局限性。为克服这些局限，本章将介绍基于深度学习的图像分类方法，这些方法能够自动从大量标注数据中学习复杂的特征表示，并已在自动驾驶、实时图像识别和医疗图像分析等多个领域取得了革命性的进展。
>
> 　　**图像检测**模型的构建是本章的另一重要部分。图像检测不仅要求识别图像中的特定对象，还需要精确地确定这些对象在图像中的具体位置。我们将详细探讨基于局部强度梯度直方图和支持向量机的行人检测模型。此外，还将介绍基于 Harr 小波和集成分类器的人脸检测方法，利用 AdaBoost 算法快速高效地检测目标。
>
> 　　本章还将介绍基于深度学习的图像分类和检测模型。图像分类模型包括著名的 AlexNet 网络结构和残差网络（ResNet）；图像检测模型包括单阶段的 YOLO 算法、两阶段的 R-CNN 算法以及基于 Transformer 的 DETR 算法等。这些模型在深度学习领域具有里程碑式的意义。例如，残差网络通过引入残差学习（Residual Learning）和快捷连接（Shortcut Connections）的结构，使构建超深神经网络成为可能，极大地推动了卷积神经网络的发展；YOLO 算法实现了端到端的目标检测，使实时目标检测成为可能。

> **本章知识点**
>
> - 贝叶斯决策理论与图像分类
> - PCA/FDA 与人脸识别

- 基于深度学习的图像分类模型
- HOG+SVM 与行人检测
- Harr+AdaBoost 与人脸检测
- 基于深度学习的图像检测模型

7.1 构建图像分类问题模型

在数字图像处理与计算机视觉领域,图像分类是一项基本且至关重要的任务。它主要涉及从图像中提取特征,然后通过分类算法将特征分配给预定义的类别或标签。早期的图像分类任务依赖于手工提取的特征,如颜色、纹理和形状等,并结合传统算法进行分类。这些方法在人脸识别、手写体识别和车辆识别等任务上表现良好。

然而,随着数据量的增加和任务复杂度的提升,传统方法逐渐显示出其局限性。基于深度学习的图像分类方法能够自动从大量标注数据中学习复杂的特征表示,在自动驾驶、实时图像识别和医疗图像分析等领域取得了革命性的进步。

图像分类的总体步骤如图 7-1 所示。首先,将需要分类的图像输入到模型中进行预处理操作,包括调整图像大小、图像滤波和归一化等,以统一图像格式并提高后续处理的效率和准确性。其次,从预处理后的图像中提取有利于分类识别的特征,这些特征能够代表图像的主要内容。特征提取的方法有很多,包括第六章提到的传统方法,如 SIFT 和 HOG,或使用卷积神经网络(CNN)自动提取层级复合抽象特征。然后,从提取的特征中选择最有代表性的部分,去除冗余或不相关的特征,以减少计算复杂度并提高分类性能。最后,将处理好的特征输入到分类器中进行分类并输出结果。常见的分类器有支持向量机(SVM)、K 近邻分类器(KNN)和决策树等。

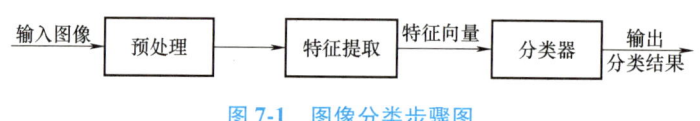

图 7-1 图像分类步骤图

7.1.1 基于贝叶斯决策理论的图像分类模型

在图像分类领域,贝叶斯决策理论通过先验概率和类条件概率密度函数计算后验概率,以实现最优决策。贝叶斯决策理论的主要优势包括:充分利用先验信息,提高分类精度;通过概率模型处理不确定性,使得决策更加稳健;贝叶斯决策具有灵活性,可适应不同的概率分布和损失函数。在处理复杂性和不确定性方面,贝叶斯决策方法表现尤为出色,是图像分类中的重要工具。

1. 贝叶斯决策理论

如图 7-2 所示,贝叶斯决策模型的建立需要求解先验概率 $P(y)$ 和类条件概率密度函数 $p(x|y)$。先验概率指每个类别的先验分布,我们可以从训练数据中,根据每类样本出现的频率估计这些先验概率。类条件概率密度函数 $p(x|y)$ 表示在给定类别 y 时,观测到特征 x

的概率。可以通过极大似然估计法在训练数据中估计这一概率分布的参数，我们将在后续高斯分布下的贝叶斯分类器内容中详细说明这个过程。

码7-1【程序源码】
贝叶斯分类

接下来详细推导一下贝叶斯决策理论的建立过程。首先将未知样本 x 来自 c_i 类的后验概率表示为 $p(c_i|x)$。如果分类器判定 x 属于 c_j 类，而其实际上属于 c_i 类，误分类造成的损失表示为 L_{ij}。倘若共有 N_c 种可能的类别，则将 x 判定给 c_j 类造成的加权平均损失为

$$r_j(x) = \sum_{k=1}^{N_c} L_{kj} p(c_k|x) \tag{7-1}$$

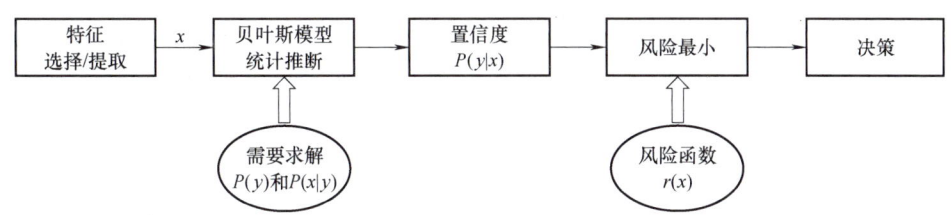

图 7-2　贝叶斯决策理论原理图

在概率论中，加权平均损失 $r_j(x)$ 又被称为期望风险。
而我们知道贝叶斯规则描述为

$$P(y|x) = \frac{p(x|y)P(y)}{p(x)} \tag{7-2}$$

由此，式（7-1）可以改写为

$$r_j(x) = \frac{1}{p(x)} \sum_{k=1}^{N_c} L_{kj} p(x|c_k) P(c_k) \tag{7-3}$$

式中，$p(x|c_k)$ 是类 c_k 下的类条件概率密度函数（Class Conditional Probability Density Functions）。$P(c_k)$ 是类 c_k 出现的概率，被称为先验概率（Priori Probabilities）。

贝叶斯决策计算 N_c 种类别各自的风险 $r_j(x)$，并把未知样本判定给最小损失的类，则对于所有决策的总平均损失将是最小的。综上所述，贝叶斯决策规则描述如下：如果对于任意 $j \neq i$，$r_i(x) < r_j(x)$，则 x 属于 c_i。

2. 基于 0-1 损失的贝叶斯决策理论

在简化的 0-1 损失下，正确决策的损失视为 0，错误决策的损失视为 1。因此损失函数又可以表示为

$$L_{ij} = 1 - \delta_{ij} \begin{cases} \delta_{ij} = 0, & i \neq j \\ \delta_{ij} = 1, & i = j \end{cases} \tag{7-4}$$

将式（7-4）代入式（7-3）中得

$$r_j(x) = \frac{1}{p(x)} \sum_{k=1}^{N_c} (1 - \delta_{kj}) p(x|c_k) p(c_k) = \frac{1 - p(x|c_j) P(c_j)}{p(x)} \tag{7-5}$$

因此，当满足以下的条件时，

$$\frac{1 - p(x|c_i) P(c_i)}{p(x)} < \frac{1 - p(x|c_j) P(c_j)}{p(x)} \tag{7-6}$$

有
$$p(x|c_i)P(c_i) > p(x|c_j)P(c_j) \tag{7-7}$$

未知量 x 将会被贝叶斯分类器判定属于类 c_i，而
$$d_j(x) = p(x|c_j)P(c_j) \tag{7-8}$$

被称为**决策函数**。

从决策函数可以看出，使用贝叶斯决策函数进行模式分类时，我们需要知道每个类别的先验概率和概率密度函数。先验概率通常可以通过样本集中各类别样本出现的频率计算得出。概率密度函数的计算相对困难，因为 $p(x|c_j)$ 的形式通常是未知的。因此，在使用贝叶斯分类器时，我们往往会根据训练集样本数据将 $p(x|c_j)$ 假设为某种常用的概率密度函数，这样就能利用估计方法计算模型参数来解决问题了。

常用的概率密度函数 $p(x|c_j)$ 包括高斯分布 $N(x|\mu, \sigma^2)$，伯努利分布 $\text{Bern}(x|p)$，二项分布 $\text{Bin}(x=m|N,p)$，学生 t-分布 $St(x|\mu, \lambda, \nu)$ 等。高斯概率密度函数是最常用的形式之一，假设与实际情况越接近，贝叶斯分类器就越能接近最小平均损失。

3. 高斯分布下的贝叶斯决策理论

首先我们考虑一维问题 $n=1$ 的情况，其中包含两个高斯分布的类即 $N_c=2$，这两个类的样本均值分别为 m_1 和 m_2，标准差分别为 σ_1 和 σ_2。根据式（7-8），贝叶斯决策函数可以写成

$$d_j(x) = p(x|c_j)P(c_j) = \frac{1}{\sqrt{2\pi}\sigma_j} e^{\frac{(x-m_j)^2}{2\sigma_j^2}} P(c_j) \tag{7-9}$$

图 7-3 所示为这两个类的概率密度函数曲线，其中 x_0 点是两个概率密度函数的交点。从图中可以看出 $p(x_0|c_1) = p(x_0|c_2)$。如果两个类的先验概率相同，即 $P(c_1) = P(c_2)$，则可以推出 $d_1(x_0) = d_2(x_0)$，此时的决策边界就是 x_0 点。x_0 点右侧的样本被分至类 c_1，左侧的样本被分至类 c_2。如果类 c_2 出现的概率更大，则决策边界会向右移动；反之，如果 c_1 出现的概率更大，则决策边界会向左移动。

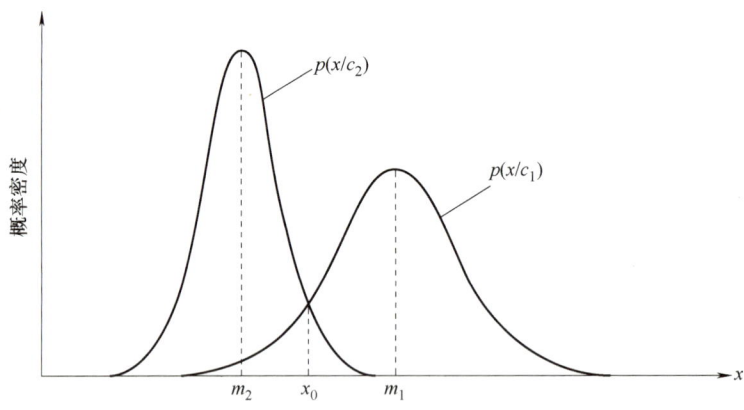

图 7-3 高斯分布下的类概率密度函数

在 n 维问题下，类 c_j 中的样本概率密度函数为

$$p(x|c_j) = \frac{1}{(2\pi)^{\frac{n}{2}} |C_j|^{\frac{1}{2}}} e^{-1/2(x-m_j)^T C_j^{-1}(x-m_j)} \tag{7-10}$$

式中，m_j 为类 c_j 均值向量；C_j 为类 c_j 样本协方差矩阵。

样本的真实分布通常是未知的，我们通过最小化模型概率分布与真实分布之间的 KL 散度来学习模型参数，这等价于最大化模型的似然函数以估计模型参数。在高斯模型下，参数的最大似然解为样本均值向量和协方差矩阵，即

$$m_j = \frac{1}{n_j} \sum_{x \in c_j} x \tag{7-11}$$

$$C_j = \frac{1}{n_j} \sum_{x \in c_j} xx^T - m_j m_j^T \tag{7-12}$$

式中，n_j 是来自类 c_j 的样本数量，本节后面将给出使用这两个公式的例题。

针对指数形式的概率密度函数，通常使用其对数形式来简化表示决策函数，即

$$d_j(x) = \ln[p(x|c_j)P(c_j)] = \ln p(x|c_j) + \ln P(c_j) \tag{7-13}$$

此表达式在分类性能上与式（7-8）等效，因为对数函数是单调递增函数。将式（7-10）代入式（7-13）得

$$d_j(x) = \ln P(c_j) - \frac{n}{2} \ln 2\pi - \frac{1}{2} \ln |C_j| - \frac{1}{2}[(x-m_j)^T C_j^{-1}(x-m_j)] \tag{7-14}$$

对于所有类别，$\frac{n}{2} \ln 2\pi$ 是常数项，因此式（7-14）又可以等价为

$$d_j(x) = \ln P(c_j) - \frac{1}{2} \ln |C_j| - \frac{1}{2}[(x-m_j)^T C_j^{-1}(x-m_j)] \tag{7-15}$$

式中，$j = 1, 2, \cdots, N_c$。上式即为在 0-1 损失函数条件下高斯分布的贝叶斯决策函数。

例 7-1 三维样本下的贝叶斯分类器。

假设现在有两个样本均来自高斯分布的类 c_1 和 c_2，且样本集中这两类出现的概率一样，试求决策边界的表达式。

$$c_1 = \left\{ \begin{pmatrix} 0 \\ 0 \\ 0 \end{pmatrix} \begin{pmatrix} 1 \\ 0 \\ 1 \end{pmatrix} \begin{pmatrix} 1 \\ 0 \\ 1 \end{pmatrix} \begin{pmatrix} 1 \\ 1 \\ 0 \end{pmatrix} \right\} \quad c_2 = \left\{ \begin{pmatrix} 0 \\ 0 \\ 1 \end{pmatrix} \begin{pmatrix} 0 \\ 1 \\ 1 \end{pmatrix} \begin{pmatrix} 0 \\ 1 \\ 1 \end{pmatrix} \begin{pmatrix} 1 \\ 1 \\ 1 \end{pmatrix} \right\}$$

通过式（7-11）计算得

$$m_1 = \frac{1}{4} \begin{pmatrix} 3 \\ 1 \\ 1 \end{pmatrix} \quad m_2 = \frac{1}{4} \begin{pmatrix} 1 \\ 3 \\ 3 \end{pmatrix}$$

通过式（7-12）计算得

$$C_1 = C_2 = \frac{1}{16} \begin{pmatrix} 3 & 1 & 1 \\ 1 & 3 & -1 \\ 1 & -1 & 3 \end{pmatrix}$$

因为 $C_1 = C_2$，类 C_1 和 C_2 出现的概率相同，因此式（7-15）又可表达为

$$d_j(x) = x^T C^{-1} m_j - \frac{1}{2} m_j^T C^{-1} m_j$$

代入 m_1、m_2、C_1、C_2 得到两个决策函数为

$$d_1(x) = 4x_1 - 1.5$$

$$d_2(x) = -4x_1 + 8x_2 + 8x_3 - 5.5$$

于是，分割类 C_1 和 C_2 的决策边界为

$$d_1(x) - d_2(x) = 8x_1 - 8x_2 - 8x_3 + 4 = 0$$

其样本点与部分决策边界平面，如图 7-4 所示。

例 7-2 基于贝叶斯分类器的多光谱图像分类。

多光谱扫描仪探测特定波段的电磁能谱，例如 0.45~0.52μm、0.53~0.61μm、0.63~0.69μm 和 0.78~0.90μm。这些波段分别对应可见蓝光、绿光、红光和近红外波段。使用这些多光谱波段扫描地面区域时，可以获得四幅数字图像，每个波段对应一幅。每个地面上的点都可以用四维向量 $x = (x_1, x_2, x_3, x_4)^T$ 表示，其中 x_1 是蓝光波段影像，x_2 是绿光波段影像，以此类推。如果图像大小为 512×512 像素，那么四幅多光谱图像的每个堆叠可以由 266144 个四维模式向量表示。

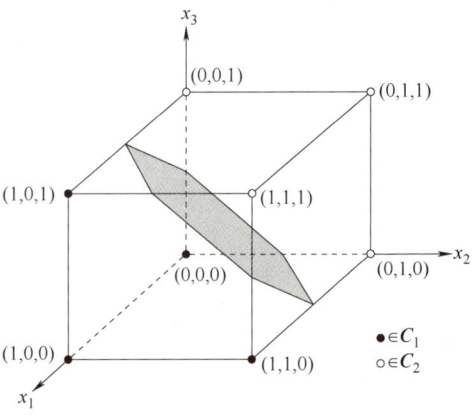

图 7-4 类 C_1 和 C_2 的所有样本点及部分决策边界平面

在遥感图像分类任务中，假设多光谱数据的四位模式向量服从高斯分布。高斯分布下的贝叶斯分类器需要估计每个类的均值向量和协方差矩阵。各类训练样本从感兴趣区域的地面实况数据中获取，并通过最大似然估计计算每个类别的模型参数，即均值向量和协方差矩阵。

图 7-5a~d 展示了华盛顿特区的四幅 512×512 多光谱图像。我们将这些图像中的像素分为水体、市区和植被三个类别。为了提取这三类的代表性样本，将图 7-6a 中的模板叠加在图像上。水体对应标为 1 的区域、市区对应标为 2 的区域、植被对应标为 3 的区域。遥感数据集中，一半样本用于训练（即估计均值向量和协方差矩阵），另一半样本用于独立测试以评估分类器性能。假设先验概率相等，即 $P(c_j) = 1/3$（$j = 1, 2, 3$）。如图 7-6b 所示，白点构成的区域是正确分类的类别，黑点表示错误分类的类别。

   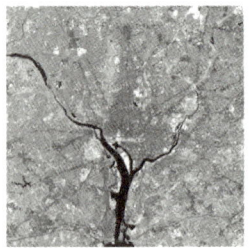

a) 可见蓝光波段图像　　b) 可见绿光波段图像　　c) 可见红光波段图像　　d) 近红外波段图像

图 7-5 不同波段的华盛顿特区图像

图 7-7 展示了将所有的图像像素分为三类之一的结果。图 7-7a 中，分类为水体的像素显示为白色，未分类为水体的像素显示为黑色。可以看出贝叶斯分类器在识别水体方面表现出

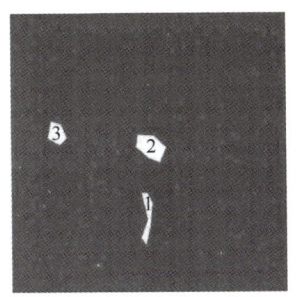 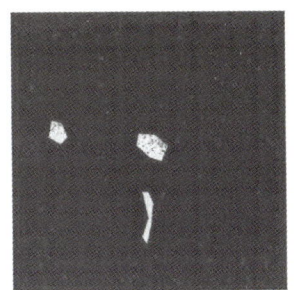

a) 水体、市区和植被区域的模板　　　　b) 分类结果示意图

图 7-6　分类模板和结果示意图

色。图 7-7b 中，分类为市区的像素显示为白色，系统在识别城市特征（如桥梁和高速公路）方面效果良好。图 7-7c 则是对植被区域进行了识别，可以看出和图 7-7b 的结果刚好相反，这表明图像中心的植被最少，而市区外围的植被最密。

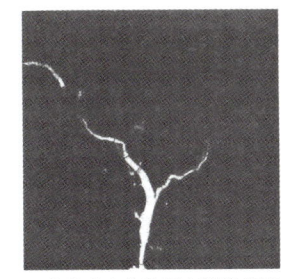 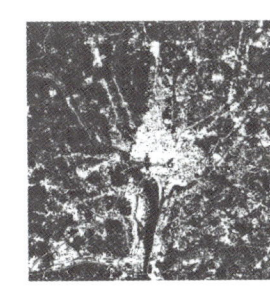 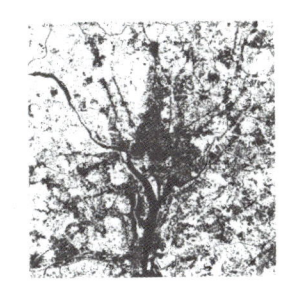

a) 分类为水体的所有图像像素　　b) 分类为市区的所有图像像素　　c) 分类为植被的所有图像像素

图 7-7　图像单类别识别结果图

表 7-1 总结了使用训练集和测试集得到的分类结果。训练集和测试集正确识别的百分比大致相同，表明学习到的参数不存在过拟合情况。市区类别的误差最大这点也并不意外，因为市区也有植被的存在。

表 7-1　多光谱图像数据的贝叶斯分类结果

类别	训练集					测试集				
	样本数量	分类结果			正确率（%）	样本数量	分类结果			正确率（%）
		水体	市区	植被			水体	市区	植被	
水体	484	482	2	0	99.6	483	478	3	2	98.9
市区	933	0	885	48	94.9	932	0	880	52	94.4
植被	483	0	10	464	96.1	482	0	16	466	96.7

7.1.2　基于 PCA/FDA 的人脸识别模型

人脸识别技术是一种基于人的面部特征信息进行身份验证的生物特征识别技术。随着数字化时代的到来，人脸识别技术因其便捷性、非侵入性和易于部署等优点，广泛应用于安全检查、身份认证、智能监控和个性化服务等领域。

人脸识别技术的发展历程可以追溯到20世纪60年代，最初主要依赖于人工识别。随着计算机视觉和机器学习领域的飞速发展，人脸识别技术经历了从几何特征匹配到基于模板的方法，再到如今的深度学习方法的演变。特别是近年来，深度学习技术的应用极大提高了人脸识别的准确率，使得识别过程能够有效应对面部表情、光照变化、遮挡等问题，推动了人脸识别技术的商用进程。接下来我们将介绍基于主成分分析和fisher线性判别法的两种人脸识别模型。

1. 基于PCA的人脸识别模型

在前面的章节中，我们已经了解到PCA算法通过学习线性投影，将高维的数据映射到去相关的较低维空间中，使得投影点的方差最大化，以便于在较低维空间中更容易分类。

特征脸方法（Eigenface）是PCA算法在描述和识别人脸时的具体应用。特征脸表示人脸数据集的主要成分，首先在注册集中保存注册图像在特征脸方向上的投影特征；其次将测试人脸图像映射到特征脸空间并计算投影特征；最后，计算测试人脸投影特征与注册集中投影特征的距离来判断其是否为数据库中的对象，并识别其身份。

假设训练人脸图像集表示为 $X = \{x_j | j = 1, \cdots, N\}$，这组训练图像的平均向量为

$$m = \frac{1}{N} \sum_{j=1}^{N} x_j \tag{7-16}$$

训练图像集的协方差矩阵可表示为

$$C = \frac{1}{N} \sum_{j=0}^{N-1} (x_j - m)(x_j - m)^T \tag{7-17}$$

对 C 做特征值分解：

$$C = U \Lambda U^T = \sum_{i=0}^{N-1} \lambda_i u_i u_i^T \tag{7-18}$$

式中，λ_i 是 C 的特征值；u_i 是 C 的特征向量。对于人脸图像，u_i 即前文提到的特征脸。值得注意的是，实际上并不需要所有的特征值都用于人脸识别，只需选取 C 的前 M 个最大特征值对应的特征向量用于计算特征脸即可。

只需将训练图像样本投影到子空间，即可得到表征原人脸样本的特征数据，公式为

$$F = U_M^T X \tag{7-19}$$

码7-2【程序源码】
基于PCA的人脸识别

我们以最近邻分类器为例，说明如何对测试图像进行分类。假设注册样本映射到子空间的特征数据是 $F_1, F_2, \cdots, F_n$，其所属类别分别为 $w_1, w_2, \ldots, w_n$。同样通过式（7-19）计算出一张测试图像 Z 的特征数据 F°，特征数据之间的距离为

$$D(F_i, F^\circ) = \| F_i - F^\circ \| = \sqrt{\sum_{j=1}^{M} [F_i(j) - F^\circ(j)]^2} \tag{7-20}$$

式中，$F_i(j)$ 表示 F_i 的第 j 列，$i = 1, 2, \cdots, n$。

当满足以下条件

$$D(F_j, F^\circ) = \min_{i=1,2,\cdots,n} \{D(F_i, F^\circ)\} \tag{7-21}$$

分类器的识别测试人类的身份类别为 $F^\circ \in W_j$。

2. 基于 FDA 的人脸识别模型

不同于 PCA 的特征提取思路，Fisher 判别分析（Fisher Discriminant Analysis，FDA）的主要思路是利用已知类别的数据集，通过寻求最优线性投影将数据映射到低维嵌入空间，使得同类数据的投影点离得更近（散度小），异类数据的投影点离得尽可能远（散度大）。这样在对新样本进行分类时只需将新样本投影到 FDA 嵌入空间中，根据投影点的位置来判断类别即可，如图 7-8 所示。

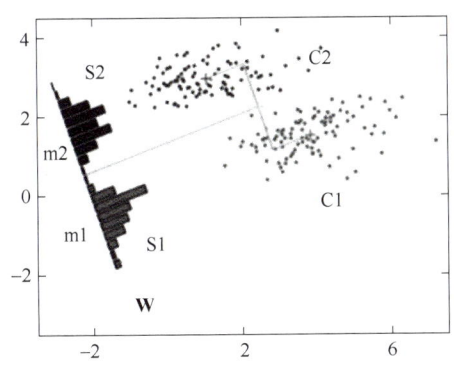

图 7-8 基于 Fisher 的分类器图

码 7-3【程序源码】
基于 FDA 的人脸识别

接下来我们以一个二分类问题任务为例，介绍 Fisher 判别的原理。Fisher 判别准则描述为

$$J_F(\omega) = \frac{(\widetilde{m}_1 - \widetilde{m}_2)^2}{\widetilde{S}_1^2 + \widetilde{S}_2^2} \tag{7-22}$$

式中，$\widetilde{m}_i$ 为投影点在一维嵌入空间 Γ_i' 的样本均值；$\widetilde{S}_i^2$ 为样本类内离散度。具体定义为

$$\widetilde{m}_i = \frac{1}{N_i} \sum_{y \in \Gamma_i'} y, \quad i = 1, 2 \tag{7-23}$$

$$\widetilde{S}_i^2 = \sum_{y \in \Gamma_i'} (y - \widetilde{m}_i)^2, \quad i = 1, 2 \tag{7-24}$$

式（7-22）的分子表征含义是投影空间中每类样本均值的间隔距离，分母表征含义是类内嵌入特征散度之和。因此，应使 $J_F(\omega)$ 的分子尽可能大，即不同类嵌入特征之间尽可能分离；而分母尽可能小，即同类嵌入特征尽可能集中在类均值附近。接下来将式（7-22）转化成投影方向 ω 的显函数。

已知 ω 为 d 维 X 空间到一维 Y 空间的映射，式（7-23）可写为

$$\widetilde{m}_i = \frac{1}{N_i} \sum_{y \in \Gamma_i'} y = \frac{1}{N_i} \sum_{x \in \Gamma_i} \omega^T x = \omega^T \left(\frac{1}{N_i} \sum_{x \in \Gamma_i} x \right) = \omega^T m_i \tag{7-25}$$

式中，m_i 为 d 维 X 空间中 Γ_i 的均值向量。

因此，式（7-22）的分子可写为

$$(\widetilde{m}_1 - \widetilde{m}_2)^2 = (\omega^T m_1 - \omega^T m_2)^2 = \omega^T (m_1 - m_2)(m_1 - m_2)^T \omega = \omega^T S_b \omega \tag{7-26}$$

式中，S_b 为样本类间离散度矩阵。

同理，式（7-24）可写为

$$\widetilde{S}_i^2 = \sum_{y \in \Gamma_i'} (y - \widetilde{m}_i)^2 = \sum_{x \in \Gamma_i} (\boldsymbol{\omega}^T x - \boldsymbol{\omega}^T m_i)^2$$

$$= \boldsymbol{\omega}^T \left[\sum_{x \in \Gamma_i} (x - m_i)(x - m_i)^T \right] \boldsymbol{\omega} = \boldsymbol{\omega}^T S_i \boldsymbol{\omega} \tag{7-27}$$

因此，式（7-22）的分母可写为

$$\widetilde{S}_1^2 + \widetilde{S}_2^2 = \boldsymbol{\omega}^T (S_1 + S_2) \boldsymbol{\omega} = \boldsymbol{\omega}^T S_\omega \boldsymbol{\omega} \tag{7-28}$$

式中，S_ω 为总样本内离散度矩阵。

由此，Fisher 判别准则可写为

$$J_F(\boldsymbol{\omega}) = \frac{\boldsymbol{\omega}^T S_b \boldsymbol{\omega}}{\boldsymbol{\omega}^T S_\omega \boldsymbol{\omega}} \tag{7-29}$$

求取使得 $J_F(\boldsymbol{\omega})$ 取极大值的 $\boldsymbol{\omega}_o$，可以利用拉格朗日乘子法求解，求解过程在此不再赘述，最后可得最佳投影向量为

$$\boldsymbol{\omega}_o = S_\omega^{-1}(m_1 - m_2) \tag{7-30}$$

在进行人脸识别分类任务时，我们只需将待分类样本投影到 $\boldsymbol{\omega}_o$ 的方向上，通过比对待分类样本与训练集样本的距离即可完成分类任务。

推广到多类别分类（C 类）任务时，更一般形式的 Fisher 判别准则为

$$J_F(\boldsymbol{\omega}) = \frac{|W^T S_b W|}{|W^T S_\omega W|} \tag{7-31}$$

式中，S_ω 为类内散度矩阵，表述为

$$S_\omega = \sum_{i=1}^{C} \sum_{x \in \Gamma_i} (x - m_i)(x - m_i)^T \tag{7-32}$$

式中，S_b 为类间散度矩阵，表述为

$$S_b = \sum_{i=1}^{C} N_i (m_i - m)(m_i - m)^T \tag{7-33}$$

式中，$W = (\boldsymbol{\omega}_1, \boldsymbol{\omega}_2, \cdots, \boldsymbol{\omega}_k)$ 表示原始数据 X 到低维空间 Y 的投影矩阵，这里的 k 值可以根据实际需求任意选取，只要能合理表征原数据即可。

最终，我们将极大化 $J_F(\boldsymbol{\omega})$ 取的问题转化为求解矩阵 $S_\omega^{-1} S_b$ 的前 k 个最大特征值对应的特征向量问题。得到 k 个特征向量之后，在进行人脸识别分类任务时，我们将待分类样本在 k 个特征向量上进行投影，得到一个 k 维的向量。然后，计算该向量与已有投影的欧式距离，并与阈值比较来判断是否匹配。

7.1.3 基于深度学习的图像分类模型

基于深度学习的图像分类是一种利用深度神经网络来识别和分类图像中的对象或特征的技术。自 2012 年 Krizhevsky 等人提出的 "AlexNet" 在 ImageNet 挑战赛上取得巨大成功以来，深度学习已成为图像分类领域的主流方法，其结构如图 7-9 所示。随着时间的推移，深度学习模型的性能不断提高，这主要归功于更深层次的网络结构和更有效的训练算法。

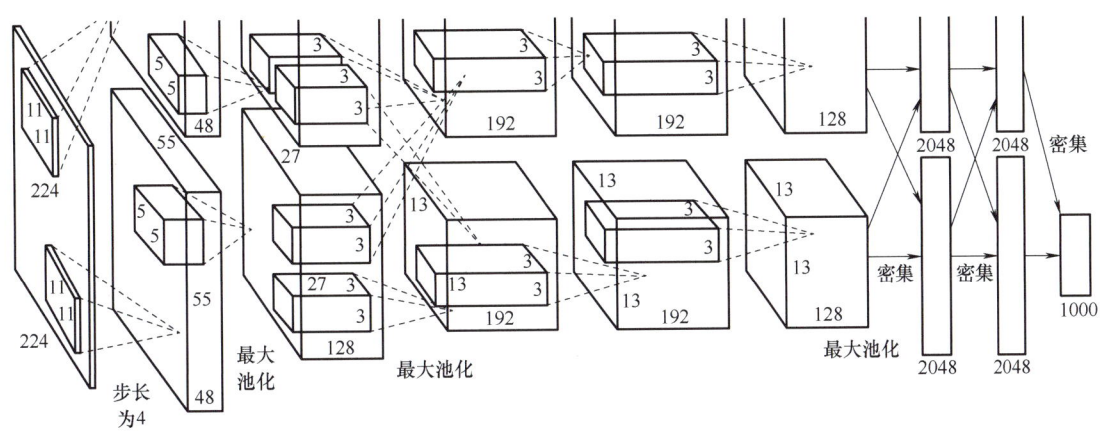

图 7-9 AlexNet 网络结构

在基于深度学习的图像分类中,主要流程包括数据收集、预处理、模型选择、训练、评估和应用。首先,收集大量带标签的图像数据,这些标签定义了图像中包含的对象类别。然后,对图像数据进行预处理,如调整大小、归一化像素值等。接着,选择适合任务的深度学习模型,如卷积神经网络(CNN)等。模型经过训练后,在独立的测试数据集上评估其性能,确保具有良好的泛化能力。最后,将训练好的模型部署到实际应用中,用于新图像的分类。

CNN 网络结构主要由输入层、卷积层、池化层、全连接层和输出层构成,如图 7-10 所示。图像分类任务中输入层为输入图像,输出层为分类器,如 Softmax 等。

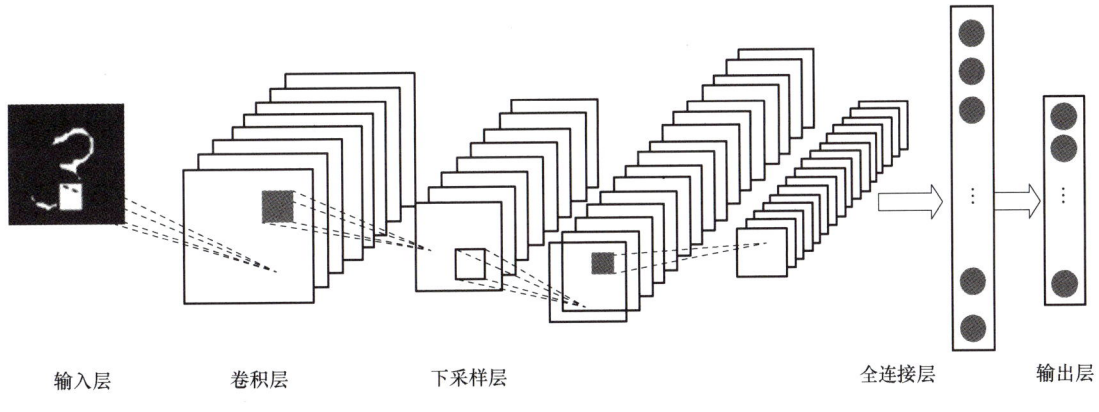

图 7-10 CNN 网络结构

卷积层主要由多种滤波器构成,负责从输入图像中提取特征。不同层级和大小的卷积核可以捕捉不同的特征信息。例如,浅层较小感受野的卷积核可能专注于捕捉图像中的细节,如边缘和曲线,这些通常在模型的初级阶段被学习。相对地,深层较大感受野的卷积核能够提取更加抽象的特征,这种特征通常出现在网络的更深层。此外,由于卷积层中实施了权值共享的机制,有效减少了模型的参数数量,这不仅简化了网络结构,还有助于降低过拟合的风险,提升了模型的泛化能力。卷积层的特征提取和权值共享策略使得其可以在深度学习模型中有效并且高效地处理复杂的图像数据。

池化层通常位于连续的卷积层之后,它的主要功能是对特征图进行降维处理,从而减少计算量和避免过拟合,同时在一定程度上增强了模型对尺度变化、平移和旋转的不变性。常见的池化方法包括最大池化和平均池化。最大池化选取特征区域中的最大值,而平均池化则计算区域的平均值,这两种方法各有优势:最大池化能够保留特征的突出部分,平均池化则有助于抑制噪声。

在多个卷积和池化层后,网络通常接入若干全连接层,这些层负责整合之前提取的局部特征信息,形成全局语义理解。例如,在图像分类任务中,全连接层会对这些特征进行汇总和分类,并输出最终的分类概率。

在卷积神经网络的训练过程中,需要通过反向传播算法优化网络参数以最小化损失函数实现网络模型的学习。常用的损失函数有均方误差损失函数 MSE、交叉熵损失函数等。然而,在训练中会存在过拟合、梯度消失或梯度爆炸等问题,这可能会影响模型的学习效率和稳定性。为了解决这些问题,研究者们采用了多种策略,如随机失活技术(Dropout)来提高模型的鲁棒性,批量归一化(Batch Normalization)确保网络层之间的输入分布稳定,以及利用预训练的网络权重初始化来加速训练进程和提高模型的泛化性能。

码 7-4【程序源码】
基于深度学习
的人脸识别

残差网络架构(Residual Network,ResNet)是目前最常用的网络架构之一,可以有效解决上述问题,该网络的核心在于引入了残差学习的概念和捷径连接(Shortcut Connections)的结构,如图 7-11 所示。在残差网络中,每个层或者组合层不再尝试直接学习一个完整的目标映射 $H(x)$,而是学习输入 x 与输出之间的残差 $F(x)=H(x)-x$,使整个网络只需学习输入、输出差别的一部分,大大简化了学习目标和优化过程。

捷径连接则是实现残差学习的关键所在,表现为跳过一到多个层,直接将输入 x 连接到后面层的输出上。这种连接通常使用恒等映射,如果输入和输出的维度不匹配,则通过一个线性投影(通常使用 1×1 的卷积)来调整维度。这种设计允许梯度在训练过程中直接传播到较早的层,有效缓解了梯度消失的问题,并大大加速了超深神经网络的训练速度。

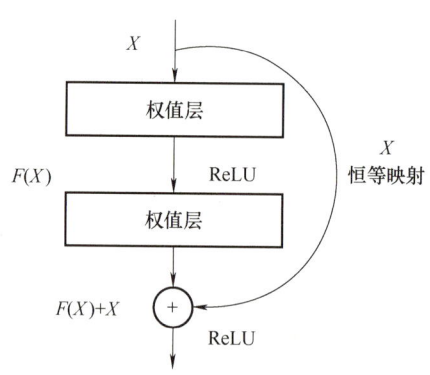

图 7-11　残差模块基本结构

在 2015 年 ILSVRC 竞赛中,152 层深的 ResNet 网络取得了惊人的 3.57% 的 Top-5 错误率,夺得该比赛的冠军。ResNet 的出现,使得构建超深神经网络成为现实,也为后续卷积神经网络的发展产生了重要影响。

近年来,基于深度学习的图像分类技术研究重点逐渐转向更加高效的网络结构和更大规模的训练数据集。一些开源框架如 Classy Vision 为用户在训练和微调自己的图像分类模型提供了便利。此外,研究人员还在探索挑战细粒度图像分类任务,即识别具有微妙差异的子类别。这些工作在医学影像分析、自动驾驶汽车、安防监控等领域具有重要应用价值。

7.2 构建图像检测问题模型

在本节中，我们将深入探讨构建图像检测问题模型的核心技术和方法。图像检测作为数字图像处理与计算机视觉领域的关键任务之一，它要求算法不仅要识别图像中的特定对象类别，还要精确地定位这些对象在图像中的具体位置。这项技术在安全监控、自动驾驶、医疗诊断以及日常消费电子产品中都有着广泛应用。整个流程始于使用滑动窗口在图像上系统地移动，这个窗口在每个位置停下来，提取该区域的视觉特征，提取的特征向量被送入分类算法中。分类算法承担着至关重要的角色，它负责分析特征向量并将其与已知的类别进行匹配。为了实现这一点，分类算法会输出一个概率值，表明窗口中是否存在目标对象，以及对象的类别。此外，模型还会预测边界框的位置，确保检测结果的准确性。分类算法的效率和准确性直接影响到图像检测的性能。现代图像检测模型通常采用深度学习，特别是卷积神经网络（CNN），因为它在自动提取复杂特征方面表现出色。

7.2.1 基于 HOG 结合支持向量机的行人检测

在图像检测领域，行人检测是一个具有挑战性的问题。基于 HOG（Histogram of Oriented Gradients）特征和支持向量机 SVM（Support Vector Machine）的行人检测模型，是解决这一问题的有效方法之一。HOG 特征能够捕捉图像中的局部形状信息，通过计算图像窗口内的梯度直方图，形成对行人形状具有强大表达能力的特征向量。这种特征表示方法对光照变化、遮挡以及行人姿态变化具有较好的适应性，因此被广泛应用于行人检测任务中。HOG 描述符识别链如图 7-12 所示。

码 7-5【程序源码】
基于 HOG 结合支持向量机的行人检测

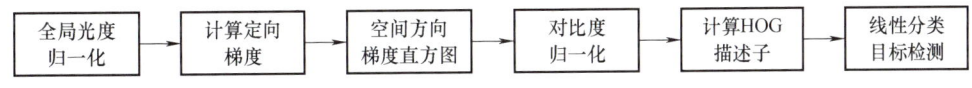

图 7-12　HOG 目标检测流程图

正如 6.4.2 所述，HOG 通过一个 64×128 的检测窗口在图像上从左到右，从上到下的滑动，具体来说，如图 7-13 所示，开始时将窗口放置在图像的左上角，然后以固定的步长沿图像的宽度和高度滑动，确保覆盖整个图像区域。对于每个检测窗口，HOG 会生成一个固定长度的特征向量，该向量捕获了窗口内梯度方向分布。接下来，这个特征向量被输入到一个训练有素的支持向量机（SVM）分类器中。SVM 分类器的任务是分析特征向量并预测窗口中是否存在行人。那么如何得到这个训练有素的 SVM 呢？

以基本的二分类为例介绍支持向量机，当训练样本集 $D = (x_1, y_1), \cdots, (x_m, y_m), y_i \in -1, +1$，线性可分时，SVM 在样本空间中寻求一个划分超平面，将不同类别的样本分开，但能将训练样本分开的划分超平面可能有很多，如图 7-14 所示，哪一个才是最优分类超平面呢？

直观上看，应该寻找位于两类分类样本"正中间"的划分超平面。这样的超平面更远

图 7-13 滑动窗口示意图

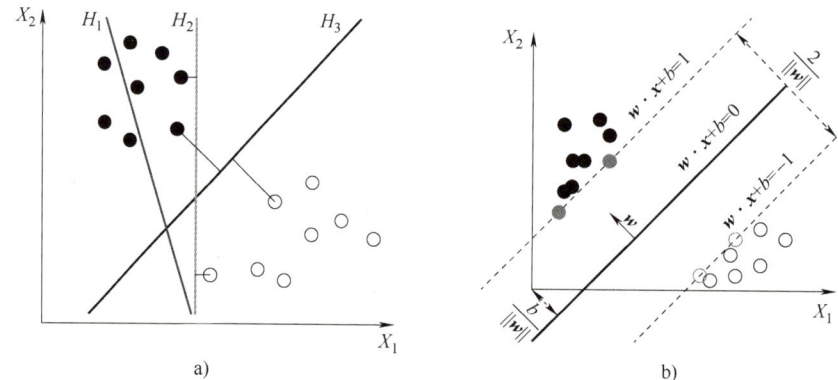

图 7-14 a) 黑色小球和白色小球分属于不同的两类，H1、H2、H3 代表不同的超平面；b) 支持向量机

离训练样本，对噪声的容忍性更强。所以，SVM 选择的超平面需要分别与两类样本中距离最近的样本具有最大间隔，并将距离最近的样本，即最大间隔处的样本点称为支持向量，因为其支撑住了整个超平面。（如图 7-14b 中虚线上的点）。超平面可以用向量的形式表示为 $w \cdot x + b = 0$，记为 (w, b) 的形式。其中 $w = (w_1, w_2, \cdots, w_d)$ 为法向量，决定了超平面的方向，b 为位移项，决定了超平面与原点之间的距离，划分超平面可被二者确定。

以行人检测为例，HOG 特征向量即为 SVM 中的 x，SVM 的目标是找到一个最优的决策边界（超平面），该边界能够最好地区分行人和非行人的特征向量。超平面能将样本空间划分为两部分。假设超平面将所有样本正确分类，即对正样本行人区域 $y_i = +1$，$w \cdot x + b \geqslant 1$；对负样本非行人区域，$y_i = -1$，$w \cdot x + b \leqslant -1$。距离超平面最近的这几个训练样本点使等号成立，也即"支持向量"。像这样的决策函数表示为

$$y_i = \text{sign}(w \cdot x_i + b) \tag{7-34}$$

考虑到任意一点 x 到超平面的距离为

$$\gamma = \frac{|w \cdot x + b|}{\|w\|} \tag{7-35}$$

而所有样本中距离超平面最近的点为支持向量（$y_i = 1, -1$），所以支持向量到超平面的

距离为 $\frac{1}{\|\boldsymbol{w}\|}$，这个距离也被称为"间隔"。SVM 最大化最小边际的问题就变成 $\max \frac{1}{\|\boldsymbol{w}\|}$，寻找最大间隔为

$$\min \frac{1}{2} \|\boldsymbol{w}\|^2$$
$$\text{s.t. } y_i(\boldsymbol{w} \cdot \boldsymbol{x}_i + b) \geq 1, i = 1, 2, \cdots, m \tag{7-36}$$

$\max \frac{1}{\|\boldsymbol{w}\|}$ 即 $\min \|\boldsymbol{w}\|$，写成 $\min \frac{1}{2} \|\boldsymbol{w}\|^2$，有利于后续计算。

为了求解上述方程，使用带有标签的 HOG 特征向量训练 SVM 模型。SVM 通过解决一个凸优化问题来找到决策边界，该边界最大化了两类样本之间的间隔。

考虑最优化问题

$$\min \frac{1}{2} \|\boldsymbol{w}\|^2$$
$$\text{s.t. } 1 - y_i(\boldsymbol{w} \cdot \boldsymbol{x}_i + b) \leq 0 \tag{7-37}$$

引入拉格朗日乘数 α 得

$$L(\boldsymbol{w}, b, \alpha) = \frac{1}{2} \|\boldsymbol{w}\|^2 + \sum_{i=1}^{m} \alpha_i (1 - y_i(\boldsymbol{w} \cdot \boldsymbol{x}_i + b)) \tag{7-38}$$

令 $\beta = (\boldsymbol{w}, b)$，那么最优化问题等价于

$$\min_{\beta} \max_{\alpha} L(\beta, \alpha) \tag{7-39}$$

满足 KKT 条件

$$\begin{cases} \alpha_i \geq 0 \\ y_i(\boldsymbol{w} \cdot \boldsymbol{x}_i + b) - 1 \geq 0 \\ \alpha_i (y_i(\boldsymbol{w} \cdot \boldsymbol{x}_i + b) - 1) = 0 \end{cases} \tag{7-40}$$

于是原问题等价于对偶问题

$$\max_{\alpha} \min_{\beta} L(\beta, \alpha) \tag{7-41}$$

令 $L(\boldsymbol{w}, b, \alpha)$ 对于 $\boldsymbol{w}$ 和 b 偏导数等于零，即

$$\begin{cases} \frac{\partial L}{\partial \boldsymbol{w}} = \boldsymbol{w} - \sum_{i=1}^{m} \alpha_i y_i \boldsymbol{x}_i = 0 \\ \frac{\partial L}{\partial b} = \sum_{i=1}^{m} \alpha_i y_i = 0 \end{cases} \tag{7-42}$$

可得

$$\boldsymbol{w} = \sum_{i=1}^{m} \alpha_i y_i \boldsymbol{x}_i$$
$$\boldsymbol{0} = \sum_{i=1}^{m} \alpha_i y_i \tag{7-43}$$

代入 $L(\boldsymbol{w}, b, \alpha)$，得

$$L(\boldsymbol{w}, b, \alpha) = \frac{1}{2} \left(\sum_{i=1}^{m} \alpha_i y_i \boldsymbol{x}_i \right) \cdot \left(\sum_{i=1}^{m} \alpha_i y_i \boldsymbol{x}_i \right) +$$

$$\sum_{i=1}^{m} \alpha_i \left(1 - y_i \left(\left(\sum_{i=1}^{m} \alpha_i y_i \boldsymbol{x}_i \right) \cdot \boldsymbol{x}_i + b \right) \right)$$

$$= \sum_{i=1}^{m} \alpha_i - \frac{1}{2} \sum_{i=1}^{m} \sum_{j=1}^{m} \alpha_i \alpha_j y_i y_j (\boldsymbol{x}_i \cdot \boldsymbol{x}_j) \tag{7-44}$$

对偶问题变为

$$\max_{\alpha} \min_{\beta} L(\beta, \alpha) = \max_{\alpha} \sum_{i=1}^{m} \alpha_i - \frac{1}{2} \sum_{i=1}^{m} \sum_{j=1}^{m} \alpha_i \alpha_j y_i y_j (\boldsymbol{x}_i \cdot \boldsymbol{x}_j)$$

$$\text{s.t.} \sum \alpha_i y_i = 0, \alpha_i \geq 0 \tag{7-45}$$

利用顺序最小优化（SMO），解出 α 后，求出 $(\boldsymbol{w}, b)$ 后即可得到模型，位移项 b 可通过支持向量约束，$y_s(\boldsymbol{w} \cdot \boldsymbol{x}_s + b) = 1$ 求取

$$f(\boldsymbol{x}) = \boldsymbol{w} \cdot \boldsymbol{x} + b = \sum_{i=1}^{m} \alpha_i y_i (\boldsymbol{x}_i \cdot \boldsymbol{x}) + b \tag{7-46}$$

回到基于 HOG 结合支持向量机的行人检测的问题上，将训练好的 SVM 模型应用于新的图像，对图像中的每个检测窗口计算 HOG 特征向量，然后使用 SVM 模型进行分类。SVM 模型会为每个窗口输出一个分数，该分数表示窗口为行人的可能性，通过阈值来决策每一个检测窗口是否为行人区域，并输出行人在图像中的大致区域，如图 7-15 所示。

图 7-15　行人检测

基于 HOG 描述符的行人检测方法是现存的传统图像检测算法中最成功，最受欢迎的人体检测方法之一，已经成功地应用于检测高难度、异常姿势的行人。HOG 还可应用于人脸检测，在热摄像机图像中检测鹿类以减少动物与车辆碰撞，在医学图像中检测感兴趣区域的 3D 扩展，以及使用手绘形状草图进行数据库图像检索等。

7.2.2　基于 Harr 小波与集成分类器的人脸检测

快速人脸检测的需求推动了开发适用于一般对象检测和跟踪任务的框架。Viola 和 Jones 提出了基于 Haar-like 模型积分图计算的 AdaBoost 人脸检测算法，将人脸肤色特征与 AdaBoost 算法结合，同时囊括了人脸特征的要

码 7-6【程序源码】
基于 Harr 小波与集成分类器的人脸检测

素,准确定位了人脸的位置。Adaboost 作为一种迭代式算法,首先通过训练样本学习弱分类器,根据 Haar 特征值来进行弱分类器的判别,每一次迭代都会选择其中性能最高的弱分类器,然后将这些分类器组合成强分类器。通过一次次迭代,最终组成的强分类器具有非常强大的分类能力,根据强分类器的分类能力从低到高进行排列级联,对待检测图像进行人脸检测,通过这种方式大大提高了人脸检测的效率。

1. Harr 特征

Haar 特征由四类(图 7-16a):边缘特征、线性特征、中心特征和对角线特征,组合成特征模板。特征模板内有白色和黑色两种矩形,并定义该模板的特征值为黑色矩形减去白色矩形覆盖区域像素和,即

$$\Delta = \text{dark-white} = \frac{1}{n}\sum_{\text{dark}}^{n} I(x) - \frac{1}{n}\sum_{\text{white}}^{n} I(x) \tag{7-47}$$

Haar 特征值反映了图像的灰度变化情况。例如:脸部的一些特征能由矩形特征进行简单描述,如图 7-16b 所示:眼睛要比脸颊颜色要深,鼻梁两侧比鼻梁颜色要深等。但矩形特征只对一些简单的图形结构,如边缘、线段较敏感,所以只能描述特定走向(水平、垂直、对角)的结构。

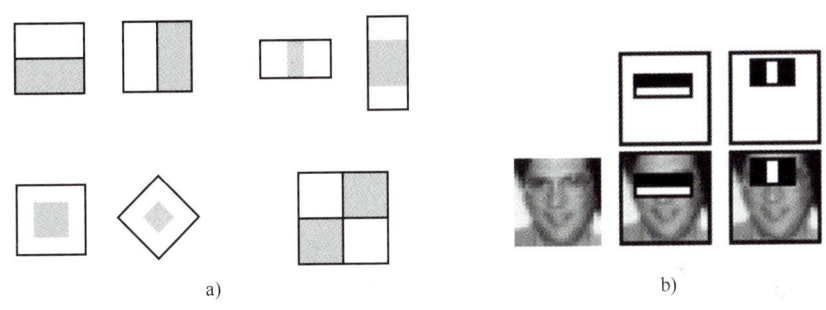

图 7-16 Harr 特征

矩形特征可以位于图像任意位置,矩形大小也可以任意改变,所以矩形特征值是矩形模版类别、矩形位置和矩形大小这三个因素的函数。类别、大小和位置的变化,会使很小的检测窗口含有非常多的矩形特征,例如在 24×24 像素大小的检测窗口内矩形特征数量可以达到 16 万个。另外,计算大量的多重尺度区域可能会需要遍历每个矩形的每个像素点的像素值,且同一个像素点如果被包含在不同的矩形中则会被重复遍历多次。这就导致了模型大量的计算和更高的复杂度。那么如何快速计算如此庞大的特征呢?针对这一问题,Viola 和 Jones 提出了积分图的概念。

2. 积分图(动态规划算法)

积分图是用来一次性遍历图像求出图像中所有区域像素和的一种快速算法,其主要思想是采用动态规划算法,将图像从起点开始到各个点所形成的矩形区域像素之和作为一个数组的元素保存在内存中(图 7-17),当要计算某个区域的像素和时可以直接索引数组的元素,不用重新计算这个区域的像素和,从而加快了计算。积分图能够在多种尺度下,使用相同的时间常数来计算不同的特征,因此大大提高了检测速度。

积分图的构造方式是位置 (i,j) 处的值 $ii(i,j)$ 是原图像 (i,j) 左上角所有像素的

和,即

$$ii(i,j) = \sum_{i=0,j=0}^{i=\text{row},j=\text{col}} \text{image}(i,j) \qquad (7\text{-}48)$$

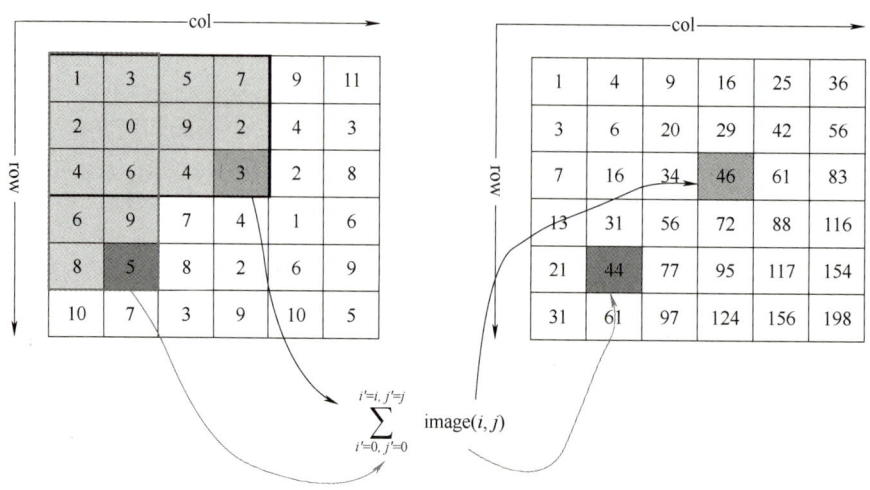

图 7-17　左侧为图像各点的像素值,右侧为根据左图计算的积分图

由公式可知,每个 Harr 矩形特征值为白色区域减去黑色区域的像素和。每个区域的像素和可由积分图获得,如图 7-18 所示。

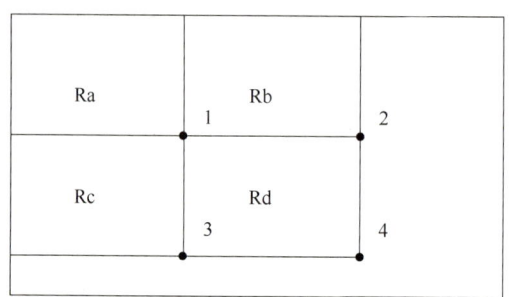

图 7-18　根据积分图计算矩形区域像素和

设 Rd 区域的四个顶点为 1、2、3、4,那么 Rd 区域的像素和为 $ii(4)+ii(1)-ii(2)-ii(3)$。所以,矩形特征的特征值,只与特征矩形的端点的积分图有关,而与图像的坐标无关。通过计算特征矩形的端点的积分图,再进行简单的加减运算,就可以得到特征值,正因为如此,特征的计算速度大大提高,也提高了目标的检测速度。

虽然积分图可以快速计算大量 Harr 特征,但并不是所有特征都对人脸检测是有用的,于是 Viola 和 Jones 结合 AdaBoost 算法训练寻找对分类器最有效的矩形特征。

3. 集成分类器(Adaboost)

集成学习通过构建多个学习器以提升学习任务的性能。集成学习的一般过程是:先产生一组"个体学习器",再用某种策略将它们结合起来,这样的个体学习器又称为基学习器或弱学习器。根据个体学习器的生成方式,目前的集成学习方法大致可以分为两大类:以个体学习器间存在强依赖关系、串行生成的序列化方法，代表为 **Boosting**，而 Boosting 最著名的代表算法是 **AdaBoost**。另一类是个体学习器间不存在强依赖关系、可同时生成的并行化方法，代表是 **Bagging** 和 **随机森林**。

Boosting 是一族可将弱学习器提升为强学习器的算法，如图 7-19 和图 7-20 所示，其工作机制为：先从初始训练集训练出一个基学习器，再根据基学习器的表现对训练样本的权重进行调整，使得先前基学习器做错的训练样本在后续得到更高的权重，然后基于调整后的样本分布来训练下一个基学习器，如果该样本分类正确，则权重降低，分类错误，则权重提高，如此重复进行，直到基学习器数目达到事先指定的数目或预测的错误率为 0，即可停止。且最终得到的各个分类器的权重并不相等，每个权重代表的是其对应的分类器在上一轮迭代中的成功度。

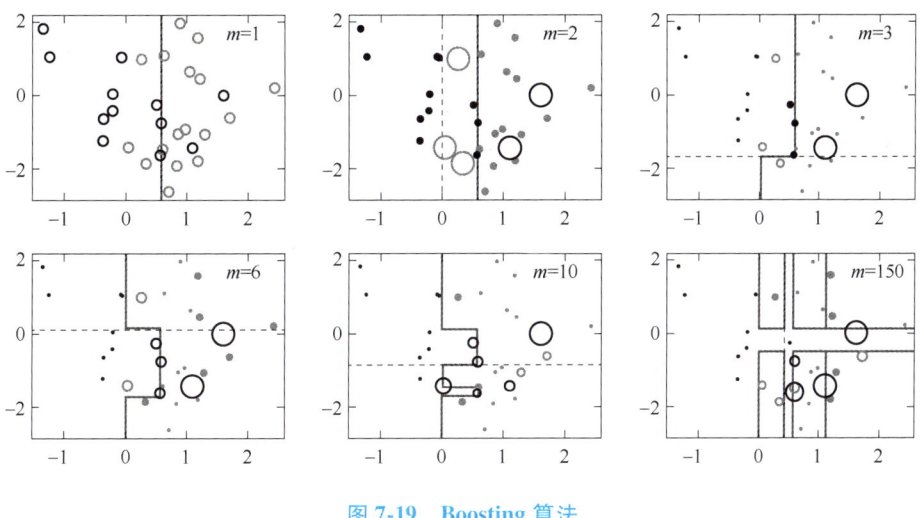

图 7-19 Boosting 算法

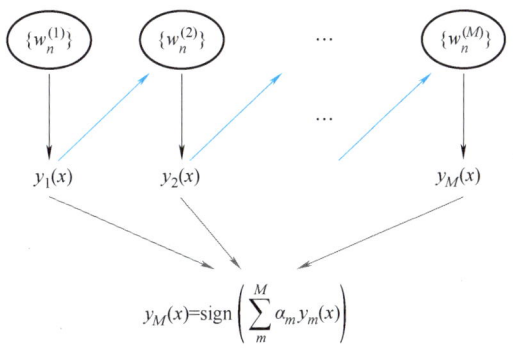

图 7-20 蓝色箭头代表依次训练模型，训练越往后执行，训练出的模型就越会在意权重高的点

在每次 AdaBoost 迭代中，由弱分类器从可用的大量特征中选择最佳特征。对于每个选择的特征，弱学习器找到一个最优阈值，最小化来自训练集的误分类示例数量。每个弱分类器基于单个特征 f_j 和阈值 t_j，即

$$h_j(x) = \begin{cases} 1, p_j f_j(x) < p_j t_j \\ -1, 其他 \end{cases} \quad (7-49)$$

式中，p_j 指示不等号方向的极性，x 是一个 24×24 图像子窗口，每个矩形特征f_j在该窗口上计算。虽然单独的特征不能以低错误率执行整体分类任务，但特征选择的顺序对分类的成功率有重大影响，这意味着首先选择的特征在其相应的训练集上具有相对较高的分类成功率（在 70%~90%之间），在后续轮次中针对剩余的更难示例训练的分类器产生 50%~60% 的分类正确率。

Viola-Jones 人脸检测的分类器生成算法：

1）给定样本图像集 $(x_1, y_1), \cdots, (x_n, y_n)$，其中 $y_i \in -1, +1$ 表示是否为人脸区域。初始化每个样本的权重 $w_{1,i}$，当 y_i 为-1 时设为 $\frac{1}{2m}$，当 y_i 为+1 时设为 $\frac{1}{2l}$，其中 $i = 1, \cdots, n$，m 和 l 分别为负样本和正样本的数量。

2）为每个 Harr 小波矩形特征 j，训练一个分类器 h_j 并根据每个样本的权重评估其误差 $e_j = \sum_i w_{k,i} |h_j(x_i) - y_i|$。通过寻找最小的加权分类误差，来选择最好的分类器。

3）更新 $w_{k+1,i} = w_{k,i} \beta_k^{\delta_i}$，其中 $\beta_k = \frac{e_k}{1-e_k}$，$\delta_i = 0, 1$，表示 x_i 被分类 {错误，正确}。

4）递增 k 并转到步骤 2，直到 $k = K$，其中 K 是预先确定的训练阶段。

5）多个弱分类器加权得到强分类器

$$h(x) = 1, \sum_{k=1}^{K} \alpha_k h_k(x) \geq \frac{1}{2} \sum_{k=1}^{K} \alpha_k$$
$$= -1, 其他 \quad (7-50)$$

式中，$\alpha_k = -\log(\beta_k)$。

Haar-like 特征的数量是相当庞大的，但在实际应用中，对分类产生较大影响的往往只有少数的特征。如图 7-21 所示，其中第一个特征测量眼睛和脸颊之间的强度差异，第二个特征测量眼睛和鼻梁之间的强度差异。一旦确定了最具区分性的特征，就构建一个分类器级联，根据前期分类器拒绝大量的非人脸区域以减少处理时间并提高性能。设置早期的简单分类器为假阴性率（漏检的数量）接近于零，这会导致假阳性率增加（检测到的对象实际上不存在）。然而，这些较简单的早期分类器用于快速拒绝大多数候选位置（在其中计算特征的子窗口），剩余未被拒绝的位置使用越来越复杂的分类器，最终，剩余的未被拒绝的位置被标记为已识别对象的位置。

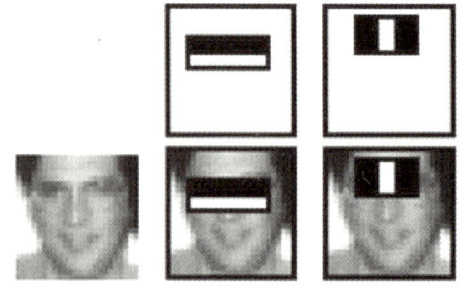

图 7-21 由 AdaBoost 选择的第一个和第二个特征

图 7-22 所示为这个分类器级联，早期简单分类器拒绝不太可能的位置，同时保持非常低的假阴性率。后续阶段的更复杂分类器消除了更多的假阳性，同时不会拒绝真阳性。对于每个位置，只有在没有被分类器 n 拒绝的情况下，才会调用分类器 $n+1$。所有单个阶段的分类器都

使用 AdaBoost 进行训练，并调整以最小化假阴性率。

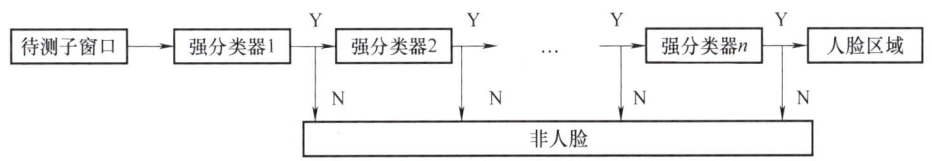

图 7-22　对每个分析位置（图像子窗口）应用检测级联

在检测人脸时，如图 7-23 所示，完整的系统由 38 个阶段和超过 6000 个特征组成。尽管有这么多特征，但该系统每个子窗口只需要大约 10 次特征评估。因此，即使在一个包含 7500 万个子窗口和图像数据中存在 500 多张脸的困难数据集上进行测试，该系统的平均检测速度也很快。

图 7-23　人脸检测结果图

7.2.3　基于深度学习的图像检测模型

图像目标检测是数字图像处理和计算机视觉中的一项关键技术。它涉及在图像或视频中识别和定位物体，为人工智能的多种应用提供基础。目标检测的两个主要指标是准确性（包括物体分类的准确性和位置定位的准确性）以及检测速度。检测性能的优劣会直接影响到目标追踪、行为识别等后续任务的效果。

1. 目标检测数据集

构建大规模且偏差小的数据集对开发先进检测算法至关重要。在过去十年中，已经发布了多个著名的检测数据集，例如 PASCAL VOC 挑战赛、ImageNet 大规模视觉识别挑战赛（如 ILSVRC2014）和 MS-COCO 检测挑战赛等开放图像数据集。这些数据集的统计信息展示在表 7-2 中，而图 7-24 则展示了这些数据集中的一些图像示例。

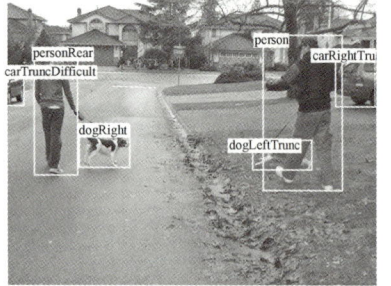
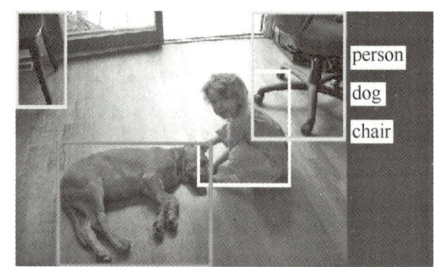

VOC　　　　　　　　　　　　　　　　ILSVRC

MS-COCO

OID

图 7-24　数据集图片示例

PASCAL 视觉对象类别（VOC）挑战赛，举办于 2005 年至 2012 年，是早期计算机视觉领域的一项重要竞赛。在目标检测领域，主要使用了 Pascal-VOC 的两个版本：VOC07 和 VOC12。VOC07 包含 5000 张训练图像和 12000 个目标对象，而 VOC12 则包含 11000 张训练图像和 27000 个目标对象。这两个数据集标注了 20 类常见的生活对象，如"人""猫""自行车"和"沙发"。参赛者需要训练模型来识别和定位图像中的目标，并在测试数据上进行评估。

ImageNet 大规模视觉识别挑战赛（ILSVRC）自 2010 年起每年举办，推动了通用目标检测技术的发展。ILSVRC 的检测数据集涵盖了 200 个视觉对象类别，其图像-对象实例的数量是 VOC 数据集的 100 倍。

微软通用对象检测挑战（MS-COCO）是当前最具挑战性的目标检测数据集之一。自 2015 年起，基于 MS-COCO 数据集的年度竞赛开始举办。虽然它的对象类别数量少于 ILSVRC，但对象实例的数量更多。例如，MS-COCO-17 包含了 80 个类别的 164000 张图像和 897000 个标注对象。与 VOC 和 ILSVRC 相比，MS-COCO 的最大进步在于，除了边界框注释外，每个对象还进行了实例分割，以实现像素级的精确定位。此外，MS-COCO 包含了更多小面积对象（面积小于图像的 1%）和更密集的对象。

2018 年，开放图像检测（OID）挑战赛被引入。开放图像挑战包含两个任务：一是标准目标检测，二是视觉关系检测，后者用于识别特定关系中的成对对象。在标准检测任务中，数据集包括 1910000 张图像，涵盖 600 个对象类别，共有 15440000 个标注的边界框。

表 7-2 数据集

数据集	训练		验证		训练验证		测试	
	图像	目标	图像	目标	图像	目标	图像	目标
VOC-2007	2501	6301	2510	6307	5011	12608	4592	14976
VOC-2012	5717	13609	5823	13841	11540	27450	10991	—
ILSVRC-2014	456567	478807	20121	55502	476688	534309	40152	
ILSVRC-2017	456567	478807	20121	55502	476688	534309	65500	
MS-COCO-2015	82783	604907	40504	291875	123287	896782	81434	
MS-COCO-2017	118287	860001	5000	36781	123287	896782	40670	
OID-2020	1743042	14610229	41620	303980	1784662	14914209	125436	9373227

目标检测任务中，评估模型性能的核心指标是"平均精度"（Average Precision，AP）。这一概念最早在 VOC2007 比赛中提出。AP 指的是在一系列召回率值下，精度的平均值，它通常针对单个类别的检测结果进行计算。而综合多个类别的 AP 值，得到的多类平均精度（mean Average Precision，mAP）则作为衡量模型整体性能的关键指标。在评估目标定位准确性时，通过计算预测边界框与真实标注框之间的交并比（Intersection over Union，IoU）来确定检测是否成功。如果 IoU 值超过预设的阈值，如 0.5，那么该对象被认为是被正确"检测到"的；若未达到，则被视为"漏检"。因此，以 0.5 为阈值的 IoU-mAP 成为评估目标检测性能的标准。

自 2014 年 MS-COCO 数据集发布后，研究者对目标定位的准确性给予了更多关注。与 VOC 系列比赛不同，MS-COCO 的 AP 评估采用了更为细致的方法：在 0.5 到 0.95 的 IoU 阈值范围内取平均值，以此激励研究者提升模型的定位精度。这种评估方式对于提高目标检测在实际应用中的准确性具有重要意义。

2. YOLO

YOLO（You Only Look Once）是一种开创性的图像目标检测技术。自从 2016 年 Redmon 等人首次提出以来，它就以其卓越的检测速度和准确性，在计算机视觉界引起了广泛关注。YOLO 的核心理念是将目标检测视作一个回归问题，通过单次前向传播预测图像中所有目标的边界框和类别概率。这种方法摒弃了传统检测算法中的候选区域提取和后处理步骤，显著提升了检测效率。随着 YOLO 算法的持续进化，其后续版本，如 YOLOv5、YOLOv7、YOLOv9，以及最新的 YOLOv10，都在原始模型的基础上实现了显著的改进。这些改进包括性能提升、检测精度增强和模型结构优化等。YOLO 系列模型不仅在学术界获得了广泛认可，也在工业界，如视频监控、自动驾驶和图像分析等领域得到了实际应用。接下来，我们将以 YOLOv1 为例，详细介绍该算法的关键技术。其网络框架的示意图如图 7-25 所示。

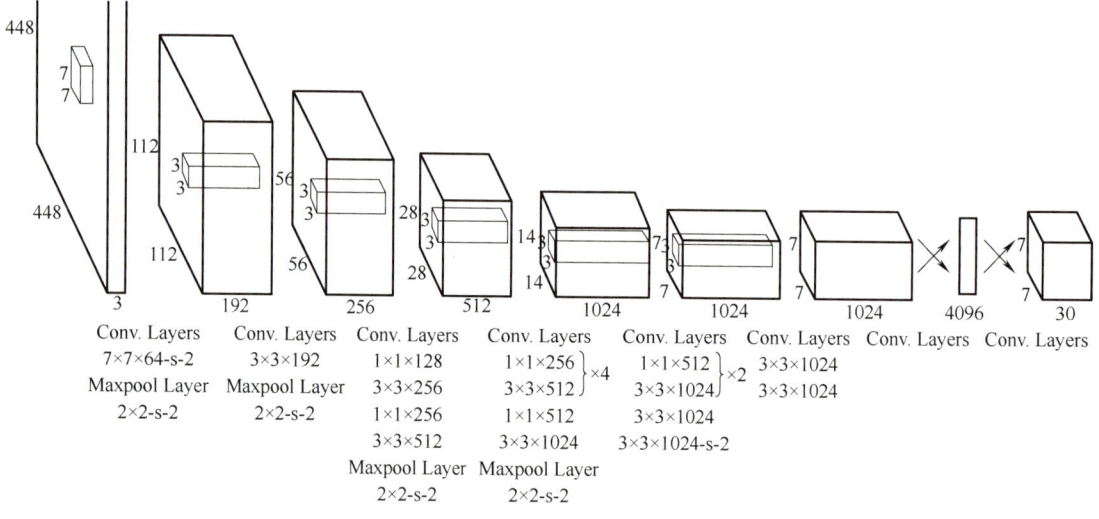

图 7-25　YOLOv1 网络框架图

YOLO 是一种基于滑动窗口的目标检测算法，它将检测任务转化为图像分类问题。其核心思想是利用不同尺寸和比例的窗口在图像上按固定步长滑动，并对这些窗口覆盖的区域进行分类，从而实现对整个图像的检测。这种方法只需对图像进行一次扫描，就能预测出图像中存在的对象及其位置。

如图 7-25 所示，YOLO 模型是基于卷积神经网络（CNN）构建的，通过一系列卷积层自动提取图像的特征，这些特征随后被全连接层用来预测对象的边界框和类别概率。这种结构使得 YOLO 能够直接从图像像素到边界框和类别概率进行端到端的学习，无须额外的区域提议或后处理步骤。如图 7-26 所示，每个网格单元会预测 B 个边界框，每个边界框由 5 个预测值组成：边界框中心的 x 和 y 坐标（相对于网格单元的位置），以及边界框的宽度和高度（相对于整个图像的尺寸）。此外，每个边界框还有一个置信度预测值，表示模型对该边界框包含对象的信心以及预测框的准确性。每个网格单元还会预测 C 个条件类别概率，即在该单元包含对象的条件下，对象属于各个类别的概率。这些概率是在对象存在的条件下计算的，因此每个网格单元只预测一组类别概率。

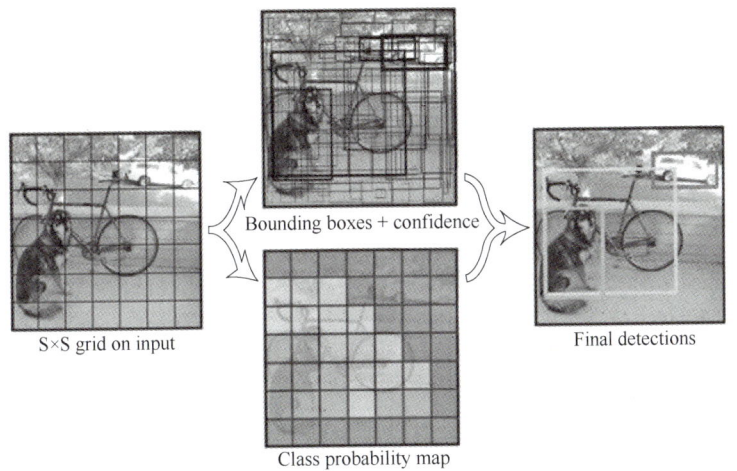

图 7-26 YOLO 网格算法

在 YOLO 模型中，损失函数是用于衡量预测值与真实值之间的误差。该损失函数包含了多个部分，分别用于衡量边界框的坐标、宽度和高度、置信度以及类别概率的误差。通过最小化这些误差，模型能够逐步优化其参数以提高检测精度。YOLO 的损失函数可以表示为多个误差项的总和，函数公式为

$$\text{Loss} = \lambda_{\text{coord}} \sum_{i=0}^{S^2} \sum_{j=0}^{B} \mathbb{I}_{ij}^{\text{obj}} [(x_i - \hat{x}_i)^2 + (y_i - \hat{y}_i)^2] + \\ \lambda_{\text{coord}} \sum_{i=0}^{S^2} \sum_{j=0}^{B} \mathbb{I}_{ij}^{\text{obj}} [(\sqrt{w_i} - \sqrt{\hat{w}_i})^2 + (\sqrt{h_i} - \sqrt{\hat{h}_i})^2] + \\ \sum_{i=0}^{S^2} \sum_{j=0}^{B} \mathbb{I}_{ij}^{\text{obj}} (C_i - \hat{C}_i)^2 + \\ \lambda_{\text{noobj}} \sum_{i=0}^{S^2} \sum_{j=0}^{B} \mathbb{I}_{ij}^{\text{noobj}} (C_i - \hat{C}_i)^2 + \\ \sum_{i=0}^{S^2} \mathbb{I}_i^{\text{obj}} \sum_{c \in \text{classes}} (p_i(c) - \hat{p}_i(c))^2 \tag{7-51}$$

指示函数 $\mathbb{I}_{ij}^{\text{obj}}$ 用于控制是否对特定的网格单元计算损失。只有当网格单元中确实包含对象时，才会计算该单元的损失。这样可以避免对不包含对象的网格单元进行不必要的计算，从而提高训练效率。

边界框坐标误差为 $\lambda_{\text{coord}} \sum_{i=0}^{S^2} \sum_{j=0}^{B} \mathbb{I}_{ij}^{\text{obj}} [(x_i - \hat{x}_i)^2 + (y_i - \hat{y}_i)^2]$，这部分计算每个包含对象的网格单元（由指示函数 $\mathbb{I}_{ij}^{\text{obj}}$ 指示）中，预测的边界框坐标 (x_i, y_i) 与真实标注坐标 $(\hat{x}_i, \hat{y}_i)$ 之间的平方差。权重 λ_{coord} 用于调整坐标误差在总损失中所占的比重。

边界框宽度和高度误差为 $\lambda_{\text{coord}} \sum_{i=0}^{S^2} \sum_{j=0}^{B} \mathbb{I}_{ij}^{\text{obj}} [(\sqrt{w_i} - \sqrt{\hat{w}_i})^2 + (\sqrt{h_i} - \sqrt{\hat{h}_i})^2]$，与坐标误差类似，这部分计算边界框的宽度和高度的平方误差。可以使得大框和小框的误差按比例计算，更加公平。

置信度误差为 $\sum_{i=0}^{S^2}\sum_{j=0}^{B}\mathbb{I}_{ij}^{obj}(C_i-\hat{C}_i)^2$，这部分计算预测的置信度 C_i（即边界框包含对象的概率）与 $\hat{C}_i$ 真实标注的置信度之间的平方差。

不包含对象的置信度误差为 $\lambda_{noobj}\sum_{i=0}^{S^2}\sum_{j=0}^{B}\mathbb{I}_{ij}^{noobj}(C_i-\hat{C}_i)^2$，当网格单元中不包含任何对象时，这部分计算置信度误差，并通过权重 λ_{noobj} 来降低这部分在总损失中的比重。

类别概率误差为 $\sum_{i=0}^{S^2}\mathbb{I}_i^{obj}\sum_{c\in classes}(p_i(c)-\hat{p}_i(c))^2$，这部分计算每个包含对象的网格单元中，预测的类别概率 $p_i(c)$ 与真实标注的类别概率 $\hat{p}_i(c)$ 之间的平方差。

YOLO 以其极速的图像目标检测能力著称，其快速版本在 VOC07 数据集上达到了每秒 155 帧的处理速度（155fps），同时保持了 52.7% 的 mAP；而其增强版本在同一数据集上以 45fps 的速率运行，mAP 达到了 63.4%。YOLO 采用了一种与两阶段检测器截然不同的策略，通过单个神经网络处理整个图像，将图像划分为多个区域，并为每个区域同时预测边界框和类别概率。尽管 YOLO 在速度上取得了显著进步，但在定位精度上，尤其是对于小物体的检测，与两阶段检测器相比有所不足。YOLO 的后续迭代版本以及相继出现的算法如 SSD，更加专注于提升这一精度问题。最近，由清华大学团队提出的 YOLOv10，采用了一致双任务学习方法，能够在无需非极大抑制的条件下进行训练，提供了有竞争力的性能和较低的推理延迟。YOLOv10 从效率和精度两个方面对 YOLO 的各个组成部分进行了全面优化，大幅降低了计算成本，在不同规模的模型上均达到了业界领先的性能和效率水平。

3. R-CNN 系列

基于区域的卷积网络 R-CNN 是最早的基于神经网络的目标检测器之一，由 Girshick、Donahue 等人于 2014 开发。如图 7-27 所示，该检测器首先使用选择性搜索算法提取约 2000 个区域候选框。然后，每个候选框的区域被重新缩放（扭曲）为 224×224 的图像，并输入到已在 ImageNet 上预训练好的 CNN 模型中（例如 AlexNet）以提取特征，最后，线性 SVM 分类器被用来预测每个区域内是否存在对象，并识别对象类别。RCNN 在 VOC07 上取得了显著的性能提升，平均精度（mAP）从 33.7%（DPM-v5）提高到 58.5%。尽管 RCNN 取得了巨大的进步，但其缺点也很明显：在大量重叠的提议上进行冗余的特征计算（一个图像中有超过 2000 个框）导致检测速度非常慢（每个图像使用 GPU 需要计算 14s）。为了提高 R-CNN 的速度，SPPNet 引入了空间金字塔池化（SPP）层，可以仅对整个图像计算一次特征图，然后可以为训练检测器生成任意区域的固定长度表示，从而避免了重复计算卷积特征。与 R-CNN 相比，SPPNet 的速度提高了 20 多倍，而不损失任何检测精度（VOC07 mAP = 59.2%）。

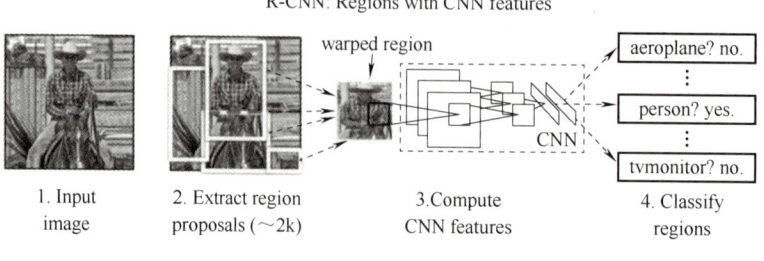

图 7-27　R-CNN 网络架构图

2015年Ross Girshick等人提出了Fast RCNN检测器，如图7-28所示，这是对R-CNN和SPPNet的进一步改进。Fast RCNN能够在相同的网络配置下同时训练检测器和边界框回归器。在VOC07数据集上，Fast RCNN将mAP从58.5%（RCNN）提高到70.0%，而检测速度比R-CNN快200多倍。尽管Fast-RCNN成功地整合了R-CNN和SPPNet的优势，但其检测速度仍然受到限制。在Fast RCNN之后不久提出了Faster RCNN检测器，Faster RCNN是第一个几乎实时的深度学习检测器（COCO mAP@.5 = 42.7%，VOC07 mAP = 73.2%）。Faster-RCNN的主要贡献是引入了区域建议网络（RPN），使得区域提议几乎是零成本的。从R-CNN到Faster RCNN，目标检测系统的大部分独立模块，如提议检测、特征提取、边界框回归等，已经逐渐集成到一个统一的端到端学习框架中。尽管Faster RCNN突破了Fast RCNN的速度瓶颈，但在随后的检测阶段仍存在计算冗余，因此又提出了各种改进方法，包括RFCN和Light head RCNN等。

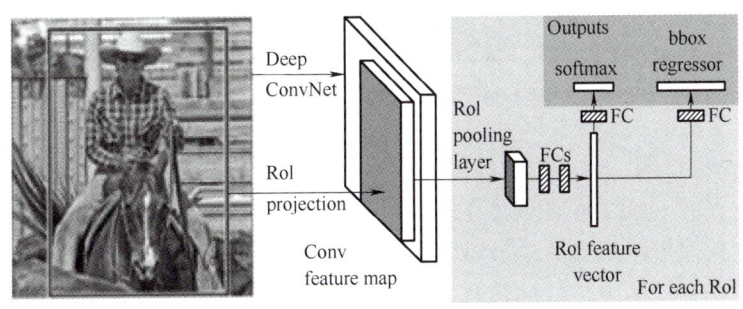

图7-28　Fast RCNN网络架构图

4. DETR

近年来Transformer模型深刻地影响了整个深度学习领域，特别是数字图像处理与计算机视觉领域。N. Carion等人于2020年提出"DEtection Transformer（DETR）"，放弃了传统的卷积运算符，通过引入Transformer模型的纯注意力机制来克服CNN的局限性，并获得全局尺度的感受野。DETR将目标检测视为一种集合预测问题，并提出了使用Transformer的端到端检测网络，其网络架构图如图7-29所示。

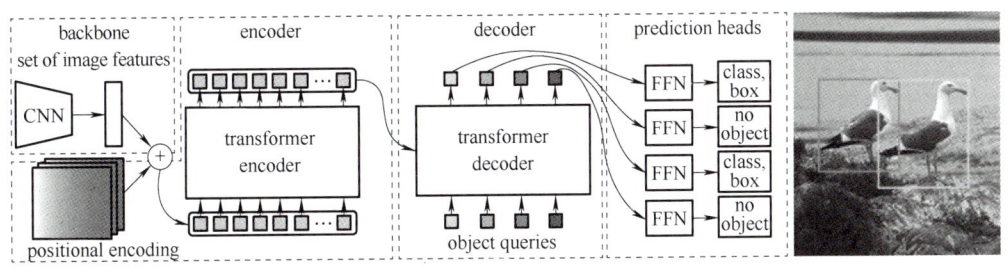

图7-29　DETR网络架构图

目标检测已经进入了一个新的时代，可以在不使用锚框或锚点的情况下检测对象。随后，X. Zhu等人提出了Deformable DETR来解决DETR在收敛时间较长和检测小物体性能有限的问题。Deformable DETR在MSCOCO数据集上实现了最先进的性能（COCO mAP = 71.9%）。

在过去的20年中，目标检测取得了很好的效果，如图7-30所示。未来目标检测领域的发展包括但不限于以下几个方面：

图 7-30　丰富多彩的目标检测图像

1）轻量级目标检测：轻量级目标检测技术专注于为低功耗边缘设备提供快速检测推理能力。它在多个关键领域发挥着重要作用，包括移动增强现实、自动驾驶汽车、智能城市基础设施、智能监控摄像头以及人脸识别等应用。尽管近年来在模型优化方面取得了显著进展，研究者们仍在持续努力，目标是开发出性能更优、计算成本更低、模型尺寸更小的检测模型，以便更好地满足嵌入式设备的部署需求。

2）小目标检测：在广阔场景中识别小目标是一项技术挑战。这一研究领域的潜在应用涵盖多个方面，包括人群统计分析、野生动物监测以及卫星图像中特定目标的识别。未来研究可能聚焦于融合视觉注意力机制，以及开发设计高分辨率且计算效率高的网络架构。

3）3D 目标检测：尽管近年来 2D 目标检测技术已有所发展，但对于自动驾驶等智能体具身应用而言，能够准确获取三维空间中对象的位置和姿态至关重要。展望未来，目标检测的研究将更多地聚焦于三维世界的探索，并整合来自多种传感器的多源数据和多视角信息，例如结合 RGB 图像与 3D 激光雷达（LiDAR）点云数据。

4）视频中的检测：实时对高清视频进行目标检测与跟踪在视频监控和自动驾驶中极为重要。传统检测器处理视频时，通常一帧一帧独立进行，这种做法没有考虑到帧间的连续性，导致效率不高。因此，一个重要的研究领域是探索图像在空间和时间上的关联性，以提高目标检测的性能。

5）跨模态检测：使用多模态数据（如 RGB-D 图像、激光雷达、红外图像、声音、文本和视频等）进行目标检测对于构建类似人类感知能力的精确检测系统至关重要。此外，未来研究的方向还包括一些开放性问题，比如如何将训练好的检测器应用到不同的数据模态上，以及如何通过信息融合来提高检测性能。

6）开放世界检测：域自适应、域泛化、零样本学习和增量学习是目标检测领域的新议题。关键技术在于减少灾难性遗忘现象并充分利用已有的先验知识。人类天生具有在环境中识别未知类别对象的能力。面对未知对象，人类能够通过提供的知识（标签）学习新事物。

然而，现有的目标检测算法在准确识别未知类别对象方面存在挑战。因此，开放世界的目标检测任务应运而生，它旨在缺乏明确标签或仅有少量监督信号的情况下正确识别目标，这在机器人技术和自动驾驶等领域展现出巨大的应用前景。

7.3 本章课程项目实验

码 7-7【程序源码】
YOLOv5 目标
检测实验

我们以 YOLOv5 目标检测实验为例，掌握 YOLOv5 在目标检测中的端到端流程。YOLO 系列模型以其实时处理能力和高精度检测性能而著称。YOLOv5 延续了这一优良传统，并在模型架构、性能优化和使用便捷性上进行了诸多改进。YOLOv5 采用 CSP（Cross Stage Partial）网络设计，增强了模型的学习能力，同时减少了计算量。这种设计使得 YOLOv5 在保持高准确度的同时，实现了更快的推理速度。通过在不同尺度上进行预测，YOLOv5 提高了对各种大小目标的检测能力，无论是大型物体还是小型物体，都能准确识别。YOLOv5 提供了多种模型变体，用户可以根据具体应用需求和计算资源选择合适的模型，该模型支持通过 PyTorch Hub 简单加载和使用，无需复杂配置，用户只需几行代码即可加载模型并进行目标检测。此外，YOLOv5 内置自动超参数优化功能，可以根据具体数据集和任务需求自动调整模型超参数，从而获得最佳性能。

本项目目标是在 VOC2007 数据集上，训练 YOLOv5 目标检测、识别模型。该数据集一共包含有 1997 张水下图像，待识别类别仅为海参、扇贝这两种，示例如图 7-31 所示。为了节省时间，本次训练为 fine-tune 训练，从 YOLO 官方给出的 YOLOv5s 权重基础上，冻结骨架网络参数，只训练其他的一小部分网络参数。

1. 数据集处理

在实验开始前可以考虑对数据集图像进行图像处理，来使得检测、识别能得到更好的结果。可以对图像进行增强，使图像更清晰、对比度更强，常见的图像增强方法有对数变换、线性变化、指数变换、直方图均衡化、CLAHE、直方图匹配、DCP、IDCP、UDCP 算法等。一些方法的使用需要注意前提条件，例如直方图匹配需要有参考图像，DCP 算法需要图像 RGB 三通道分布均匀，IDCP、UDCP 算法则是需要图像 R 通道衰减严重。

读者需要把实现的图像处理方法，写在项目文件 utils/util_img.py 中，完成 process_img 方法。读取 src_path 传入的图像文件，处理后保存到 tgt_path。

然后运行：

```
Python dataset_process.py
```

搭建运行项目文件环境所需的安装包以及数据集参考 requirements 文档。

下面给出一个增强示例，如图 7-31 所示：该增强方法使海参的边缘细节更加清晰明了。以原始数据集为例进行训练，定性评价和定量评价。

训练前标签文件已放在 VOCdevkit 文件下的 VOC2007 文件夹下的 Annotation 中，图片文件在 JPEGImages 中。

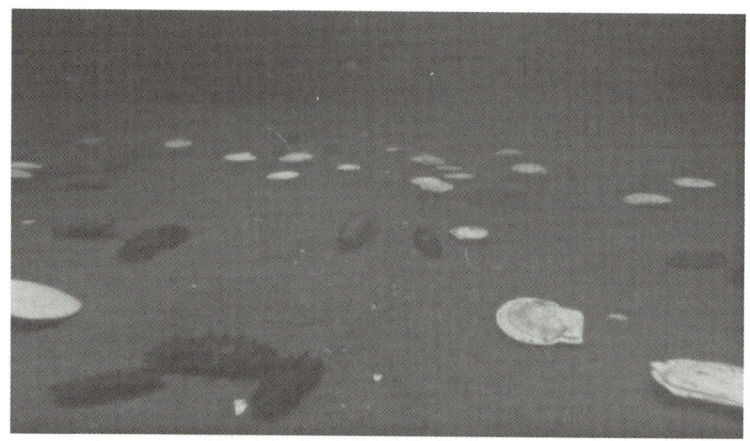

a) 原始图像

b) 增强图像

图 7-31　图像增强运行示例

运行 voc_annotation.py 生成根目录下的 train.txt 和 val.txt。具体操作请参考代码注释。其中，classes_path，用于指向检测类别所对应的 txt。存放在 model_data 下的 voc_classes.txt。

2. 训练

```
#命令格式如下：
# Python train.py argv1 argv2
#其中,第一个参数 argv1 表示使用的数据集类型,第二个参数  argv2 为日志文件保存路径。
#本次训练使用原始的水下图像数据集即 origin,日志保存在 log_origin。
Python train.py origin log_origin
```

训练中会保存 **loss** 曲线图以及训练过程中的一些定性结果，保存在 log_origin，注意观察分析。

3. 定性评价

在项目路径 yolou5 上，执行以下命令：

> #命令格式如下：
> # Python predict.py argv1 argv2
> #其中，第一个参数 argv1 为用于检测的图像的路径，第二个参数 argv2 为预训练权重路径。
> #使用在原始数据集上的训练权重，对原始数据集下选取的图像进行检测。
> Python predict.py 所选取的图像路径 log_origin/last_epoch_weights.pth

预测得到的图像保存在 **imgs** 下，注意保存图像。

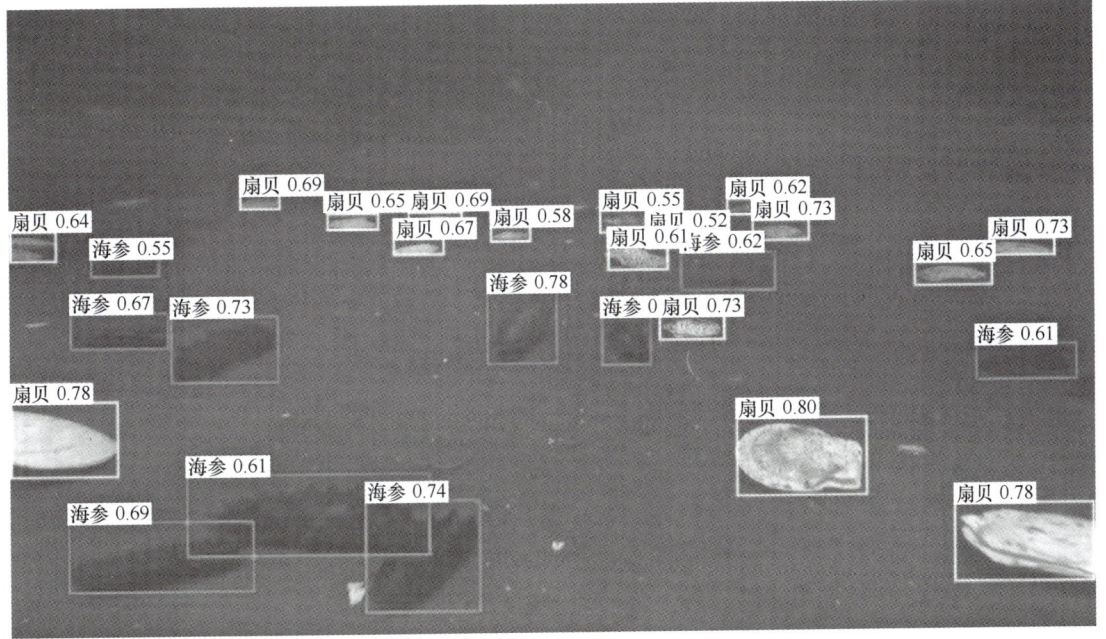

4. 定量评价

在项目路径上，执行以下命令：

> #命令格式如下：
> # Python get_map.py argv1 argv2 argv3 argv4
> #其中，第一个参数 argv1 为预训练权重，第二个参数 argv2 为数据集类型，第三个参数 argv3 为评价的模式，第四个参数 argv4 为评价结果的保存路径。
>
> #评价模式有以下四类。
> #0 代表整个 mAp 计算流程，包括获得预测结果，获得真实框，计算 VOC_map。
> #1 代表仅获得预测结果。
> #2 代表仅获得预测框。
> #3 代表仅计算 VOC_map。

```
    #4 代表仅使用 coco 工具箱计算当前数据集的 0.50:0.95map。需要获得预测结果,
获得真实框后执行。
    #本处只用到模式 0 和模式 4。先使用模式 0 保存在 IoU 阈值为 0.5 时的评价结果
以及真实标签和预测结果;再使用模式 4 根据保存的真实标签和预测结果,计算平
均 mAP。
    #使用在原始数据集上的训练权重,进行量化评价。
    Python get_map.py log_restored/last_epoch_weights.pth restored 0
map_out_restored
    Python get_map.py log_restored/last_epoch_weights.pth restored 4
map_out_restored
```

代码执行需要几分钟,耐心等待。模式 **0** 的评价结果和模式 **4** 的评价结果将会在终端中输出,注意复制保存。

本章小结

在本章的学习中,我们全面了解了图像识别的两个关键问题:图像分类和图像检测。我们探讨了从传统手工特征提取方法到现代深度学习方法的演化,并讨论了这些方法在不同领域的应用。

在图像分类方面,我们学习了如何使用贝叶斯决策理论来构建图像分类模型,并介绍了基于 PCA 和 FDA 的人脸识别模型。我们还学习了如何利用深度学习模型,特别是卷积神经网络(CNN),来自动提取图像特征并进行分类。通过使用大量的标注数据,深度学习模型能够学习到复杂的特征表示,这在图像实时识别、医疗图像分析等高复杂度任务中尤为重要。

在图像检测方面,我们研究了基于 HOG 特征和 SVM 的行人检测方法,该方法利用图像的梯度方向统计信息来构建特征向量。HOG 特征对光照变化、遮挡和行人姿态变化具有很好的适应性,在行人检测任务中表现出色。通过将 HOG 特征与 SVM 分类器结合,我们可以有效地识别和定位图像中的行人。SVM 分类器通过在特征空间中寻找最优的决策边界,实现了对行人和非行人区域的准确分类。同时,我们也探讨了基于 Harr 小波和 AdaBoost 算法的人脸检测方法,这种方法通过结合肤色特征和人脸特征,准确快速地定位人脸位置。基于深度学习的图像检测模型,如 YOLO(You Only Look Once),彻底改变了图像检测领域。YOLO 将图像检测任务转化为一个回归问题,通过单次前向传播,直接预测图像中所有目标的边界框和类别概率。这种方法避免了传统检测算法中的候选区域提取和后处理步骤,极大地提高了检测效率。YOLO 系列模型,通过引入动态标签分配和模型结构重新参数化等优化,进一步提高了检测速度和准确性。此外,我们还讨论了其他深度学习检测模型,如 R-CNN 及其变体 Fast R-CNN 和 Faster R-CNN。这些模型通过引入区域建议网络(RPN)和空间金字塔池化(SPP)层,进一步提高了检测速度和准确性。

通过本章的学习，我们不仅掌握了图像识别中的关键技术和方法，还理解了如何构建和评估图像分类与检测模型。这些知识为进一步探索计算机视觉领域和开发智能视觉系统奠定了坚实的基础。

思考题与习题

7-1 给定一个图像分类问题，其中有两个类别 A 和 B，先验概率分别为 $P(A)$ 和 $P(B)$，条件概率密度函数分别为 $p(x|A)$ 和 $p(x|B)$。如果分类器将图像错误分类为 B 时损失为 5，错误分类为 A 时损失为 2，计算贝叶斯分类器的期望风险，并确定图像 x 应该分类到哪个类别。

7-2 在一个二维空间中，有两个类别的样本，它们的均值向量和协方差矩阵已知。假设先验概率相等，即 $P(C1)=P(C2)=0.5$，使用高斯分布下的贝叶斯决策理论，求出决策边界的方程。

7-3 假设数据真实的概率密度函数为 $P_{\text{data}}(X)$，现有包含 N 个样本的观测数据集 $X=\{x_1, x_2, \cdots, x_N\}$，模型的概率密度函数建模为 $P_{\text{model}}(X;\Theta)$，拟采用最大似然法估计模型参数 Θ：

（1）写出最大似然估计（MLE）的目标函数；

（2）已知先验概率 $P(\omega_1)=0.2$ 和 $P(\omega_2)=0.8$；若类条件概率密度函数分别为：

$$p(x|\omega_1)=\begin{cases} x & 0\leq x<1 \\ 2-x & 1\leq x\leq 2 \\ 0 & 其他 \end{cases}$$

$$p(x|\omega_2)=\begin{cases} x-1 & 1\leq x<2 \\ 3-x & 2\leq x\leq 3 \\ 0 & 其他 \end{cases}$$

当不考虑风险代价函数时，求贝叶斯决策准则下的分类边界，并判断样本 $x=1.5$ 属于哪一类？

（3）求贝叶斯最优决策准则下不可避免的最小分类错误概率 $P(e)$。

7-4 描述如何使用主成分分析（PCA）来构建一个人脸识别模型。详细说明从训练图像集计算平均向量和协方差矩阵，到特征值分解，以及如何使用特征向量（特征脸）进行人脸的识别。

7-5 解释 Fisher 判别分析（FDA）的基本原理，并展示如何使用 FDA 来增强人脸识别模型的性能。详细说明类内离散度和类间离散度的计算方法，并推导最佳投影向量。

7-6 讨论卷积神经网络（CNN）在图像分类中的作用，并解释 ResNet 架构如何通过残差学习（Residual Learning）和快捷连接（Shortcut Connections）来提高深层网络的训练效率和性能。

7-7 详细描述如何使用 HOG 特征和支持向量机（SVM）进行行人检测。解释 HOG 特征的计算过程，以及如何训练 SVM 分类器来识别行人和非行人区域。

参考文献

[1] SONKA M, HLAVAC V, BOYLE R. Image processing, analysis, and machine vision [M]. Stamford: Cengage Learning, 2015.

[2] RICHARD S. Computer vision: algorithms and applications [M]. New York: Springer, 2010.

[3] DALAL N, TRIGGS B. Histograms of oriented gradients for human detection [C]//IEEE. Computer Society Conference on Computer Vision and Pattern Recognition. San Diego: IEEE, 2005: 886-893.

[4] ZOU Z, CHEN K, SHI Z, et al. Object detection in 20 years: a survey [J]. Proceedings of the IEEE, 2023, 111(3): 257-276.

第 8 章　图像生成

> **导读**
>
> 　　本章将概述图像生成技术的发展，并深入探讨图像生成领域的关键概念与技术，从隐变量生成模型出发，引出期望最大化（EM）算法和交替反向传播（ABP）算法；然后将隐变量生成模型从基本的图像生成应用，扩展至多模态和多视图图像生成；最后介绍变分自编码器、生成对抗网络等深度图像生成模型。通过本章的学习，读者将全面掌握图像生成的核心理论与常用方法。

> **本章知识点**
>
> - 图像生成技术概述
> - 基于隐变量描述的图像生成技术
> - 多模态和多视图图像生成模型
> - 基于变分自编码器的图像生成
> - 基于生成对抗网络的图像生成

8.1　图像生成技术概述

　　贝叶斯决策理论作为一种判别式模型可应用于图像分类问题。给定图像数据 $x \in X$，类别变量 $y \in Y$，判别式模型建模并求解后验概率分布 $P(y|x)$。本章介绍生成式模型，它与判别式模型不同，通常直接建模图像数据 x 的概率分布 $P(x)$ 或者图像数据 x 与类别变量 y 的联合概率分布 $P(x,y)$。以猫与狗两类图像数据集为例，判别式模型只需要求解两个类别之间的分类决策超平面（图 8-1a 棕线），对于未见过的猫或狗图像，判别式模型可以推断出它位于分类超平面的哪一侧，从而分类测试样本；生成式模型则需要计算猫和狗两个类别图像数据各自的概率分布（图 8-1b 绿色和蓝色区域）。建模并计算概率分布后，生成式模型就可以从某一类别的分布中采样一个新的样本点，得到一张新的属于该类别的图像，即实现图像生成。

　　图像生成技术近年来取得了显著的进步，经历了从马尔可夫链蒙特卡罗（MCMC）技术到变分自编码器（VAE）和生成对抗网络（GAN），再到扩散模型（Diffusion Models）的发展历程。

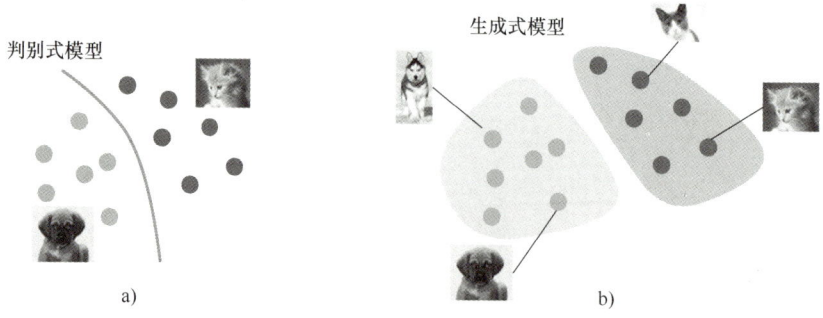

图 8-1　判别式模型和生成式模型图解

图 8-1 彩图

马尔可夫链蒙特卡罗（MCMC）技术是一种统计计算方法，常用于从复杂的概率分布中采样。其核心思想是构建一个马尔可夫链，使其平稳分布与目标概率分布一致，然后利用该链进行抽样。通常利用吉布斯分布定义一个合理的目标分布，通过定义能量函数准确描述图像生成过程中的各种依赖关系和特性，目标是从能量最低的状态中生成图像样本。

变分自编码器（VAE）在自编码器基础上引入了概率分布和变分推断，VAE 的核心思想是通过学习隐变量的概率分布，从而生成与训练数据相似的样本。VAE 的训练目标是最大化变分下界，即最大化输入数据的对数似然。通过变分推断，优化隐变量的近似后验分布。VAE 为图像生成提供了一种灵活而强大的方法，它在图像生成、重建、插值、去噪和条件生成等任务中表现出色，展示了其在图像处理领域的广泛应用潜力。

生成对抗网络（GAN）是一种强大的图像生成模型，通过两个对抗网络的相互作用来生成高质量、逼真的图像。GAN 由生成器和判别器两个网络组成，生成器接受来自先验分布的随机噪声向量并将其转换为逼真的伪造图像以欺骗判别器，而判别器的目标是最大化其对真实图像的判别能力，同时最小化其对生成图像的错误判断。这种对抗训练机制使 GAN 能够生成极为逼真的图像。然而，GAN 的训练过程不稳定，容易出现模式崩溃和不收敛等问题。近年来，如 StyleGAN 等 GAN 的改进版本极大地提升了生成图像的质量和多样性，如图 8-2 所示。

图 8-2　StyleGAN 在 FFHQ 数据集上的生成结果

扩散模型（Diffusion Models）是一类新兴的生成模型，通过定义图像数据的逐步扩散过程并反向模拟这个过程来生成图像。扩散模型的基本思想是通过定义一个正向扩散过程，将数据逐步转化为噪声，然后训练模型学习逆向扩散过程，从噪声生成数据。扩散模型比 GAN 的训练过程更稳定，且能够生成高度细节化和多样化的图像；但扩散模型直接在高分辨率图像上进行去噪，计算开销巨大。隐空间扩散模型（Latent Diffusion Model）将图像数据编码到一个较低维的潜在空间，然后在这个潜在空间中进行扩散和逆向扩散过程，最后通过解码器将潜在表示还原为图像，可以显著提高生成效率，并生成高质量的图像，如图 8-3 所示。

FFHQ　　　　　LSUN-Churches　　　　　LSUN-Beds　　　　　ImageNet

图 8-3　LDM 在多个数据集上的生成结果[2]

随着技术的发展，图像生成已经在多个领域展现出强大的实际应用潜力。在高分辨率图像生成方面，StyleGAN3 和 BigGAN 在自然图像和类人图像生成中取得了很好的效果。在文本到图像生成领域，DALL-E 和 Imagen 等模型展现了惊人的生成能力，可以从文本描述中生成逼真的图像。

8.2　基于隐变量描述的图像生成技术

隐变量模型通过引入不可观测的变量（隐变量），捕捉数据的潜在结构，并帮助解释观测数据（如图像）的生成过程。在图像生成任务中，隐变量可以表示图像的风格、内容等抽象特征。通过学习隐变量的分布，模型可以在隐变量空间中进行采样，再通过解码器生成新数据，这种方式不仅可以生成与训练数据相似的样本，还可以通过隐变量的操作（如插值）生成具有特定属性的样本。通过隐变量的引入，模型能够更好地理解和表示数据的生成过程，从而提高其泛化能力。这使得模型在面对新的、未见过的数据时，仍能生成高质量、符合数据分布的样本。隐变量模型能够处理数据中的不确定性。在生成任务中，隐变量的随机性允许模型生成多样化的样本，捕捉数据分布的多样性，多样性的生成样本能够更好地模拟真实数据分布。

隐变量的引入极大地增强了模型捕捉数据潜在结构的能力，但也带来了隐变量估计与推断的挑战。由于隐变量是不可观测的，这意味着无法直接从数据中获取隐变量的真实值，需要通过模型和观测数据来间接推断隐变量。隐变量的推断和估计本质上是一个带有不确定性的过程，需要对这种不确定性进行建模，以获得鲁棒性的推断结果。EM 算法、MCMC 方法、变分推断和扩散模型等方法为解决这些问题提供了有效的工具和技术。通过这些方法，可以在复杂的隐空间中进行有效的隐变量推断与估计，从而生成高质量的图像和处理其他复杂的任务。

8.2.1 概率框架下的隐变量模型

在隐变量模型中，隐变量既可以是离散型数据，也可以是连续型数据。这种多样性使得隐变量模型能够应用于各种复杂的数据生成和处理任务。离散型隐变量取值于有限集合，常用于捕捉数据的类别或分段特征。隐马尔可夫模型（HMM）和混合高斯模型（GMM）是典型的离散型隐变量模型。离散型隐变量通常具有明确的物理或语义解释，如类别标签或状态，处理和计算相对简单，特别是在状态数较少的情况下。

连续型隐变量通常取值于实数域，常用于捕捉数据的连续潜在特征和复杂连续变化。典型的例子包括因子分析（FA），变分自编码器（VAE）和生成对抗网络（GAN）中的隐变量。连续型隐变量可以捕捉数据的细微变化和复杂模式，适合在隐空间中进行插值操作，可以生成具有平滑过渡特性的样本，可灵活地适用于各种数据类型，包括图像、音频和文本，结合连续型和离散型隐变量可以更好地建模复杂数据，例如，离散变量可以表示数据的类别或大类特征，而连续变量可以捕捉类别内的细微变化。

下面分别以高斯混合模型和因子分析模型为例，具体介绍离散型隐变量和连续型隐变量模型。

1. 高斯混合模型

高斯混合模型的概率分布可以写成高斯分布的线性叠加的形式，即

$$p(x) = \sum_{k=1}^{K} \pi_k N(x | \mu_k, \Sigma_k), \sum_{k=1}^{K} \pi_k = 1 \tag{8-1}$$

式中，k 为高斯分布的模态数；$\pi_k \in [0,1]$ 为第 k 个高斯分布的混合系数；μ_k 为第 k 个高斯分布的均值；Σ_k 为第 k 个高斯分布的协方差矩阵。

对整个数据集 X，根据独立同分布假设，联合分布可表达为

$$p(X) = \prod_{n=1}^{N} p(x) \tag{8-2}$$

相应的对数似然函数为

$$\ln p(X) = \sum_{n=1}^{N} \ln p(x) = \sum_{n=1}^{N} \ln \sum_{k=1}^{K} \pi_k N(x | \mu_k, \Sigma_k) \tag{8-3}$$

可以观察到，对数似然函数中高斯分布的加权求和存在于对数计算中。此时如果按照最大似然方法，直接令对数似然函数的导数为 0 求解参数，将无法得到参数的解析解。

为了解决这个问题，考虑引入一个 K 维的隐变量 z，并定义它为 one-hot 向量，显然 z 是一个离散变量，且只有 K 种取值。定义 $p(z_k=1)=\pi_k$，那 z 的概率分布为

$$p(z) = \prod_{k=1}^{K} \pi_k^{z_k} \tag{8-4}$$

同样，给定 $z_k=1$，定义 x 的条件概率分布为

$$p(x | z_k=1) = N(x | \mu_k, \Sigma_k) \tag{8-5}$$

那么给定 z，x 的条件概率分布为

$$p(x\mid z) = \prod_{k=1}^{K} N(x\mid \mu_k, \Sigma_k)^{z_k} \tag{8-6}$$

进一步地,可以知道 x 和 z 的联合概率分布以及 x 的边缘概率分布为

$$p(x,z) = p(z)p(x\mid z) = \prod_{k=1}^{K} \pi_k^{z_k} N(x\mid \mu_k, \Sigma_k)^{z_k} \tag{8-7}$$

$$p(x) = \sum_z p(x,z) = \sum_z \prod_{k=1}^{K} \pi_k^{z_k} N(x\mid \mu_k, \Sigma_k)^{z_k} = \sum_{k=1}^{K} \pi_k N(x\mid \mu_k, \Sigma_k) \tag{8-8}$$

在引入隐变量之后,继续考虑对模型参数的求解。令式(8-3)中的对数似然函数对于均值 μ_k 的导数为 0,可以得到

$$\sum_{n=1}^{N} \frac{\pi_k N(x_n\mid \mu_k, \Sigma_k)}{\sum_j \pi_j N(x_n\mid \mu_j, \Sigma_j)} \Sigma_k^{-1}(x_n - \mu_k) = 0 \tag{8-9}$$

从式(8-9)中可以看出,求和符号中左乘项分子、分母中都存在待求解的参数 μ_k,右乘项中也存在 μ_k,此时无法根据该式直接得到 μ_k 的解析式。为了简化式子,不妨记求和符号中的左乘项为 $\gamma(z_{nk})$,根据贝叶斯定理和全概率公式,有

$$\begin{aligned}\gamma(z_{nk}) &= \frac{\pi_k N(x_n\mid \mu_k, \Sigma_k)}{\sum_j \pi_j N(x_n\mid \mu_j, \Sigma_j)} \\ &= \frac{p(z_k=1)p(x_n\mid z_k=1)}{\sum_{j=1}^{K} p(z_j=1)p(x_n\mid z_j=1)} = p(z_k=1\mid x_n)\end{aligned} \tag{8-10}$$

式(8-10)表明 $\gamma(z_{nk})$ 实际上就是给定 x 后 $z_k=1$ 的后验概率。根据式(8-9)和式(8-10)可以解得

$$\mu_k = \frac{1}{N_k} \sum_{n=1}^{N} \gamma(z_{nk}) x_n, \quad N_k = \sum_{n=1}^{N} \gamma(z_{nk}) \tag{8-11}$$

同样,令式(8-3)中的对数似然函数对于均值 Σ_k 的导数为 0,可以解得

$$\Sigma_k = \frac{1}{N_k} \sum_{n=1}^{N} \gamma(z_{nk})(x-\mu_k)(x-\mu_k)^{\mathrm{T}} \tag{8-12}$$

需要注意的是,π_k 也是待求解的参数,但是对于 π_k 存在 $\sum_k \pi_k = 1$ 这一限制条件。因此,求解 π_k 需要使用拉格朗日乘数法,最大化下式

$$\sum_{n=1}^{N} \ln \sum_{k=1}^{K} \pi_k N(x\mid \mu_k, \Sigma_k) + \lambda\Big(\sum_{k=1}^{K} \pi_k - 1\Big) \tag{8-13}$$

令式(8-13)对 π_k 的导数为 0,得

$$\sum_{n=1}^{N} \frac{N(x_n\mid \mu_k, \Sigma_k)}{\sum_j \pi_j N(x_n\mid \mu_j, \Sigma_j)} + \lambda = 0 \tag{8-14}$$

将式(8-14)两边乘以 π_k,并对 k 求和,结合 $\sum_k \pi_k = 1$ 这一条件,可以解得

$$\pi_k = \frac{N_k}{N} = \frac{\sum_{n=1}^{N} \gamma(z_{nk})}{N} \tag{8-15}$$

式(8-11)、式(8-12)和式(8-15)分别给出了待解参数 μ_k、Σ_k 和 π_k 的表达式,然而这三个表达式都不是解析解,它们都包含 $\gamma(z_{nk})$,而 $\gamma(z_{nk})$ 依赖于待解参数。

通常使用期望最大化算法（Expectation-Maximum，EM）求解隐变量模型，使用迭代的方式来逼近这些参数的实际解。根据前面得到的结论，一个很自然的想法是假设 $\gamma(z_{nk})$ 为一独立的数，与待解参数 μ_k、Σ_k 和 π_k 无关；此时通过式（8-11）、式（8-12）和式（8-15），可以根据所有样本统计出 μ_k、Σ_k 和 π_k 的解，这一操作即为 EM 算法中的最大化步骤（Maximization Step）。但是，$\gamma(z_{nk})$ 并不与待解参数独立，它需要根据参数通过式（8-10）计算得到，这一操作即为 EM 算法中的期望步骤（Expectation Step）。

为了更加清晰地解释 EM 算法的具体过程，下面以一组二维数据点为例进行说明。图 8-4a 用绿色标记出了数据点，红色和蓝色轮廓线表示初始随机化的高斯混合模型的两个高斯分布分量；轮廓线的形状为椭圆，高斯分布的均值体现在椭圆的中心点上，协方差矩阵体现在椭圆的长短轴长度与角度上。

图 8-4b 给出了第一个期望步骤（E 步骤）的结果，其中数据点的颜色含义如下，蓝色所占的比重等于由蓝色高斯分量生成对应数据点的后验概率，红色所占的比重等于由红色高斯分量生成对应数据点的后验概率；属于两个分量的后验概率都比较大的数据点呈现出紫色。

图 8-4c 给出了第一个最大化步骤（M 步骤）的结果，其中蓝色高斯分布的均值和协方差被更新为蓝色标记数据点的质心和协方差，更新后的高斯分布由蓝色轮廓线表示出；红色高斯分布也一样被更新。迭代交替执行 E 步骤和 M 步骤，直至算法接近收敛。

图 8-4d、图 8-4e 和图 8-4f 分别给出了执行 2 次、5 次和 20 次完整的 EM 循环的结果。

图 8-4 彩图

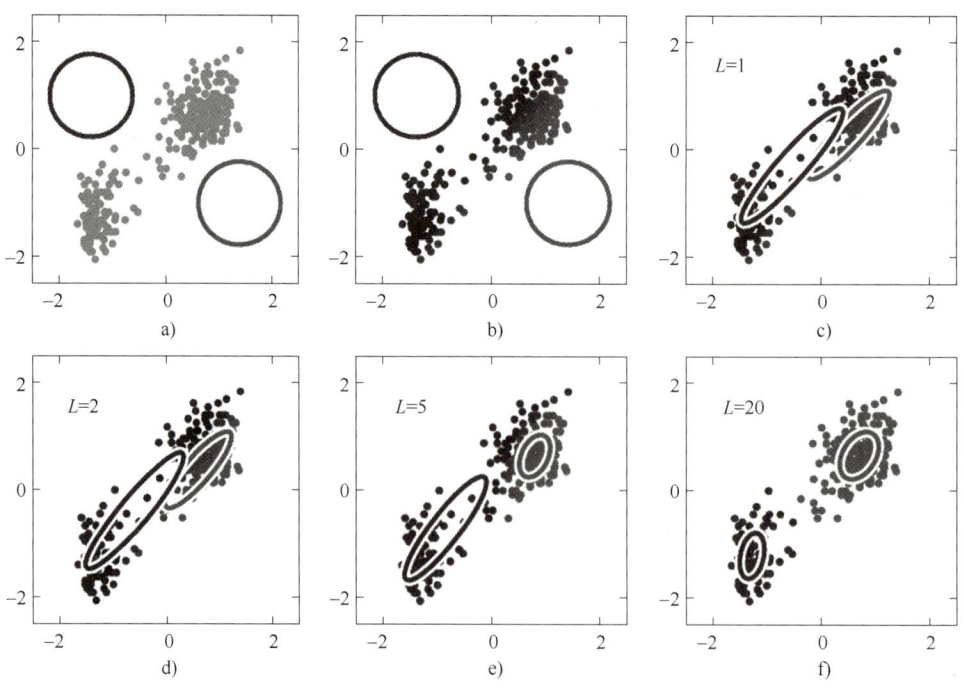

图 8-4 二维数据示例上的 EM 算法说明

通过 EM 算法，估计了高斯混合模型的参数，混合模型本身得以被确定。确定混合模型具体参数后，可以从中采样以生成新的数据点。具体而言，可以先根据离散隐变量 z 的分布，生成（采样）一个具体的隐变量示例 $\hat{z}$，然后进一步根据条件概率 $p(x|\hat{z})$ 生成（采样）一个新的数据点 $\hat{x}$。由于 z 的分布为一个简单的离散分布，$p(x|\hat{z})$ 为一个高斯分布，生成（采样）的过程会非常简单，这是引入隐变量的优势之一。

以手写数字图像生成为例，从 mnist 数据集中选取前 2000 张图像作为数据集，使用高斯混合模型来对数据集的分布进行建模，手写数字图像如图 8-5a 所示。由于手写数字图像的尺寸为 28×28，转为向量维度为 784，直接用高斯混合模型建模，参数求解会很慢，首先使用 3.1.1 小节中介绍的主成分分析进行降维，将图像向量从 784 维降至 56 维，降维后的图像如图 8-5b 所示，可以看出降维后的图像保留了原始图像的主要特征。

码 8-1【程序源码】
GMM 手写数字生成

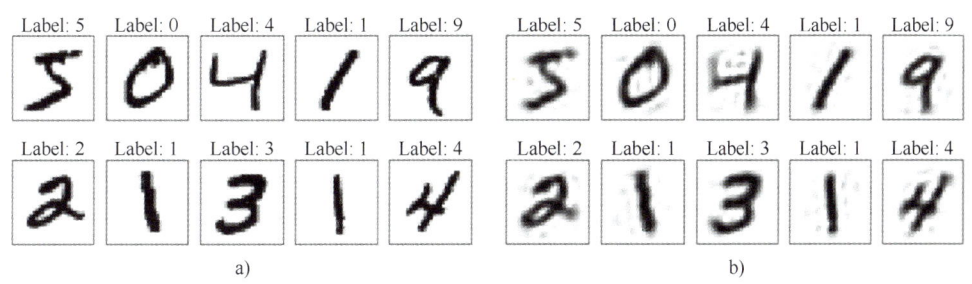

图 8-5 手写数字图像示例

建模复杂数据分布，高斯混合模型的能力与它的高斯分布模态数有着密切联系，模态数越大，模型表达能力越强。对于手写数字图像数据集，当模态数取为图像类别数为 10 时，单个高斯模态难于建模每个数字模态内部的多样性，采样生成的图像表现出明显的平均模糊性质，如图 8-6a 所示；当高斯模态数取为 100 时，高斯混合分布基本能够建模数据集，采样生成的图像能够表达具体的数字，如图 8-6b 所示。

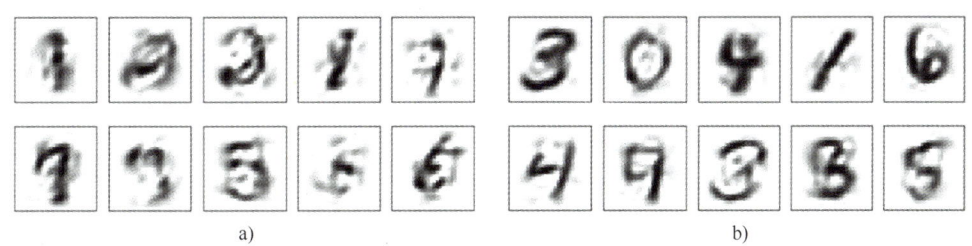

图 8-6 高斯混合模型生成的手写数字图像

2. 因子分析模型

连续型隐变量可以捕捉数据的复杂模式和连续潜在特征，更有利于建模每个类别内部的细微变化。下面介绍一种经典的连续型隐变量模型——因子分析模型。因子分析的主要目的是通过发现一组潜在的因子来解释数据中的相关性结构。因子分析假设观测变量是由少数几个潜在因子线性组合加上噪声组成的。通过提取这些潜在因子,可以简化数据的结构,揭示数据中的潜在关系。

因子分析模型是一个线性高斯隐变量模型,令 $\boldsymbol{x}$ 表示 n 维观测数据向量,隐变量 $\boldsymbol{z} \in \mathbb{R}^d$ 服从标准高斯分布 $p(\boldsymbol{z}) = N(\boldsymbol{z} \mid \boldsymbol{0}, \boldsymbol{I}_d)$,经典的因子分析模型表示为

码 8-2【程序源码】
FA 人脸图像生成

$$\boldsymbol{x} = \boldsymbol{W}\boldsymbol{z} + \boldsymbol{\varepsilon} \tag{8-16}$$

其中 $\boldsymbol{W} \in \mathbb{R}^{n \times d}$ 是 $\boldsymbol{z}$ 的线性变换矩阵,$\boldsymbol{\varepsilon}$ 是 n 维误差向量或称为观测噪声,假设 $\boldsymbol{\varepsilon} \sim N(\boldsymbol{\mu}, \boldsymbol{\Psi})$。$\boldsymbol{\mu} \in \mathbb{R}^n$,$\boldsymbol{\Psi} \in \mathbb{R}^{n \times n}$ 为一对角阵。给定 $\boldsymbol{z}$,观测变量 $\boldsymbol{x} \in \mathbb{R}^n$ 的条件概率分布同样为高斯分布,即

$$p(\boldsymbol{x} \mid \boldsymbol{z}) = N(\boldsymbol{x} \mid \boldsymbol{W}\boldsymbol{z} + \boldsymbol{\mu}, \boldsymbol{\Psi}) \tag{8-17}$$

$\boldsymbol{x}$ 的边缘概率分布为

$$p(\boldsymbol{x}) = \int p(\boldsymbol{x} \mid \boldsymbol{z}) p(\boldsymbol{z}) \mathrm{d}\boldsymbol{z} = N(\boldsymbol{x} \mid \boldsymbol{\mu}, \boldsymbol{C}), \boldsymbol{C} = \boldsymbol{W}\boldsymbol{W}^{\mathrm{T}} + \boldsymbol{\Psi} \tag{8-18}$$

类似于高斯混合模型,参数 $\boldsymbol{\mu}$ 和 $\boldsymbol{\Psi}$ 的求解可以通过 EM 算法实现。这里不再对过程进行详细推导,直接给出结论,EM 算法的 E 步骤方程为

$$\mathbb{E}[\boldsymbol{z}_n] = \boldsymbol{G}\boldsymbol{W}^{\mathrm{T}}\boldsymbol{\Psi}^{-1}(\boldsymbol{x}_n - \bar{\boldsymbol{x}}) \tag{8-19}$$

$$\mathbb{E}[\boldsymbol{z}_n \boldsymbol{z}_n^{\mathrm{T}}] = \boldsymbol{G} + \mathbb{E}[\boldsymbol{z}_n]\mathbb{E}[\boldsymbol{z}_n]^{\mathrm{T}} \tag{8-20}$$

$$\boldsymbol{G} = (\boldsymbol{I} + \boldsymbol{W}^{\mathrm{T}}\boldsymbol{\Psi}^{-1}\boldsymbol{W})^{-1} \tag{8-21}$$

式中,$\boldsymbol{x}_n$ 为第 n 个样本;$\boldsymbol{z}_n$ 为对应于 $\boldsymbol{x}_n$ 的隐变量;$\bar{\boldsymbol{x}}$ 为样本数据的均值。

EM 算法的 M 步骤方程为

$$\boldsymbol{W} = \left[\sum_{n=1}^{N}(\boldsymbol{x}_n - \bar{\boldsymbol{x}})\mathbb{E}[\boldsymbol{z}_n]^{\mathrm{T}}\right]\left[\sum_{n=1}^{N}\mathbb{E}[\boldsymbol{z}_n \boldsymbol{z}_n^{\mathrm{T}}]\right]^{-1} \tag{8-22}$$

$$\boldsymbol{\Psi} = \mathrm{diag}\left\{\boldsymbol{S} - \boldsymbol{W}\frac{1}{N}\sum_{n=1}^{N}\mathbb{E}[\boldsymbol{z}_n](\boldsymbol{x}_n - \bar{\boldsymbol{x}})^{\mathrm{T}}\right\} \tag{8-23}$$

式中 $\boldsymbol{S}$ 是数据的协方差矩阵,定义为

$$\boldsymbol{S} = \frac{1}{N}\sum_{n=1}^{N}(\boldsymbol{x}_n - \bar{\boldsymbol{x}})(\boldsymbol{x}_n - \bar{\boldsymbol{x}})^{\mathrm{T}} \tag{8-24}$$

应用因子分析模型建模人脸彩色图像数据集。参照 3.1 节中的图像预处理方法,将图像从 RGB 域转换到 HSV 域,只考虑对亮度 V 通道进行因子分析建模。需要注意的是,为了能够正确的建模人脸表观图像,需要将人脸图像通过几何变换对齐标准姿态下,这样采样生成的 V 通道表观图像可以同 H 和 S 通道的平均值对应。因子分析模型生成的标准姿态下人脸如图 8-7 所示,与主成分分析部分的结果基本一致。

 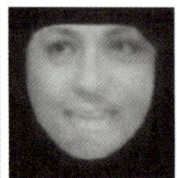   

图 8-7 因子分析模型生成的标准姿态下人脸

8.2.2 基于 EM 的交替反向传播算法

在高斯混合模型和因子分析为代表的隐变量模型的参数求解过程中，我们引入了 EM 算法。本节将在概率框架下以人脸图像生成为例，介绍 EM 算法在深度神经网络上的具体应用——交替反向传播算法。

1. 非线性因子分析模型

8.2.1 小节介绍的线性因子分析模型难以建模现实生活中的复杂分布图像数据。深度生成神经网络可作为因子分析的非线性扩展，更灵活高效地建模观测 X 和隐变量 Z 之间的非线性关系，$X=g(Z;\theta)+\varepsilon$，其中 X 表示观测图像，隐变量记作 Z。联合概率分布 $p(X,Z|\theta)$ 由一组参数 θ 控制。模型的最大化似然目标函数为

$$p(X|\theta) = \int_Z p(X,Z|\theta)\mathrm{d}Z \tag{8-25}$$

式中，假定 Z 是连续型变量。对于 Z 是离散型变量的情况，边缘分布为联合分布对隐变量的求和，即积分符号换成求和符号即可。模型参数优化过程，需要计算对数似然函数对参数 θ 的梯度，即

$$\begin{aligned}\frac{\partial}{\partial \theta}\log p(X|\theta) &= \frac{1}{p(X|\theta)}\frac{\partial}{\partial \theta}\int p(X,Z|\theta)\mathrm{d}Z \\ &= \frac{1}{p(X|\theta)}\int \left[\frac{\partial}{\partial \theta}\log p(X,Z|\theta)\right]p(X,Z|\theta)\mathrm{d}Z \\ &= \int \left[\frac{\partial}{\partial \theta}\log p(X,Z|\theta)\right]\frac{p(X,Z|\theta)}{p(X|\theta)}\mathrm{d}Z \\ &= \mathbb{E}_{p(Z|X;\theta)}\left[\frac{\partial}{\partial \theta}\log p(X,Z|\theta)\right]\end{aligned} \tag{8-26}$$

式（8-26）可以理解成 EM 算法的一种隐式表达。在 E 步骤，固定参数 θ 的同时，计算期望 $\mathbb{E}_{p(Z|X;\theta)}$，即从后验分布 $p(Z|X;\theta)$ 中采样隐变量 Z；在 M 步骤，算法使用 E 步骤中采样得到的 Z 更新网络参数 θ，使式（8-26）中的期望最大化。

2. 使用交替反向传播算法实现人脸图像生成

前文已经介绍了一般形式下 EM 算法的基本步骤，即：

1）E 步骤：固定网络参数 θ，计算期望 $\mathbb{E}_{p(Z|X;\theta)}$，用于从分布 $p(Z|X,\theta)$ 中采样隐变量 Z。

2）M 步骤：使用 E 步骤中采样得到的 Z 更新网络参数 θ，使式（8-26）中的期望最大化。

考虑一个具体的人脸图像生成任务，利用卷积神经网络建模人脸图像 X 和隐变量 Z 之间的非线性关系 $X=g(Z;\theta)+\varepsilon$，同时使用反向传播算法更新神经网络的参数。由于 E 步骤和 M 步骤优化过程中的参数相互依赖，所以需要交替反向传播迭代计算。

E 步骤中需要从难以直接计算的后验分布 $p(Z|X;\theta)$ 中采样隐变量 $Z \sim p(Z|X,\theta)$，可利用朗之万动力学（Langevin Dynmics）来实现。朗之万动力学是一种马尔可夫链蒙特卡罗（Markov Chain Monte Carlo，MCMC）采样方法。期望 E 步骤中，从后验分布 $p(Z|X,\theta)$ 中采样隐变量 Z，其朗之万动力学可表达为

$$Z_{\tau+1} = Z_\tau + \frac{\delta^2}{2}\frac{\partial}{\partial Z}\log p(Z_\tau|X,\theta) + \delta U_\tau \tag{8-27}$$

式中，τ 表示时间步；δ 表示步长；$U_\tau \sim N(0, \boldsymbol{I})$ 表示噪声项。

根据条件概率的定义可以知道，式（8-27）中 $\log p(Z_\tau | X, \theta) = \log p(Z_\tau, X | \theta) - \log p(X)$，其中的第二项 $\log p(X)$ 与 Z 无关，于是式（8-27）可以进一步写为

$$Z_{\tau+1} = Z_\tau + \frac{\delta^2}{2} \frac{\partial}{\partial Z} \log p(Z_\tau, X | \theta) + \delta U_\tau \tag{8-28}$$

自顶向下的生成模型 $X = g(Z; \theta) + \varepsilon$，假设生成网络 $g(Z; \theta)$ 无法准确表达样本 X 的残差为 $\varepsilon \sim N(0, \sigma^2)$，则条件概率分布 $p(X | Z)$ 为高斯分布 $N(X | g_\theta(Z), \sigma^2)$，$Z$ 的先验分布通常假设为标准高斯分布。于是 $\log p(Z_\tau, X | \theta)$ 可以被表示为

$$\begin{aligned}\log p(Z_\tau, X | \theta) &= \log p(X | Z_\tau, \theta) + \log p(Z_\tau) \\ &= -\frac{1}{2\sigma^2} \|X - g_\theta(Z_\tau)\|^2 - \frac{1}{2} \|Z_\tau\|^2 + \text{const}\end{aligned} \tag{8-29}$$

在期望 E 步骤中参数 θ 固定，$\log p(Z_\tau, X | \theta)$ 容易计算。式（8-28）包含漂移项与扩散项，其中漂移项本质上为梯度上升，其中微分计算可以由现有深度学习框架（例如 PyTorch）中的自动微分来从数值上实现。最大化 M 步骤，Z 被固定，通过最大化 $\log p(Z, X | \theta)$ 来更新参数 θ，该步骤等价于监督学习任务，可通过最小均方误差的方式利用反向传播算法求解。人脸图像重建与生成任务中，原样本图像如图 8-8a 所示，记为 x；通过式（8-28）进行 30 步采样，推断出相应的隐变量 $\hat{z}$ 并使用卷积网络将其转换为图像 $\hat{x} = g_\theta(\hat{z})$，得到的重构图像如图 8-8b 所示。再从隐变量的先验分布（即标准高斯分布）中采样得到隐变量 $\tilde{z}$，同样使用卷积网络将其转换为图像 $\tilde{x} = g_\theta(\tilde{z})$，如图 8-8c 所示。

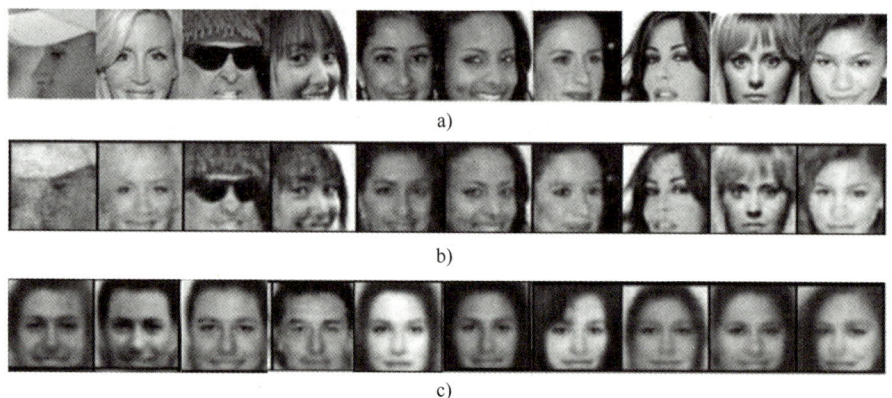

图 8-8　基于交替反向传播算法的人脸图像重构和生成

8.3　多视图与多模态图像生成模型

8.3.1　多视图与多模态图像生成概述

多视图与多模态图像生成扩展了传统生成任务，是当前人工智能研究的热点方向之一。多视角图像生成旨在利用现有的 2D 图像信息，不同视图间包含的互补信息，生成该对象或场

景在不同视角下的图像。例如利用不同视角的多张图像共同描述同一个对象（见图8-9b），多张图像之间存在关联与信息互补。这种技术可以通过推断或学习对象的三维结构，从而生成逼真的多视角图像。例如，利用已有的2D图像通过转换技术生成不同视角的图像，利用神经网络从多个视角的图像生成高质量的三维场景等。

多模态图像生成旨在从多种数据模式或输入模式生成新的数据，可以将文本、图像、音频等不同模态的数据进行综合利用，生成新的数据或内容。例如，利用文本与图像共同描述一个共同的对象（见图8-9a），文本与图像存在紧密关联，可以从文本描述生成图像（如DALL-E）。从文本或图像生成视频（如Sora），多模态生成模型还可以从文本生成语音（如TTS技术），或通过文字描述和轮廓图，生成与描述相符的彩色图像等。

a)
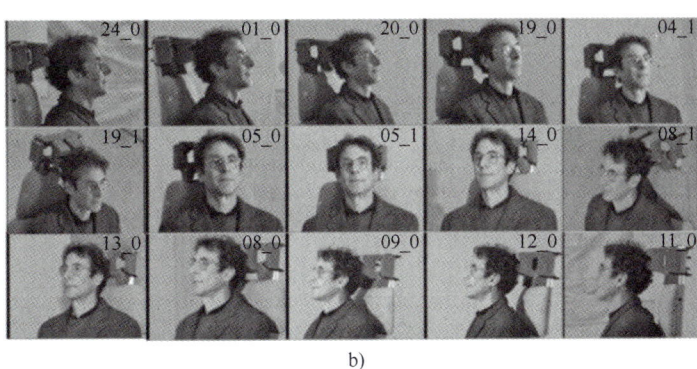
b)

图8-9 多模态和多视角图像数据示例

多模态生成强调的是不同类型的数据输入和输出，更关注内容的创意和表达；而多视图生成则侧重于同一对象或场景从不同角度的生成，更多地应用于真实世界的建模和再现。

将8.2节介绍的隐变量模型应用于多视角与多模态生成任务，其中一种很自然的建模思路是共享隐变量模型，即利用一个公共的隐变量表征同一对象在不同模态下的内蕴信息，例如身份信息为同一个人在不同视角下的共同本质信息。文本和图像对之间也存在共同的属性信息。不同视角或模态的样本数据可以由公共隐变量通过不同的非线性函数（例如反卷积神经网络）映射获得。下面将结合这一建模思路，分别具体介绍多视图图像生成和多模态图像生成。

8.3.2 多视图图像生成

考虑包含m个视角的多视图图像数据集$X = \{X^{(1)}, X^{(2)}, \cdots, X^{(m)}\}$，为了建模不同视图下图像之间的共性，多视图生成模型设置统一的共享隐变量并表示为

$$\begin{cases} X^{(1)} = G_1(Z; \theta_1) + \varepsilon_1 \\ X^{(2)} = G_2(Z; \theta_2) + \varepsilon_2 \\ \quad\vdots \\ X^{(m)} = G_m(Z; \theta_m) + \varepsilon_m \\ Z \sim N(0, \boldsymbol{I}_d), \varepsilon_v \sim N(0, \sigma^2 \boldsymbol{I}_D) \end{cases} \tag{8-30}$$

基于贝叶斯定理与概率图模型，X 和隐变量 Z 的联合概率分布的对数似然函数为

$$\log p(X, Z \mid \theta) = \log\left[p(Z) \prod_{v=1}^{m} p(X^{(v)} \mid Z, \theta_v)\right]$$

$$= -\sum_{v=1}^{m} \frac{1}{2\sigma^2} \|X^{(v)} - G_v(Z; \theta_v)\|^2 - \frac{1}{2}\|Z\|^2 + \text{const} \quad (8\text{-}31)$$

通过最大似然法学习模型参数 $\theta = \{\theta_1, \theta_2, \cdots, \theta_m\}$，类似式（8-26）的推导过程，对数似然函数的梯度可以表示为

$$\frac{\partial}{\partial \theta_v} \log p(X \mid \theta) = \mathbb{E}_{p(Z \mid X, \theta)}\left[\frac{\partial}{\partial \theta_v} \log p(X^{(v)} \mid Z, \theta_v)\right] \quad (8\text{-}32)$$

利用 8.2 中介绍的交替反向传播算法，交替学习式（8-32）中的多视图生成模型参数与隐变量。在训练过程中，对于单个样本 X_i，首先通过朗之万动力学，参考式（8-28），从后验概率分布 $p(Z \mid X, \theta) \propto p(Z, X \mid \theta) = p(Z) \prod_{v=1}^{m} p(X^{(v)} \mid Z, \theta_v)$ 中采样得到相应的隐变量 Z_i；然后固定 Z_i，并使用梯度上升算法来更新式（8-32）中的参数。这两个交替学习的步骤对应 EM 算法中的 E 步骤和 M 步骤，并且每步中的梯度计算都由反向传播算法来实现，共享隐变量生成模型的结构与训练过程如图 8-10 所示。

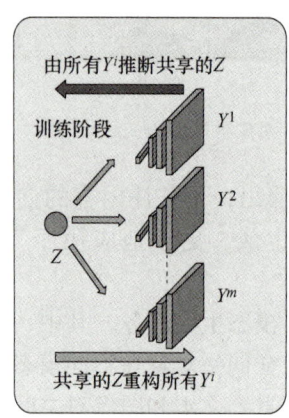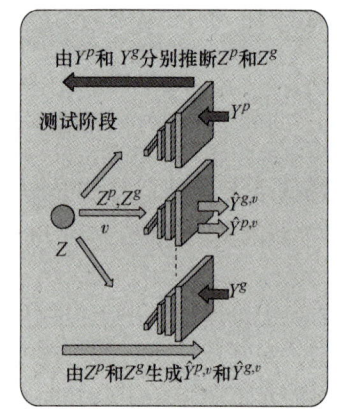

图 8-10　多视图图像生成模型的结构和生成、推断过程

以 Multi-PIE 多视图数据集为例，在 $\{-60°, -30°, 0°, 30°, 60°\}$ 五个角度下随机选取图像构建训练集。共享隐变量模型训练完成后，可以根据某一视角下的输入图像，推断并生成其他视角下的图像，如图 8-11 所示。通过 0° 视角下的图像（见图 8-11a），首先推断出对象的共享隐变量 z^{infer}；接下来使用其余四个视角下的生成子网络 $G_v, v \in \{-60°, -30°, 30°, 60°\}$ 将 z^{infer} 投影到不同视角的图像域中，生成不同视角下的图像，如图 8-11b~e 所示（左侧图像为生成图像，右边图像为真实图像）。

8.3.3　多模态生成模型

接下来以文本-图像对数据集为例，讨论多模态生成模型。在 8.3.2 小节的多视角图像生成任务中，由于每个视角下图像具有相同数据模式，不同的生成子网络可以相同结构卷积网络构建。然而对于多模态图像生成任务，同一对象以异质数据模式表达，例如文本和图

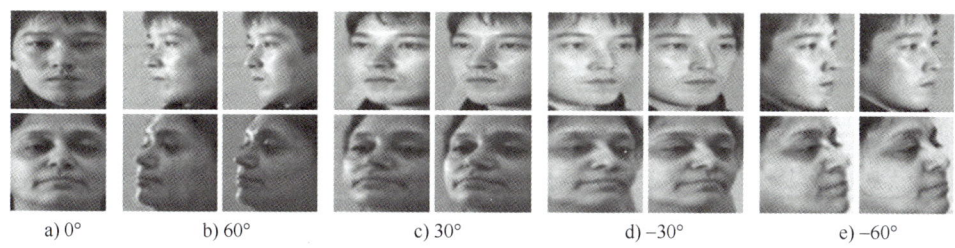

　　　a) 0°　　　　b) 60°　　　　c) 30°　　　　d) −30°　　　　e) −60°

图 8-11　多视角图像生成示例

像。对于图像模式，可构建卷积神经网络描述其空间结构；对于文本模式，可构建循环神经网络或者 Transformer 模型描述时间序列数据。

考虑多模态数据集 $D=\{(x_1,y_1),\cdots,(x_n,y_n)\}$，其中 x 表示为图像，y 表示对应的文本描述。多模态共享隐变量生成模型表示为

$$\begin{cases} X = G_i(Z;\theta_1) + \varepsilon \\ Y = G_t(Z;\theta_2) \\ Z \sim N(0,I_d), \varepsilon \sim N(0,\sigma^2 I_D) \end{cases} \tag{8-33}$$

式中，$G_i(Z;\theta_1)$ 表示图像生成网络；$G_t(Z;\theta_2)$ 表示文本生成网络；ε 表示高斯噪声，Z 为共享隐变量。

类似式（8-29），图像文本对 (X,Y) 和隐变量 Z 联合概率分布的对数似然为

$$\log p(X,Y,Z|\theta) = \log[p(Z)p(X|Z;\theta_1)p(Y|Z;\theta_2)]$$

$$= -\frac{1}{2\sigma^2} \|X - G_i(Z;\theta_1)\|^2 - \log \prod_{t=1}^{T} p(Y^{(t)} | Y^{(1)},\cdots,Y^{(t-1)},Z;\theta_2) -$$

$$\frac{1}{2}\|Z\|^2 + \text{const}$$

$$= -\frac{1}{2\sigma^2} \|X - G_i(Z;\theta_1)\|^2 - \sum_{t=1}^{T} \|Y^{(t)} - G_t(Y^{(1)},\cdots,Y^{(t-1)},Z;\theta_2)\|^2 -$$

$$\frac{1}{2}\|Z\|^2 + \text{const} \tag{8-34}$$

式中，$Y^{(t)}$ 表示文本 Y 中的第 t 个字元（Token）。需要注意的是，文本生成模型通常是自回归模型，所以式（8-34）中的概率表达形式与图像生成模型不同。

通过最大似然法学习模型参数 $\theta=\{\theta_1,\theta_2\}$，对数似然函数 $\log p(X,Y|\theta)$ 的梯度可以表示为

$$\frac{\partial}{\partial \theta} \log p(X,Y|\theta) = \mathbb{E}_{p(Z|X,Y;\theta)}\left[\frac{\partial}{\partial \theta_1}\log p(X|Z;\theta_1) + \frac{\partial}{\partial \theta_2}\log p(Y|Z;\theta_2)\right] \tag{8-35}$$

利用交替反向传播算法推断式（8-35）中的隐变量并学习模型参数。训练过程中，对于单个样本 (X_i,Y_i)，首先利用朗之万动力学从后验概率分布 $p(Z|X,Y;\theta) \propto p(Z,X,Y|\theta) = p(Z)p(X|Z;\theta_1)p(Y|Z;\theta_2)$ 中采样隐变量 Z_i，参考式（8-28）；然后固定 Z_i，并使用梯度上升算法计算式（8-35）中的梯度以更新参数。每步中的梯度计算都由反向传播算法来实现。

以多模态 CelebA-HQ 数据集为例，从中选取 20000 张图像和文本描述对构建训练集。多模态模型训练完成后，可以实现根据文本生成图像、根据图像生成文本描述和从公共隐变量同时生成文本和图像对的任务。多模态生成示例如图 8-12 所示。

图 8-12　根据文本生成对应的图像

8.4　基于变分自编码器的图像生成

变分自编码器是一种深度生成模型，它在传统自编码器的基础上，引入了概率模型的概念，使其在生成和重建数据方面表现出色。变分自编码器的网络结构与自编码器类似，由两个主要部分组成，推断网络（编码器）和生成网络（解码器），如图 8-13 所示。编码器将输入数据映射到一个潜在空间（Latent Space），输出隐变量的分布参数（通常是高斯分布的均值和方差）。解码器从隐变量的分布中采样，并将这些样本映射回原始数据空间，以重建输入数据。变分自编码器与自编码的区别在于变分自编码器属于生成模型，可建模样本分布，而自编码器仅对确定的样本点编解码。

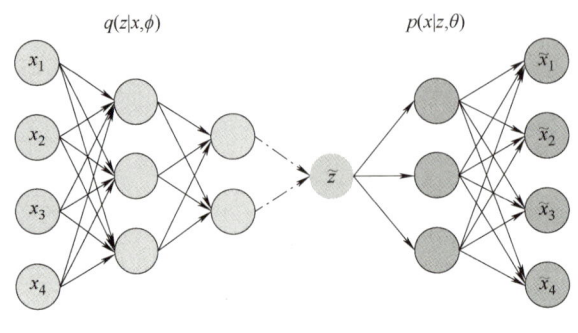

图 8-13　变分自编码器的网络结构

8.4.1 变分推断

8.2.2 小节介绍的交替方向传播算法在求解隐变量模型时，通过 MCMC 算法从难以直接求解的后验分布 $p(Z|X)$ 中采样隐变量（如式（8-26）所示）。MCMC 算法可以求得精确解，但是采样时间较长。当后验分布 $p(Z|X)$ 难以计算时，变分法通过寻求容易计算的分布 $q(Z|X)$ 近似真实后验 $p(Z|X)$，并要求 $q(Z|X)$ 与 $p(Z|X)$ 尽可能接近。虽然变分法只能获得近似解，但其运算速度快，不像 MCMC 方法那样在马尔可夫链上多步采样，仅需一步快速推断。

图像数据集 X 的对数似然概率函数可以表示为

$$\begin{aligned}
\ln p(X;\theta) &= \int_Z q(Z) \ln p(X;\theta) \mathrm{d}z \\
&= \int_Z q(Z) \ln \left[\frac{p(X,Z;\theta)}{q(Z)} \frac{q(Z)}{p(Z|X;\theta)} \right] \mathrm{d}z \\
&= \underbrace{\int_Z q(Z) \ln \frac{p(X,Z;\theta)}{q(Z)} \mathrm{d}z}_{L(q,\theta)} + \underbrace{\int_Z q(Z) \ln \frac{q(Z)}{p(Z|X;\theta)} \mathrm{d}z}_{KL(q(Z) \| p(Z|X;\theta))}
\end{aligned} \quad (8\text{-}36)$$

式中，Z 为隐变量；θ 表示模型参数。式（8-36）对任意概率分布 $q(Z)$ 均成立。

变分法将后验分布推断问题转换为一个泛函极值优化问题，即

$$q^*(Z) = \arg\min KL(q(Z) \| p(Z|X)) \quad (8\text{-}37)$$

结合式（8-36），式（8-37）可进一步写为

$$\begin{aligned}
q^*(Z) &= \underset{q(Z) \in Q}{\arg\min} (\ln p(X;\theta) - L(q,\theta)) \\
&= \underset{q(Z) \in Q}{\arg\max} L(q,\theta)
\end{aligned} \quad (8\text{-}38)$$

$L(q,\theta)$ 通常称为证据下界（Evidence Lower BOund, ELBO）。式（8-38）表明，需要推断的分布 $q^*(Z)$ 是使得 ELBO 最大的 q 分布，变分推断假设分布族 Q 为容易计算的简单分布，通常假设 Q 为平均场分布族。在物理学中，平均场理论是一种简化复杂多体系统的理论方法，通过引入平均场近似，将系统中每个个体受到的作用力近似为一个平均值，从而大大简化了问题的求解。例如磁性材料中的自旋系统，其基本思想是将系统中的复杂相互作用简化为一个平均场，使得每个个体（如自旋）只受到这个平均场的作用，而不考虑个体之间的具体相互作用。同样，在变分推断中，平均场方法同样通过引入独立性假设，将复杂的高维后验分布近似为一组独立的边缘分布，从而简化计算，即假设隐变量 Z 的联合分布可以分解为一组独立分布的乘积为

$$q(Z) = \prod_{m=1}^M q_m(Z_m) \quad (8\text{-}39)$$

式中，Z_m 是隐变量的子集；q_m 表示该子集的分布。这大大简化了优化问题，使得每个边际分布的优化可以独立进行。结合式（8-39），证据下界 ELBO 可被写为

$$\begin{aligned}
\mathrm{ELBO}(q) &= \int_Z q(Z) \ln \frac{p(X,Z)}{q(Z)} \mathrm{d}Z \\
&= \int_Z q(Z)(\ln p(X,Z) - \ln q(Z)) \mathrm{d}Z
\end{aligned}$$

$$= \int_Z \prod_{m=1}^M q_m(Z_m) \left[\ln p(X,Z) - \sum_{m=1}^M \ln q_m(Z_m) \right] dZ \qquad (8\text{-}40)$$

式（8-40）中隐去了参数 θ，因为 θ 对此过程不产生影响。单独考虑某一组变量 Z_j，并假设 Z_j 以外的其他组变量（记为 $Z_{\setminus j}$）固定不变，那么有

$$\text{ELBO}(q_j) = \int_{Z_j} q_j(Z_j) \underbrace{\left[\int_{Z_{\setminus j}} \prod_{m \neq j} q_m(Z_m) \ln p(X,Z) dZ_m \right]}_{\ln \tilde{p}(X,Z_j) dZ_j} dZ_j -$$

$$\int_{Z_j} q_j(Z_j) \ln q_j(Z_j) dZ_j + \text{const} \qquad (8\text{-}41)$$

观察式（8-41），前两项可以视作 $q_j(Z_j)$ 与 $\tilde{p}(X,Z_j)$ 之间的 KL 散度取反，因此式（8-41）可以进一步化简为

$$\text{ELBO}(q_j) = -KL[q_j(Z_j) \| \tilde{p}(X,Z_j)] + \text{const} \qquad (8\text{-}42)$$

那么最大化 $\text{ELBO}(q_j)$ 就等价于最小化 $KL[q_j(Z_j) \| \tilde{p}(X,Z_j)]$，因此最优的 $q_j(Z_j)$ 为

$$q^*(Z_j) = \tilde{p}(X,Z_j) = \exp\left(\int_{Z_{\setminus j}} \prod_{m \neq j} q_m(Z_m) \ln p(X,Z) dZ_m \right) \propto$$

$$\exp\{\mathbb{E}_{q(Z_{\setminus j})}[\ln p(X,Z)]\} \qquad (8\text{-}43)$$

在优化 $q^*(Z_j)$ 时，通过选择合适的 $q_m(Z_m)$ 可以使得式（8-43）中的期望具有闭型解。利用坐标上升法迭代地优化每一个 $q^*(Z_j), j = 1, \cdots, M$，可以使得变分下界 $\text{ELBO}(q)$ 收敛到一个局部最优解。

8.4.2 基于 VAE 的图像生成与重建技术

在基于平均场的变分推断中，分布 $q(Z)$ 通常假设为容易计算的简单分布，用于近似替代后验分布 $p(Z|X)$。但是当数据的分布比较复杂时（例如高维图像数据），简单的 $q(Z)$ 无法很好地近似后验分布 $p(Z|X)$。因此变分自编码器使用具有强大非线性能力的神经网络建模 $q(Z|X)$ 来近似 $p(Z|X)$。

推断网络的任务是建模 $q(Z|X,\phi)$，如图 8-13 所示的推断网络，其中 ϕ 表示推断网络的参数。这里的 $q(Z|X,\phi)$ 等同于变分推断中的 $q(Z)$，其目标是近似后验分布 $p(Z|X)$，$p(Z|X)$ 以 X 为条件，所以 $q(Z)$ 被写为 $q(Z|X,\phi)$。具体而言，$q(Z|X,\phi)$ 被假设为协方差矩阵为对角阵的高斯分布，即

$$q(Z|X,\phi) = N(Z|\mu_e, \sigma_e^2 I) \qquad (8\text{-}44)$$

式中，高斯分布的参数由推断网络来预测，即 $\mu_e, \sigma_e^2 = \text{encoder}_\phi(X)$。如式（8-38）所示，推断网络的目标等价于最大化 $L(q,\theta)$，或者说等价于最大化证据下界 ELBO。

生成网络的任务是建模条件概率分布 $p(X|Z,\theta)$，如图 8-13 所示的生成网络。考虑整个 VAE 模型的参数求解，推断网络的目标相当于 EM 算法中的 E 步骤，那么相应的生成网络目标相当于 EM 算法中的 M 步骤。生成网络通常假设隐变量 Z 的先验分布为标准高斯分布，通过先验分布和条件分布。条件概率分布 $p(X|Z,\theta)$ 同样被假设为高斯分布，即

$$p(X|Z,\theta) = N(X|\mu_d, \sigma_d^2 \boldsymbol{I}) \tag{8-45}$$

式中，高斯分布的参数由生成网络来预测，μ_d，$\sigma_d^2 = \text{decoder}_\theta(Z)$。

推断网络和生成网络的目标同为最大化 $L(q,\theta)$，因此可以考虑将两个神经网络联合训练，不再按照一般的 EM 算法进行迭代训练。然而，将两个网络进行联合训练会面临一个问题，即 M 步骤中需要从 E 步骤中推断的分布 $q(Z)$ 中进行采样，而采样的过程是不可微操作，在使用随机梯度下降算法更新神经网络参数时，梯度不会传播到推断网络中。为了解决这一问题，再参数化

码 8-3【程序源码】
VAE 人脸图像生成

（Reparameterization）方法被应用于 VAE 中的采样环节。再参数化方法通过引入一个服从标准高斯分布的随机变量 ε 来承担采样过程的随机性，从而 z 与推断网络的输出参数 ϕ 满足确定性关系为

$$z = \mu_e + \sigma_e \odot \varepsilon, \varepsilon \sim N(0, \boldsymbol{I}) \tag{8-46}$$

显然由式（8-46）计算得到的 z 仍然服从式（8-45）中的分布。再参数化方法使得梯度能够传播到推断网络，推断网络和生成网络得以联合训练。联合训练推断网络和生成网络的目标都为最大化 $L(q,\theta)$，目标函数可写为

$$\begin{aligned} \max_{\theta,\phi} L(q;\theta,\phi) &= \max_{\theta,\phi} \int_Z q(Z) \ln \frac{p(X,Z;\theta)}{q(Z;\phi)} \mathrm{d}Z \\ &= \max_{\theta,\phi} \int_Z q(Z) \ln \frac{p(X|Z;\theta)p(Z)}{q(Z;\phi)} \mathrm{d}Z \\ &= \max_{\theta,\phi} \int_Z q(Z) \ln p(X|Z;\theta) \mathrm{d}Z - KL(q(Z;\phi) \| p(Z)) \end{aligned} \tag{8-47}$$

假设条件概率分布 $\ln p(X|Z;\theta)$ 为高斯分布，那么有

$$\ln p(X|Z;\theta) \propto -\frac{1}{2} \|X - \mu_d\|^2 \tag{8-48}$$

可见式（8-48）中最大化第一项相当于最小化网络输出与真实样本之间的最小均方误差，且均方误差容易计算。对于两个 D 维空间中的正态分布 $N(\mu_2, \boldsymbol{\Sigma}_2)$ 和 $N(\mu_1, \boldsymbol{\Sigma}_1)$，它们之间的 KL 散度可以直接被计算出，即

$$KL(N(\mu_1,\boldsymbol{\Sigma}_1), N(\mu_2,\boldsymbol{\Sigma}_2)) = \frac{1}{2}\left[\text{tr}(\boldsymbol{\Sigma}_2^{-1}\boldsymbol{\Sigma}_1) + (\mu_2-\mu_1)^{\mathrm{T}}\boldsymbol{\Sigma}_2^{-1}(\mu_2-\mu_1) - D + \ln\frac{|\boldsymbol{\Sigma}_2|}{|\boldsymbol{\Sigma}_1|}\right] \tag{8-49}$$

将 $q(Z|X,\phi) \sim N(Z|\mu_e, \sigma_e^2 \boldsymbol{I})$ 和 $p(Z) \sim N(0,\boldsymbol{I})$ 代入式（8-50）中，可以得到

$$KL(q(Z|X,\phi) \| p(Z)) = \frac{1}{2}[\text{tr}(\sigma_e^2\boldsymbol{I}) + \mu_e^{\mathrm{T}}\mu_e - d - \ln(|\sigma_e^2\boldsymbol{I}|)] \tag{8-50}$$

结合式（8-48）和式（8-50），目标函数［式（8-47）］可被显示计算，整个 VAE 的训练过程以及推断（生成）过程如图 8-14 所示。

交替反向传播算法通过朗之万动态推断隐变量，VAE 则直接引入编码网络推断后验分布 $p(Z|X)$。VAE 同样具备重构与生成功能。以 CelebA 数据集为例，VAE 的重构与生成结果如图 8-15 所示，其中图 8-15a 为重构结果，奇数列为原始人脸图像，偶数列为重构人脸图像；图 8-15b 为生成的人脸图像。

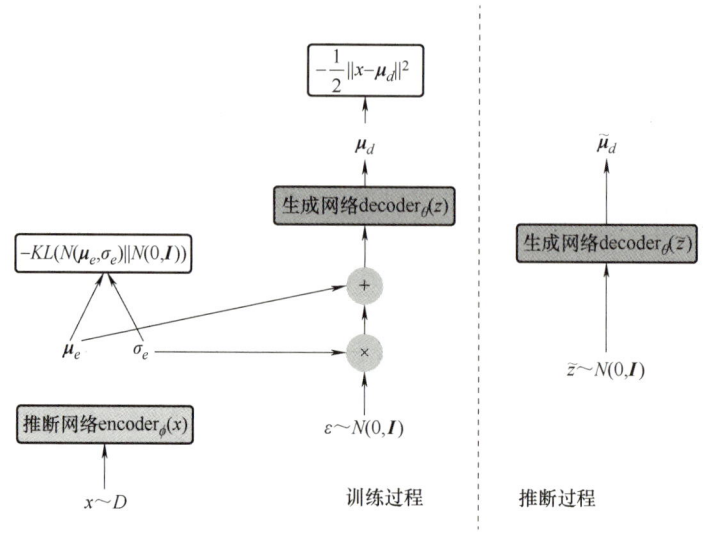

图 8-14 变分自编码器的训练以及推断过程

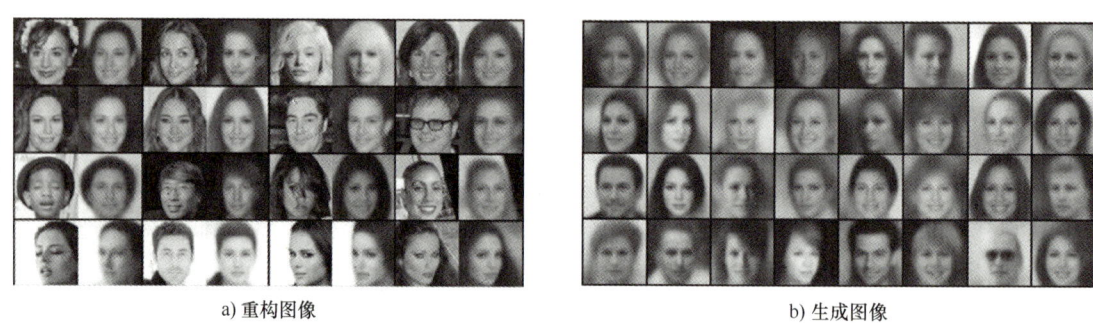

a) 重构图像　　　　　　　　　　　　　　b) 生成图像

图 8-15 变分自编码器在 CelebA 数据集上的重构与生成结果

8.5 基于生成对抗网络的图像生成

生成对抗网络（Generative Adversarial Network，GAN）作为一种深度生成模型，通过两个神经网络——生成器（Generator）和判别器（Discriminator）的对抗性训练，实现数据生成的目的。生成器接受一个随机隐变量 Z 作为输入，并学习隐变量 Z 到图像数据 X 的非线性映射 G，试图生成尽可能服从真实图像分布的数据。判别器的任务是区分真实数据和生成器生成的假数据。它接受一个数据样本作为输入，并输出一个概率值，表示输入数据是来自真实数据分布的概率。GAN 模型如图 8-16 所示。

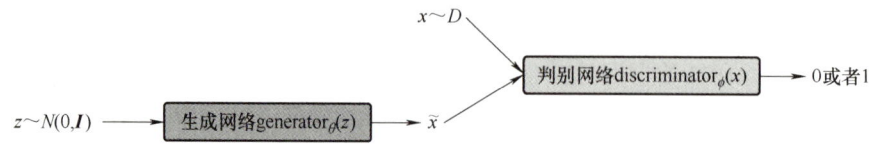

图 8-16 生成对抗网络的结构

8.5.1 概率框架下的生成对抗模型

本小节从判别器视角出发,构建概率框架下的生成对抗模型。判别器 $D(x;\phi)$ 可以看作二分类的分类器,其目标是区分真实数据与生成数据。记标签 $y=1$ 表示样本 x 来自真实数据,$y=0$ 表示样本 x 来自生成网络 $G(z;\theta)$。判别式模型输出的二值随机变量可通过伯努利分布建模。在最大似然框架下,判别式模型的目标函数为最小化交叉熵,即

$$\min_{\phi} -\{\mathbb{E}_x[y\log p(y=1|x)+(1-y)\log p(y=0|x)]\} \tag{8-51}$$

判别器深度神经网络 $D(x;\phi)$ 的输出表示 x 属于真实数据分布的概率,即

$$p(y=1|x)=D(x;\phi) \tag{8-52}$$

同理,输入来自生成模型的概率为 $p(y=0|x)=1-D(x;\phi)$。

假设来自真实数据分布与来自生成模型分布的数据等比例混合,将式(8-52)代入式(8-51)中,交叉熵目标函数可以等价写为

$$\begin{aligned}&\max_{\phi}\{\mathbb{E}_{x\sim p_{\text{data}}(x)}\log D(x;\phi)+\mathbb{E}_{\tilde{x}\sim p_{\theta}(\tilde{x})}\log[1-D(\tilde{x};\phi)]\}\\&=\max_{\phi}\{\mathbb{E}_{x\sim p_{\text{data}}(x)}\log D(x;\phi)+\mathbb{E}_{z\sim p(z)}\log[1-D(G(z;\theta);\phi)]\}\end{aligned} \tag{8-53}$$

式中,$p_{\text{data}}(x)$ 表示真实数据的分布;$p_{\theta}(\tilde{x})$ 表示来自生成模型的数据分布,$p(z)$ 为隐变量 z 的先验分布,通常为标准高斯分布,θ 和 ϕ 分别为生成网络和判别网络的参数。通过目标式(8-53)更新判别器参数时,固定生成器参数不变。

生成网络 $G(z;\theta)$ 的目标与判别网络相反,生成器试图生成逼真的数据,以欺骗判别器,使其认为生成的数据是真实的。生成网络的目标函数为

$$\begin{aligned}&\max_{\theta}\{\mathbb{E}_{z\sim p(z)}[\log D(G(z;\theta);\phi)]\}\\&=\min_{\theta}\{\mathbb{E}_{z\sim p(z)}[\log(1-D(G(z;\theta);\phi))]\}\end{aligned} \tag{8-54}$$

同样在训练生成网络时,判别网络的参数 ϕ 固定不变,只更新生成网络的参数 θ。将判别器和生成器视为一个整体,GAN 的训练过程是一个动态博弈过程,生成器和判别器相互对抗、相互改进,即

$$\min_{\theta}\max_{\phi}\{\mathbb{E}_{x\sim p_{\text{data}}(x)}\log D(x;\phi)+\mathbb{E}_{z\sim p(z)}\log[1-D(G(z;\theta);\phi)]\} \tag{8-55}$$

训练过程中,生成器和判别器的参数交替更新,直至生成器生成的数据无法被判别器区分。

8.5.2 基于 GAN 的图像生成技术

GAN 模型能够生成高质量的、逼真的数据,广泛应用于图像与视频生成任务。本小节将介绍经典的 DCGAN(Deep Convolutional Generative Adversarial Network)模型。DCGAN 引入了深度卷积神经网络(CNN),以提高生成图像的质量和稳定性,其网络结构如图 8-17 所示。DCGAN 生成器的结构主要由转置卷积层组成,使用转置卷积层(也称为反卷积)来进行上采样操作,将低维的隐向量逐步扩展为高维的图像。DCGAN 判别器的结构主要由卷积层组成,通过带步长(Stride)的卷积实现下采样操作,将输入图像转换为分类结果。

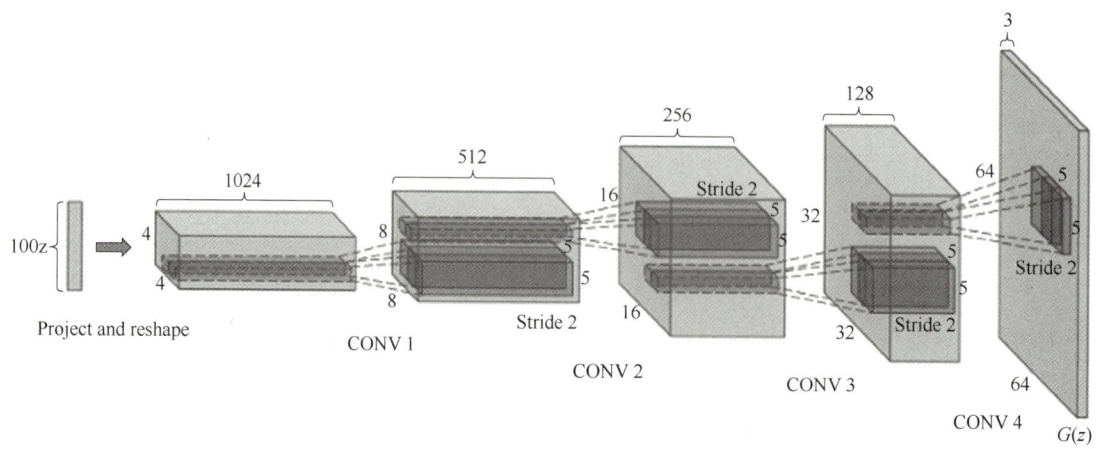

图 8-17　DCGAN 生成网络结构

DCGAN 的主要优点在于它使用全卷积网络，舍弃了最大池化层，避免了信息的损失，能够生成高质量的图像，具有较高的细节和逼真度。相较于传统 GAN，DCGAN 使用了批归一化（Batch Normalization），并在判别网络中使用 LeakyReLU 激活函数，在训练过程中表现出更好的稳定性，减少了模式崩溃（Mode Collapse）的问题。DCGAN 结构简单，适用于多种图像生成任务。

GAN 模型不同于此前介绍的生成模型，不直接推断隐变量的后验概率分布，仅学习从隐变量空间到图像空间的一个非线性映射。因此它只能够完成图像生成任务，无法直接实现图像的重构任务。使用 DCGAN 在 CelebA 数据集上的生成结果如图 8-18 所示。GAN 仅追踪数据分布中的某些模式，不需要适配数据分布的所有模式，这使得 GAN 模型容易生成高质量图像数据。

码 8-4【程序源码】
GAN 人脸图像生成

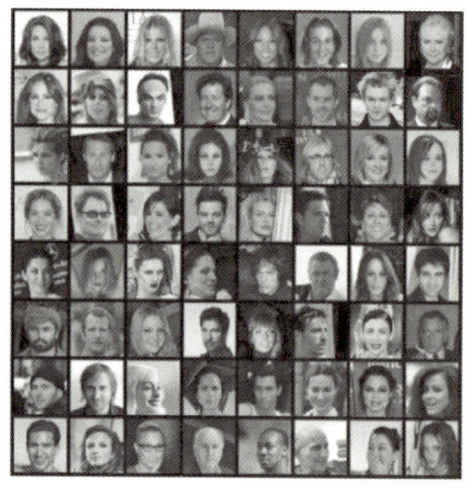

a) 原始图像

b) 生成图像

图 8-18　生成对抗网络在 CelebA 数据集上的生成结果

8.5.3 基于条件 GAN 的图像生成技术

自 GAN 模型提出以来，出现了许多变种和改进方法，扩展其应用范围。条件 GAN（Conditional GAN，CGAN）在生成器和判别器中引入条件变量，使生成数据具有特定属性，满足所给的条件。通过控制所给的条件信息，可以在一定程度上控制生成的图像，例如根据标签生成特定类别的图像，以数字图像生成为例，条件是数字类别（0，1，2，…，9）；或者根据输入图像及轮廓图等作为辅助条件生成特定风格的图像。

条件 GAN 将条件信息 c 与隐变量 z 一起作为生成网络的输入，并且在图像输入到判别器时也加入条件信息 c，它的结构如图 8-19 所示。

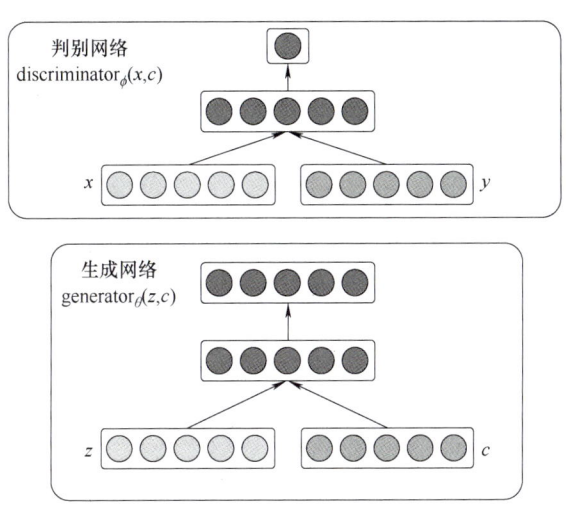

图 8-19 条件 GAN 的结构

CGAN 的训练过程与传统 GAN 类似，通过生成器和判别器的对抗性训练实现数据生成，区别在于每个训练步骤中都包含条件变量。引入条件变量后，判别器建模的概率分布从式（8-52）变为

$$p(y=1\mid x,c)=D(x,c;\phi) \tag{8-56}$$

相应地，CGAN 的总目标函数由式（8-56）变为

$$\min_{\theta}\max_{\phi}\{\mathbb{E}_{x\sim p_{\text{data}}(x)}\log D(x,c;\phi)+\mathbb{E}_{z\sim p(z)}\log[1-D(G(z,c;\theta),c;\phi)]\} \tag{8-57}$$

在训练过程中，生成器和判别器的参数交替更新，直至生成器生成的数据无法被判别器区分。CGAN 可以根据不同的条件变量生成多样化的具有特定属性或特征的数据样本。同样以 CelebA 数据集为例，展示 CGAN 的生成结果。CelebA 数据集对每张人脸图像都提供了相应的属性文本标签（共有 40 种不同的属性），如图 8-20 所示。

一般来说，每张图像包含多个属性，这些属性可以由一个 40 维的二值向量 c_v 表示，当包含某一属性时，相应的维度为 1，反之则为 0。在生成器中，属性向量 c_v 可以很自然地与隐变量 z 拼接，并保证它们之间的独立性；拼接后的向量被送入生成网络。在判别器中属性向量 c_v（例如 40×1 维）无法与高维图像张量 x（例如 3×218×178 维）直接拼接。可通过条件变量嵌入法将条件变量与图像数据结合，即条件变量转换为连续的嵌入向量，经过卷积网络编码后，在特征层将编码后的条件变量与图像特征进行拼接，从而使得网络能够利用条件变量的信息。条件 GAN 在 CelebA 数据集上的生成结果如图 8-21 所示。

图 8-20　CelebA 数据集带属性的图像数据示例

a) 2 个属性　　　　　　　　　　　　　　b) 5 个属性

图 8-21　条件 GAN 在 CelebA 数据集上的生成结果

Pix2Pix-GAN 是本质上是一个 CGAN，用于图像之间的转换。Pix2Pix 出自论文"Image-to-Image Translation with Conditional Adversarial Networks"。论文中的训练数据案例为轮廓图 x 和真实图像 y，Pix2Pix-GAN 模型的作用便是将用于从轮廓图（待被转换图像）产生真实风格的图像（目标风格图像），当然，根据数据集的不同，也可训练其完成其他图像风格转换。Pix2Pix-GAN 模型如图 8-22 所示。

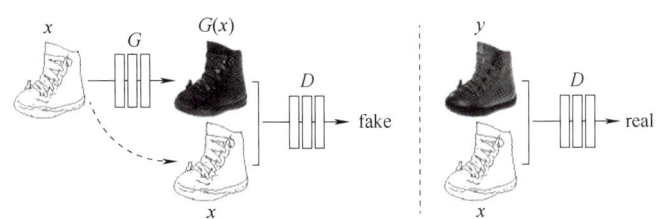

图 8-22 Pix2Pix-GAN

Pix2Pix-GAN 模型实现如下：

1）对于生成器 G，其输入是一个鞋子轮廓图 x，生成了一个鞋子图片 $G(x)$。

2）对于判别器，其输入的是两张图片，一张是待被转换的图片 x，另外一张是目标图片 y 或者生成的图片 $G(x)$。我们将 $(G(x),x)$ 和 (y,x) 两对数据输入到判别器 D 中，期望判别器能对这两对数据进行分辨。

观察模型实现我们可以发现，Pix2Pix-GAN 便是将辅助输入改为待被转换图像的 CGAN。其损失函数为

$$L_{CGAN}(G,D) = \mathbb{E}_{x,y}[\log D(x,y)] + \mathbb{E}_{x,z}\{\log[1-D(x,G(x,z))]\},$$
$$L_{L1}(G) = \mathbb{E}_{x,y,z}[\|y-G(x,z)\|_1]$$
$$G^* = \arg \min_G \max_D L_{CGAN}(G,D) + \lambda L_{L1}(G) \tag{8-58}$$

G^* 是模型最终的损失函数。这其中 L1 是为了保证生成的图像和目标图像更加接近而添加的。在 CGAN 中我们可以通过把输入的条件的值设置为数字 1 来生成一个数字 1 的图片。在 Pix2Pix-GAN 中我们输入鞋子的轮廓图生成鞋子的图片，或者输入一个房子的标注图生成一个房子的图片。这种模式带来一个问题，即 CGAN 和 Pix2Pix-GAN 的样本都是要求严格成对的，例如一个真实的鞋子图片和一个鞋子的轮廓图。在图像风格转换领域，而大多数情况下对于 A 风格的图像，并没有与之相对应的 B 风格图像，获取严格意义上的成对数据是非常困难的，所以不依赖成对数据的算法具有非常重要的实际意义。

cycle-GAN 是 2017 年在论文 "Unpaired Image-to-Image Translation using Cycle-Consistent Adversarial Networks" 中提出的模型。cycle-GAN 是一种非监督学习模型，能够在源域和目标域之间，无需建立训练数据间一对一的映射，就可以实现图像风格迁移，其架构如图 8-23 所示。也就是说，cycle-GAN 只需要内容没有任何关联的任意两个风格的图像数据集即可实现风格转换功能。

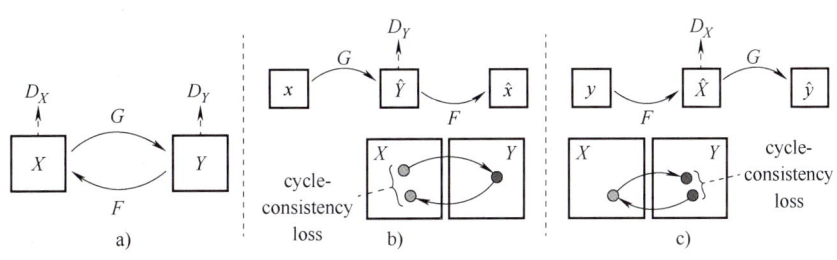

图 8-23 cycle-GAN 基本架构

令 X 表示源域中风格 A 的图像，Y 表示目标域中风格 B 的图像。生成器 G 用于将风格 A 的图像 x 转换为风格 B 的图像；生成器 F 用于将风格 B 的图像 y 转换为风格 A 的图像；判别器 D_Y 用于区分真实的风格 B 的图像与通过 G 转换而来的假的风格 B 的图像；判别器 D_X 用于区分真实的风格 A 的图像与通过 G 转换而来的假的风格 A 的图像。

驱动模型优化的损失函数为

$$\text{Loss} = \text{Loss}_{\text{GAN}} + \lambda * \text{Loss}_{\text{cycle}} \tag{8-59}$$

其中，对抗性损失为

$$X \to Y : \text{Loss}_{\text{GAN}}(G, D_Y, X, Y) = E_{y \sim p_{\text{data}}(y)}[\log D_Y(y)] + E_{x \sim p_{\text{data}}(x)}\{\log[1 - D_Y(G(x))]\}$$

$$Y \to X : \text{Loss}_{\text{GAN}}(F, D_X, Y, X) = E_{x \sim p_{\text{data}}(x)}[\log D_X(x)] + E_{y \sim p_{\text{data}}(y)}\{\log[1 - D_X(F(y))]\} \tag{8-60}$$

其中，循环一致性损失为

$$\text{Loss}_{\text{cycle}} = E_{x \sim p_{\text{data}}(x)}[\|F(G(x)) - x\|_1] + E_{y \sim p_{\text{data}}(y)}[\|G(F(y)) - y\|_1] \tag{8-61}$$

由于我们只需要将一个领域图像的风格转换为另一个领域的图像风格，所以为了保证了生成的图片与输入图片内容尽可能相似，引入了两个循环一致性损失函数。这个损失函数的含义是生成器 G 将 X 领域的图像 x 转换为 Y 领域的图像，得到 $G(x)$ 之后，生成器 F 再将 $G(x)$ 从 Y 领域转换到 X 领域，得到 $F[G(x)]$，并且转换前后的 $F[G(x)]$ 和 x 之间应该尽可能的相似。生成器 F 将 Y 领域的图像 y 转换为 X 领域的图像，得到 $F(y)$ 之后，生成器 G 再将 $F(y)$ 从 X 领域转换到 Y 领域得到 $G[F(y)]$，并且转换前后的 $G[F(y)]$ 和 y 之间应该尽可能的相似。训练生成器，固定判别器 D_X 和 D_Y，优化目标为

$$\min_G \text{Loss}_{\text{GAN}} = E_{x \sim p_{\text{data}}(x)}\{\log[1 - D_Y(G(x))]\} + E_{y \sim p_{\text{data}}(y)}\{\log[1 - D_X(G(y))]\} \tag{8-62}$$

使得生成器生成的图像越逼真越好。训练判别器，固定生成器 G 和 F，优化目标为

$$\max_D = \max_{D_X} + \max_{D_Y} = \max_{D_X}\{E_{x \sim p_{\text{data}}(x)}[\log D_X(x)] + E_{y \sim p_{\text{data}}(y)}\log[1 - D_X(F(y))]\} +$$
$$\max_{D_Y}\{E_{y \sim p_{\text{data}}(y)}[\log D_Y(y)] + E_{x \sim p_{\text{data}}(x)}\log[1 - D_Y(G(x))]\} \tag{8-63}$$

8.6 本章课程项目实验

实验名称：使用交替反向传播算法实现人脸图像的重构与生成。

1. 实验内容

交替反向传播（ABP）是 EM 算法在深度神经网络架构上的一种实现方法，可应用于图像生成任务。本课程项目实验的目标是使用 ABP 算法实现人脸图像的重构与生成；使用的数据集为 CelebA 数据集，其中包含 202599 张对齐的人脸图像，图像尺寸为 178×218，数据集图像示例如图 8-24 所示。

从 EM 算法的角度出发，使用 ABP 算法实现图像生成，需要考虑在期望步（E 步骤）如何推断后验概率分布 $p(Z|X)$，以及在最大化步（M 步骤）如何建模条件概率分布 $p(X|Z)$。首先考虑建模条件概率分布 $p(X|Z)$ 的问题，我们可以将其假设为高斯分布 $N(X|g_\theta(Z), \sigma)$，其中 g_θ 为一个深度卷积模型，将隐变量 Z 映射为图像 X 分布的均值；σ 为一给定的先验值。再考虑推断后验分布 $p(Z|X)$ 的问题，我们可以使用朗之万动力学采样的方式来进行推断，如式（8-27）和式（8-29）所示。

图 8-24　CelebA 人脸图像数据集示例

最后考虑参数估计的问题，首先是在 E 步骤时，网络的参数固定不动，仅使用朗之万动力学采样推断当前输入图像 x 对应的隐变量 z，此过程中涉及的微分计算，需要使用到梯度的反向传播算法；在 M 步骤时，将 E 步骤推断出来的隐变量 z 作为已知量，任务退化为一个常规的有监督学习问题，只需要计算 $g_\theta(z)$ 和 x 的均方误差并进行梯度反向传播，即可更新模型的参数。

码 8-5【程序源码】
ABP 人脸图像生成

2. 实验步骤设计

第一步：设计深度卷积神经网络模型，并建模条件概率分布 $p(X|Z)$。

假设隐变量的维度为 64，使用第 2.1.2 节图像几何变换中的尺度缩放方法将图像处理成 64×64 尺寸，并将值归一化到［-1，1］区间。深度卷积模型的结构可设置为如下：

1）隐变量维度为 64，经过一个线性层，输出为 8192 维向量，再将向量堆叠，得到形状为 512×4×4 的特征图。

2）经过 512 个 4×4 的卷积核，步长为 2，padding = 1 填充，反卷积处理，再经 BatchNorm 和 ReLU 激活，得到形状为 512×8×8 的特征图。

3）经过 256 个 4×4 的卷积核，步长为 2，padding = 1 填充，反卷积处理，再经 BatchNorm 和 ReLU 激活，得到形状为 256×16×16 的特征图。

4）经过 128 个 4×4 的卷积核，步长为 2，padding = 1 填充，反卷积处理，再经 BatchNorm 和 ReLU 激活，得到形状为 128×32×32 的特征图。

5）经过 64 个 4×4 的卷积核，步长为 2，padding = 1 填充，反卷积处理，再经 tanh 激活，得到形状为 3×64×64 的特征图。

第二步：设计朗之万动力学采样，推断后验概率分布 $p(Z|X)$。

朗之万动力学作为一种采样方法，需要考虑采样的步数以及采样的步长，理论上步长越小、采样步数越多，采样的结果就越精细；但实际上每次采样都需要计算比较耗时的梯度，步数越多，采样过程越慢，因此这两个参数的设置一般会折中选取。采样过程中微分的计算的 PyTorch 参考代码如下：

```
def sample_langevin(z, x, Gnet, steps=30,step_size=0.01,sigma=1,prior_sigma = 1):
    mse = torch.nn.MSELoss(reduction='sum')
    z = z.clone().detach()
    z.requires_grad = True
    for i in range(steps):
        x_hat = Gnet(z)
        log_lkhd = 1.0 / (2.0 * sigma * sigma) * mse(x_hat, x)
        z_grad = torch.autograd.grad(log_lkhd, z)[0]
        z.data = z.data -  0.5 * step_size * step_size *
                 (z_grad  + 1.0 / (prior_sigma * prior_sigma) * z.data)
        z.data +=  step_size * torch.randn_like(z).data
    return z.detach()
```

代码中 z 为隐变量，x 为图像数据，Gnet 为建模条件概率 $p(x_\mu|z)$ 的卷积神经网络，网络实际只负责建模观测数据条件概率分布的均值 μ，条件概率分布的方差由先验定义，即 sigma=1，prior_sigma=1 表示隐变量 z 分布的先验方差；steps=30 表示朗之万动力学采样步数为 30，step_size=0.01 表示采样步长为 0.01。

第三步：设置超参数和损失函数。

损失函数均使用均方损失，优化器使用 Adam，学习率设置为 0.0004。轮数与批尺寸自行设置。

第四步：训练模型，使用模型进行人脸图像的生成。

在训练过程中加入可视化部分，将每一轮的重构图像 [即 $g_\theta(z)$] 进行保存；此外，在每一轮都从标准高斯分布 $N(0;I)$ 采样随机噪声 $\tilde{z}$，使用 g_θ 计算生成图像，并进行保存。

3. 实验结果

通过观察相同图像在每一轮的重构结果，可以直观理解 EM 算法中 M 步骤所做的工作；针对相同的图像，使用训练好的模型进行朗之万采样，保存每一步采样得到的 z_τ 并使用 g_θ 生成图像，通过这一时间序列图像，可以直观理解 EM 算法中 E 步骤所做的工作。人脸图像的生成结果，可通过采样随机隐变量并输入生成子 $g_\theta(z)$ 计算获得。

本章小结

图像生成模型旨在从隐空间中生成逼真的图像，在图像处理与计算机视觉等领域有着广泛应用。本章首先介绍了高斯混合模型和因子分析模型两个基本的隐变量模型，并引入 EM 算法求解含隐变量的最大似然模型。为了建模复杂分布的图像数据，本章进一步介绍了深度生成模型（因子分析模型的非线性扩展），并使用交替反向传播算法和变分推断算法，在求解模型参数的同时，采样或变分推断隐变量。相对于最大化观测数据的似然函数的方法，GAN 通过对抗性训练，生成高质量、逼真的数据，广泛应用于图像生成、图像翻译和数据增强等任务。

思考题与习题

8-1 类似于高斯混合分布，考虑一个伯努利混合分布，即

$$p(x;\mu,\pi) = \sum_{k=1}^{K} \pi_k p(x;\mu_k)$$

其中 $p(x;\mu_k) = \mu_k^x (1-\mu_k)^{(1-x)}$ 为伯努利分布。给定一组训练集合 $D = \{x^{(1)}, \cdots, x^{(N)}\}$，使用 EM 算法来进行参数估计，推导每步的参数更新公式。

8-2 按照 8.2.1 中所写步骤，使用高斯混合模型实现手写数字图像生成，得到不同分支数时的生成结果（类似图 8-6）；绘制出前 10 个高斯分布分支的均值，观察并分析为什么分支数越多，生成效果越好。

8-3 分析式（8-38）中的 KL 散度为什么是 $KL(q(z) \| p(z|x))$ 而不是 $KL(p(z|x) \| q(z))$，分析这两个 KL 散度的区别是什么。

8-4 分析变分自编码器和自编码器在内在机理上的不同之处。

8-5 从高斯分布的角度，分析式（8-44）再参数化的合理性。

8-6 在 8.5.1 中，我们将判别式视作一个二分类器，并使用交叉熵损失作为目标函数。现假定真实数据的分布 $p_{\text{data}}(x)$ 和生成器生成数据的概率分布 $p_\theta(x)$ 已知，且判别器的输入来自这两个分布的概率相等，试证明最优的判别器为

$$D^*(x) = \frac{p_{\text{data}}(x)}{p_{\text{data}}(x) + p_\theta(x)}$$

参考文献

[1] KARRAS T, LAINE S, AILA T. A style-based generator architecture for generative adversarial networks [C]// IEEE. Conference on Computer Vision and Pattern Recognition. Long Beach：IEEE, 2019：4401-4410.

[2] ROMBACH R, BLATTMANN A, LORENZ D, et al. High-resolution image synthesis with latent diffusion models [C]// IEEE. Conference on Computer Vision and Pattern Recognition. New Orleans：IEEE, 2022：10684-10695.

[3] KARRAS T, AITTALA M, LAINE S, et al. Alias-free generative adversarial networks [J]. Advances in neural information processing systems，2021，34：852-863.

[4] BROCK A, DONAHUE J, SIMONYAN K. Large scale GAN training for high fidelity natural image synthesis [DB/OL]．（2018-02-25）[2024-06-30]．http://arxiv.org/abs/1809.11096.

[5] RAMESH A, DHARIWAL P, NICHOL A, et al. Hierarchical text-conditional image generation with clip latents [DB/OL]．（2022-04-12）[2024-06-30]．http://arxiv.org/abs/2204.06125.

[6] SAHARIA C, CHAN W, SAXENA S, et al. Photorealistic text-to-image diffusion models with deep language understanding [J]. Advances in neural information processing systems，2022，35：36479-36494.

[7] BISHOP C M. Pattern Recognition and Machine Learning [M]. New York：Springer, 2006.

[8] XIA W, YANG Y, XUE J H, et al. Tedigan：Text-guided diverse face image generation and manipulation [C]// IEEE. Conference on Computer Vision and Pattern Recognition. Nashville：IEEE, 2021：2256-2265.

[9] TULYAKOV S, FITZGIBBON A, NOWOZIN S. Hybrid vae：Improving deep generative models using partial

observations [DB/OL]. (2017-11-30) [2024-06-30]. http://arxiv.org/abs/1711.11566.

[10] HAN T, XING X, WU Y N. Learning multi-view generator network for shared representation [C]// IEEE. 24th International Conference on Pattern Recognition. Beijing: IEEE, 2018: 2062-2068.

[11] LIU Z, LUO P, WANG X, et al. Deep learning face attributes in the wild [C] // IEEE. International Conference on Computer Vision. Santiago: IEEE, 2015: 3730-3738.

[12] 邱锡鹏，神经网络与深度学习 [M]. 北京：机械工业出版社，2020.

[13] RADFORD A, METZ L, CHINTALA S. Unsupervised representation learning with deep convolutional generative adversarial networks [DB/OL]. (2015-11-19) [2024-06-30]. http://arxiv.org/abs/1511.06434.